微分積分
ことはじめ

瀬戸 樹 著

ムイスリ出版

はじめに

　本書は明治薬科大学 1 年生向けの通年講義 (週 1 コマ) 用に作成した講義録に大幅な加筆・修正を加えたものである. 2020 年に始まった COVID-19 の世界的大流行の影響で, 各学校では遠隔授業の導入を余儀なくされ, 世界中の多くの教員は各々の独自性を発揮してその非常事態に対応した. 数学分野では, 遠隔授業を満足に受信できない環境の学生であっても, 読めば講義の内容を修得できるような講義録を作成・配布した教員が私の目についた. 本書の土台となった講義録はそのような状況で作成されたものである.

　本書の主題は微分積分学である. 多くの私立大学の薬学部では, 入学試験で高校数学 III を課さない. すなわち, 微積分は多項式に対するものしか知らない学生が多く入学する. また, 数学の講義は 1 年生の前期・後期ともに週 1 コマである. 一方で, 薬学は物理学・化学・生物学を基礎とした応用科学であるため, 自然科学の言語として使われている基本的な数学の素養が必要である. そのため, 週 1 コマの講義で必要な数学を修得させるために, 理工系の微分積分学の講義とは大きく異なる講義を行うことになる. しかしながら, 講義で扱う内容を 1 冊に収録している日本語の書籍は発売されていないようであった. 本書を出版することにした主な目的は, 講義で扱う内容を 1 冊の本にまとめることで, 学生の学習の便とすることである.

　本書では基礎的な微分積分学を一通り扱い, 薬学に関連する自然科学の具体例を多く掲載した. 一方で上限・下限や ε-δ 論法のように, 厳密な議論を進めるには不可欠だが, 初学者を脱落させるような内容は省略した. 省略された厳密な理論に関心がある場合は, 本書のあとがきに挙げた文献が参考になると思う. また, 本書ではベクトルの外積, 数値積分, 直交多項式, 常微分方程式についても扱っている. これらは自然科学や薬学の講義を受講する際に必須のものや知っていると役に立つものである. 必須のものは特に丁寧に説明した. 一方, 高校数学 I・II・A・B の内容は最小限に留めた. 大学 1 年生の読者は, 高校生・受験生時代に購入し受験勉強を共にした教科書や参考書を持っているはずである. そうでない読者であっても, 書店に行けば数多く販売されている高校数学の参考書を購入することができる. 必要に応じてそれらを利用して復習すると良いだろう. その代わりと言うわけでもないが, 本書には行列の固有値と対角化について収録した. これは微分積分学で役立つのはもちろん, 近年発展著しい AI・データサイエンスの分野では必須の概念なので, 今後は専門分野を問わずに学ぶ必要が出てくるかもしれない. 必要となった読者が更に勉強を進めるための足がかりとなることを期待して

いる.

　本書で使用している用語や記号は慣例に倣ったが, 複数の用語があり判断し難いものは「岩波 数学辞典 第 4 版」に倣った. 本文では計算例をできるだけ多く取り上げた. また, 各節の最後に多くの演習問題を挙げ, それらすべてに略解やヒントを付けた. 特に, 1 変数関数の導関数を求めること, 原始関数を求めることは自分で計算して経験を積まなければ速く正確に計算できるようにはならない. 本書の演習問題だけでは足りないと思った場合は, 本書のあとがきに挙げた文献が参考になると思う.

　数学を勉強する際には, 紙とペンを用意し, 自分で理論や問題の解答を再構成するつもりで書くことが一番身につく勉強法である. 省略されている内容は自分で考えて補う必要がある. 文字を目で追うだけでは自分自身の理解になりにくい. 講義を聞いたり動画を見るだけでも同様である. 自分の手で図を描くことも数学の理解の助けになる. 自分が描いた図が妥当なものか確認するためには「Geogebra」等のコンピュータソフトウェアが非常に役に立つ. 数学はやさしくないが, 理解した際の爽快感は他に代えがたい. 数学自体の面白さや, 数学を理解することの面白さを 1 回でも感じてもらえることを願っている.

謝 辞　本書を出版することを勧めてくださった橋本豪夫氏 (ムイスリ出版), 野田知宣氏 (明治薬科大学) に感謝します. 野田氏は本書の草稿を読み, 多くのアドバイスをくださりました. あわせて感謝します. 本書の草稿を読み, 多くのコメントをくださった鈴木直矢氏, 丸山貴志氏に感謝します. 本書の土台となった講義録を読み, フィードバックを送ってくれた受講学生諸氏に感謝します. 特に, 2020 年度の受講生には多くのフィードバックを毎週送ってくれた熱心で優秀な学生がおり, 多くの誤りが改められました. そして, 日々の生活を楽しく健康的なものにしてくれている妻と息子に感謝します.

2022 年 12 月

著 者

目次

第1章

基本事項

本章では本書で必要な記号や用語についてまとめる．大半の記号は高校で習っていると思うが，一部，高校では通常習わない記号も入っている．数学を学ぶ際には，わからない記号が出てきたらその度に調べ，意味を理解してから次に進む必要がある．母国語の小説は「大体こんな意味」で読めてしまうが，その読み方は数学がわからなくなる原因の一つである．

1.1 集合

ものの集まりを集合 (set) という．より正確には，集合とは，「互いに明確に区別できる対象を 1 つにまとめたもの」である．対象 a が集合 A に属すとき $a \in A$ と表し，a は集合 A の**元** (element, または**要素**) であるという．$a \in A$ の否定を $a \notin A$ と表す．すなわち $a \notin A$ とは，a が集合 A の元ではないことを表している．集合を書き表す記法には $\{a, b, c, \dots\}$ のように集合の元をすべて書き並べる記法と，$\{a\,;\,P(a)\}$ のように条件 $P(a)$ を満たす対象 a 全体という形で表す記法がある．例えば，自然数全体の集合は，前者の記法では $\{1, 2, 3, \dots\}$ と表され，後者の記法では $\{n\,;\,n$ は自然数$\}$ と表される．すべての要素を書き並べることが困難な場合には，曖昧さが残るので後者の記法を用いる方が良い．また，要素をもたない集合を**空集合** (empty set) といい，$\emptyset$ で表す．

集合 A, B に対して次の記号を用いる．

- $B \subset A$：B は A の部分集合 (subset) である（$x \in B$ ならば $x \in A$）．
- $A = B$：A と B は等しい (equal)（$A \subset B$ かつ $B \subset A$）．
- $B \subsetneqq A$：B は A の真部分集合 (proper subset) である（$B \subset A$ だが $A = B$ でない）．
- $A \cup B = \{x\,;\,x \in A$ または $x \in B\}$：A と B の和集合 (union)．
- $A \cap B = \{x\,;\,x \in A$ かつ $x \in B\}$：A と B の共通部分 (intersection)．
- $A \setminus B = \{x\,;\,x \in A$ かつ $x \notin B\}$：A から B を除いた差集合 (difference)．

- $A^c = X \setminus A = \{x \in X \,;\, x \notin A\}$: A の補集合 (complement). ただし, A は与えられた全体集合 X の部分集合とする.
- $A \times B = \{(a, b) \,;\, a \in A,\, b \in B\}$: A と B の直積集合 (product). すなわち, $a \in A$ と $b \in B$ の組 (a, b) 全体.

数の集合には特別な記号がある:

- $\mathbb{N} = \{1, 2, 3, 4, \dots\}$: 自然数 (natural number) 全体のなす集合.
- $\mathbb{Z} = \{0, \pm 1, \pm 2, \dots\}$: 整数 (integer) 全体のなす集合.
- $\mathbb{Q} = \left\{ \dfrac{p}{q} \,;\, p, q \in \mathbb{Z},\, q \neq 0 \right\}$: 有理数 (rational number) 全体のなす集合.
- $\mathbb{R}$: 実数 (real number) 全体のなす集合.
- $\mathbb{C}$: 複素数 (complex number) 全体のなす集合.
- $\mathbb{R}^2 = \mathbb{R} \times \mathbb{R} = \{(x, y) \,;\, x, y \in \mathbb{R}\}$: 2 つの実数 $x, y \in \mathbb{R}$ の組 (x, y) 全体のなす集合 (xy 平面).
- $\mathbb{R}^n = \{(x_1, \dots, x_n) \,;\, x_1, \dots, x_n \in \mathbb{R}\}$: n 個の実数 $x_1, \dots, x_n \in \mathbb{R}$ の組 $(x_1, \dots, x_n)$ 全体のなす集合.
- $[a, b] = \{x \in \mathbb{R} \,;\, a \leq x \leq b\}$: 閉区間 ($a, b \in \mathbb{R}$). a 以上 b 以下の実数全体.
- $(a, b) = \{x \in \mathbb{R} \,;\, a < x < b\}$: 開区間 ($a, b \in \mathbb{R}$).
- $[a, \infty) = \{x \in \mathbb{R} \,;\, a \leq x\}$: $a \in \mathbb{R}$ 以上の実数全体. 同様に $(-\infty, \infty) = \mathbb{R}$, $(-\infty, a] = \{x \in \mathbb{R} \,;\, a \geq x\}$, $(a, b] = \{x \in \mathbb{R} \,;\, a < x \leq b\}$ など.

1.2　記号

- $\leq, \geq$: 等号付きの不等号. 高校ではそれぞれ $\leqq, \geqq$ だった.
- $n! = n \cdot (n-1) \cdots 2 \cdot 1$: 自然数 $n \in \mathbb{N}$ の階乗.
- $\displaystyle\sum_{k=1}^{n} a_k = a_1 + \cdots + a_n$: 和の記号.
- $\displaystyle\prod_{k=1}^{n} a_k = a_1 \cdots a_n$: 積の記号. 例えば $n! = \displaystyle\prod_{k=1}^{n} k$.
- $\dbinom{n}{k} = \dfrac{n!}{k!(n-k)!}$: 二項係数. 高校では ${}_n C_k$ と表していた.

ギリシャ文字一覧

読みのフリガナは一例である.

大文字	小文字	読み	大文字	小文字	読み	大文字	小文字	読み
A	α	アルファ alpha	I	ι	イオタ iota	P	ρ, ϱ	ロー rho
B	β	ベータ beta	K	κ	カッパ kappa	Σ	$\sigma, (\varsigma)$	シグマ sigma
Γ	γ	ガンマ gamma	Λ	λ	ラムダ lambda	T	τ	タウ tau
Δ	δ	デルタ delta	M	μ	ミュー mu	Υ	υ	ウプシロン upsilon
E	ϵ, ε	イプシロン epsilon	N	ν	ニュー nu	Φ	ϕ, φ	ファイ phi
Z	ζ	ゼータ zeta	Ξ	ξ	グザイ xi	X	χ	カイ chi
H	η	エータ eta	O	o	オミクロン omicron	Ψ	ψ	プサイ psi
Θ	θ, ϑ	シータ theta	Π	$\pi, (\varpi)$	パイ pi	Ω	ω	オメガ omega

1.3 用語

命題 (Proposition) 真偽が明確に定まる文章.

定義 (Definition) 記号や用語の意味を明確に規定する文章.

公理 (Axiom) 証明なしに正しいと認める命題. 数学は, 定義と公理から議論を開始し, 様々な命題を証明する学問である.

定理 (Theorem) 数学的論証によって正しいと証明された重要な結果.

補題 (Lemma) 定理や命題を証明するための補助に用いる事実.

系 (Corollary) 定理や命題, 補題やそれらの証明から比較的すぐに得られる結果.

1.4 重要な等式・不等式

- **二項定理** : $(a+b)^n = \sum_{k=0}^{n} \binom{n}{k} a^k b^{n-k}$ $(a, b \in \mathbb{R}, n \in \mathbb{N})$.

- **三角不等式** : $|a+b| \le |a| + |b|$ $(a, b \in \mathbb{R})$.

第2章

1変数関数

1変数関数については高校までに多くのことを学んできた．本章ではそれらのことを整理しつつ復習する．高校では学んでいない逆三角関数についても扱う．必要に応じて高校の教科書や参考書を参照すると良い．

2.1 数列

自然数 $n \in \mathbb{N}$ に対して実数 $a_n \in \mathbb{R}$ を対応させ，それらをすべて並べたものを**数列** (sequence) といい $\{a_n\}_{n=1}^{\infty}$ や $\{a_n\}_{n \in \mathbb{N}}$，$\{a_n\}$ などと表す．a_n を数列 $\{a_n\}$ の**第 n 項**という．場合によって $\{a_n\}_{n=0}^{\infty}$，$\{a_n\}_{n=2}^{\infty}$ のように $n = 1$ 以外の整数から始まる数列を考えたり，複素数 $a_n \in \mathbb{C}$ を考えることもある．n が大きいとき数列 $\{a_n\}$ の振る舞いを考える．

> **定義 2.1.1.** 数列 $\{a_n\}$ に対し，n を限りなく大きくしたときに a_n が一定の値 α に限りなく近づくとき，数列 a_n は極限値 α に**収束する**といい，
>
> $$\lim_{n \to \infty} a_n = \alpha \quad \text{または} \quad a_n \to \alpha \ (n \to \infty)$$
>
> と表す．数列 $\{a_n\}$ が一定の値 α に収束しないとき数列 $\{a_n\}$ は**発散する**という．

補足 2.1.2. 極限の記号を混同して $\lim_{n \to \infty} a_n \to \alpha$ や $a_n = \alpha \ (n \to \infty)$ と**書いてはいけない**．

補足 2.1.3. 数列 $\{a_n\}$ が実数 $\alpha \in \mathbb{R}$ に収束するとは，差 $\varepsilon_n = |a_n - \alpha|$ が 0 に収束するということである．ε_n が 0 に収束するとは，n を大きくしたときに ε_n はいくらでも 0 に近づいていくということであるから，数列 $\{a_n\}$ の極限を考える際には，ε_n の値を十分小さくするには n をどの程度大きくすれば良いかが問題となる．この考え方を厳密に記述することで，ε-δ 論法や ε-N 論法といわれる議論に到達する．ε-δ 論法は本書の範囲を超えるので説明しない．本書にも証明には ε-δ 論法が必要な定理が多くあるが，それらの証明はすべて省略した．詳しく知りたい人はより進んだ微分積分学の本を参照してほしい．

例 2.1.4. 次の数列 $\{a_n\}$ の極限を求めよ.

(1) $a_n = \dfrac{1}{n}$. (2) $a_n = \dfrac{1}{2^n}$. (3) $a_n = (-1)^n$.

解説: (1) $a_{10} = \dfrac{1}{10}$, $a_{100} = \dfrac{1}{100}$, $a_{1000} = \dfrac{1}{1000}$, $a_{10000} = \dfrac{1}{10000}$, ... のように, a_n は n が大きくなればなるほど 0 に近づく. よって, $\displaystyle\lim_{n \to \infty} \dfrac{1}{n} = 0$ である.

(2) $a_{10} = \dfrac{1}{1024}$, $a_{20} = \dfrac{1}{1048576}$, ... のように, a_n は n が大きくなればなるほど 0 に近づく. よって, $\displaystyle\lim_{n \to \infty} \dfrac{1}{2^n} = 0$ である.

(3) n が偶数ならば $a_n = 1$, n が奇数ならば $a_n = -1$ である. したがって, $a_{10} = 1$, $a_{101} = -1$, $a_{1010} = 1$, $a_{10101} = -1$, ... のように, a_n は n がいくら大きくなっても一定の値には近づかない. よって数列 $\{a_n\}$ は発散する. このような場合を振動するということもあるが, 本書では単に発散という. $\square$

定義 2.1.5. 数列 $\{a_n\}$ に対し, n を限りなく大きくしたときに a_n が限りなく大きくなるとき, 数列 a_n は **正の無限大に発散する** といい, 次のように表す:

$$\lim_{n \to \infty} a_n = \infty \quad \text{または} \quad a_n \to \infty \ (n \to \infty).$$

また, n を限りなく大きくしたときに, a_n の値が負でその絶対値 $|a_n|$ が限りなく大きくなるとき, 数列 a_n は **負の無限大に発散する** といい, 次のように表す:

$$\lim_{n \to \infty} a_n = -\infty \quad \text{または} \quad a_n \to -\infty \ (n \to \infty).$$

例 2.1.6. 次の数列 $\{a_n\}$ の極限を求めよ.

(1) $a_n = n$. (2) $a_n = -n^2$.

解説: (1) $a_{10} = 10$, $a_{1000} = 1000$, ... だから, n を限りなく大きくしたときに a_n は限りなく大きくなる. よって, $\displaystyle\lim_{n \to \infty} a_n = \infty$ が成り立つ.

(2) $a_{10} = -100$, $a_{100} = -10000$, ... だから, n を限りなく大きくしたときに a_n は限りなく小さくなる. よって, $\displaystyle\lim_{n \to \infty} a_n = -\infty$ が成り立つ. $\square$

例 2.1.7. (等比数列の極限). 初項 $a_1 = a$, 公比 r の等比数列 $\{a_n\}$ の極限を求めよ. $a_n = ar^{n-1}$ である.

解説: 公比 r の値によって極限が異なる.

(1) $a > 0$ かつ $r > 1$ のとき, $a_n = ar^{n-1}$ は n が大きくなるにつれて限りなく大きくなる. つまり, $\displaystyle\lim_{n \to \infty} a_n = \infty$ である.

(2) $a < 0$ かつ $r > 1$ のとき, $a_n = ar^{n-1}$ は n が大きくなるにつれて限りなく小さくなる. つまり, $\lim_{n\to\infty} a_n = -\infty$ である.

(3) $r = 1$ のとき, $a_n = a$ は n の値によらないので, $\lim_{n\to\infty} a_n = a$ である.

(4) $-1 < r < 1$ のとき, $a_n = ar^{n-1}$ は n が大きくなるにつれて限りなく 0 に近づいていく. つまり, $\lim_{n\to\infty} a_n = 0$ である.

(5) $r \le -1$ のとき, $a_n = ar^{n-1}$ は n が大きくなっても一定の値に近づかない. また, n を一つずつ大きくすると正負の値を交互にとる. つまり, 数列 $\{a_n\}$ は発散するが, 正の無限大にも負の無限大にも発散しない. □

数列の極限についての基本的な性質をまとめておく. 複雑な数列の極限を計算する際にはこれらの性質を利用する.

命題 2.1.8. 数列 $\{a_n\}$ に対して $\lim_{n\to\infty} |a_n| = \infty$ が成り立つとする. このとき, $\lim_{n\to\infty} \dfrac{1}{a_n} = 0$ が成り立つ.

定理 2.1.9. 数列 $\{a_n\}$, $\{b_n\}$ がそれぞれ収束し, $\lim_{n\to\infty} a_n = \alpha$, $\lim_{n\to\infty} b_n = \beta$ が成り立つとする. このとき, 次が成り立つ.

(1) $\lim_{n\to\infty} (a_n + b_n) = \alpha + \beta$, $\lim_{n\to\infty} (a_n - b_n) = \alpha - \beta$.

(2) $\lim_{n\to\infty} a_n b_n = \alpha\beta$. 特に $\lim_{n\to\infty} (k\,a_n) = k \lim_{n\to\infty} a_n = k\,\alpha$ (k は実数).

(3) $\beta \ne 0$ ならば $\lim_{n\to\infty} \dfrac{a_n}{b_n} = \dfrac{\alpha}{\beta}$.

(4) $a_n \le R$ をみたす実数 $R \in \mathbb{R}$ が存在するならば, $\alpha \le R$ が成り立つ

定理 2.1.10. (はさみうちの原理). 数列 $\{a_n\}$, $\{b_n\}$ がそれぞれ収束し, $\lim_{n\to\infty} a_n = \lim_{n\to\infty} b_n = \alpha$ をみたすとする. 数列 $\{c_n\}$ が任意の $n \in \mathbb{N}$ に対して $a_n \le c_n \le b_n$ をみたすならば, 数列 $\{c_n\}$ も収束して $\lim_{n\to\infty} c_n = \alpha$ が成り立つ.

補足 2.1.11. はさみうちの原理は次のように用いることが多い: 数列 $\{a_n\}$ が収束することと, その極限値が α であることが予想されたとする. $b_n \to 0$ $(n \to \infty)$ をみたす数列 $\{b_n\}$ を用いて $|a_n - \alpha| \le b_n$ と評価すれば, $0 \le |a_n - \alpha|$ なので, はさみうちの原理より $a_n \to \alpha$ $(n \to \infty)$ を得る.

極限の計算には特有の技術が必要なので, 例を用いて説明する.

例 2.1.12. 数列の第 n 項が次で与えられるとき, その極限を求めよ.

(1) $\dfrac{n}{n+2}$. 　　　　(2) $\dfrac{n+2}{n^2-1}$. 　　　　(3) $\dfrac{4^{n+1} - 3^n}{4^n + 3^n}$.

解説: 単純に $n \to \infty$ とすると分母と分子はともに $\to \infty$ となる. つまり, 全体として $\dfrac{\infty}{\infty}$ の形

をしている. このような場合は最も速く ∞ に発散する項 (例えば n と n^2 では n^2) で分母と分子の両方を割ると計算できることが多い.

(1) 分母の項は n と 2, 分子の項は n である. n が十分大きければ $n > 2$ なので分母と分子を n で割ってみると $\dfrac{n}{n+2} = \dfrac{1}{1+2/n}$ である. $\dfrac{2}{n} \to 0 \ (n \to \infty)$ だから, $\displaystyle\lim_{n\to\infty} \dfrac{n}{n+2} = \lim_{n\to\infty} \dfrac{1}{1+2/n} = 1$ である.

(2) 1, n, n^2 の中で最も大きい n^2 で割れば, $\dfrac{n+2}{n^2-1} = \dfrac{1/n + 2/n^2}{1 - 1/n^2} \to 0 \ (n \to \infty)$ となる.

(3) n が大きいとき, 4^n は 3^n よりはるかに大きいから, $\dfrac{4^{n+1} - 3^n}{4^n + 3^n} = \dfrac{4 - (3/4)^n}{1 + (3/4)^n} \to 4$ $(n \to \infty)$ となる. $\square$

例 2.1.13. 数列の第 n 項が次で与えられるとき, その極限を求めよ.

(1) $n^3 - n^2$. (2) $\sqrt{n^2 + 3n} - n$.

解説: 今度は $\infty - \infty$ の形をしている.

(1) 次のように最も大きい項でくくりだすと計算できることがある.

$$n^3 - n^2 = n^3 \left(1 - \frac{1}{n}\right) \to \infty \ (n \to \infty).$$

(2) 分母と分子に $\sqrt{n^2 + 3n} + n$ (第 2 項の符号に注目) をかけると分子の $\sqrt{}$ が消去され, 約分できて極限が計算できる. 「分子の有理化」といわれている.

$$\sqrt{n^2 + 3n} - n = \frac{(\sqrt{n^2 + 3n} - n)(\sqrt{n^2 + 3n} + n)}{\sqrt{n^2 + 3n} + n} = \frac{(n^2 + 3n) - n^2}{\sqrt{n^2 + 3n} + n}$$
$$= \frac{3n}{\sqrt{n^2 + 3n} + n} = \frac{3}{\sqrt{1 + 3/n} + 1} \to \frac{3}{2} \ (n \to \infty). \ \square$$

例 2.1.14. 数列の第 n 項が次で与えられるとき, その極限を求めよ.

(1) $\dfrac{1}{n} \sin \dfrac{n\pi}{3}$. (2) $\dfrac{n}{2^n}$.

解説: はさみうちの原理を使う場合は不等式を自分で作らなければならない. 不等式を作るためには知識を増やしたり試行錯誤する必要がある.

(1) $\sin$ の値は -1 以上 1 以下なので不等式を作りやすい. 実際, 任意の $\theta \in \mathbb{R}$ に対して $|\sin\theta| \le 1$ なので, $\left|\dfrac{1}{n} \sin \dfrac{n\pi}{3}\right| \le \dfrac{1}{n}$ が成り立つ. ここで $\dfrac{1}{n} \to 0 \ (n \to \infty)$ が成り立つから, はさみうちの原理より $\displaystyle\lim_{n\to\infty} \dfrac{1}{n} \sin \dfrac{n\pi}{3} = 0$ が成り立つ.

(2) $n \geq 2$ のとき二項定理より $2^n = (1+1)^n = \dbinom{n}{n} + \dbinom{n}{1} + \dbinom{n}{2} + \cdots + \dbinom{n}{n} \geq$ $\dbinom{n}{2} = \dfrac{n(n-1)}{2}$ なので, $0 < \dfrac{n}{2^n} \leq \dfrac{2}{n-1}$ が成り立つ. $n \to \infty$ のとき $\dfrac{2}{n-1} \to 0$ だから, はさみうちの原理より $\dfrac{n}{2^n} \to 0 \ (n \to \infty)$ が成り立つ. $\square$

補足 2.1.15. 例 2.1.14 (2) と同様にして, 任意の自然数 $k \in \mathbb{N}$ に対して $\displaystyle\lim_{n \to \infty} \dfrac{n^k}{2^n} = 0$ であることが確かめられる. これは指数的な増大 2^n がベキ n^k より遥かに速く増大することを定量的に表したものである.

微分積分学で重要な定数である e は次の定理 2.1.16, 定義 2.1.17 で与えられる. 証明はA.5.1 節を参照.

定理 2.1.16. $a_n = \left(1 + \dfrac{1}{n}\right)^n$ とすると数列 $\{a_n\}$ は収束する. その極限値は無理数 $2.718\ 281\ 828\ 459\ 045\cdots$ である.

定義 2.1.17. $a_n = \left(1 + \dfrac{1}{n}\right)^n$ とする. 数列 $\{a_n\}$ の極限値を e と書き, $\overset{\text{ネ イ ピ ア}}{\textbf{Napier数}}$ という. 自然対数の底ということもある.

$$e = \lim_{n \to \infty} \left(1 + \frac{1}{n}\right)^n = 2.718\ 281\ 828\ 459\ 045\cdots.$$

Napier 数は無理数だが, $e \fallingdotseq 2.718$ くらいまで覚えておけば十分である. Napier 数が関わる極限を計算する際には, Napier 数の定義に持ち込むことを意識して計算すると良い.

例 2.1.18. 次の極限を求めよ.

(1) $\displaystyle\lim_{n \to \infty} \left(1 + \frac{1}{3n}\right)^n.$　　(2) $\displaystyle\lim_{n \to \infty} \left(1 - \frac{1}{n}\right)^n.$

解説: (1) $k = 3n$ とおくと $n \to \infty$ のとき $k \to \infty$ なので,

$$\lim_{n \to \infty} \left(1 + \frac{1}{3n}\right)^n = \lim_{k \to \infty} \left(1 + \frac{1}{k}\right)^{k/3} = \left(\lim_{k \to \infty} \left(1 + \frac{1}{k}\right)^k\right)^{1/3} = e^{1/3}.$$

(2) $1 - \dfrac{1}{n} = \dfrac{n-1}{n} = \left(\dfrac{n}{n-1}\right)^{-1} = \left(1 + \dfrac{1}{n-1}\right)^{-1}$ なので,

$$\lim_{n \to \infty} \left(1 - \frac{1}{n}\right)^n = \lim_{n \to \infty} \left(\left(1 + \frac{1}{n-1}\right)^n\right)^{-1}$$

$$= \lim_{n \to \infty} \left(\left(1 + \frac{1}{n-1}\right)^{n-1} \left(1 + \frac{1}{n-1}\right)\right)^{-1} = e^{-1}. \square$$

演習問題 2.1.1. 次の極限を求めよ.

(1) $\displaystyle\lim_{n\to\infty}(-2)^n$.
(2) $\displaystyle\lim_{n\to\infty}\left(-\frac{1}{2}\right)^n$.
(3) $\displaystyle\lim_{n\to\infty}\frac{3n^2-1}{2n^2+3}$.

(4) $\displaystyle\lim_{n\to\infty}\frac{2n^2-3n}{n+1}$.
(5) $\displaystyle\lim_{n\to\infty}\frac{3^n-2^n}{3^n+2^n}$.
(6) $\displaystyle\lim_{n\to\infty}\frac{3^n+5^n}{4^n-5^{n+1}}$.

(7) $\displaystyle\lim_{n\to\infty}\frac{2}{\sqrt{n^2+3n}-n}$.
(8) $\displaystyle\lim_{n\to\infty}\left(1+\frac{1}{2n}\right)^n$.
(9) $\displaystyle\lim_{n\to\infty}\left(1-\frac{1}{3n}\right)^n$.

演習問題 2.1.2. 数列 $\{a_n\}$ が次をみたすとき, $\{a_n\}$ の極限を求めよ.

(1) $0\le a_n\le\dfrac{1}{n}$.
(2) $|a_n-3|<\dfrac{1}{2^n}$.

2.2　関数

　比例, 反比例, 一次関数など, 今までさまざまな関数を学んできたと思う. 関数は微積分における主な考察対象であるので, 関数の定義を明確にすることから始めよう.

定義 2.2.1. 部分集合 $I\subset\mathbb{R}$ を固定する. 任意の実数 $x\in I$ に対して実数 $y=f(x)\in\mathbb{R}$ をただ一つ定める規則 f が定まっているとき, この f を **I 上の (1 変数) 関数** (function) といい,

$$f:I\to\mathbb{R}$$

と表す. I を関数 f の**定義域** (domain) という. 実数 $x\in I$ が動いたときに関数の値 $f(x)$ のとりうる範囲を $f(I)$ と書き, 関数 f の**値域** (range) という. すなわち, 集合 $f(I)=\{f(x)\,;\,x\in I\}$ を f の値域という. また, 次の集合 $G_f\subset\mathbb{R}^2$ を I 上の関数 f の**グラフ**という.

$$G_f=\{(x,f(x))\in\mathbb{R}^2\,;\,x\in I\}.$$

補足 2.2.2. 数列も関数の一種である. 実際, $I=\mathbb{N}$ 上の関数 $f:\mathbb{N}\to\mathbb{R}$ に対し, 数列 $a_n=f(n)$ $(n\in\mathbb{N})$ が定まる. 逆に, 数列 a_n に対して $\mathbb{N}$ 上の関数 $f(n)=a_n$ が定まる. すなわち, 数列は $\mathbb{N}$ 上の関数のいいかえである.

　関数を理解するためにグラフを描くことはとても有効である. グラフを描く最も基本的な方法は, 求めやすい点 $(x,f(x))$ をいくつか平面上にプロットし, 間を結んで補間する方法である. また, Geogebra 等のツールを用いると, コンピュータを用いて手軽にグラフを描くことができる. 特に 1 変数関数の微積分を学ぶ際には自分のコンピュータを用いてグラフを描くことを強く勧める. グラフと数式を行き来して理解を深めることで実験データから背後にあるモデルを読み取る能力が向上することが期待される.

補足 2.2.3. 反比例 $y = \dfrac{1}{x}$ は $x \neq 0$ に対して定義される関数であった. 物体の運動を考える際には開始時刻 $t = 0$ から未来 $t \geq 0$ を考える. このように, 関数が定義されている範囲 (定義域) を明確にする必要がある. たとえ同じ式 $f(x)$ で定義されていても定義域が異なる場合は違う関数である. しかしながら, 文章を簡潔にするために, 定義域は頻繁に省略される. 定義域が省略された場合は, **文脈に合う最も広い部分集合 I を定義域として考えている**と約束する.

　関数が与えられると, 関数同士の和・差・積・商・スカラー倍 (定数倍のこと) によって新しい関数を作り出すことができる. 例えば, 反比例 $y = \dfrac{1}{x}$ は定数関数 $y = 1$ と比例式 $y = x$ の商である.

> **定義 2.2.4.** 部分集合 $I \subset \mathbb{R}$ 上の関数 f, g と実数 α に対し, 次のように定義する.
>
> **和 $f + g$:**　$(f + g)(x) = f(x) + g(x)$　　$(x \in I)$.
>
> **差 $f - g$:**　$(f - g)(x) = f(x) - g(x)$　　$(x \in I)$.
>
> **積 fg:**　$(fg)(x) = f(x)g(x)$　　$(x \in I)$.
>
> **商 $\dfrac{f}{g}$:**　$\left(\dfrac{f}{g}\right)(x) = \dfrac{f(x)}{g(x)}$.　定義域は $g(x) \neq 0$ なる $x \in I$ 全体 (補足 2.2.3 も参照).
>
> **スカラー倍 αf:**　$(\alpha f)(x) = \alpha \cdot f(x)$　　$(x \in I)$.

2.3　多項式

　関数の具体例としてまずは多項式を取り上げる. 微分法でとても重要な Taylor の定理 (定理 5.6.2) は, 関数を多項式で近似する定理である.

　任意の実数 $x \in \mathbb{R}$ に対し, x を k 個 $(k \in \mathbb{N})$ かけることで得られる実数を x^k と表し, x **の k 乗**というのであった:

$$x^k = \underbrace{x \cdot \cdots \cdot x}_{k\text{個}} \quad (x \in \mathbb{R}).$$

k が奇数ならば x^k の値域は実数全体 $\mathbb{R}$ で, k が偶数ならば x^k の値域は 0 以上の実数全体 $[0, \infty)$ である. $a_0, a_1, \ldots, a_n \in \mathbb{R}$ とする.

$$P(x) = a_n x^n + \cdots + a_1 x + a_0 = \sum_{i=0}^{n} a_i x^i$$

の形をした関数 P を **多項式** (polynomial) という. さらに $a_n \neq 0$ のとき, n を多項式 P の**次数**といい, $\deg(P) = n$ と表す. このとき, P は n **次多項式** (または n **次関数**) であるという.

例 2.3.1. $P(x) = x^3 - 2x$ は 3 次多項式, $Q(x) = -x^4 + 3x^2 - x$ は 4 次多項式である.

演習問題 2.3.1. $n \in \mathbb{N}$ とする. 関数 $y = x^n$ について次の問に答えよ.

(1) $y = x, x^2, x^3, x^4, x^5$ のグラフの概形を描け.

(2) $y = x^n$ のうち, グラフが y 軸について対称であるような n の条件を求めよ.

(3) $y = x^n$ のうち, グラフが原点について対称であるような n の条件を求めよ.

2.4 有理関数

多項式 f, g の商 $\dfrac{f(x)}{g(x)}$ を**有理関数** (rational function. 分数関数ということもある) という.

例 2.4.1. $\dfrac{1}{x^2 - 1}$, $\dfrac{x+1}{x-1}$, $\dfrac{2x^2 - 1}{x+1}$ は有理関数である.

定義 2.4.2. $n \in \mathbb{N}$, $x \neq 0$ に対して $x^{-n} = \dfrac{1}{x^n}$ と定める.

$\deg(f) \geq \deg(g)$ のとき, 高校で学んだ多項式の割り算

$$f(x) = g(x) \cdot Q(x) + R(x) \quad (Q \text{ は商}, R \text{ は余り})$$

を用いることで, $\dfrac{f(x)}{g(x)} = Q(x) + \dfrac{R(x)}{g(x)}$ のように書きかえることができる. 注目すべきは $\deg(R) < \deg(g)$ であることで, これによってグラフの概形を捉えやすくなったり微積分しやすくなる.

演習問題 2.4.1. $n \in \mathbb{N}$ とする. 関数 $y = x^{-n}$ について次の問に答えよ.

(1) $y = x^{-1}, x^{-2}, x^{-3}, x^{-4}, x^{-5}$ のグラフの概形を描け.

(2) $y = x^{-n}$ のうち, グラフが y 軸について対称であるような n の条件を求めよ.

(3) $y = x^{-n}$ のうち, グラフが原点について対称であるような n の条件を求めよ.

2.5 合成関数

関数 $z = y^2$ の変数 y に関数 $y = x + 1$ を代入することで関数 $z = (x+1)^2$ が得られる. このような操作を関数の合成という. 関数の合成によって新しい関数を作り出すことができる.

定義 2.5.1. (合成関数). $I(\subset \mathbb{R})$ 上の関数 f と $J(\subset \mathbb{R})$ 上の関数 g を考える. 関数 f の値域が $f(I) \subset J$ をみたすとする. このとき, 任意の $x \in I$ に対して実数 $g(f(x)) \in g(J)(\subset \mathbb{R})$ を対応させることができる. この関数を $g \circ f$ と表し, f と g の**合成関数**という.

$$g \circ f : I \xrightarrow{\ f\ } J \xrightarrow{\ g\ } \mathbb{R} \ ; \ (g \circ f)(x) = g(f(x)).$$

例 2.5.2. $f(x) = x + 1$, $g(x) = x^2$ とする. f の値域は $f(\mathbb{R}) = \mathbb{R}$ で, これは g の定義域 $\mathbb{R}$ に含まれる. よって, 合成関数 $g \circ f$ が定義できて, $(g \circ f)(x) = g(f(x)) = g(x+1) = (x+1)^2$ である.

一方, g の値域は $g(\mathbb{R}) = [0, \infty)$ で, これは f の定義域 $\mathbb{R}$ に含まれる. よって, 合成関数 $f \circ g$ が定義できて, $(f \circ g)(x) = f(g(x)) = f(x^2) = x^2 + 1$ である.

この例でわかるように, 一般に $g \circ f \neq f \circ g$ である.

2.6 逆関数

$x \in I$ に対してただ一つの $y = f(x)$ を与えるという規則 f を I 上の関数というのであったが, その逆向きの対応が作れることがある. すなわち, $y \in f(I)$ に対して $y = f(x)$ をみたす $x \in I$ がただ一つ見つかるとき, いいかえると, $x = g(y)$ のように x が y の関数として「解ける」とき, この y から x を得る対応 g を f の**逆関数**といい, f^{-1} と表す (f^{-1} はエフインバースと読む). f^{-1} の定義域は $J = f(I)$ で, 値域は $f^{-1}(J) = I$ である.

補足 2.6.1. 逆関数の定義より $(f \circ f^{-1})(y) = y$, $(f^{-1} \circ f)(x) = x$ が成り立つ. この関係は, 逆関数を扱う際には常に意識すると良い.

次で定義する狭義単調関数に対しては逆関数が存在する. 証明は省略するが, 狭義単調関数のグラフを見れば納得できると思う.

定義 2.6.2. (狭義単調関数). 部分集合 $I \subset \mathbb{R}$ 上の関数 f を考える.

(1) 関数 f が**狭義単調増加** (strictly increasing) であるとは, $x < y$ なる任意の $x, y \in I$ に対して常に $f(x) < f(y)$ が成り立つことをいう.

(2) 関数 f が**狭義単調減少** (strictly decreasing) であるとは, $x < y$ なる任意の $x, y \in I$ に対して常に $f(x) > f(y)$ が成り立つことをいう.

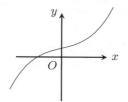

狭義単調増加な関数のグラフ

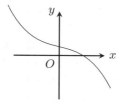

狭義単調減少な関数のグラフ

例 2.6.3.

(1) 奇数 $n \geq 1$ に対し, $f(x) = x^n$ は $\mathbb{R}$ 上狭義単調増加である.

(2) 偶数 $n \geq 2$ に対し, $f(x) = x^n$ は $[0, \infty)$ 上狭義単調増加である

(3) 自然数 $n \in \mathbb{N}$ に対し, $g(x) = x^{-n}$ は $(0, \infty)$ 上狭義単調減少である.

定理 2.6.4. (逆関数の存在). I 上の狭義単調増加 (resp. 狭義単調減少) な関数 f には逆関数 f^{-1} が存在し, f^{-1} も狭義単調増加 (resp. 狭義単調減少) である.

実は中学校で学んだ平方根 $\sqrt{a}$ は暗に関数 $y = x^2$ の逆関数として定義されていた. 平方根を難しく感じるとしたら, それは逆関数が難しいからである.

定義 2.6.5. $x \geq 0$ の q/p 乗 $x^{q/p}$ を定義しよう. まず, 自然数 $p \geq 1$ に対して $[0, \infty)$ 上の関数 $y = f(x) = x^p$ は $[0, \infty)$ 上狭義単調増加だから, 定理 2.6.4 より逆関数 f^{-1} が存在する. この逆関数を $x^{1/p} = f^{-1}(x)$ と表す. $f^{-1}(x) = x^{1/p}$ の定義域は $[0, \infty)$ である. いいかえると, $x \geq 0$ に対して

$$y = x^{1/p} \iff y^p = x \ (y \geq 0)$$

によって定義される 0 以上の実数 y を x の $1/p$ 乗 (もしくは x の p 乗根) という. $x^{1/p}$ を $\sqrt[p]{x}$ とも表す.

さらに, $p \in \mathbb{N}$, $q \in \mathbb{Z}$, $x > 0$ に対して $x^{q/p} = (x^q)^{1/p}$ と定義する.

補足 2.6.6.
(1) $p = 2$ のとき, $\sqrt[2]{x}$ を単に $\sqrt{x}$ と書き, x の正の平方根という.
(2) $p = 3$ のとき, $\sqrt[3]{x}$ を x の立方根という.
(3) 自然数 $k \in \mathbb{N}$ と $x > 0$ に対し, $y^{2k} = x$ をみたす実数 $y \in \mathbb{R}$ は $\sqrt[2k]{x} = x^{1/2k} > 0$ と $-\sqrt[2k]{x} = -x^{1/2k} < 0$ の 2 つある.
(4) 自然数 $k \in \mathbb{N}$ に対し, 関数 $y = x^{2k+1}$ は $\mathbb{R}$ 上狭義単調増加なので, $\mathbb{R}$ 上の逆関数が存在する. すなわち, 任意の実数 $x \in \mathbb{R}$ に対して $y^{2p+1} = x$ をみたす実数 $y \in \mathbb{R}$ が唯一つ存在する. この y も $\sqrt[2k+1]{x}$ または $x^{1/(2k+1)}$ と表し, x の $2k+1$ 乗根という. また, $\sqrt[2k+1]{-x} = -\sqrt[2k+1]{x}$ が成り立つ.

次に, $x > 0$, $\alpha \in \mathbb{R}$ に対して α 乗 x^α を定義したい. そのために α に収束する数列 $\{\alpha_n\}$ で, $\alpha_n \in \mathbb{Q}$ をみたすものを考える. 例えば, そのような α_n として α の 10 進小数展開 $\alpha = a_0.a_1a_2a_3 \cdots a_n \cdots$ を小数点以下第 n 位で止めた有理数 $\alpha_n = a_0.a_1a_2a_3 \cdots a_n$ がある. このとき, 数列 $\{x^{\alpha_n}\}$ は $\{\alpha_n\}$ の選び方によらず一定の実数に収束することを証明できる. そこで, **ベキ関数** x^α を次の極限値で定義する:

定義 2.6.7. $x > 0$ とする. $\alpha \in \mathbb{R}$ に対して数列 $\{\alpha_n\}$ を上記のように選んで, $x^\alpha = \lim_{n \to \infty} x^{\alpha_n}$ と定める.

演習問題 2.6.1. 次の値を求めよ.

(1) $10^{1/3} \cdot 10^{2/3}$. (2) $\left(\dfrac{9}{4}\right)^{1.5}$. (3) $\dfrac{10^5 \cdot 10^{-1/2}}{10^{-2} \cdot 10^{0.5}}$. (4) $\dfrac{4^5 \cdot 2^{-7}}{8^{-2}}$.

演習問題 2.6.2. 次の実数を小さい順に並べよ.

$$\sqrt{\pi}, \ \sqrt{5}, \ \sqrt{e}, \ 2\sqrt{2}.$$

演習問題 2.6.3. $f(x) = x - 1$, $g(x) = \sqrt{x}$ とする. 合成関数 $f \circ g$, $g \circ f$ を求めよ. グラフの概形も描け.

2.7 指数関数

第 2.6 節の最後に x^α を定義した. これを用いて指数関数を定義しよう.

定義 2.7.1. 実数 $a > 0$ $(a \neq 1)$ を固定する. このとき, 関数 $f(x) = a^x$ $(x \in \mathbb{R})$ を $(a$ を底とする$)$ **指数関数** (exponential function) という.

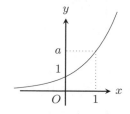

$y = a^x$ $(a > 1)$ のグラフ

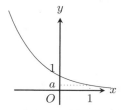

$y = a^x$ $(0 < a < 1)$ のグラフ

指数関数について, 以下に挙げる性質が成り立つ. これらは高校で習ったと思う.

定理 2.7.2. 次が成り立つ. ただし, $a, b > 0$, $x, y \in \mathbb{R}$ とする.

(1) $a^x a^y = a^{x+y}$.

(2) $a^{xy} = (a^x)^y = (a^y)^x$.

(3) $a^x b^x = (ab)^x$.

(4) $a > 1$ とすると, 指数関数 $f(x) = a^x$ は $\mathbb{R}$ 上狭義単調増加である.

(5) $0 < a < 1$ とすると, 指数関数 $f(x) = a^x$ は $\mathbb{R}$ 上狭義単調減少である.

補足 2.7.3. Napier 数 e を底とする指数関数 e^x は微積分において良い性質をもつので, 微分積分学において最もよく用いられる. この指数関数 e^x を $\exp(x)$ または $\exp x$ とも書く. 特に, e^{x^2+x+1} のように指数部分が長い場合には, 読みやすくするために $\exp(x^2 + x + 1)$ と書くことが推奨される.

補足 2.7.4. 数列の場合 (補足 2.1.15 参照) と同様に, x が大きくなるにつれて指数関数 e^x の値はどのような多項式よりも速くに増大する. このことは関数の極限を用いて定量的に表される. 例 4.2.9 (2) はその特別な場合である.

演習問題 2.7.1. 次の実数を小さい順に並べよ.

$$e^{-3}, \, 1, \, e^{1/2}, \, e^{-0.3}.$$

2.8 対数関数

定理 2.7.2 より指数関数は狭義単調関数なので, 定理 2.6.4 より逆関数が存在する. その

逆関数が対数関数である. 逆関数がわかりにくいのと同様に, 対数関数もわかりにくく感じる人が多いが, 半減期 (例 2.8.6 参照) 等で用いる重要な関数である.

定義 2.8.1. 指数関数 $f(x) = a^x$ の逆関数 f^{-1} を $f^{-1}(x) = \log_a x$ (ただし, $x > 0$) と書き, (a を底とする) **対数関数** (logarithm function) という. 対数関数の定義域は開区間 $(0, \infty)$ である. $\log_a x$ の x を**真数** (antilogarithm) ということがある.

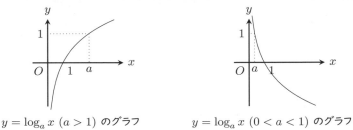

$y = \log_a x \ (a > 1)$ のグラフ　　　　　$y = \log_a x \ (0 < a < 1)$ のグラフ

補足 2.8.2. 定義より, 実数 $b > 0$ に対して対数 $c = \log_a b$ は次をみたす実数 c として定義される:

$$c = \log_a b \iff b = a^c.$$

これより $b = a^c = a^{\log_a b}$ と $c = \log_a(a^c)$ が成り立つ. これは補足 2.6.1 を $f(x) = a^x$ について書き下したものである. 特に前者を使えない人が多い.

　底が Napier 数 e や 10 である対数関数は重要なので, 特別な名前が与えられている.

定義 2.8.3.

(1) 対数 $\log_e x$ を**自然対数** (natural logarithm) といい, $\log x$ で表す (底を省略する).
(2) 対数 $\log_{10} x$ を**常用対数** (common logarithm) という.

補足 2.8.4. 対数の記号は, 分野によって異なる記号が用いられる. 数学では自然対数の場合に $\log x = \log_e x$ と底を省略し, 他には特別な記号を用いない. 一方, $\ln x = \log_e x$, $\log x = \log_{10} x$ と表す分野もある.

　対数関数について, 以下に挙げる性質が成り立つ. これらは高校で習ったと思う.

定理 2.8.5. 次が成り立つ. ただし, $a, b > 0$, $a, b \neq 1$, $x, y > 0$, $\alpha \in \mathbb{R}$ とする.

(1) $\log_a(xy) = \log_a x + \log_a y$.
(2) $\log_a(x^\alpha) = \alpha \log_a x$.
(3) $\log_a x = \dfrac{\log_b x}{\log_b a}$. 特に $\log_a b = \dfrac{1}{\log_b a}$, $\log_a x = \dfrac{\log x}{\log a}$.
(4) $a > 1$ とすると, 対数関数 $f(x) = \log_a x$ は $(0, \infty)$ 上狭義単調増加である.
(5) $0 < a < 1$ とすると, 対数関数 $f(x) = \log_a x$ は $(0, \infty)$ 上狭義単調減少である.

　対数の重要な効用の一つは定理 2.8.5 (1) である. すなわち, 積 xy を和 $\log_a x + \log_a y$ に変換することである. 積よりも和の方が楽に計算できるので, 特に計算機の無い時代に対数の計算技術は必須であった. また, 定理 2.8.5 (2) より, 対数はベキ x^α を積 $\alpha \cdot \log_a x$ に変換する. 微積分ではベキより積の方が扱いやすいので, 対数をとることは重要な計算技術である. これらの性質を利用して, 対数は次で紹介する半減期の他にも pH, 地震のエネルギーの大きさ (マグニチュード), 平均律音階などで用いられている.

例 2.8.6. 化学反応速度論によると, 化学反応の中には一次反応といわれる種類の化学反応がある. ある物質 A が一次反応によって物質 B に変化するとき, 時刻 t における物質 A の濃度を $x(t)$ と表す. 初期時刻 $t = 0$ において $x(0) = x_0$ であるとすると,

$$x(t) = x_0 e^{-kt}$$

が成り立つ. ただし, $k > 0$ は物質 A の種類によって定まる定数である.

初期濃度 x_0 が半減するまでにかかる時間を半減期という. すなわち, $x_0 e^{-kT} = \dfrac{1}{2} x_0$ をみたす時刻 T を半減期という. T を求めよ.

解説: $x_0 e^{-kT} = \dfrac{1}{2} x_0$ の両辺を x_0 で割れば $e^{-kT} = \dfrac{1}{2}$ である. 両辺の自然対数をとれば $-kT = -\log 2$ だから, $T = \dfrac{\log 2}{k}$ を得る. □

　例 2.8.6 のように, 自然現象では, $y = ca^{bx}$ という指数関数的な関係が現れることがよくある. このような関係があるときは x の変化量と y の変化量に隔たりがあるので, わかりやすいグラフを描くためには工夫を要する. 両辺の常用対数をとれば

$$\log_{10} y = \log_{10}(ca^{bx}) = (b \log_{10} a) \cdot x + \log_{10} c$$

となり, $\log_{10} y$ は x に関する 1 次関数になる. そこで, 横軸が x, 縦軸が $\log_{10} y$ であるようなグラフ用紙を用いると, 直線を描くことができる. このように, 元の関数の対数をとって描かれたグラフを**片対数グラフ**という. 片対数グラフを描くためには片対数方眼紙を用いることが多い. 片対数方眼紙は, y の値をプロットすれば $\log_{10} y$ の値を計算せず片対数グラフを描けるように作られた方眼用紙である. 片対数方眼紙はインターネットで手軽に入手できる.

例 2.8.7. 以下の片対数グラフは, 時刻 $t = 0$ でヒトの静脈にペニシリンを x_0 だけ投与した際の時刻 t における血中濃度 $x(t)$ の変化モデルを, x_0 の値を変えて描いたグラフである. 初期濃度 x_0 が変化しても傾きが一定の直線 $\log_{10} x(t) = -at + \log_{10} x_0$ $(a > 0)$ が描かれている.

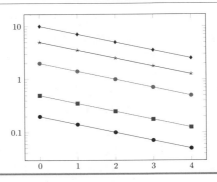

演習問題 2.8.1. $f(x) = \exp(2x+1)$, $g(x) = \log x - \dfrac{1}{2}$ とする. 合成関数 $f \circ g$, $g \circ f$ を求めよ.

演習問題 2.8.2. 次の値を求めよ.

  (1) $\log_{10}(1000)^{0.5}$.   (2) $\log_3 18 - \log_3 2$.   (3) $\log \sqrt{4e} - \log \dfrac{e}{2}$.

演習問題 2.8.3. 次の対数の値を有効数字 2 桁で求めよ. 必要なら $\log_{10} 2 = 0.301$, $\log_{10} 3 = 0.477$, $\log_{10} 7 = 0.845$ として計算して良い.

  (1) $\log_{10} 21$.   (2) $\log_{10} 5$.   (3) $\log_2 3.5$.

演習問題 2.8.4. 次の方程式を解き, 解を有効数字 2 桁で表せ. 必要なら $\log_{10} 2 = 0.301$, $\log_{10} 3 = 0.477$, $\log_{10} 7 = 0.845$ として計算して良い.

  (1) $10^x = 3^{100}$.   (2) $2^x = 35$.   (3) $\log_{10} x = 0.477 + 0.301$.

演習問題 2.8.5. 次の実数を小さい順に並べよ.

  (1) $\log 3, \log 4, \log e, \log \pi$.   (2) $\log_{0.5} 3, \log_{0.5} 4, \log_{0.5} e, \log_{0.5} \pi$.

2.9 三角関数

  (x, y) 平面 $\mathbb{R}^2$ に原点 O を中心として半径が r である円 C を描く. 円 C 上に点 P をとり, その座標を (x, y) とする. x 軸から反時計回りを正の方向として角度を測り, 線分 OP と x 軸のなす角を θ とする.

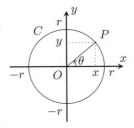

  微積分する際に都合が良いので, 角 θ は度数法 (°) ではなく **弧度法 (ラジアン) で測る**. 半径 1 の扇形の弧の長さが 1 であるとき, その中心角を 1 ラジアンと定める. つまり, 半径 r の扇形の弧の長さを L とすると, その中心角は $\theta = \dfrac{L}{r}$ ラジアンである. 度数法と弧度法の関係は次である: $360° = 2\pi$ ラジアン. ラジアンは無次元量なので以後省略する. 角は負の値 (時計回り) や $\pm 2\pi$ (一周) を超えた値

もとってよい (下図参照).

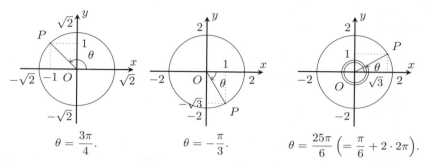

$$\theta = \frac{3\pi}{4}. \qquad\qquad \theta = -\frac{\pi}{3}. \qquad\qquad \theta = \frac{25\pi}{6} \left(= \frac{\pi}{6} + 2 \cdot 2\pi \right).$$

さて, P の座標を用いて, 三角関数を次のように定義する.

定義 2.9.1. 次の関数を総称して**三角関数** (trigonometric function) という. ただし, 分母が 0 になる場合は定義しない.

$$\sin\theta = \frac{y}{r} \quad (\text{正弦関数}), \qquad \cos\theta = \frac{x}{r} \quad (\text{余弦関数}), \qquad \tan\theta = \frac{y}{x} \quad (\text{正接関数}),$$

$$\csc\theta = \frac{r}{y} \quad (\text{余割関数}), \qquad \sec\theta = \frac{r}{x} \quad (\text{正割関数}), \qquad \cot\theta = \frac{x}{y} \quad (\text{余接関数}).$$

特に上段の sin (sine), cos (cosine), tan (tangent) をよく用いる. 本書では下段の csc (cosecant), sec (secant), cot (cotangent) は使わない.

補足 2.9.2. 三角関数の定義より, θ の範囲がある程度特定されていれば $\sin\theta$, $\cos\theta$, $\tan\theta$ のうちの 1 つから残り 2 つも決定できる.

特に, $0 \le \theta \le \dfrac{\pi}{2}$ であれば θ を内角にもつ直角三角形を補助に用いると手軽である. 相似な三角形の三角比の値は等しいから, 辺の長さが単純な直角三角形を利用すると良い. 例えば $\sin\theta = \dfrac{3}{5}$, $0 \le \theta \le \dfrac{\pi}{2}$ とする. 右図のように $\angle BAC = \theta$ である直角三角形 $\triangle ABC$ を考える. $\sin\theta = \dfrac{3}{5}$ なので $AB = 5$, $BC = 3$ とする. このとき, Pythagoras の定理より $AC = \sqrt{AB^2 - BC^2} = 4$ なので, $\cos\theta = \dfrac{AC}{AB} = \dfrac{4}{5}$, $\tan\theta = \dfrac{BC}{AC} = \dfrac{3}{4}$ となる.

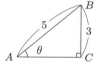

補足 2.9.3. 三角関数の「正数乗」(例えば 2 乗) は次のような書き方をすることがある:

$$\sin^2\theta = (\sin\theta)^2, \qquad\qquad \cos^2\theta = (\cos\theta)^2, \qquad\qquad \tan^2\theta = (\tan\theta)^2.$$

ただし, -1 乗などといった負ベキは $(\sin\theta)^{-1}$ や $\dfrac{1}{\sin\theta}$ と表す. $\sin^{-1}\theta$ **は逆三角関数を表すので混同してはいけない** (第 2.10 節参照).

例 2.9.4. 代表的な角 θ に対する三角関数の値を一覧表にまとめておく. これら以外の θ に関する値は定理 2.9.5 や定理 2.9.6 を用いることで計算できる場合がある. また, Taylor の定理 (定理 5.6.2) を用いれば, 必要なだけ正確に近似値を計算できる.

θ	$-\dfrac{\pi}{2}$	$-\dfrac{\pi}{3}$	$-\dfrac{\pi}{4}$	$-\dfrac{\pi}{6}$	0	$\dfrac{\pi}{6}$	$\dfrac{\pi}{4}$	$\dfrac{\pi}{3}$	$\dfrac{\pi}{2}$	$\dfrac{2\pi}{3}$	$\dfrac{3\pi}{4}$	$\dfrac{5\pi}{6}$	π
$\sin\theta$	-1	$-\dfrac{\sqrt{3}}{2}$	$-\dfrac{1}{\sqrt{2}}$	$-\dfrac{1}{2}$	0	$\dfrac{1}{2}$	$\dfrac{1}{\sqrt{2}}$	$\dfrac{\sqrt{3}}{2}$	1	$\dfrac{\sqrt{3}}{2}$	$\dfrac{1}{\sqrt{2}}$	$\dfrac{1}{2}$	0
$\cos\theta$	0	$\dfrac{1}{2}$	$\dfrac{1}{\sqrt{2}}$	$\dfrac{\sqrt{3}}{2}$	1	$\dfrac{\sqrt{3}}{2}$	$\dfrac{1}{\sqrt{2}}$	$\dfrac{1}{2}$	0	$-\dfrac{1}{2}$	$-\dfrac{1}{\sqrt{2}}$	$-\dfrac{\sqrt{3}}{2}$	-1
$\tan\theta$	$\times$	$-\sqrt{3}$	-1	$-\dfrac{1}{\sqrt{3}}$	0	$\dfrac{1}{\sqrt{3}}$	1	$\sqrt{3}$	$\times$	$-\sqrt{3}$	-1	$-\dfrac{1}{\sqrt{3}}$	0

以下に関数 $y = \sin x$, $y = \cos x$, $y = \tan x$ のグラフを描く. 同じ形が繰り返し出てくること (このような性質を周期性という) を観察してほしい.

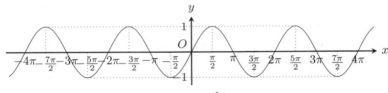

$y = \sin x$ のグラフ

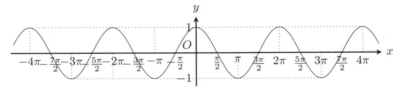

$y = \cos x$ のグラフ

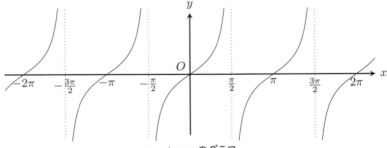

$y = \tan x$ のグラフ

三角関数の簡単な性質をまとめておく. 詳しくは高校の教科書を参照.

定理 2.9.5. 実数 $\theta \in \mathbb{R}$ に対して次が成り立つ.

(1) $\tan \theta = \dfrac{\sin \theta}{\cos \theta}$.

(2) $\sin(-\theta) = -\sin \theta$. $\cos(-\theta) = \cos \theta$. $\tan(-\theta) = -\tan \theta$.

(3) $\sin^2 \theta + \cos^2 \theta = 1$. $1 + \tan^2 \theta = \dfrac{1}{\cos^2 \theta}$. $1 + \dfrac{1}{\tan^2 \theta} = \dfrac{1}{\sin^2 \theta}$.

(4) $\sin(\theta + 2\pi) = \sin \theta$. $\cos(\theta + 2\pi) = \cos \theta$. $\tan(\theta + \pi) = \tan \theta$.

(5) $\sin\left(\theta + \dfrac{\pi}{2}\right) = \cos \theta$. $\cos\left(\theta + \dfrac{\pi}{2}\right) = -\sin \theta$. $\tan\left(\theta + \dfrac{\pi}{2}\right) = -\dfrac{1}{\tan \theta}$.

加法定理はとても重要である.

定理 2.9.6. (加法定理とその変形). 実数 $\alpha, \beta, \theta \in \mathbb{R}$ に対して次が成り立つ.

(1) (加法定理)
  - $\sin(\alpha + \beta) = \sin \alpha \cos \beta + \cos \alpha \sin \beta$.
  - $\cos(\alpha + \beta) = \cos \alpha \cos \beta - \sin \alpha \sin \beta$.
  - $\tan(\alpha + \beta) = \dfrac{\tan \alpha + \tan \beta}{1 - \tan \alpha \tan \beta}$.

(2) (2 倍角の公式)
  - $\sin(2\theta) = 2 \sin \theta \cos \theta$.
  - $\cos(2\theta) = \cos^2 \theta - \sin^2 \theta = 2\cos^2 \theta - 1 = 1 - 2\sin^2 \theta$.
  - $\tan(2\theta) = \dfrac{2 \tan \theta}{1 - \tan^2 \theta}$.

(3) (半角公式)
  - $\sin^2 \theta = \dfrac{1 - \cos(2\theta)}{2}$. もしくは $\sin^2 \dfrac{\theta}{2} = \dfrac{1 - \cos \theta}{2}$.
  - $\cos^2 \theta = \dfrac{1 + \cos(2\theta)}{2}$. もしくは $\cos^2 \dfrac{\theta}{2} = \dfrac{1 + \cos \theta}{2}$.
  - $\tan^2 \theta = \dfrac{1 - \cos(2\theta)}{1 + \cos(2\theta)}$. もしくは $\tan^2 \dfrac{\theta}{2} = \dfrac{1 - \cos \theta}{1 + \cos \theta}$.
  - $\sin \theta \cos \theta = \dfrac{\sin(2\theta)}{2}$. もしくは $\sin \dfrac{\theta}{2} \cos \dfrac{\theta}{2} = \dfrac{\sin \theta}{2}$.

(4) (合成公式)
  - $A \sin \theta + B \cos \theta = \sqrt{A^2 + B^2} \sin(\theta + \alpha)$
    $\left(\cos \alpha = \dfrac{A}{\sqrt{A^2 + B^2}}, \ \sin \alpha = \dfrac{B}{\sqrt{A^2 + B^2}} \right)$.
  - $A \sin \theta + B \cos \theta = \sqrt{A^2 + B^2} \cos(\theta + \alpha)$
    $\left(\sin \alpha = \dfrac{-A}{\sqrt{A^2 + B^2}}, \ \cos \alpha = \dfrac{B}{\sqrt{A^2 + B^2}} \right)$.

(5) (積和公式)
  - $\sin \alpha \cos \beta = \dfrac{1}{2}(\sin(\alpha + \beta) + \sin(\alpha - \beta))$.

- $\cos \alpha \cos \beta = \dfrac{1}{2}(\cos(\alpha + \beta) + \cos(\alpha - \beta)).$
- $\sin \alpha \sin \beta = -\dfrac{1}{2}(\cos(\alpha + \beta) - \cos(\alpha - \beta)).$

(6) (和積公式)

- $\sin \alpha + \sin \beta = 2 \sin \dfrac{\alpha + \beta}{2} \cos \dfrac{\alpha - \beta}{2}.$
- $\cos \alpha + \cos \beta = 2 \cos \dfrac{\alpha + \beta}{2} \cos \dfrac{\alpha - \beta}{2}.$
- $\cos \alpha - \cos \beta = -2 \sin \dfrac{\alpha + \beta}{2} \sin \dfrac{\alpha - \beta}{2}.$

演習問題 2.9.1. 実数 θ が次の範囲にあり, $\tan \theta = 2$ をみたすとき, $\sin \theta$, $\cos \theta$ の値を求めよ.

(1) $0 < \theta < \dfrac{\pi}{2}.$ (2) $\pi < \theta < \dfrac{3\pi}{2}.$

2.10 逆三角関数

三角関数は, 角を用いて円上の点の座標を表す関数であった. この逆の対応, すなわち, 円上の点の座標から角を求める対応があると便利である. これを**逆三角関数**という. 逆三角関数は三角関数の逆関数であるが, 三角関数には周期性があるので, 逆関数を定義するためには三角関数の一部のみを考えなければならない. 三角関数 $\sin x$, $\cos x$, $\tan x$ それぞれの逆関数 $\mathrm{Sin}^{-1} x$ (arcsine), $\mathrm{Cos}^{-1} x$ (arccosine), $\mathrm{Tan}^{-1} x$ (arctangent) を順番に定義していこう.

2.10.1 逆正弦関数 $\mathrm{Sin}^{-1} x$

正弦関数 $y = \sin x$ は $[-\pi/2, \pi/2]$ 上で狭義単調増加である. よって, 定理 2.6.4 より逆関数が存在し, その値域は閉区間 $[-\pi/2, \pi/2]$ である.

定義 2.10.1. 正弦関数 $y = \sin x$ $(-\pi/2 \leq x \leq \pi/2)$ の逆関数を $y = \mathrm{Sin}^{-1} x$ $(-1 \leq x \leq 1)$ と表し, **逆正弦関数** (arcsine) という.

すなわち, $-1 \leq t \leq 1$, $-\dfrac{\pi}{2} \leq \theta \leq \dfrac{\pi}{2}$ に対して次が成り立つ:

$$\theta = \mathrm{Sin}^{-1} t \iff t = \sin \theta. \tag{2.10.1}$$

いいかえると, $-\dfrac{\pi}{2} \leq \theta \leq \dfrac{\pi}{2}$ に対して $\mathrm{Sin}^{-1}(\sin \theta) = \theta$ が成り立ち, $-1 \leq t \leq 1$ に対して $\sin(\mathrm{Sin}^{-1} t) = t$ が成り立つ.

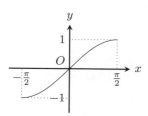

$y = \sin x \ (-\pi/2 \leq x \leq \pi/2)$ のグラフ

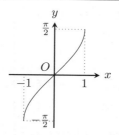

$y = \mathrm{Sin}^{-1} x$ のグラフ

補足 2.10.2. 逆正弦関数 $\mathrm{Sin}^{-1} x$ は, $\sin^{-1} x$, $\mathrm{Arcsin}\, x$, $\arcsin x$ とも表す. $\sin^{-1} x \neq \dfrac{1}{\sin x}$ である. 混同する人が多いので注意すること.

例 2.10.3. $\sin\theta = x$ となる θ を $-\dfrac{\pi}{2} \leq \theta \leq \dfrac{\pi}{2}$ の範囲で探す (例 2.9.4 参照):

x	-1	$-\dfrac{\sqrt{3}}{2}$	$-\dfrac{1}{\sqrt{2}}$	$-\dfrac{1}{2}$	0	$\dfrac{1}{2}$	$\dfrac{1}{\sqrt{2}}$	$\dfrac{\sqrt{3}}{2}$	1
$\mathrm{Sin}^{-1} x$	$-\dfrac{\pi}{2}$	$-\dfrac{\pi}{3}$	$-\dfrac{\pi}{4}$	$-\dfrac{\pi}{6}$	0	$\dfrac{\pi}{6}$	$\dfrac{\pi}{4}$	$\dfrac{\pi}{3}$	$\dfrac{\pi}{2}$

例 2.10.4. 次の値を求めよ.

(1) $\mathrm{Sin}^{-1}\left(\sin\dfrac{\pi}{3}\right)$.　　　(2) $\mathrm{Sin}^{-1}\left(\sin\dfrac{2\pi}{3}\right)$.　　　(3) $\mathrm{Sin}^{-1}\left(\sin\dfrac{13\pi}{12}\right)$.

解説: (1) 式 (2.10.1) の下にあるように, $-\dfrac{\pi}{2} \leq \theta \leq \dfrac{\pi}{2}$ ならば $\mathrm{Sin}^{-1}(\sin\theta) = \theta$ なので, $\theta = \dfrac{\pi}{3}$ とすれば $\mathrm{Sin}^{-1}\left(\sin\dfrac{\pi}{3}\right) = \dfrac{\pi}{3}$ である.

(2) (1) と同様に考えたくなるが, $\dfrac{2\pi}{3} > \dfrac{\pi}{2}$ なので, 同様には求められない. しかし, $\sin\dfrac{2\pi}{3} = \dfrac{\sqrt{3}}{2} = \sin\dfrac{\pi}{3}$ であることを思い出せば, $\mathrm{Sin}^{-1}\left(\sin\dfrac{2\pi}{3}\right) = \mathrm{Sin}^{-1}\left(\sin\dfrac{\pi}{3}\right) = \dfrac{\pi}{3}$ となる.

(3) (2) と同様に考えたいが, $\sin\dfrac{13\pi}{12}$ の値を求めることは面倒である. しかし, 要点は $\sin\dfrac{13\pi}{12} = \sin\theta$ をみたす $-\dfrac{\pi}{2} \leq \theta \leq \dfrac{\pi}{2}$ を求めることであった. そこで, $y = \sin x$ のグラフを見るなどして $\sin\dfrac{13\pi}{12} = \sin\left(\dfrac{-\pi}{12}\right)$ であることを見つければ, $\mathrm{Sin}^{-1}\left(\sin\dfrac{13\pi}{12}\right) = \mathrm{Sin}^{-1}\left(\sin\dfrac{-\pi}{12}\right) = -\dfrac{\pi}{12}$ とわかる. □

例 2.10.5. 次の値を求めよ.

(1) $\sin\left(\mathrm{Sin}^{-1}\dfrac{1}{2}\right)$. 　　　(2) $\cos\left(\mathrm{Sin}^{-1}\dfrac{1}{3}\right)$.

解説: (1) 式 (2.10.1) の下にあるように, $-1 \leq t \leq 1$ ならば $\sin(\mathrm{Sin}^{-1}t) = t$ なので, $\sin\left(\mathrm{Sin}^{-1}\dfrac{1}{2}\right) = \dfrac{1}{2}$ である.

(2) $\theta = \mathrm{Sin}^{-1}\dfrac{1}{3}$ とおくと $\sin\theta = \dfrac{1}{3} \geq 0$ である. よって $0 \leq \theta \leq \dfrac{\pi}{2}$ だから θ を内角にもつような直角三角形を描けば (補足 2.9.2 参照), $\cos\left(\mathrm{Sin}^{-1}\dfrac{1}{3}\right) = \cos\theta = \dfrac{2\sqrt{2}}{3}$ とわかる.

もちろん, 次のように三角関数の関係式を用いても良い: $-\dfrac{\pi}{2} \leq \mathrm{Sin}^{-1}\dfrac{1}{3} \leq \dfrac{\pi}{2}$ より $\cos\left(\mathrm{Sin}^{-1}\dfrac{1}{3}\right) \geq 0$ だから, $\cos\left(\mathrm{Sin}^{-1}\dfrac{1}{3}\right) = \sqrt{1 - \sin^2\left(\mathrm{Sin}^{-1}\dfrac{1}{3}\right)} = \sqrt{1 - \dfrac{1}{9}} = \dfrac{2\sqrt{2}}{3}$. $\square$

例 2.10.6. $\mathrm{Sin}^{-1}(-x) = -\mathrm{Sin}^{-1}x$ が成り立つことを示せ.

解説: $y = \mathrm{Sin}^{-1}(-x)$ とすれば, $-\dfrac{\pi}{2} \leq y \leq \dfrac{\pi}{2}$ だから $\sin y = -x$ が成り立つ. ここで, $\sin(-y) = -\sin y$ だったから, $\sin(-y) = x$ である. したがって, $-\dfrac{\pi}{2} \leq -y \leq \dfrac{\pi}{2}$ より

$$\mathrm{Sin}^{-1}x = \mathrm{Sin}^{-1}(\sin(-y)) = -y = -\mathrm{Sin}^{-1}(-x). \square$$

2.10.2 　逆余弦関数 $\mathrm{Cos}^{-1}x$

余弦関数 $y = \cos x$ は $[0, \pi]$ 上で狭義単調減少である. よって, 定理 2.6.4 より逆関数が存在し, その値域は閉区間 $[0, \pi]$ である.

定義 2.10.7. 余弦関数 $y = \cos x\ (0 \leq x \leq \pi)$ の逆関数を $y = \mathrm{Cos}^{-1}x\ (-1 \leq x \leq 1)$ と表し, **逆余弦関数** (arccosine) という.

すなわち, $-1 \leq t \leq 1,\ 0 \leq \theta \leq \pi$ に対して次が成り立つ:

$$t = \cos\theta \iff \theta = \mathrm{Cos}^{-1}t. \tag{2.10.2}$$

いいかえると, $0 \leq \theta \leq \pi$ に対して $\mathrm{Cos}^{-1}(\cos\theta) = \theta$ が成り立ち, $-1 \leq t \leq 1$ に対して $\cos(\mathrm{Cos}^{-1}t) = t$ が成り立つ.

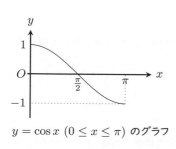

$y = \cos x \ (0 \le x \le \pi)$ のグラフ

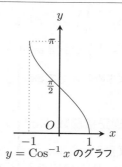

$y = \mathrm{Cos}^{-1} x$ のグラフ

補足 2.10.8. $\mathrm{Sin}^{-1} x$ と同様に, 逆余弦関数 $\mathrm{Cos}^{-1} x$ は $\cos^{-1} x$, Arccos x, arccos x とも表す.

例 2.10.9. $\cos \theta = x$ となる θ を $0 \le \theta \le \pi$ の範囲で探す (例 2.9.4 参照):

x	-1	$-\dfrac{\sqrt{3}}{2}$	$-\dfrac{1}{\sqrt{2}}$	$-\dfrac{1}{2}$	0	$\dfrac{1}{2}$	$\dfrac{1}{\sqrt{2}}$	$\dfrac{\sqrt{3}}{2}$	1
$\mathrm{Cos}^{-1} x$	π	$\dfrac{5}{6}\pi$	$\dfrac{3}{4}\pi$	$\dfrac{2}{3}\pi$	$\dfrac{\pi}{2}$	$\dfrac{\pi}{3}$	$\dfrac{\pi}{4}$	$\dfrac{\pi}{6}$	0

例 2.10.10. 次の値を求めよ.

(1) $\mathrm{Cos}^{-1}\left(\cos \dfrac{\pi}{3}\right).$　　　(2) $\mathrm{Cos}^{-1}\left(\cos \dfrac{13\pi}{12}\right).$

解説: Sin^{-1} と Cos^{-1} の違いはあるが, 考え方は例 2.10.4 と同様である.

(1) 式 (2.10.2) の下にあるように, $0 \le \theta \le \pi$ ならば $\mathrm{Cos}^{-1}(\cos \theta) = \theta$ なので, $\mathrm{Cos}^{-1}\left(\cos \dfrac{\pi}{3}\right) = \dfrac{\pi}{3}$ である.

(2) $\dfrac{13\pi}{12} > \pi$ なので, $\cos \dfrac{13\pi}{12} = \cos \theta$ をみたす $0 \le \theta \le \pi$ を見つける. そこで, $y = \cos x$ のグラフを見るなどして $\cos \dfrac{13\pi}{12} = \cos\left(\dfrac{11\pi}{12}\right)$ であることを見つければ, $\mathrm{Cos}^{-1}\left(\cos \dfrac{13\pi}{12}\right) = \mathrm{Cos}^{-1}\left(\cos\left(\dfrac{11\pi}{12}\right)\right) = \dfrac{11\pi}{12}$ とわかる. □

例 2.10.11. 次の値を求めよ.

(1) $\cos\left(\mathrm{Cos}^{-1} \dfrac{1}{2}\right).$　　　(2) $\sin\left(\mathrm{Cos}^{-1} \dfrac{1}{3}\right).$

解説: この例も Sin^{-1} の場合と同様に考える.

(1) 式 (2.10.2) の下にあるように, $-1 \le t \le 1$ ならば $\cos(\mathrm{Cos}^{-1} t) = t$ なので,

$\cos\left(\mathrm{Cos}^{-1}\dfrac{1}{2}\right)=\dfrac{1}{2}$ である.

(2) $\theta=\mathrm{Cos}^{-1}\dfrac{1}{3}$ とおくと $\cos\theta=\dfrac{1}{3}$ だから, θ を内角にもつ直角三角形を描けば $\sin\theta=\dfrac{2\sqrt{2}}{3}$ と求めることができる. □

2.10.3 逆正接関数 $\mathrm{Tan}^{-1}x$

正接関数 $y=\tan x$ は $(-\pi/2,\pi/2)$ 上で狭義単調増加である. よって, 定理 2.6.4 より逆関数が存在し, 値域は開区間 $(-\pi/2,\pi/2)$ である.

定義 2.10.12. 正接関数 $y=\tan x$ $(-\pi/2<x<\pi/2)$ の逆関数を $y=\mathrm{Tan}^{-1}x$ $(x\in\mathbb{R})$ と表し, **逆正接関数** (arctangent) という.

すなわち, $t\in\mathbb{R}$, $-\pi/2<\theta<\pi/2$ に対して次が成り立つ:

$$t=\tan\theta\iff\theta=\mathrm{Tan}^{-1}t. \tag{2.10.3}$$

いいかえると, $-\pi/2<\theta<\pi/2$ に対して $\mathrm{Tan}^{-1}(\tan\theta)=\theta$ が成り立ち, $t\in\mathbb{R}$ に対して $\tan(\mathrm{Tan}^{-1}t)=t$ が成り立つ.

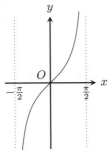

$y=\tan x$ $(-\pi/2<x<\pi/2)$ のグラフ

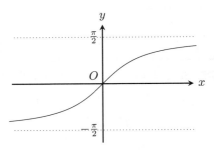

$y=\mathrm{Tan}^{-1}x$ のグラフ

補足 2.10.13. $\mathrm{Sin}^{-1}x$ や $\mathrm{Tan}^{-1}x$ と同様に, 逆正接関数 $\mathrm{Tan}^{-1}x$ は $\tan^{-1}x$, $\mathrm{Arctan}\,x$, $\arctan x$ とも表す.

例 2.10.14. $\tan\theta=x$ となる θ を $-\dfrac{\pi}{2}\leq\theta\leq\dfrac{\pi}{2}$ の範囲で探す (例 2.9.4 参照):

x	$-\sqrt{3}$	-1	$-\dfrac{1}{\sqrt{3}}$	0	$\dfrac{1}{\sqrt{3}}$	1	$\sqrt{3}$
$\mathrm{Tan}^{-1}x$	$-\dfrac{\pi}{3}$	$-\dfrac{\pi}{4}$	$-\dfrac{\pi}{6}$	0	$\dfrac{\pi}{6}$	$\dfrac{\pi}{4}$	$\dfrac{\pi}{3}$

例 2.10.15. 次の値を求めよ.

(1) $\mathrm{Tan}^{-1}\left(\tan\dfrac{\pi}{3}\right)$. (2) $\mathrm{Tan}^{-1}\left(\tan\dfrac{13\pi}{12}\right)$.

解説: Sin^{-1} や Cos^{-1} の場合と同様に考える.

(1) 式 (2.10.3) の下にあるように, $-\dfrac{\pi}{2} < \theta < \dfrac{\pi}{2}$ ならば $\mathrm{Tan}^{-1}(\tan\theta) = \theta$ なので,
$\mathrm{Tan}^{-1}\left(\tan\dfrac{\pi}{3}\right) = \dfrac{\pi}{3}$ である.

(2) $\dfrac{13\pi}{12} > \dfrac{\pi}{2}$ なので, $\tan\dfrac{13\pi}{12} = \tan\theta$ をみたす $-\dfrac{\pi}{2} < \theta < \dfrac{\pi}{2}$ を見つける. そこで, $y = \tan x$ のグラフを見るなどして $\tan\dfrac{13\pi}{12} = \tan\dfrac{\pi}{12}$ であることを見つければ,
$\mathrm{Tan}^{-1}\left(\tan\dfrac{13\pi}{12}\right) = \mathrm{Tan}^{-1}\left(\tan\dfrac{\pi}{12}\right) = \dfrac{\pi}{12}$ とわかる. $\square$

例 2.10.16. 次の値を求めよ.

(1) $\tan(\mathrm{Tan}^{-1} 2)$. (2) $\sin(\mathrm{Tan}^{-1} 2)$. (3) $\cos(\mathrm{Tan}^{-1} 2)$.

解説: この例も Sin^{-1} や Cos^{-1} のときと同様に考える.

(1) 式 (2.10.3) の下にあるように, $t \in \mathbb{R}$ ならば $\tan(\mathrm{Tan}^{-1} t) = t$ なので, $\tan(\mathrm{Tan}^{-1} 2) = 2$ である.

(2) $\theta = \mathrm{Tan}^{-1} 2$ とおくと, $0 < \theta < \dfrac{\pi}{2}$ かつ $\tan\theta = 2$ であることがわかる. よって,
$\sin(\mathrm{Tan}^{-1} 2) = \sin\theta = \dfrac{2}{\sqrt{5}}$ である.

(3) (2) と同様に, $\cos\theta = \cos(\mathrm{Tan}^{-1} 2) = \dfrac{1}{\sqrt{5}}$ である. $\square$

演習問題 2.10.1. 次の値を求めよ.

(1) $\sin\left(\mathrm{Sin}^{-1}\dfrac{-1}{\sqrt{3}}\right)$. (2) $\cos\left(\mathrm{Sin}^{-1}\dfrac{1}{8}\right)$. (3) $\mathrm{Sin}^{-1}\left(\sin\dfrac{\pi}{8}\right)$.

(4) $\mathrm{Sin}^{-1}\left(\sin\dfrac{-5\pi}{8}\right)$. (5) $\mathrm{Sin}^{-1}\left(\cos\dfrac{\pi}{3}\right)$.

演習問題 2.10.2. 次の値を求めよ.

(1) $\cos\left(\mathrm{Cos}^{-1}\dfrac{1}{\sqrt{2}}\right)$. (2) $\sin\left(\mathrm{Cos}^{-1}\dfrac{-1}{7}\right)$. (3) $\tan\left(\mathrm{Cos}^{-1}\dfrac{-1}{7}\right)$.

(4) $\mathrm{Cos}^{-1}\left(\cos\dfrac{\pi}{8}\right)$. (5) $\mathrm{Cos}^{-1}\left(\sin\dfrac{7\pi}{10}\right)$.

演習問題 2.10.3. 次の値を求めよ.

(1) $\tan(\mathrm{Tan}^{-1} 7)$.   (2) $\sin(\mathrm{Tan}^{-1} 3)$.   (3) $\mathrm{Tan}^{-1}\left(\tan\dfrac{\pi}{4}\right)$.

(4) $\mathrm{Tan}^{-1}\left(\tan\left(\dfrac{-3}{5}\pi\right)\right)$.   (5) $\mathrm{Tan}^{-1}\left(\cos\pi\right)$.

演習問題 2.10.4. 実数 $-1 \leq x \leq 1$ に対して次が成り立つことを示せ.

$$\mathrm{Sin}^{-1} x + \mathrm{Cos}^{-1} x = \frac{\pi}{2}.$$

演習問題 2.10.5. 実数 $x \in \mathbb{R}$ に対して次が成り立つことを示せ.

$$\mathrm{Tan}^{-1}(-x) = -\mathrm{Tan}^{-1} x.$$

第 3 章

ベクトル・行列

　高校で習ったように，関数を微分するとグラフ上の点における傾きがわかり，接線を求めることができた．これは関数のグラフを直線で近似しているのであった．このように，微分法は関数のグラフを「まっすぐなもの」で近似する．本章では「まっすぐなもの」を扱うために有用なベクトルと行列について学ぶ．高校の内容と重複する部分もあるので，必要に応じて高校の教科書などで復習すると良い．

3.1　平面ベクトル

　線分に向きを付けたものを有向線分という．有向線分は始点，向き，線分の長さを決めれば定まるが，始点の位置を無視したものをベクトルという．すなわち，始点が異なっていても向きと長さがそれぞれ等しい有向線分は同じベクトルだとみなすのである．高校でベクトルを学んだ際はこのようにベクトルが導入されたことだろう．本書では，座標を用いてベクトルを扱う．

3.1.1　平面ベクトルの成分

　xy 平面 $\mathbb{R}^2$ の原点 $O = (0,0)$ を始点とし，点 $A = (a_1, a_2) \in \mathbb{R}^2$ を終点とする有向線分に対応するベクトル $\overrightarrow{OA}$ を $\boldsymbol{a} = \begin{bmatrix} a_1 \\ a_2 \end{bmatrix} \in \mathbb{R}^2$ と表す．高校では $\vec{a}$ のように矢印で表していたと思うが，本書では太字 $\boldsymbol{a}$ で表す．a_1 をベクトル $\boldsymbol{a}$ の第 1 成分，a_2 をベクトル $\boldsymbol{a}$ の第 2 成分という．点 $A = (a_1, a_2)$ とベクトル $\boldsymbol{a} = \begin{bmatrix} a_1 \\ a_2 \end{bmatrix}$ は，しばしば同じものとして扱う．

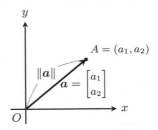

　ベクトル a の始点と終点の距離を本書では $\|a\|$ と表し, ベクトル a の**ノルム** (norm) という. a の**長さ**, あるいは, **大きさ**ともいう. Pythagoras の定理より $\|a\| = \sqrt{(a_1)^2 + (a_2)^2}$ が成り立つ.

　ベクトルは向きと長さのみで定まる対象であるから, 始点を自由に変えて良い. 例えば点 $P = (1, 0)$ を始点とし, 点 $B = (a_1 + 1, a_2)$ を終点とする有向線分に対応するベクトル $\overrightarrow{PB}$ を考えると, $\overrightarrow{PB} = a$ が成り立つ. このように了解すると, ベクトル $a = \begin{bmatrix} a_1 \\ a_2 \end{bmatrix}, b = \begin{bmatrix} b_1 \\ b_2 \end{bmatrix}$ の和 $a + b$ を $a + b = \begin{bmatrix} a_1 + b_1 \\ a_2 + b_2 \end{bmatrix}$ と定義すれば, 次のように図示して理解することができる.

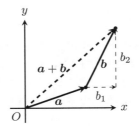

　ベクトル $a = \begin{bmatrix} a_1 \\ a_2 \end{bmatrix}$ と実数 $\alpha \in \mathbb{R}$ に対して, スカラー倍 αa を $\alpha a = \begin{bmatrix} \alpha a_1 \\ \alpha a_2 \end{bmatrix}$ と定義すれば, 特に 0 倍を考えると $0a = \begin{bmatrix} 0 \\ 0 \end{bmatrix}$ となる. すべての成分が 0 であるベクトルを**零ベクトル** (zero vector) といい, $\mathbf{0} = \begin{bmatrix} 0 \\ 0 \end{bmatrix}$ と表す. つまり $0a = \mathbf{0}$ が成り立つ. また, ベクトル a の -1 倍 $(-1)a$ を $-a$ と表す. $-a$ は a と向きが逆向きで長さが等しいベクトルである. また, ベクトルの差 $a - b$ を $a - b = a + (-b)$ と定める. ベクトルのノルムは次の性質をみたす.

定理 3.1.1. $a, b \in \mathbb{R}^2$, $\alpha \in \mathbb{R}$ に対して次が成り立つ.

(1) $\|\alpha a\| = |\alpha| \|a\|$.

(2)（三角不等式）$\|a + b\| \leq \|a\| + \|b\|$.

定義 3.1.2. 零ベクトルでないベクトル $a \in \mathbb{R}^2$ に対し，ベクトル $u = \dfrac{a}{\|a\|}$ を a の**正規化** (normalization, 規格化) という.

補足 3.1.3. $\left\| \dfrac{a}{\|a\|} \right\| = \dfrac{1}{\|a\|} \|a\| = 1$ より，a の正規化 $u = \dfrac{a}{\|a\|}$ の長さは 1 である.

3.1.2 平面ベクトルの内積

次はベクトル $a = \begin{bmatrix} a_1 \\ a_2 \end{bmatrix}, b = \begin{bmatrix} b_1 \\ b_2 \end{bmatrix}$ の内積について考えたい. 最初にベクトルの内積を定義し，その意味を考える.

定義 3.1.4. ベクトル $a, b \in \mathbb{R}^2$ の**内積** $\langle a, b \rangle$ を次で定義する.

$$\langle a, b \rangle = a_1 b_1 + a_2 b_2.$$

内積を $a \cdot b$ と表すこともある. また，$\langle a, b \rangle = 0$ が成り立つとき，a と b は**直交する**という.

ベクトルの内積と直交性の幾何的な意味は後ほど考える. a, b の少なくとも一方が零ベクトルの場合は常に $\langle a, b \rangle = 0$ だから，零ベクトルはすべてのベクトルと直交する. 定義より，次の性質を確かめられる.

定理 3.1.5. $a, b, c \in \mathbb{R}^2$, $\alpha \in \mathbb{R}$ に対して次が成り立つ.

(1) $\langle a, a \rangle \geq 0$. 等号は $a = 0$ の場合のみ成立する.
(2) $\|a\| = \sqrt{\langle a, a \rangle}$.
(3) $\langle a, b \rangle = \langle b, a \rangle$.
(4) $\langle a + b, c \rangle = \langle a, c \rangle + \langle b, c \rangle$.
(5) $\langle \alpha a, b \rangle = \langle a, \alpha b \rangle = \alpha \langle a, b \rangle$.
(6) $\langle a, a \rangle = \|a\|^2$.
(7) （Cauchy-Schwarzの不等式） $|\langle a, b \rangle| \leq \|a\| \|b\|$.

では，ベクトルの内積と直交性の幾何的な意味を考えよう. $e_1 = \begin{bmatrix} 1 \\ 0 \end{bmatrix}, e_2 = \begin{bmatrix} 0 \\ 1 \end{bmatrix}$ とおき，これらを $\mathbb{R}^2$ の**基本ベクトル**という. $\langle e_1, e_2 \rangle = 0$ なので e_1 と e_2 は直交する. 基本ベクトルを用いるとベクトル a は $a = a_1 e_1 + a_2 e_2$ と表される. 右辺 $a_1 e_1 + a_2 e_2$ を e_1, e_2 の**一次結合**という. このとき a の e_1 成分は a_1 であるという. 同様に，a の e_2 成分は a_2 であるという. より一般に，ベクトル a_1, a_2 が直交し，a が a_1 と a_2 の一次結合 $a = \alpha_1 a_1 + \alpha_2 a_2$ により表されるとき，a の a_i 成分は α_i であるという $(i = 1, 2)$.

ベクトル a が零ベクトルでないとする. $a' = \begin{bmatrix} a_2 \\ -a_1 \end{bmatrix}$ と定めると, $\langle a, a' \rangle = a_1 a_2 - a_2 a_1 = 0$ より a と a' は直交する. 特に a と a' は平行でないので, ベクトル b は $b = \alpha a + \beta a'$ の形で表される. そこで, α, β を求めると次のようになる.

命題 3.1.6. 次が成り立つ.

$$b = \frac{\langle a, b \rangle}{\|a\|^2} a + \frac{\langle a', b \rangle}{\|a'\|^2} a'. \tag{3.1.1}$$

証明: ベクトル a と $b = \alpha a + \beta a'$ の両辺との内積をとると,

$$\langle a, b \rangle = \langle a, \alpha a + \beta a' \rangle = \alpha \langle a, a \rangle + \beta \langle a, a' \rangle$$

が成り立つので, $\langle a, a' \rangle = 0$ より $\alpha = \dfrac{\langle a, b \rangle}{\|a\|^2}$ を得る. 次に, ベクトル a' と $b = \alpha a + \beta a'$ の両辺との内積をとれば, 同様に $\beta = \dfrac{\langle a', b \rangle}{\|a'\|^2}$ を得る. $\square$

したがって, ベクトル b の a 成分は $\dfrac{\langle a, b \rangle}{\|a\|^2}$ であることがわかった. また, 式 (3.1.1) を少し書きかえると,

$$b = \frac{\langle a, b \rangle}{\|a\|} \frac{a}{\|a\|} + \frac{\langle a, b \rangle}{\|a'\|} \frac{a'}{\|a'\|}$$

となる. すなわち, b の $\dfrac{a}{\|a\|}$ 成分は $\dfrac{\langle a, b \rangle}{\|a\|}$ である. $\dfrac{a}{\|a\|}$ の長さは 1 だから, ベクトル b を a 方向へ分解したとき, その長さは $\dfrac{\langle a, b \rangle}{\|a\|}$ である. よって, $a, b \neq 0$ のとき a と b のなす角を θ とすれば $\dfrac{\langle a, b \rangle}{\|a\|} = \|b\| \cos\theta$ である. これより, $\langle a, b \rangle = \|a\| \|b\| \cos\theta$ という高校で学んだ内積が復元された. 特に, $a \neq 0$, $b \neq 0$ のとき, a と b が直交することと $\theta = \dfrac{\pi}{2}$ であることは同値である.

演習問題 3.1.1. Cauchy-Schwarz の不等式 (定理 3.1.5 参照) を示せ.

3.2 空間ベクトル

3.2.1 空間ベクトルの成分と内積

空間ベクトルも座標で表すと扱いやすい. 考え方は平面の場合と全く同様であるが, 確認のためにまとめておく. 単に成分が増えただけである.

xyz 空間 $\mathbb{R}^3$ の原点 $O = (0, 0, 0)$ を始点とし, 点 $A = (a_1, a_2, a_3) \in \mathbb{R}^3$ を終点とする有向線分に対応するベクトル $\overrightarrow{OA}$ を $a = \begin{bmatrix} a_1 \\ a_2 \\ a_3 \end{bmatrix} \in \mathbb{R}^3$ と表す. a_1 をベクトル a の第 1 成分, a_2

をベクトル a の第 2 成分, a_3 をベクトル a の第 3 成分という. 点 $A = (a_1, a_2, a_3)$ とベクトル $a = \begin{bmatrix} a_1 \\ a_2 \\ a_3 \end{bmatrix}$ はしばしば同じものとして扱う. ベクトル a の始点と終点の距離を $\|a\|$ と表し, ベクトル a の**ノルム** (norm) という. a の**長さ**, あるいは, **大きさ**ともいう. Pythagoras の定理より $\|a\| = \sqrt{(a_1)^2 + (a_2)^2 + (a_3)^2}$ が成り立つ.

ベクトル $a = \begin{bmatrix} a_1 \\ a_2 \\ a_3 \end{bmatrix}, b = \begin{bmatrix} b_1 \\ b_2 \\ b_3 \end{bmatrix}$ の和 $a + b$ を $a + b = \begin{bmatrix} a_1 + b_1 \\ a_2 + b_2 \\ a_3 + b_3 \end{bmatrix}$ と定義する. また,

ベクトル a と実数 $\alpha \in \mathbb{R}$ に対して, スカラー倍 αa を $\alpha a = \begin{bmatrix} \alpha a_1 \\ \alpha a_2 \\ \alpha a_3 \end{bmatrix}$ と定義する. すべての

成分が 0 であるベクトルを**零ベクトル** (zero vector) といい, $\mathbf{0} = \begin{bmatrix} 0 \\ 0 \\ 0 \end{bmatrix}$ と表す. また, ベク

トル a の -1 倍 $(-1)a$ を $-a$ と表す. $-a$ は a と向きが逆向きで長さが等しいベクトルである. また, ベクトルの差 $a - b$ を $a - b = a + (-b)$ と定める. $e_1 = \begin{bmatrix} 1 \\ 0 \\ 0 \end{bmatrix}, e_2 = \begin{bmatrix} 0 \\ 1 \\ 0 \end{bmatrix},$

$e_3 = \begin{bmatrix} 0 \\ 0 \\ 1 \end{bmatrix}$ を $\mathbb{R}^3$ の**基本ベクトル**という. ベクトル $a \in \mathbb{R}^3$ が与えられたとき, 基本ベクトルを用

いて $a = a_1 e_1 + a_2 e_2 + a_3 e_3$ と表すことができる. 右辺 $a_1 e_1 + a_2 e_2 + a_3 e_3$ を e_1, e_2, e_3 の**一次結合**という.

ベクトル a, b の内積も同様に定義する.

定義 3.2.1. ベクトル $a, b \in \mathbb{R}^3$ の**内積** $\langle a, b \rangle$ を次で定義する.

$$\langle a, b \rangle = a_1 b_1 + a_2 b_2 + a_1 a_3.$$

内積を $a \cdot b$ と表すこともある. また, $\langle a, b \rangle = 0$ が成り立つとき, a と b は**直交する**という.

定義より, 次の性質が成り立つことを確かめられる.

定理 3.2.2. $a, b, c \in \mathbb{R}^3$, $\alpha \in \mathbb{R}$ に対して次が成り立つ.

(1) $\langle a, a \rangle \geq 0$. 等号は $a = \mathbf{0}$ の場合のみ成立する.

(2) $\|a\| = \sqrt{\langle a, a \rangle}$.

(3) $\langle a, b \rangle = \langle b, a \rangle$.

(4) $\langle a + b, c \rangle = \langle a, c \rangle + \langle b, c \rangle$.

(5) $\langle \alpha a, b \rangle = \langle a, \alpha b \rangle = \alpha \langle a, b \rangle$.

(6) $\langle a, a \rangle = \|a\|^2$.

(7) (Cauchy-Schwarzの不等式) $|\langle a, b \rangle| \leq \|a\| \|b\|$.

(8) $\|\alpha a\| = |\alpha| \|a\|$.

(9) (三角不等式) $\|a + b\| \leq \|a\| + \|b\|$.

定義 3.2.3. 零ベクトルでないベクトル $a \in \mathbb{R}^3$ に対し，ベクトル $u = \dfrac{a}{\|a\|}$ を a の**正規化** (normalization, 規格化) という．

補足 3.2.4. 空間ベクトル $a \in \mathbb{R}^3$ の正規化 $u = \dfrac{a}{\|a\|}$ の長さは 1 である．

3.2.2 空間ベクトルの外積

空間ベクトル $a, b \in \mathbb{R}^3$ に対して，外積というベクトルを構成することができる．外積 $a \times b$ は a とも b とも直交するという性質をもつ．外積を表す記号 $\times$ は，実数の積とは違い**省略してはならない**．

定義 3.2.5. 空間ベクトル $a = \begin{bmatrix} a_1 \\ a_2 \\ a_3 \end{bmatrix}, b = \begin{bmatrix} b_1 \\ b_2 \\ b_3 \end{bmatrix} \in \mathbb{R}^3$ に対し a と b の**外積** (exterior product, ベクトル積) $a \times b$ を

$$a \times b = \begin{bmatrix} a_2 b_3 - a_3 b_2 \\ a_3 b_1 - a_1 b_3 \\ a_1 b_2 - a_2 b_1 \end{bmatrix} \in \mathbb{R}^3$$

により定義する．

例 3.2.6. 基本ベクトル同士の外積を計算する．添字の順番に注意すること．

$$e_1 \times e_2 = \begin{bmatrix} 1 \\ 0 \\ 0 \end{bmatrix} \times \begin{bmatrix} 0 \\ 1 \\ 0 \end{bmatrix} = \begin{bmatrix} 0 \cdot 0 - 0 \cdot 1 \\ 0 \cdot 0 - 1 \cdot 0 \\ 1 \cdot 1 - 0 \cdot 0 \end{bmatrix} = \begin{bmatrix} 0 \\ 0 \\ 1 \end{bmatrix} = e_3.$$

$$e_2 \times e_3 = \begin{bmatrix} 0 \\ 1 \\ 0 \end{bmatrix} \times \begin{bmatrix} 0 \\ 0 \\ 1 \end{bmatrix} = \begin{bmatrix} 1 \cdot 1 - 0 \cdot 0 \\ 0 \cdot 0 - 0 \cdot 1 \\ 0 \cdot 0 - 1 \cdot 0 \end{bmatrix} = \begin{bmatrix} 1 \\ 0 \\ 0 \end{bmatrix} = e_1.$$

$$e_3 \times e_1 = \begin{bmatrix} 0 \\ 0 \\ 1 \end{bmatrix} \times \begin{bmatrix} 1 \\ 0 \\ 0 \end{bmatrix} = \begin{bmatrix} 0 \cdot 0 - 1 \cdot 0 \\ 1 \cdot 1 - 0 \cdot 0 \\ 0 \cdot 0 - 0 \cdot 1 \end{bmatrix} = \begin{bmatrix} 0 \\ 1 \\ 0 \end{bmatrix} = e_2.$$

残りの組み合わせも計算すると, 次を得る:

$$e_1 \times e_1 = e_2 \times e_2 = e_3 \times e_3 = 0, \quad e_2 \times e_1 = -e_1 \times e_2 = -e_3,$$

$$e_3 \times e_2 = -e_2 \times e_3 = -e_1, \quad e_1 \times e_3 = -e_3 \times e_1 = -e_2.$$

定理 3.2.7. $a, b, c \in \mathbb{R}^3$, $\alpha \in \mathbb{R}$ に対して次が成り立つ[1].

(1) $a \times b = -b \times a$. 特に $a = b$ とすれば $a \times a = 0$ が成り立つ.

(2) $a \times (b + c) = a \times b + a \times c$.

(3) $(a + b) \times c = a \times c + b \times c$.

(4) $\alpha(a \times b) = (\alpha a) \times b = a \times (\alpha b)$.

証明: $a = \begin{bmatrix} a_1 \\ a_2 \\ a_3 \end{bmatrix}, b = \begin{bmatrix} b_1 \\ b_2 \\ b_3 \end{bmatrix}, c = \begin{bmatrix} c_1 \\ c_2 \\ c_3 \end{bmatrix}$ とする.

(1) 外積の定義より

$$a \times b = \begin{bmatrix} a_2 b_3 - a_3 b_2 \\ a_3 b_1 - a_1 b_3 \\ a_1 b_2 - a_2 b_1 \end{bmatrix} = - \begin{bmatrix} b_2 a_3 - b_3 a_2 \\ b_3 a_1 - b_1 a_3 \\ b_1 a_2 - b_2 a_1 \end{bmatrix} = -b \times a.$$

(2), (3), (4) についても定義に基づいて計算すれば主張を得る. □

例 3.2.8.

$$a = \begin{bmatrix} 3 \\ -1 \\ 4 \end{bmatrix}, \quad b = \begin{bmatrix} 1 \\ -3 \\ 2 \end{bmatrix}$$

とする. 次の方法を用いてベクトルの外積 $a \times b$, $b \times a$ を求めよ.

(1) 定義から直接求めよ.

(2) a, b を e_1, e_2, e_3 の一次結合で表し, 例 3.2.6, 定理 3.2.7 を利用して求めよ.

解説: (1) 外積の計算は誤りやすいので, 注意深く計算すること.

$$a \times b = \begin{bmatrix} -1 \cdot 2 - 4 \cdot (-3) \\ 4 \cdot 1 - 3 \cdot 2 \\ 3 \cdot (-3) - (-1) \cdot 1 \end{bmatrix} = \begin{bmatrix} 10 \\ -2 \\ -8 \end{bmatrix}, \quad b \times a = \begin{bmatrix} (-3) \cdot 4 - 2 \cdot (-1) \\ 2 \cdot 3 - 1 \cdot 4 \\ 1 \cdot (-1) - (-3) \cdot 3 \end{bmatrix} = \begin{bmatrix} -10 \\ 2 \\ 8 \end{bmatrix}.$$

(2) $a = 3e_1 - e_2 + 4e_3, b = e_1 - 3e_2 + 2e_3$ なので,

$$a \times b = (3e_1 - e_2 + 4e_3) \times (e_1 - 3e_2 + 2e_3)$$

---

[1] 特に (1) の性質に注意. 外積は順番を入れ替えると符号が変わる.

$$= 3e_1 \times e_1 - 9e_1 \times e_2 + 6e_1 \times e_3 - e_2 \times e_1 + 3e_2 \times e_2 - 2e_2 \times e_3$$
$$+ 4e_3 \times e_1 - 12e_3 \times e_2 + 8e_3 \times e_3$$
$$= -9e_1 \times e_2 - 6e_3 \times e_1 + e_1 \times e_2 - 2e_2 \times e_3 + 4e_3 \times e_1 + 12e_2 \times e_3$$
$$= -9e_3 - 6e_2 + e_3 - 2e_1 + 4e_2 + 12e_1$$
$$= 10e_1 - 2e_2 - 8e_3$$

が成り立つ. 同様に $b \times a = -(10e_1 - 2e_2 - 8e_3)$ である.

(1), (2) のどちらが好みだろうか. □

補足 3.2.9. $a, b, c \in \mathbb{R}^3$ とする. 一般には

$$a \times (b \times c) \neq (a \times b) \times c$$

である. 実際, $e_1 \times (e_1 \times e_3) = e_1 \times (-e_2) = -e_3$, $(e_1 \times e_1) \times e_3 = 0$ より $e_1 \times (e_1 \times e_3) \neq (e_1 \times e_1) \times e_3$ である. このことは, 外積は結合則が成り立たないことを示している. 反可換性 ($b \times a = -a \times b$ のこと) とあわせて実数の積との違いを意識すること.

外積の幾何学的な性質を理解しよう.

定義 3.2.10. ベクトル $a, b, c \in \mathbb{R}^3$ が $\langle a \times b, c \rangle > 0$ をみたすとき, ベクトル a, b, c はこの順に**右手系**をなすという.

補足 3.2.11. ベクトル $a, b, c \in \mathbb{R}^3$ が右手系をなすとは, $a, b, c \in \mathbb{R}^3$ が下図の x 軸 (e_1 を伸ばしたもの), y 軸 (e_2 を伸ばしたもの), z 軸 (e_3 を伸ばしたもの) と同じ向きということである. a から b の向きに右ねじを回すとき, 進行方向は c の向きであると覚えても良い.

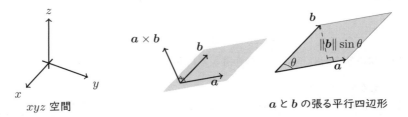

xyz 空間 a と b の張る平行四辺形

定理 3.2.12. ベクトル $a, b \in \mathbb{R}^3$ に対して次が成り立つ.

(1) a と $a \times b$, b と $a \times b$ はそれぞれ直交する. すなわち, $\langle a, a \times b \rangle = \langle b, a \times b \rangle = 0$ が成り立つ.

(2) $a \times b \neq 0$ が成り立つとき, $a, b, a \times b$ はこの順で右手系をなす.

(3) $\|a \times b\|$ は a と b の張る平行四辺形の面積と等しい. すなわち, a と b のなす角を θ とすると, $\|a \times b\| = \|a\|\|b\|\sin\theta$ が成り立つ.

証明: $a = \begin{bmatrix} a_1 \\ a_2 \\ a_3 \end{bmatrix}, b = \begin{bmatrix} b_1 \\ b_2 \\ b_3 \end{bmatrix}$ とする.

(1) $\langle a, a \times b \rangle = a_1(a_2b_3 - a_3b_2) + a_2(a_3b_1 - a_1b_3) + a_3(a_1b_2 - a_2b_1)$

$$= a_1a_2b_3 - a_1a_3b_2 + a_2a_3b_1 - a_2a_1b_3 + a_3a_1b_2 - a_3a_2b_1 = 0$$

より a と $a \times b$ は直交する. 同様に,

$$\langle b, a \times b \rangle = b_1(a_2b_3 - a_3b_2) + b_2(a_3b_1 - a_1b_3) + b_3(a_1b_2 - a_2b_1)$$

$$= b_1a_2b_3 - b_1a_3b_2 + b_2a_3b_1 - b_2a_1b_3 + b_3a_1b_2 - b_3a_2b_1 = 0$$

より b と $a \times b$ は直交する.

(2) $\langle a \times b, a \times b \rangle = \|a \times b\|^2 > 0$ より成り立つ.

(3) $\|a\|^2\|b\|^2 \sin^2\theta = \|a\|^2\|b\|^2(1 - \cos^2\theta) = \|a\|^2\|b\|^2 - \langle a, b \rangle^2$

$$= (a_1^2 + a_2^2 + a_3^2)(b_1^2 + b_2^2 + b_3^2) - (a_1b_1 + a_2b_2 + a_3b_3)^2$$

$$= a_1^2b_2^2 + a_1^2b_3^2 + a_2^2b_1^2 + a_2^2b_3^2 + a_3^2b_1^2 + a_3^2b_2^2 - 2a_1a_2b_1b_2 - 2a_2a_3b_2b_3 - 2a_3a_1b_3b_1$$

$$= (a_1b_2 - a_2b_1)^2 + (a_2b_3 - a_3b_2)^2 + (a_3b_1 - a_1b_3)^2 = \|a \times b\|^2. \square$$

補足 3.2.13. 外積の物理学における応用例を紹介する.

(1) 時刻 t における質点の位置を $r(t) \in \mathbb{R}^3$, 質点の速度を $v(t)$ とするとき, 質点の原点周りの角速度 $\omega(t)$ を $\omega(t) = \dfrac{1}{\|r(t)\|^2} r(t) \times v(t)$ と定義する.

(2) 電荷 q をもつ粒子が電場 E, 磁束密度 B の中を速度 v で運動しているとき, 粒子に働く力 F (Lorentz 力という) は次をみたす.

$$F = qE + qv \times B.$$

3.2.3 $\mathbb{R}^3$ の平面

外積は空間内の平面を表す際に便利である. 空間内の平面は 2 変数関数の微分法で接線の拡張として現れる.

定義 3.2.14. $p, n \in \mathbb{R}^3$, $n \neq 0$ とする. このとき, $\langle x - p, n \rangle = 0$ をみたすような点 $x \in \mathbb{R}^3$ 全体の集合

$$H = \{x \in \mathbb{R}^3 \,;\, \langle x - p, n \rangle = 0\}$$

を, 点 p を通り n を**法線ベクトル** (normal vector) とする平面という.

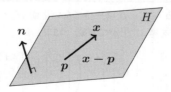

$$\boldsymbol{x} = \begin{bmatrix} x \\ y \\ z \end{bmatrix}, \quad \boldsymbol{p} = \begin{bmatrix} p \\ q \\ r \end{bmatrix}, \quad \boldsymbol{n} = \begin{bmatrix} a \\ b \\ c \end{bmatrix}$$

とする. このとき

$$\langle \boldsymbol{x} - \boldsymbol{p}, \boldsymbol{n} \rangle = a(x - p) + b(y - q) + c(z - r)$$
$$= ax + by + cz - (ap + bq + cr)$$

なので, $d = -(ap + bq + cr)$ とすれば, (x, y, z) についての方程式

$$H : ax + by + cz + d = 0$$

を得る. これを平面 H の方程式という.

例 3.2.15.

$$\boldsymbol{p} = \begin{bmatrix} 2 \\ 0 \\ 4 \end{bmatrix}, \quad \boldsymbol{n} = \begin{bmatrix} 1 \\ -3 \\ 2 \end{bmatrix}$$

とする. 点 $\boldsymbol{p}$ を通り, $\boldsymbol{n}$ を法線ベクトルとする平面 H の方程式を求めよ.

解説: $\boldsymbol{x} \in H$ とすると $\langle \boldsymbol{x} - \boldsymbol{p}, \boldsymbol{n} \rangle = 0$ をみたすから,

$$1 \cdot (x - 2) - 3(y - 0) + 2(z - 4) = 0$$

が成り立つ. これを整理すると, 平面 H の方程式は

$$x - 3y + 2z - 10 = 0$$

である. □

外積 $\boldsymbol{a} \times \boldsymbol{b}$ はベクトル $\boldsymbol{a}, \boldsymbol{b}$ それぞれと直交するので, 互いに平行でない平面 H 上のベクトル $\boldsymbol{a}, \boldsymbol{b}$ を選び, それらの外積 $\boldsymbol{a} \times \boldsymbol{b}$ を H の法線ベクトルとして利用することができる.

例 3.2.16. 次の 3 点を通る平面 H の方程式を求めよ.

$$\boldsymbol{p} = \begin{bmatrix} -1 \\ 0 \\ 0 \end{bmatrix}, \quad \boldsymbol{q} = \begin{bmatrix} 2 \\ 0 \\ 4 \end{bmatrix}, \quad \boldsymbol{r} = \begin{bmatrix} 0 \\ -3 \\ 2 \end{bmatrix}.$$

解説: ベクトル $\boldsymbol{a} = \boldsymbol{q} - \boldsymbol{p}, \boldsymbol{b} = \boldsymbol{r} - \boldsymbol{p}$ は平行でない平面 H 上のベクトルだから, H の法線ベクトル $\boldsymbol{n}$ として外積 $\boldsymbol{a} \times \boldsymbol{b}$ を選ぶことができる. つまり,

$$\boldsymbol{a} \times \boldsymbol{b} = \left(\begin{bmatrix} 2 \\ 0 \\ 4 \end{bmatrix} - \begin{bmatrix} -1 \\ 0 \\ 0 \end{bmatrix} \right) \times \left(\begin{bmatrix} 0 \\ -3 \\ 2 \end{bmatrix} - \begin{bmatrix} -1 \\ 0 \\ 0 \end{bmatrix} \right) = \begin{bmatrix} 12 \\ -2 \\ -9 \end{bmatrix}$$

なので, $n = a \times b$ とすれば H は点 p を通り n を法線ベクトルとする平面だから, 任意の $x \in H$ に対して

$$12(x - 1) - 2y - 9z = 0$$

が成り立つ. これを整理すれば, H の方程式は

$$12x - 2y - 9z - 12 = 0$$

である.　□

演習問題 3.2.1. 次のベクトル a, b に対して, 定義から直接外積 $a \times b$ および $b \times a$ を求めよ. また, ノルム $\|a \times b\|$ を計算せよ.

(1) $a = \begin{bmatrix} 1 \\ 4 \\ 2 \end{bmatrix}, b = \begin{bmatrix} 1 \\ -3 \\ 2 \end{bmatrix}.$　　　　(2) $a = \begin{bmatrix} 3 \\ 0 \\ -1 \end{bmatrix}, b = \begin{bmatrix} 1 \\ -2 \\ 1 \end{bmatrix}.$

演習問題 3.2.2. 演習問題 3.2.1 の各 a, b について, a と b の両方に直交し, ノルムが 1 であるようなベクトルを一つ求めよ.

演習問題 3.2.3. 次の 3 点を通る平面の方程式を求めよ.

(1) $(0, 0, 0), (2, 1, 3), (1, -3, 0).$　　　　(2) $(1, 1, -2), (2, 0, -3), (3, -2, 0).$

3.3　行列

3.3.1　行列の定義

実数 $a, b, c, d \in \mathbb{R}$ を 2×2 の正方形に並べて括弧でまとめたもの A を 2 次正方行列といい, $A = \begin{bmatrix} a & b \\ c & d \end{bmatrix}$ と表す. このままの表記では一般の大きな行列を扱えないので, 行列を表す際には添字を 2 つ用いて $A = \begin{bmatrix} a_{11} & a_{12} \\ a_{21} & a_{22} \end{bmatrix}$ と表すことも多い. 例えば a_{11} は「a いちいち」と読む. 一般の大きな行列は次のように定義する.

> **定義 3.3.1.** 自然数 $m, n \in \mathbb{N}$ を固定する. mn 個の実数 $a_{ij} \in \mathbb{R}$ ($1 \le i \le m$, $1 \le j \le n$) を縦 m, 横 n の長方形状に並べて括弧でくくったもの A を (m, n) **行列** (matrix) または $m \times n$ 行列といい, 次で表す.
>
> $$A = \begin{bmatrix} a_{11} & a_{12} & \cdots & a_{1n} \\ a_{21} & a_{22} & \cdots & a_{2n} \\ \vdots & \vdots & \ddots & \vdots \\ a_{m1} & a_{m2} & \cdots & a_{mn} \end{bmatrix}.$$

(1) 各 a_{ij} を A の (i,j) **成分**といい, (i,j) 成分が a_{ij} である行列 A を $A = [a_{ij}]_{\substack{1 \le i \le m \\ 1 \le j \le n}}$, $A = [a_{ij}]_{i,j}$, または $A = [a_{ij}]$ と略記する.

(2) (m,n) を行列の**型**といい, A を (m,n) 型行列ともいう.

(3) 行列における横の数の並びを**行**といい, 上から i 番目の行を**第 i 行**という.

(4) 行列における縦の数の並びを**列**といい, 左から j 番目の列を**第 j 列**という.

(5) $m = n$ のとき, すなわち, (n,n) 行列を n **次正方行列**という.

(6) $m = 1$ のとき, すなわち, $(1,n)$ 行列を n **次行ベクトル**という.

(7) $n = 1$ のとき, すなわち, $(m,1)$ 行列を m **次列ベクトル**という. 平面や空間ベクトルの場合と同様に, m 次列ベクトル全体を $\mathbb{R}^m$ と表す.

例 3.3.2.

(1) すべての成分が 0 である行列を**零行列**といい, O と表す.

(2) n 次正方行列 A の (i,j) 成分 a_{ij} が $a_{ij} = \begin{cases} 1 & (i = j) \\ 0 & (i \ne j) \end{cases}$ をみたすとする. このような行列を n **次単位行列**といい, E_n と表す. $n = 2, 3$ の場合を書き下すと次のようになる.

$$E_2 = \begin{bmatrix} 1 & 0 \\ 0 & 1 \end{bmatrix}, \quad E_3 = \begin{bmatrix} 1 & 0 & 0 \\ 0 & 1 & 0 \\ 0 & 0 & 1 \end{bmatrix}.$$

(3) $\begin{bmatrix} 1 \\ 2 \end{bmatrix} \in \mathbb{R}^2$ は 2 次列ベクトル, $\begin{bmatrix} 1 \\ 2 \\ 3 \end{bmatrix} \in \mathbb{R}^3$ は 3 次列ベクトル, $\begin{bmatrix} 1 \\ 2 \\ 3 \\ 4 \end{bmatrix} \in \mathbb{R}^4$ は 4 次列ベクトルである.

例 3.3.3. 行列 $A = \begin{bmatrix} 1 & 2 & 3 \\ 4 & 5 & 6 \end{bmatrix}$ は $(2,3)$ 行列である. A の $(1,3)$ 成分は 3, $(2,1)$ 成分は 4 である. A の第 2 行は $\begin{bmatrix} 4 & 5 & 6 \end{bmatrix}$, 第 3 列は $\begin{bmatrix} 3 \\ 6 \end{bmatrix}$ である.

3.3.2 行列の演算

行列 $A = [a_{ij}]$, $B = [b_{ij}]$ に対し, A, B の型が等しく, すべての (i,j) に対して $a_{ij} = b_{ij}$ が成り立つとき, A と B は**等しい**といい $A = B$ と表す. また, 行列の行と列を入れ替えた行列を**転置行列**という. 行列 A の転置行列を $^t A$ と表す. 例えば $^t [a_1 \ a_2] = \begin{bmatrix} a_1 \\ a_2 \end{bmatrix}$ である.

行列同士の演算を学ぼう. まず, 和・差・スカラー倍はベクトルの場合と同様で成分ごとに計算する. 行列 $A = [a_{ij}], B = [b_{ij}]$ の型が等しいとき, 次のように定義する.

和 $A + B = [a_{ij} + b_{ij}]$.

スカラー倍 $\alpha A = [\alpha a_{ij}] \ (\alpha \in \mathbb{R})$. 特に, $-A = (-1) \cdot A$ と表す.

差 $A - B = A + (-B) = [a_{ij} - b_{ij}]$.

型が異なる行列同士の和は定義されない.

例 3.3.4. $A = \begin{bmatrix} 1 & 2 \\ 3 & 4 \end{bmatrix}, B = \begin{bmatrix} 0 & -1 \\ 1 & 2 \end{bmatrix}, C = \begin{bmatrix} 0 & -1 & 2 \\ 1 & 0 & 3 \end{bmatrix}$ とする.

$$A + B = \begin{bmatrix} 1+0 & 2+(-1) \\ 3+1 & 4+2 \end{bmatrix} = \begin{bmatrix} 1 & 1 \\ 4 & 6 \end{bmatrix}$$

$$A - B = \begin{bmatrix} 1-0 & 2-(-1) \\ 3-1 & 4-2 \end{bmatrix} = \begin{bmatrix} 1 & 3 \\ 2 & 2 \end{bmatrix}$$

$$3A = \begin{bmatrix} 3 \cdot 1 & 3 \cdot 2 \\ 3 \cdot 3 & 3 \cdot 4 \end{bmatrix} = \begin{bmatrix} 3 & 6 \\ 9 & 12 \end{bmatrix}$$

である. 一方, A と C の型は異なるので, 和 $A + C$ や差 $A - C$ は定義されない.

行列の積には注意が必要である. いきなり行列同士の積を考えるとややこしくなるので, まずは 2 次正方行列を 2 次列ベクトルに左からかける積を次のように定める.

$$\begin{bmatrix} a & b \\ c & d \end{bmatrix} \begin{bmatrix} x \\ y \end{bmatrix} = \begin{bmatrix} ax + by \\ cx + dy \end{bmatrix}.$$

1 行目を取り出すと

$$[a \ b] \begin{bmatrix} x \\ y \end{bmatrix} = ax + by$$

と計算している. すなわち, これはベクトル $\begin{bmatrix} a \\ b \end{bmatrix}$ と $\begin{bmatrix} x \\ y \end{bmatrix}$ の内積を計算していることに他ならない. 一般の型の行列は $B = [\boldsymbol{b}_1 \ \cdots \ \boldsymbol{b}_l]$ のように列ベクトルが横に並んでいるものなので, 行列の積 AB を $AB = [A\boldsymbol{b}_1 \ \cdots \ A\boldsymbol{b}_l]$ をみたすように定義する.

定義 3.3.5. $A = [a_{ij}]$ を (m, n) 行列, $B = [b_{ij}]$ を (n, l) 行列とする. このとき, $c_{ij} = \sum_{k=1}^{n} a_{ik} b_{kj}$ と定め, c_{ij} を (i, j) 成分とする (m, l) 行列 $AB = [c_{ij}]$ を A と B の**積**という.

例 3.3.6. $A = \begin{bmatrix} 1 & 2 \\ 3 & 4 \end{bmatrix}$, $B = \begin{bmatrix} 0 & -1 & 2 \\ 1 & 0 & 3 \end{bmatrix}$, $\boldsymbol{x} = \begin{bmatrix} -1 \\ 2 \end{bmatrix}$, $\boldsymbol{y} = \begin{bmatrix} 3 \\ 4 \end{bmatrix}$ とする. 次の行列が定義されるか判定し, 定義される場合は求めよ.

(1) $A\boldsymbol{x}$.　　(2) ${}^t\boldsymbol{x}\boldsymbol{y}$.　　(3) ${}^t\boldsymbol{x}A$.　　(4) AB.　　(5) BA.

解説: 定義に従って計算する.

(1) $A\boldsymbol{x} = \begin{bmatrix} 1\cdot(-1)+2\cdot 2 \\ 3\cdot(-1)+4\cdot 2 \end{bmatrix} = \begin{bmatrix} 3 \\ 5 \end{bmatrix}$.

(2) ${}^t\boldsymbol{x} = \begin{bmatrix} -1 & 2 \end{bmatrix}$ なので ${}^t\boldsymbol{x}\boldsymbol{y} = -1\cdot 3 + 2\cdot 4 = 5$. 特に, $\langle \boldsymbol{x}, \boldsymbol{y} \rangle = {}^t\boldsymbol{x}\boldsymbol{y}$ である.

(3) ${}^t\boldsymbol{x}A = \begin{bmatrix} -1 & 2 \end{bmatrix}\begin{bmatrix} 1 & 2 \\ 3 & 4 \end{bmatrix} = \begin{bmatrix} -1\cdot 1 + 2\cdot 3 & 2\cdot 2 + 2\cdot 4 \end{bmatrix} = \begin{bmatrix} 5 & 12 \end{bmatrix}$.

(4)
$$AB = \begin{bmatrix} A\begin{bmatrix} 0 \\ 1 \end{bmatrix} & A\begin{bmatrix} -1 \\ 0 \end{bmatrix} & A\begin{bmatrix} 2 \\ 3 \end{bmatrix} \end{bmatrix}$$
$$= \begin{bmatrix} 1\cdot 0 + 2\cdot 1 & 1\cdot(-1)+2\cdot 0 & 1\cdot 2 + 2\cdot 3 \\ 3\cdot 0 + 4\cdot 1 & 3\cdot(-1)+4\cdot 0 & 3\cdot 2 + 4\cdot 3 \end{bmatrix} = \begin{bmatrix} 2 & -1 & 8 \\ 4 & -3 & 18 \end{bmatrix}.$$

(5) B の型は $(2,3)$ で, A の型は $(2,2)$ なので, 積 BA は定義されない. 行列の積 BA は, B の行 (3 次行ベクトル) と A の列 (2 次列ベクトル) をとって内積を計算しているのであったから, ベクトルのサイズが異なる場合は積を定義できない. つまり, 行列の積 AB が定義できたとしても積 BA が定義できるとは限らない. また, AB と BA が定義できたとしても一般には $AB \neq BA$ である (演習問題 3.3.1 参照). □

補足 3.3.7. A, B, C を行列とする. 行列の積では積の交換法則 $AB = BA$ が成り立たないことに注意が必要である. 一方, 両辺が定義される限り, 実数の場合と同様に結合法則 $(AB)C = A(BC)$, 分配法則 $A(B+C) = AB + AC$, $(A+B)C = AC + BC$ が成り立つ.

補足 3.3.8. A を (m,n) 行列とすると $E_m A = A$, $A E_n = A$ が成り立つ.

補足 3.3.9. 同じサイズの正方行列であれば積を定義できるので, 特に n 次正方行列 A と自然数 $k \in \mathbb{N}$ に対して $A^k = \underbrace{A \cdot A \cdots A}_{k\text{個}}$ と定め, A の k 乗という. 例えば $A^2 = AA$, $A^3 = AAA$ である. また, $A^0 = E_n$ (単位行列) と定める.

3.3.3　行列の積の線型性と幾何学的性質

2 次正方行列を左から 2 次列ベクトルにかける作用を考えることで, 平面上の点を平面の別の点に写すことができる. この作用の幾何学的な性質を考える. 簡単のため平面で考えているが, 一般の型の行列についても同様である.

定理 3.3.10. A を 2 次正方行列, $\boldsymbol{x}, \boldsymbol{y} \in \mathbb{R}^2$, $\alpha \in \mathbb{R}$ とする. このとき, 次が成り立つ.

(1) $A(\boldsymbol{x} + \boldsymbol{y}) = A\boldsymbol{x} + A\boldsymbol{y}$.

(2) $A(\alpha\boldsymbol{x}) = \alpha A\boldsymbol{x}$.

以上 2 つの性質を合わせて行列の作用の**線型性**という.

証明: 行列の積の計算練習になるので, 演習問題 3.3.3 とする. □

$\boldsymbol{a} = \begin{bmatrix} a_1 \\ a_2 \end{bmatrix}$, $\boldsymbol{b} = \begin{bmatrix} b_1 \\ b_2 \end{bmatrix}$ とする. ベクトル $\boldsymbol{a}, \boldsymbol{b}$ を横に並べて 2 次正方行列 $A = [\boldsymbol{a}\ \boldsymbol{b}] = \begin{bmatrix} a_1 & b_1 \\ a_2 & b_2 \end{bmatrix}$ を考える. $\boldsymbol{x} = \begin{bmatrix} x_1 \\ x_2 \end{bmatrix} \in \mathbb{R}^2$ とする. $\boldsymbol{x} = x_1 \boldsymbol{e}_1 + x_2 \boldsymbol{e}_2$ と表せるのであった. 行列の作用の線型性より $A\boldsymbol{x} = x_1 A\boldsymbol{e}_1 + x_2 A\boldsymbol{e}_2 = x_1 \boldsymbol{a} + x_2 \boldsymbol{b}$ が成り立つから, 特に $\boldsymbol{e}_1, \boldsymbol{e}_2$ で張られる平行四辺形 D_1 (1 辺 1 の正方形) は A によって $\boldsymbol{a}, \boldsymbol{b}$ で張られる平行四辺形 D_2 に写る.

演習問題 3.3.1. $A = \begin{bmatrix} 1 & 1 \\ 0 & 0 \end{bmatrix}$, $B = \begin{bmatrix} 1 & 0 \\ 0 & 0 \end{bmatrix}$ とする. 次を求めよ.

(1) AB. $\qquad$ (2) BA. $\qquad$ (3) $(A + B)^2$. $\qquad$ (4) $A^2 + 2AB + B^2$.

演習問題 3.3.2. $\begin{bmatrix} -1 & 0 \\ 0 & 3 \end{bmatrix}^n$ を求めよ.

演習問題 3.3.3. 定理 3.3.10 を示せ.

演習問題 3.3.4. 平面上の点 (x, y) を, 原点を中心として反時計回りに θ だけ回転させた点を (x', y') と表す. このとき,

$$\begin{bmatrix} x' \\ y' \end{bmatrix} = \begin{bmatrix} \cos\theta & -\sin\theta \\ \sin\theta & \cos\theta \end{bmatrix} \begin{bmatrix} x \\ y \end{bmatrix}$$

が成り立つことを示せ.

3.4 行列式

第 3.3.3 項で, $\boldsymbol{e}_1, \boldsymbol{e}_2$ で張られる平行四辺形 D_1 が A によって $\boldsymbol{a}, \boldsymbol{b}$ で張られる平行四辺形 D_2 に写ることを見た. しかし, 例えば $\boldsymbol{a} = \boldsymbol{b}$ なら平行四辺形 D_2 は潰れてしまう. つまり, $\boldsymbol{a} = \boldsymbol{b}$ ならば $A\boldsymbol{e}_1 = A\boldsymbol{e}_2$ だから, D_1 の点 $(1, 0), (0, 1)$ を A で写すと, ともに点 (a_1, a_2) に写る. つまり点 (a_1, a_2) から D_1 の点に戻ろうとしても, どちらに戻って良いのかわからない. 平行四辺形 D_2 が潰れないような A を正則行列という.

定義 3.4.1. A を n 次正方行列とする. $AX = XA = E_n$ をみたす X が存在するとき, A は**正則行列** (regular matrix) であるといい, X を A の**逆行列** (inverse) という. A の逆行列を A^{-1} と表す.

　正方行列 A の逆行列は存在すればただ一つである (演習問題 3.4.3 参照). それでは, 正方行列 A はいつ正則行列になるだろうか. 2 次正方行列について考えてみると, 次のことがわかる.

定理 3.4.2. $A = \begin{bmatrix} a & b \\ c & d \end{bmatrix}$ とする. $ad - bc \neq 0$ ならば A は正則で, 逆行列 A^{-1} は次で与えられる.

$$A^{-1} = \frac{1}{ad - bc} \begin{bmatrix} d & -b \\ -c & a \end{bmatrix}.$$

証明: 直接計算すると $\begin{bmatrix} d & -b \\ -c & a \end{bmatrix} \begin{bmatrix} a & b \\ c & d \end{bmatrix} = \begin{bmatrix} a & b \\ c & d \end{bmatrix} \begin{bmatrix} d & -b \\ -c & a \end{bmatrix} = (ad - bc)E_2$ であることが確認できるので, 主張は示された. □

　定理 3.4.2 に出てきた $ad - bc$ を A の行列式という. 3 次以上の行列式はこれより複雑である. 本書で用いるのは 2, 3 次の行列式なので, 定理 3.4.3 を飛ばして定理 3.4.5 を行列式の定義だとみなして例 3.4.6 に進んでも良い. 定理 3.4.3 の証明は省略する.

定理 3.4.3. n 次正方行列 A に対して次の性質をみたす実数 $\det A \in \mathbb{R}$ がただ一つ定まる. この $\det A$ を A の**行列式** (determinant) という. 以下では $\boldsymbol{a}_j \in \mathbb{R}^n$ を A の第 j 列ベクトルとする.

(1) $\boldsymbol{b} \in \mathbb{R}^n$ に対して $\det [\boldsymbol{a}_1 \cdots \boldsymbol{a}_j + \boldsymbol{b} \cdots \boldsymbol{a}_n] = \det [\boldsymbol{a}_1 \cdots \boldsymbol{a}_j \cdots \boldsymbol{a}_n] + [\boldsymbol{a}_1 \cdots \boldsymbol{b} \cdots \boldsymbol{a}_n]$.

(2) $\alpha \in \mathbb{R}$ に対して $\det [\boldsymbol{a}_1 \cdots \alpha \boldsymbol{a}_j \cdots \boldsymbol{a}_n] = \alpha \det [\boldsymbol{a}_1 \cdots \boldsymbol{a}_j \cdots \boldsymbol{a}_n]$.

(3) $\det [\boldsymbol{a}_1 \cdots \boldsymbol{a}_i \cdots \boldsymbol{a}_j \cdots \boldsymbol{a}_n] = -\det [\boldsymbol{a}_1 \cdots \boldsymbol{a}_j \cdots \boldsymbol{a}_i \cdots \boldsymbol{a}_n]$.

(4) $\det E_n = 1$.

補足 3.4.4. 定理 3.4.3 (1),(2),(3) より, 第 i 列に第 j 列 $(j \neq i)$ のスカラー倍を加えても行列式の値は変わらないことがわかる. すなわち, $\alpha \in \mathbb{R}$ に対して次が成り立つ.

$$\det [\boldsymbol{a}_1 \cdots \boldsymbol{a}_i + \alpha \boldsymbol{a}_j \cdots \boldsymbol{a}_n] = \det [\boldsymbol{a}_1 \cdots \boldsymbol{a}_i \cdots \boldsymbol{a}_n]$$

　重積分で使うので, 2, 3 次行列の場合に行列式を具体的に求めておく. 定理 3.4.5 のように 2, 3 次の行列式はたすき掛けで計算できるが, 4 次以上になるとたすき掛けでは計算できない. 3 次の場合は「Sarrus の方法」と検索すれば計算手法が見つかる.

定理 3.4.5. 2, 3 次正方行列の行列式は次で与えられる.

(1) $\det \begin{bmatrix} a & b \\ c & d \end{bmatrix} = ad - bc.$

(2) $\det \begin{bmatrix} a_1 & b_1 & c_1 \\ a_2 & b_2 & c_2 \\ a_3 & b_3 & c_3 \end{bmatrix} = a_1 b_2 c_3 + a_2 b_3 c_1 + a_3 b_1 c_2 - a_3 b_2 c_1 - a_2 b_1 c_3 - a_1 b_3 c_2.$

証明: (1) まず, 単位行列 E_2 の第 1 列と第 2 列を入れかえることで, $\det \begin{bmatrix} 0 & 1 \\ 1 & 0 \end{bmatrix} = -\det E_2 = -1$ であることがわかる. よって, 定理 3.4.3 を繰り返し用いることで (どの条件を使ったか自分で丁寧にチェックすると良い)

$$\det \begin{bmatrix} a & b \\ c & d \end{bmatrix} = \det \begin{bmatrix} a & 0 \\ c & d \end{bmatrix} + \det \begin{bmatrix} a & b \\ c & 0 \end{bmatrix}$$

$$= \det \begin{bmatrix} a & 0 \\ 0 & d \end{bmatrix} + \det \begin{bmatrix} 0 & 0 \\ c & d \end{bmatrix} + \det \begin{bmatrix} a & b \\ 0 & 0 \end{bmatrix} + \det \begin{bmatrix} 0 & b \\ c & 0 \end{bmatrix}$$

$$= ad \det \begin{bmatrix} 1 & 0 \\ 0 & 1 \end{bmatrix} + bc \det \begin{bmatrix} 0 & 1 \\ 1 & 0 \end{bmatrix} = ad - bc.$$

(2) すべて書くと非常に長くなるので概略を述べる. 定理 3.4.3 を繰り返し用いれば良い. まず, $\det \begin{bmatrix} a_1 & b_1 & c_1 \\ a_2 & b_2 & 0 \\ a_3 & b_3 & 0 \end{bmatrix} = c_1 \det \begin{bmatrix} a_1 & b_1 & 1 \\ a_2 & b_2 & 0 \\ a_3 & b_3 & 0 \end{bmatrix} = c_1 \det \begin{bmatrix} 0 & 0 & 1 \\ a_2 & b_2 & 0 \\ a_3 & b_3 & 0 \end{bmatrix}$ である

ことが確かめられる. また, 左下の $\begin{matrix} a_2 & b_2 \\ a_3 & b_3 \end{matrix}$ の部分に注目して (1) と同様に変形すれ

ば, $\det \begin{bmatrix} a_1 & b_1 & c_1 \\ a_2 & b_2 & 0 \\ a_3 & b_3 & 0 \end{bmatrix} = a_2 b_3 c_1 \det \begin{bmatrix} 0 & 0 & 1 \\ 1 & 0 & 0 \\ 0 & 1 & 0 \end{bmatrix} + a_3 b_2 c_1 \det \begin{bmatrix} 0 & 0 & 1 \\ 0 & 1 & 0 \\ 1 & 0 & 0 \end{bmatrix} = (a_2 b_3 - a_3 b_2) c_1$ となる. $\det \begin{bmatrix} a_1 & b_1 & 0 \\ a_2 & b_2 & c_2 \\ a_3 & b_3 & 0 \end{bmatrix}, \det \begin{bmatrix} a_1 & b_1 & 0 \\ a_2 & b_2 & 0 \\ a_3 & b_3 & c_3 \end{bmatrix}$ についても同様に計算すれば主

張を得る. □

例 3.4.6. 次の行列式を計算する.

$$\det \begin{bmatrix} 1 & 2 \\ 3 & 4 \end{bmatrix} = 1 \cdot 4 - 2 \cdot 3 = -2$$

$$\det \begin{bmatrix} 1 & 2 & 3 \\ 4 & 5 & 6 \\ 7 & 8 & 9 \end{bmatrix} = 1 \cdot 5 \cdot 9 + 4 \cdot 8 \cdot 3 + 7 \cdot 2 \cdot 6 - 7 \cdot 5 \cdot 3 - 4 \cdot 2 \cdot 9 - 1 \cdot 8 \cdot 6$$

$$= 45 + 96 + 84 - 105 - 72 - 48 = 0. \quad \square$$

重積分では行列式の幾何学的な性質が必要である. 簡単のため 2 次正方行列を考えるが, より大きいサイズの行列でも同様である.

例 3.4.7. $a = \begin{bmatrix} a_1 \\ a_2 \end{bmatrix}$, $b = \begin{bmatrix} b_1 \\ b_2 \end{bmatrix}$ とする. ベクトル a, b を横に並べて 2 次正方行列

$A = [a \ b] = \begin{bmatrix} a_1 & b_1 \\ a_2 & b_2 \end{bmatrix}$ を考える. e_1, e_2 で張られる平行四辺形 D_1 (1 辺 1 の正方形) は A によって a, b で張られる平行四辺形 D_2 に写るのであった. このとき, $|\det A| = |ad - bc| = (D_2 \text{ の面積})$ が成り立つ.

より一般に, 平面内の正方形 D は A によって平行四辺形 E に写され, 次が成り立つ.

$$(E \text{ の面積}) = |\det(A)| \cdot (D \text{ の面積}).$$

重積分の変数変換ではこの性質を利用する.

行列式を用いると正則行列であるかどうか判定できる. 平行四辺形が潰れる (つまり面積が 0 になる) ことと関連させてイメージすると良い. 証明は行わない.

定理 3.4.8. A を n 次正方行列とすると, A が正則行列であるための必要十分条件は $\det A \neq 0$ である.

$\det A \neq 0$ のとき A^{-1} を具体的に表すことができるが, 本書では扱わない. 行列式についてこれ以上詳しい内容を勉強したい場合は線型代数に関する本を参照すると良い.

演習問題 3.4.1. 次の行列の行列式を求めよ.

(1) $\begin{bmatrix} 1 & 2 \\ 2 & 1 \end{bmatrix}$. (2) $\begin{bmatrix} \cos\theta & -\sin\theta \\ \sin\theta & \cos\theta \end{bmatrix}$. (3) $\begin{bmatrix} 1 & 1 & 1 \\ 2 & 3 & 4 \\ 4 & 9 & 16 \end{bmatrix}$.

演習問題 3.4.2. 次の行列の逆行列が存在するか判定し, 存在する場合は逆行列を求めよ.

(1) $\begin{bmatrix} \cos\theta & -\sin\theta \\ \sin\theta & \cos\theta \end{bmatrix}$. (2) $\begin{bmatrix} 1 & 2 \\ 2 & 4 \end{bmatrix}$. (3) $\begin{bmatrix} 3 & 0 \\ 0 & 5 \end{bmatrix}$.

演習問題 3.4.3. 逆行列は存在すればただ一つであることを示せ.

演習問題 3.4.4. 2 次正方行列 A, B に対し, $\det(AB) = (\det A)(\det B)$ が成り立つことを示せ.

演習問題 3.4.5. $a, b, c \in \mathbb{R}^3$ とする. $\det [a \ b \ c] = \langle a \times b, c \rangle$ が成り立つことを示せ.

3.5　行列の固有値

　n 次正方行列の各 (i,i) 成分を**対角成分**といい，対角成分以外はすべて 0 である正方行列を**対角行列** (diagonal matrix) という．例えば $n=2$ のとき，実数 $\lambda, \mu \in \mathbb{R}$ に対して $D = \begin{bmatrix} \lambda & 0 \\ 0 & \mu \end{bmatrix}$ とすると D は対角行列である．$De_1 = \lambda e_1$, $De_2 = \mu e_2$ が成り立つ．すなわち，D は x 軸方向に λ 倍，y 軸方向に μ 倍する行列である．このように対角行列は拡大・縮小を組み合わせたものだと理解できる．より一般に n 次正方行列 A に対し実数 $\lambda \in \mathbb{R}$ と n 次列ベクトル $p \in \mathbb{R}^n$ が与えられ，$Ap = \lambda p$ をみたすならば，A は p 方向に λ として作用している．本節ではこのような $\lambda \in \mathbb{R}$ と $p \in \mathbb{R}^n$ を求める方法を学ぶ．

> **定義 3.5.1.** A を n 次正方行列とする．実数 $\lambda \in \mathbb{R}$ と零ベクトルでないベクトル $p \in \mathbb{R}^n$ が
>
> $$Ap = \lambda p$$
>
> をみたすとき λ を A の**固有値** (eigenvalue) といい，p を対応する**固有ベクトル** (eigenvector) という．

　簡単のため，$n=2$ の場合に固有値と固有ベクトルの求め方を考える．$n \geq 3$ の場合は線型代数に関する本を参照してほしい．

　例 3.5.2. $A = \begin{bmatrix} 1 & 2 \\ 2 & 1 \end{bmatrix}$ とする．A の固有値と対応する固有ベクトルをすべて求めよ．

解説: $\lambda \in \mathbb{R}$ を A の固有値，$p = \begin{bmatrix} x \\ y \end{bmatrix} \in \mathbb{R}^2$ を対応する固有ベクトルとする．$p \neq 0$ に注意．このとき $Ap = \lambda p$ が成り立つから，両辺に $-\lambda p$ を加えると $Ap - \lambda p = 0$ となる．ここで，$\lambda p = \lambda E_2 p$ だから $(A - \lambda E_2)p = 0$ となる．つまり，

$$\begin{bmatrix} 1-\lambda & 2 \\ 2 & 1-\lambda \end{bmatrix} \begin{bmatrix} x \\ y \end{bmatrix} = \begin{bmatrix} 0 \\ 0 \end{bmatrix} \tag{3.5.1}$$

が成り立つ．もし行列 $A - \lambda E_2 = \begin{bmatrix} 1-\lambda & 2 \\ 2 & 1-\lambda \end{bmatrix}$ が正則行列であれば，その逆行列 $(A - \lambda E_2)^{-1}$ を左からかけることで $p = \begin{bmatrix} x \\ y \end{bmatrix} = \begin{bmatrix} 0 \\ 0 \end{bmatrix}$ を得る．これは $p \neq 0$ に反するので $A - \lambda E_2$ は正則でない．したがって定理 3.4.8 より $\det(A - \lambda E_2) = 0$ である．$\det(A - \lambda E_2) = (1-\lambda)^2 - 4 = (\lambda+1)(\lambda-3)$ だから $\lambda = -1, 3$ であることがわかった．よって A の固有値は $-1, 3$ である．

次に各固有値に対して固有ベクトル p を求める. $\begin{bmatrix} 1-\lambda & 2 \\ 2 & 1-\lambda \end{bmatrix}\begin{bmatrix} x \\ y \end{bmatrix} =$ $\begin{bmatrix} (1-\lambda)x + 2y \\ 2x + (1-\lambda)y \end{bmatrix}$ なので, 式 (3.5.1) は連立方程式

$$\begin{cases} (1-\lambda)x + 2y = 0 \\ 2x + (1-\lambda)y = 0 \end{cases}$$

を表している. つまり, $\lambda = -1, 3$ とした次の連立方程式を解けば良い.

$$\begin{cases} 2x + 2y = 0 \\ 2x + 2y = 0 \end{cases}, \quad \begin{cases} -2x + 2y = 0 \\ 2x - 2y = 0 \end{cases}.$$

これらを解けば次のようになる.

A の固有値 -1 に対応する固有ベクトルは $\alpha\begin{bmatrix} 1 \\ -1 \end{bmatrix}$ $(\alpha \neq 0)$.

A の固有値 3 に対応する固有ベクトルは $\alpha\begin{bmatrix} 1 \\ 1 \end{bmatrix}$ $(\alpha \neq 0)$. $\square$

例 3.5.2 から引き続き $A = \begin{bmatrix} 1 & 2 \\ 2 & 1 \end{bmatrix}$ とする. $p_1 = \begin{bmatrix} 1 \\ -1 \end{bmatrix}$, $p_2 = \begin{bmatrix} 1 \\ 1 \end{bmatrix}$ とすると, 例 3.5.2 より $Ap_1 = -p_1$, $Ap_2 = 3p_2$ が成り立つ. そこで, 固有ベクトル p_1, p_2 を並べて $P = [p_1\ p_2] = \begin{bmatrix} 1 & 1 \\ -1 & 1 \end{bmatrix}$ とすると

$$AP = [Ap_1\ Ap_2] = [-p_1\ 3p_2] = [p_1\ p_2]\begin{bmatrix} -1 & 0 \\ 0 & 3 \end{bmatrix} = P\begin{bmatrix} -1 & 0 \\ 0 & 3 \end{bmatrix}$$

となる. $\det P = 2 \neq 0$ より P は正則行列だから, 逆行列 P^{-1} を左からかければ $P^{-1}AP = \begin{bmatrix} -1 & 0 \\ 0 & 3 \end{bmatrix}$ となる. このように, 行列 A に対して正則行列 P を選んで対角行列 $P^{-1}AP$ を得ることを行列 A の**対角化**という. 対角化で現れる対角行列の対角成分には A の固有値が並び, P の列ベクトルには対応する固有ベクトルが並ぶ.

補足 3.5.3. $A = \begin{bmatrix} 1 & 2 \\ 2 & 1 \end{bmatrix}$ を対角化すると $P^{-1}AP = \begin{bmatrix} -1 & 0 \\ 0 & 3 \end{bmatrix}$ であるので, $A = P\begin{bmatrix} -1 & 0 \\ 0 & 3 \end{bmatrix}P^{-1}$ が成り立つ. したがって, $A^2 = P\begin{bmatrix} -1 & 0 \\ 0 & 3 \end{bmatrix}P^{-1}P\begin{bmatrix} -1 & 0 \\ 0 & 3 \end{bmatrix}P^{-1} = P\begin{bmatrix} -1 & 0 \\ 0 & 3 \end{bmatrix}^2 P^{-1}$ となる. 同様に $A^n = P\begin{bmatrix} -1 & 0 \\ 0 & 3 \end{bmatrix}^n P^{-1}$ が成り立つ.

　固有値の応用として 2 次形式の正負を考える. 2 次形式は例えば多変数関数の極値問題を考える際に役に立つ. 正方行列 A が $^tA = A$ をみたすとき A は**対称行列**であるという. 対称行列は $^tP = P^{-1}$ をみたす正則行列 P (直交行列という) を用いて対角化できることが知られている. 例えば例 3.5.2 で扱った $A = \begin{bmatrix} 1 & 2 \\ 2 & 1 \end{bmatrix}$ は 2 次対称行列である.

定義 3.5.4. A を n 次対称行列とする. n 次列ベクトル $\boldsymbol{x}$ に対して $f(\boldsymbol{x}) = \langle \boldsymbol{x}, A\boldsymbol{x} \rangle = {}^t\boldsymbol{x}A\boldsymbol{x}$ とする. $f(\boldsymbol{x})$ を A に対応する **2 次形式**という. $f(\boldsymbol{x})$ について次のように定義する.

(1) A が**半正定値**であるとは, 任意の $\boldsymbol{x} \in \mathbb{R}$ に対して $f(\boldsymbol{x}) \geq 0$ が成り立つことである. 特に, $\boldsymbol{x} \neq \boldsymbol{0}$ のとき $f(\boldsymbol{x}) > 0$ をみたすなら, A は**正定値**であるという.

(2) A が**半負定値**であるとは, 任意の $\boldsymbol{x} \in \mathbb{R}$ に対して $f(\boldsymbol{x}) \leq 0$ が成り立つことである. 特に, $\boldsymbol{x} \neq \boldsymbol{0}$ のとき $f(\boldsymbol{x}) < 0$ をみたすなら, A は**負定値**であるという.

(3) A が**不定符号**であるとは, $f(\boldsymbol{x}) > 0$ をみたす $\boldsymbol{x} \in \mathbb{R}^n$ と $f(\boldsymbol{y}) < 0$ をみたす $\boldsymbol{y} \in \mathbb{R}^n$ が存在することをいう.

例 3.5.5. 対称行列 $A = \begin{bmatrix} 1 & 2 \\ 2 & 1 \end{bmatrix}$ の定値性を判定せよ.

解説: $\boldsymbol{x} = \begin{bmatrix} x \\ y \end{bmatrix} \in \mathbb{R}^2$ とする. 行列 A に対応する 2 次形式 $f(\boldsymbol{x})$ は

$$f(\boldsymbol{x}) = [x\ y]\begin{bmatrix} 1 & 2 \\ 2 & 1 \end{bmatrix}\begin{bmatrix} x \\ y \end{bmatrix} = [x\ y]\begin{bmatrix} x + 2y \\ 2x + y \end{bmatrix} = x^2 + 4xy + y^2$$

である. A の固有ベクトル $\boldsymbol{p}_1 = \begin{bmatrix} 1 \\ -1 \end{bmatrix}$, $\boldsymbol{p}_2 = \begin{bmatrix} 1 \\ 1 \end{bmatrix}$ を代入すると $f(\boldsymbol{p}_1) = -2 < 0$, $f(\boldsymbol{p}_2) = 6 > 0$ となるので, A は不定符号である. $\quad\square$

　定値性は固有値と次のような関係がある.

定理 3.5.6. A を n 次対称行列とする. 次が成り立つ.

(1) A が半正定値 $\iff$ A の固有値はすべて 0 以上.

(2) A が正定値 $\iff$ A の固有値はすべて 0 より大きい.

(3) A が半負定値 $\iff$ A の固有値はすべて 0 以下.

(4) A が負定値 $\iff$ A の固有値はすべて 0 より小さい.

(5) A が不定符号 $\iff$ A は 0 より大きい固有値も 0 より小さい固有値ももつ.

　証明は線型代数学の本を参照せよ. 特に, $n = 2$ の場合は次も成り立つ.

定理 3.5.7. $A = \begin{bmatrix} a & b \\ b & c \end{bmatrix}$ を 2 次対称行列とする. 次が成り立つ.

(1) A が正定値 $\iff$ $a > 0$ かつ $\det A > 0$.

(2) A が負定値 $\iff$ $a < 0$ かつ $\det A > 0$.

(3) A が不定符号 $\iff$ $\det A < 0$.

証明:　i) $a = 0$ のとき. $\det A < 0 \iff b \neq 0$ である. $f(\boldsymbol{x}) = (2bx + cy)y$ なので, $2bx + cy = y$ で $f(\boldsymbol{x}) \geq 0$, $2bx + cy = -y$ で $f(\boldsymbol{x}) \leq 0$ となる. これを参考にすると, 例えば $\boldsymbol{p} = \begin{bmatrix} c-1 \\ -2b \end{bmatrix}$ のとき $f(\boldsymbol{p}) = 4b^2$, $\boldsymbol{q} = \begin{bmatrix} c+1 \\ -2b \end{bmatrix}$ のとき $f(\boldsymbol{q}) = -4b^2$ となる. 以上より $a = 0$ のとき, A が不定符号であることと $\det A < 0$ は同値である.

ii) $a \neq 0$ のとき. $f(\boldsymbol{x}) = a\left(x + \dfrac{b}{a}y\right)^2 + \dfrac{ac - b^2}{a}y^2$ なので, $\det A > 0$ のときは $f(\boldsymbol{x})$ $(\boldsymbol{x} \neq \boldsymbol{0})$ の符号と a の符号は一致する. よって (1), (2) が従う. また, $\boldsymbol{p} = \begin{bmatrix} 1 \\ 0 \end{bmatrix}$ のとき $f(\boldsymbol{p}) = a$, $\boldsymbol{q} = \begin{bmatrix} b \\ -a \end{bmatrix}$ のとき $f(\boldsymbol{q}) = a(ac - b^2)$ なので, (3) が従う.　□

最後に統計学での応用例を紹介する.

例 3.5.8. n 個のデータの組 $(x, y) = (x_1, y_1), \ldots, (x_n, y_n)$ が与えられたとき, x の分散 s_x^2, y の分散 s_y^2, (x, y) の共分散 s_{xy} を用いて行列

$$S = \begin{bmatrix} s_x^2 & s_{xy} \\ s_{xy} & s_y^2 \end{bmatrix}$$

を考える. S を**分散共分散行列**という. S は半正定値対称行列であることが知られている. 統計手法の一つである主成分分析では S の固有値と対応する固有ベクトルを求めている.

演習問題 3.5.1. 次の行列 A を対角化せよ. また, A^n を求めよ.

(1) $A = \begin{bmatrix} 1 & 3 \\ 4 & 2 \end{bmatrix}$.　　　　(2) $A = \begin{bmatrix} 6 & 2 \\ 2 & 3 \end{bmatrix}$.

第 4 章

連続関数

　関数の基本的な性質としてその連続性がある．本章ではまず関数の極限を定義し，関数の極限を用いて連続性を定義する．微積分は極限を用いて定義されるので，極限は本書を通じて重要な概念である．

4.1　1 変数関数の極限

　実数 $x \in \mathbb{R}$ が $x \neq 1$ をみたしながら 1 に近づくとする．x が 1 に近づくときの近づき方はいくらでも考えられる．例えば右から $1.1, 1.01, 1.001, 1.0001, 1.00001, \cdots$ と近づく，左から $0.9, 0.99, 0.999, 0.9999, \cdots$ と近づく，左右交互に $2, 0.9, 1.005, 0.9999, 1.000001, \cdots$ と近づく，等のさまざまな近づき方がある．このとき，関数 f の値 $f(x)$ はどのように変化するだろうか．x が 1 に近づくからといって，$f(x)$ が $f(1)$ に近づいていくとは限らない．

　一般に，x が実数 $a \in \mathbb{R}$ に限りなく近づくということを次のように表す．関数 f の定義域を I とする．$a \in I$ でも $a \notin I$ でも構わない．

- $x \to a + 0 : x \in I$ は $x > a$ をみたしながら a に限りなく近づく．
- $x \to a - 0 : x \in I$ は $x < a$ をみたしながら a に限りなく近づく．
- $x \to a : x \in I$ は $x \neq a$ をみたしながら a に限りなく近づく．

記号の簡略化のため，$x \to 0 + 0$ を $x \to +0$, $x \to 0 - 0$ を $x \to -0$ とそれぞれ略記する．まずは右から近づく場合 $x \to a + 0$ を考えよう．

定義 4.1.1. $x \to a+0$ のとき, その近づき方によらず関数 $f(x)$ の値が実数 $\alpha \in \mathbb{R}$ に限りなく近づくならば, 関数 f は $x \to a+0$ で**右極限値 α に収束する**といい,

$$\lim_{x \to a+0} f(x) = \alpha \quad \text{または} \quad f(x) \to \alpha \ (x \to a+0)$$

と表す.

また, どのような実数 $\alpha \in \mathbb{R}$ をとっても $f(x)$ が α に収束しないならば, 関数 f は $x \to a+0$ で**発散する**という. 特に, その近づき方によらず $f(x)$ が限りなく大きくなるならば, 関数 f は $x \to a+0$ で**正の無限大に発散する**といい,

$$\lim_{x \to a+0} f(x) = \infty \quad \text{または} \quad f(x) \to \infty \ (x \to a+0)$$

と表す. 負の無限大への発散 $f(x) \to -\infty \ (x \to a+0)$ についても数列の場合と同様に定める.

　関数の極限は, x が「どの値に」「どのように」近づいているか注意を払わなければならない. 極限に出会ったら, まず最初に $\lim$ の下にある $x \to \blacksquare$ を見ること.

例 4.1.2. $f(x) = \dfrac{|x|}{x}$ とする. $x > 0$ ならば $f(x) = 1$ だから, $x \to +0$ のとき $f(x)$ の値は 1 に限りなく近づく. つまり, $\displaystyle\lim_{x \to +0} \dfrac{|x|}{x} = 1$ である.

例 4.1.3. $f(x) = \tan x$ とする. $\dfrac{\pi}{2} < x < \pi$ の範囲で x を $\dfrac{\pi}{2}$ に近づけていくと, $f(x) < 0$ であって, $|f(x)|$ の値は限りなく大きくなっていく. このことは $\tan x$ の定義やグラフを参照すれば納得できると思う. つまり, $\displaystyle\lim_{x \to \frac{\pi}{2}+0} \tan x = -\infty$ である.

例 4.1.4. $f(x) = \sin \dfrac{\pi}{x} \ (x > 0)$ とする. 極限 $\displaystyle\lim_{x \to +0} f(x)$ の収束発散を調べよ.

解説: $x > 0$ の範囲で x を 0 に近づけていく. 例えば $x = 1, \dfrac{1}{2}, \dfrac{1}{3}, \ldots, \dfrac{1}{n}, \ldots$ と x を 0 に近づけていくと, $f(1) = 0, f(1/2) = \sin(2\pi) = 0, f(1/3) = \sin(3\pi) = 0, \ldots, f(1/n) = 0, \ldots$ である.

　しかし, これで $f(x)$ の $x \to +0$ における極限が 0 であると考えるのは早計である. 実際, 自然数 $n \in \mathbb{N}$ に対して $\dfrac{\pi}{x} = 2n\pi + \dfrac{\pi}{2}$ となるように $x = \dfrac{2}{4n+1}$ とすれば, n を大きくするに従って x は $x > 0$ を保ったまま 0 に近づいていく. そして, 任意の $n \in \mathbb{N}$ に対して $f\left(\dfrac{2}{4n+1}\right) = \sin\left(2n\pi + \dfrac{\pi}{2}\right) = 1$ となる. よって, $x = 0$ のいくらでも近くに $f(x) = 0$ となる点と $f(x) = 1$ となる点 x がとれることになる. つまり, f の $x \to +0$ における極限は発散することが確かめられた.

　Geogebra 等のグラフ描画ソフトを用いて $y = f(x)$ のグラフを見れば, $x = 0$ の周りで

$f(x)$ の値が 1 と -1 の間を激しく振動している様子が観察できるだろう. □

次は左から近づく場合 $x \to a - 0$ を右極限と同様に考えよう.

定義 4.1.5. $x \to a - 0$ のとき, その近づき方によらず関数 $f(x)$ の値が実数 $\alpha \in \mathbb{R}$ に限りなく近づくならば, 関数 f は $x \to a - 0$ で**左極限値 α に収束する**といい,

$$\lim_{x \to a-0} f(x) = \alpha \quad \text{または} \quad f(x) \to \alpha \ (x \to a - 0)$$

と表す. 発散についても右極限と同様に定める.

右極限と左極限を総称して**片側極限**という. 近づき方が右から左に変わっただけなので, 左右を反転させれば左極限も同様に計算できる.

例 4.1.6.

(1) $f(x) = \dfrac{|x|}{x}$ とする. $x < 0$ ならば $f(x) = -1$ だから, $x \to -0$ のとき $f(x)$ の値は -1 に限りなく近づく. つまり, $\displaystyle\lim_{x \to -0} \dfrac{|x|}{x} = -1$ である.

(2) $f(x) = \tan x$ とする. $0 < x < \dfrac{\pi}{2}$ の範囲で x を $\dfrac{\pi}{2}$ に近づけていくと, $f(x)$ の値は限りなく大きくなっていく. つまり, $\displaystyle\lim_{x \to \frac{\pi}{2}-0} \tan x = \infty$ である.

次は, 「右から」「左から」という制限をかけない, 通常の極限 $x \to a$ を考えよう. 片側からだけでなく p.51 の右側の図のような近づき方も考えようということである.

定義 4.1.7. $x \to a$ のとき, 関数 $f(x)$ の値が実数 $\alpha \in \mathbb{R}$ に限りなく近づくならば, 関数 f は $x \to a$ で**極限値 α に収束する**といい,

$$\lim_{x \to a} f(x) = \alpha \quad \text{または} \quad f(x) \to \alpha \ (x \to a)$$

と表す. 発散についても右極限と同様に定める.

片側極限と通常の極限の違いはどの程度だろうか. 実際, 次の定理が知られている. 証明は ε-δ 論法に基づく議論を必要とするので省略する.

定理 4.1.8. 関数 f に対して次が成り立つ.

$$\lim_{x \to a+0} f(x) = \lim_{x \to a-0} f(x) = \alpha \iff \lim_{x \to a} f(x) = \alpha.$$

すなわち, 1 変数関数の極限を考える際には右極限と左極限を考えれば十分で, p.51 の右側の図のような近づき方は考えなくて良い.

例 4.1.9. $\displaystyle\lim_{x \to +0} |x| = 0, \ \lim_{x \to -0} |x| = 0, \ \lim_{x \to 0} |x| = 0$ である.

例 4.1.10. $\lim\limits_{x \to +0} \dfrac{|x|}{x} = 1$, $\lim\limits_{x \to -0} \dfrac{|x|}{x} = -1$ より $\lim\limits_{x \to +0} \dfrac{|x|}{x} \neq \lim\limits_{x \to -0} \dfrac{|x|}{x}$ だから, 極限 $\lim\limits_{x \to 0} \dfrac{|x|}{x}$ は収束しない.

例 4.1.11. 例 4.1.3, 例 4.1.6 (2) より $\lim\limits_{x \to \frac{\pi}{2}} \tan x$ は発散する.

次は無限遠での極限を考える. この場合は次のように表す.

- $x \to \infty$: x は限りなく大きくなる.
- $x \to -\infty$: x は $x < 0$ で, その絶対値 $|x|$ が限りなく大きくなる.

本書では $x \to a \pm 0$, $x \to a$, $x \to \pm\infty$ をまとめて扱いたい場合に $x \to \blacksquare$ と略記する.

定義 4.1.12. $x \to \infty$ のとき, 関数 $f(x)$ の値が実数 $\alpha \in \mathbb{R}$ に限りなく近づくならば, 関数 f は $x \to \infty$ で**極限値** α に**収束する**といい,

$$\lim_{x \to \infty} f(x) = \alpha \quad \text{または} \quad f(x) \to \alpha \ (x \to \infty)$$

と表す. $x \to -\infty$ の極限や発散についても同様に定める.

例 4.1.13. $x \to \infty$ のとき, e^x の値は限りなく大きくなるので, $\lim\limits_{x \to \infty} e^x = \infty$ である. また, $x \to -\infty$ のとき, e^x の値は 0 に近づくので, $\lim\limits_{x \to -\infty} e^x = 0$ である.

例 4.1.14. 関数 f のグラフが右図のようであるとする.

このとき, 次の極限を調べよ.

(1) $\lim\limits_{x \to +0} f(x)$.   (2) $\lim\limits_{x \to -0} f(x)$.   (3) $\lim\limits_{x \to 0} f(x)$.

(4) $\lim\limits_{x \to \infty} f(x)$.   (5) $\lim\limits_{x \to -\infty} f(x)$.

解説: グラフと極限の計算を相互に行き来できるようになってほしい.

(1) グラフを見ると, $x > 0$ を保ったまま x を 0 に近づけた場合, $f(x)$ の値は 2 に近づく. よって $\lim\limits_{x \to +0} f(x) = 2$.

(2) グラフを見ると, $x < 0$ では $f(x) = 1$ だから, $x < 0$ を保ったまま x を 0 に近づけても $f(x)$ の値は常に 1 である. よって $\lim\limits_{x \to -0} f(x) = 1$.

(3) (1),(2) より $\lim\limits_{x \to 0} f(x)$ は発散する.

(4) グラフを見ると, x を大きくすると $f(x)$ も限りなく大きくなることがわかる. よって $\lim\limits_{x \to \infty} f(x) = \infty$.

(5) グラフを見ると, $x < 0$ では $f(x) = 1$ だから, $x < 0$ ならば $f(x)$ の値は常に 1 である.

よって $\lim\limits_{x \to -\infty} f(x) = 1$.

演習問題 4.1.1. 次のグラフで与えられる関数 f について次の値や極限を求めよ.

(1) $\lim\limits_{x \to \infty} f(x)$.   (2) $\lim\limits_{x \to 3+0} f(x)$.   (3) $\lim\limits_{x \to 3-0} f(x)$.   (4) $\lim\limits_{x \to 3} f(x)$.

(5) $f(3)$.   (6) $\lim\limits_{x \to 1+0} f(x)$.   (7) $\lim\limits_{x \to 1-0} f(x)$.   (8) $\lim\limits_{x \to 1} f(x)$.

(9) $f(1)$.   (10) $f(0)$.   (11) $\lim\limits_{x \to 0} f(x)$.   (12) $\lim\limits_{x \to -2+0} f(x)$.

(13) $\lim\limits_{x \to -2-0} f(x)$.   (14) $f(-2)$.   (15) $\lim\limits_{x \to -\infty} f(x)$.

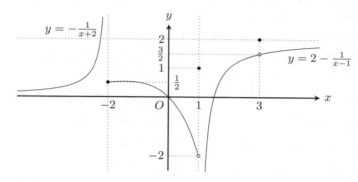

4.2 極限の計算

第 4.1 節で極限の定義を学び, 簡単な極限を計算した. より複雑な関数の極限を計算するために次の性質を利用する. 数列の場合と同様の性質も多い. 証明は省略するが, いかにももっともらしいと感じられると思う.

命題 4.2.1. 関数 f に対して $\lim\limits_{x \to \blacksquare} |f(x)| = \infty$ が成り立つとする. このとき $\lim\limits_{x \to \blacksquare} \dfrac{1}{f(x)} = 0$ が成り立つ.

定理 4.2.2. 関数 f, g が $x \to \blacksquare$ でそれぞれ収束し, $\lim\limits_{x \to \blacksquare} f(x) = \alpha$, $\lim\limits_{x \to \blacksquare} g(x) = \beta$ が成り立つとする. このとき, 次が成り立つ.

(1) $\lim\limits_{x \to \blacksquare} (f(x) + g(x)) = \alpha + \beta$, $\lim\limits_{x \to \blacksquare} (f(x) - g(x)) = \alpha - \beta$.

(2) $\lim\limits_{x \to \blacksquare} f(x)g(x) = \alpha\beta$. 特に $\lim\limits_{x \to \blacksquare} (k\, f(x)) = k\alpha$. ($k \in \mathbb{R}$ は定数)

(3) $\beta \neq 0$ ならば $\lim\limits_{x \to \blacksquare} \dfrac{f(x)}{g(x)} = \dfrac{\alpha}{\beta}$.

(4) $\lim\limits_{x \to a} f(x) = b$, $\lim\limits_{x \to b} g(x) = c$ ならば, $\lim\limits_{x \to a} (g \circ f)(x) = c$.

(5) $x = a$ の近傍における f の逆関数が存在し, $f(a) = \lim_{x \to a} f(x)$ をみたすならば,
$$\lim_{y \to f(a)} f^{-1}(y) = a.$$

(6) $f(x) \leq R$ をみたす実数 $R \in \mathbb{R}$ が存在するならば, $\alpha \leq R$.

定理 4.2.3. (はさみうちの原理). 関数 f, g が $x \to a$ でそれぞれ収束し, $\lim_{x \to a} f(x) = \lim_{x \to a} g(x) = \alpha$ が成り立つとする. 関数 h が $x = a$ の近傍で $f(x) \leq h(x) \leq g(x)$ $(x \neq a)$ をみたすならば, 関数 h も $x \to a$ で収束して $\lim_{x \to a} h(x) = \alpha$ が成り立つ.
$x \to a \pm 0$ や $x \to \pm\infty$ の極限でも同様の定理が成り立つ.

補足 4.2.4. 関数の極限のはさみうちの原理も $|f(x) - \alpha| \leq g(x) \to 0$ の形で用いることが多い (数列の場合の補足 2.1.11 も参照).

以上の定理を用いると基本的な極限を計算できる. 例 4.2.6 (12) のみ演習問題 4.2.2 としてある. グラフを知っているものはグラフから極限を読みとることができるだろう.

例 4.2.5. 次が成り立つ. ただし, a は各関数の定義域内の点とする.

(1) $\lim_{x \to a} x^n = a^n$ $(n = 0, 1, 2, \dots)$.   (2) $\lim_{x \to a} x^\alpha = a^\alpha$ $(\alpha \in \mathbb{R})$.

(3) $\lim_{x \to a} b^x = b^a$.   (4) $\lim_{x \to a} \log_b x = \log_b a$.

(5) $\lim_{x \to a} \sin x = \sin a$.   (6) $\lim_{x \to a} \cos x = \cos a$.

(7) $\lim_{x \to a} \tan x = \tan a$.   (8) $\lim_{x \to a} \mathrm{Sin}^{-1} x = \mathrm{Sin}^{-1} a$.

(9) $\lim_{x \to a} \mathrm{Cos}^{-1} x = \mathrm{Cos}^{-1} a$.   (10) $\lim_{x \to a} \mathrm{Tan}^{-1} x = \mathrm{Tan}^{-1} a$.

例 4.2.6. 次が成り立つ. ただし, (11) は複号同順とする.

(1) $\lim_{x \to +0} \dfrac{1}{x} = \infty$.   (2) $\lim_{x \to -0} \dfrac{1}{x} = -\infty$.

(3) $\lim_{x \to +0} \sqrt{x} = 0$.   (4) $\lim_{x \to \infty} x^\alpha = \infty$ $(\alpha > 0)$.

(5) $\lim_{x \to -\infty} x^{2k} = \infty$ $(k = 1, 2, \dots)$.   (6) $\lim_{x \to -\infty} x^{2k-1} = -\infty$ $(k = 1, 2, \dots)$.

(7) $\lim_{x \to \infty} a^x = \infty$ $(a > 1)$.   (8) $\lim_{x \to \infty} a^x = 0$ $(0 < a < 1)$.

(9) $\lim_{x \to +0} \log_a x = -\infty$ $(a > 1)$.   (10) $\lim_{x \to +0} \log_a x = \infty$ $(0 < a < 1)$.

(11) $\lim_{x \to \pm\infty} \mathrm{Tan}^{-1} x = \pm\dfrac{\pi}{2}$.   (12) $\lim_{x \to \infty} \left(1 + \dfrac{1}{x}\right)^x = e$.

以上を用いて極限を求めよう. 極限の計算技術は数列の極限の計算との共通点が多い. $\lim$ の下に書かれている $x \to \blacksquare$ に注意して計算すること.

例 4.2.7. 次の極限を求めよ.

(1) $\displaystyle\lim_{x \to 2} (3x^3 - 2x + 1)$.　　(2) $\displaystyle\lim_{x \to 1} \frac{x^2 - 1}{x - 1}$.　　(3) $\displaystyle\lim_{x \to 3} \frac{\sqrt{x+1} - 2}{x - 3}$.

解説: (1) $\displaystyle\lim_{x \to 2} (3x^3 - 2x + 1) = 3 \lim_{x \to 2} x^3 - 2 \lim_{x \to 2} x + 1 = 3 \cdot 2^3 - 2 \cdot 2 + 1 = 21$.

(2) 分母と分子でそれぞれ $x \to 1$ とすると, $\dfrac{x^2 - 1}{x - 1} \to \dfrac{0}{0}$ の形になる. このように, 一見
して値が定まらない形をしている極限を**不定形の極限**という. 不定形の極限は他に $\dfrac{\infty}{\infty}$,
$0 \times \infty$, $\infty - \infty$, 1^∞, 0^0, ∞^0 の形がある. 不定形の極限は, 上手に式変形を行ったり,
はさみうちの原理を用いたりして計算する. 本問は $\dfrac{x^2 - 1}{x - 1} = \dfrac{(x-1)(x+1)}{x - 1} = x + 1$
と約分することで $\displaystyle\lim_{x \to 1} \frac{x^2 - 1}{x - 1} = \lim_{x \to 1} (x + 1) = 2$ を得る.

(3) これも $\dfrac{0}{0}$ の不定形. 数列の場合と同様に分子の有理化を行う.

$$\lim_{x \to 3} \frac{\sqrt{x+1} - 2}{x - 3} = \lim_{x \to 3} \frac{(\sqrt{x+1} - 2)(\sqrt{x+1} + 2)}{(x - 3)(\sqrt{x+1} + 2)} = \lim_{x \to 3} \frac{(x+1) - 4}{(x - 3)(\sqrt{x+1} + 2)}$$
$$= \lim_{x \to 3} \frac{x - 3}{(x - 3)(\sqrt{x+1} + 2)} = \lim_{x \to 3} \frac{1}{\sqrt{x+1} + 2} = \frac{1}{4}. \ \square$$

例 4.2.8. 次の極限を求めよ.

(1) $\displaystyle\lim_{x \to \infty} e^{-5x}$.　　(2) $\displaystyle\lim_{x \to \infty} \sin \frac{1}{x}$.　　(3) $\displaystyle\lim_{x \to \infty} \log(3x - 1)$.

解説: (1) $0 < e^{-5} < 1$ だから $\displaystyle\lim_{x \to \infty} e^{-5x} = \lim_{x \to \infty} (e^{-5})^x = 0$.

(2) $x \to \infty$ のとき, $\dfrac{1}{x} > 0$ かつ $\dfrac{1}{x} \to 0$ である. そこで $t = \dfrac{1}{x}$ とおけば $x \to \infty$ のとき
$t \to +0$ なので $\displaystyle\lim_{x \to \infty} \sin \frac{1}{x} = \lim_{t \to +0} \sin t = 0$.

(3) $t = 3x - 1$ とおく. $x \to \infty$ のとき $t \to \infty$ だから

$$\lim_{x \to \infty} \log(3x - 1) = \lim_{t \to \infty} \log t = \infty. \ \square$$

例 4.2.9. 次の極限を求めよ.

(1) $\displaystyle\lim_{x \to 0} x \sin \frac{1}{x}$.　　(2) $\displaystyle\lim_{x \to \infty} \frac{x}{e^x}$.

解説: 直接計算できない場合は, はさみうちの原理を使うことを考える. 数列の場合と同様に,
極限値を予想してから不等式を作る. どのような極限 $x \to \blacksquare$ を考えているか注意すること.

(1) 任意の $x \neq 0$ に対して $\left| \sin \dfrac{1}{x} \right| \leq 1$ なので, 辺々を $|x|$ 倍すれば $\left| x \sin \dfrac{1}{x} \right| \leq |x|$ となる.
$x \to 0$ ならば $|x| \to 0$ だから, はさみうちの原理より $x \sin \dfrac{1}{x} \to 0 \ (x \to 0)$ を得る.

(2) $x > 0$ が十分大きいとき, $n - 1 < x \leq n$ をみたす自然数 n をとる. このとき, $e^x > 2^x > 2^{n-1}$ だから $0 < \dfrac{x}{e^x} < \dfrac{x}{2^x} < \dfrac{n}{2^{n-1}} = \dfrac{2n}{2^n}$ が成り立つ. $x \to \infty$ のとき $n \to \infty$ だから, 例 2.1.14 (2) より $x \to \infty$ のとき $\dfrac{2n}{2^n} \to 0$ である. よって, はさみうちの原理より $\dfrac{x}{2^x} \to 0 \ (x \to \infty)$ を得る. $\square$

例 4.2.10. 次の極限を求めよ.

(1) $\displaystyle\lim_{x\to\infty} \left(1 + \dfrac{2}{x}\right)^x$.   (2) $\displaystyle\lim_{x\to-\infty} \left(1 + \dfrac{1}{x}\right)^x$.   (3) $\displaystyle\lim_{x\to 0}(1 + x)^{1/x}$.

解説: 例 4.2.6 (12) によく似ている形の極限.

(1) $t = x/2$ とおけば, $x \to \infty$ のとき $t \to \infty$ である. よって,

$$\lim_{x\to\infty} \left(1 + \frac{2}{x}\right)^x = \lim_{t\to\infty} \left(1 + \frac{1}{t}\right)^{2t} = e^2.$$

(2) $t = -x$ とおけば, $x \to -\infty$ のとき $t \to \infty$ である. よって $\displaystyle\lim_{x\to-\infty} \left(1 + \dfrac{1}{x}\right)^x = \lim_{t\to\infty} \left(1 - \dfrac{1}{t}\right)^{-t}$. この極限は, 例 2.1.18 (2) と同様に考えれば $\displaystyle\lim_{t\to\infty} \left(1 - \dfrac{1}{t}\right)^{-t} = e$ とわかる. よって $\displaystyle\lim_{x\to-\infty} \left(1 + \dfrac{1}{x}\right)^x = e$.

(3) $t = \dfrac{1}{x}$ とおけば, $x \to +0$ のとき $x \to \infty$, $x \to -0$ のとき $t \to -\infty$ である. よって, $\displaystyle\lim_{x\to+0}(1+x)^{1/x} = \lim_{t\to\infty} \left(1 + \dfrac{1}{x}\right)^x = e$ かつ $\displaystyle\lim_{x\to-0}(1+x)^{1/x} = \lim_{t\to-\infty} \left(1 + \dfrac{1}{x}\right)^x = e$ である. 右極限と左極限が一致したので $\displaystyle\lim_{x\to 0}(1 + x)^{1/x} = e$ である. $\square$

例 4.2.11. 次の極限を求めよ.

(1) $\displaystyle\lim_{x\to 0} \dfrac{\log(1 + x)}{x}$.   (2) $\displaystyle\lim_{x\to 0} \dfrac{e^x - 1}{x}$.

解説: (1) 例 4.2.10 (3) より $\displaystyle\lim_{x\to 0}(1 + x)^{1/x} = e$ である. また, $\displaystyle\lim_{t\to e}\log t = 1$ だから,

$$\lim_{x\to 0} \frac{\log(1 + x)}{x} = \lim_{x\to 0}\log(1+x)^{1/x} = 1.$$

(2) $t = e^x - 1$ とおくと $x \to 0$ ならば $t \to 0$ であり, $x = \log(1 + t)$ だから, $\displaystyle\lim_{x\to 0} \dfrac{e^x - 1}{x} = \lim_{t\to 0} \dfrac{t}{\log(1 + t)} = \lim_{t\to 0} \dfrac{1}{(\log(1 + t))/t} = 1$. $\square$

次の極限は三角関数の導関数を具体的に求める際に必須である.

定理 4.2.12. $\displaystyle\lim_{x\to 0}\frac{\sin x}{x}=1$ が成り立つ.

証明: 下図の記号を用いると

$$PP'\text{ の長さ} < \text{弧 } \overarc{PP'} \text{ の長さ} \leq P'Q' \text{ の長さ} + QQ' \text{ の長さ} + QP \text{ の長さ}$$

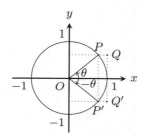

なので, $2\sin\theta < 2\theta \leq 2\sin\theta + 2(1-\cos\theta)$ である. 半角公式を用いると $\sin\theta < \theta \leq \sin\theta + 2\sin^2\dfrac{\theta}{2}$ となる. 同様に $\sin\dfrac{\theta}{2} < \dfrac{\theta}{2}$ なので $\sin\theta < \theta < \sin\theta + \dfrac{\theta^2}{2}$ が成り立つ. したがって,

$$0 < 1 - \frac{\sin\theta}{\theta} < \frac{\theta}{2}$$

が成り立つから, はさみうちの原理 (定理 4.2.3) より $\displaystyle\lim_{\theta\to +0}\frac{\sin\theta}{\theta}=1$ である.

一方, $s=-t$ とおくと $\displaystyle\lim_{t\to -0}\frac{\sin t}{t}=\lim_{s\to +0}\frac{\sin(-s)}{-s}=\lim_{s\to +0}\frac{\sin s}{s}=1$ なので次を得る.

$$\lim_{x\to 0}\frac{\sin x}{x}=1. \quad \square$$

例 4.2.13. 次の極限を求めよ.

(1) $\displaystyle\lim_{x\to 0}\frac{\sin(2x)}{x}$.　　　　(2) $\displaystyle\lim_{x\to 0}\frac{\cos x-1}{x}$.　　　　(3) $\displaystyle\lim_{x\to\infty}x\sin\frac{1}{x}$.

解説: 定理 4.2.12 を使って計算する.

(1) $t=2x$ とおくと $x\to 0$ のとき $t\to 0$ なので, $\displaystyle\lim_{x\to 0}\frac{\sin(2x)}{x}=\lim_{t\to 0}\frac{\sin(t)}{t/2}=2$.

(2) 分母と分子に $1+\cos x$ をかければ $\sin x$ を作り出すことができる. 実際,

$$\lim_{x\to 0}\frac{\cos x-1}{x}=\lim_{x\to 0}\frac{-\sin^2 x}{x(1+\cos x)}=-\lim_{x\to 0}\left(\frac{\sin x}{x}\right)^2\frac{x}{1+\cos x}=0.$$

(3) $t = \dfrac{1}{x}$ とおけば $x \to \infty$ のとき $t \to +0$ なので,

$$\lim_{x \to \infty} x \sin \frac{1}{x} = \lim_{t \to +0} \frac{\sin t}{t} = 1. \ \square$$

演習問題 4.2.1. 次の極限を求めよ.

(1) $\displaystyle\lim_{x \to 3} \frac{1}{x-3}$.
(2) $\displaystyle\lim_{x \to 1} \frac{x-1}{x^3-1}$.
(3) $\displaystyle\lim_{x \to \infty} \frac{2x^2-x+4}{4x^2-2}$.

(4) $\displaystyle\lim_{x \to 0} \frac{\sqrt{x+9}-3}{x}$.
(5) $\displaystyle\lim_{x \to \infty} (\sqrt{4x^2+x} - 2x)$.

(6) $\displaystyle\lim_{x \to -\infty} (\sqrt{x^2+x} + x)$.
(7) $\displaystyle\lim_{x \to \infty} \left(1 + \frac{e}{x}\right)^x$.
(8) $\displaystyle\lim_{x \to 0} (1+2x)^{1/x}$.

(9) $\displaystyle\lim_{x \to 0} (1-x)^{1/x}$.
(10) $\displaystyle\lim_{x \to 0} \frac{\sin(2x)}{\sin(3x)}$.
(11) $\displaystyle\lim_{x \to 0} \frac{\mathrm{Sin}^{-1} x}{x}$.

(12) $\displaystyle\lim_{x \to 0} \frac{1-\cos x}{x \sin x}$.
(13) $\displaystyle\lim_{x \to +0} \mathrm{Tan}^{-1} \frac{1}{x}$.
(14) $\displaystyle\lim_{x \to \infty} \frac{e^x - e^{-x}}{e^x + e^{-x}}$.

演習問題 4.2.2. 極限 $\displaystyle\lim_{x \to \infty} \left(1 + \frac{1}{x}\right)^x = e$ を示せ.

4.3 1 変数関数の連続性

例 4.2.5 のように, $x = a$ を代入して $\displaystyle\lim_{x \to a} f(x) = f(a)$ とできるような場合があった. この性質を関数の連続性という. 関数のグラフを描いたときに切れ目のない曲線になっている場合が連続である. グラフを描けば連続か否かは一目瞭然であると感じるかもしれないが, 例えば関数

$$f(x) = \begin{cases} \sin \dfrac{\pi}{x} & (x \neq 0), \\ 0 & (x = 0) \end{cases}, \qquad g(x) = \begin{cases} x \sin \dfrac{1}{x} & (x \neq 0) \\ 0 & (x = 0) \end{cases}$$

のグラフは $x = 0$ の周りでは描けない. また, 簡単な関数 $y = x$ であっても, 定義域 $\mathbb{R}$ 全体でグラフを描くことはできない. そこで, グラフによらない定義が必要となる.

> **定義 4.3.1.** I 上の関数 f が点 $a \in I$ で **連続** (continuous) であるとは, 極限 $\displaystyle\lim_{x \to a} f(x)$ が収束し,
>
> $$\lim_{x \to a} f(x) = f(a)$$
>
> が成り立つことである. また, I 上の関数 f が I 上のすべての点 $a \in I$ で連続であるとき, f は I **上連続**であるという.

連続関数のもつ重要な性質は極限をとる操作と関数の順序を交換できることである. これは定義から直ちに従うことだが, よく利用する重要な性質である.

定理 4.3.2. 関数 f が a で連続であることと次が成り立つことは同値である.

$$\lim_{x \to a} f(x) = f\left(\lim_{x \to a} x\right).$$

　関数の極限の性質より次の定理 4.3.3 が従う. 例 4.2.5 よりベキ関数, 指数関数, 対数関数, 三角関数, 逆三角関数は連続だから, 連続関数は非常に多くあることがわかる. もちろん, 例 4.1.14 のグラフで与えられた関数のように連続でない関数も無数に作ることができる.

定理 4.3.3. 以下のように新しい関数を作る操作で連続性は保たれる. より具体的には次が成り立つ.

(1) 関数 f, g が I 上連続であるとき, 関数 $f \pm g$, fg, αf (α は定数), f/g (ただし, $g(x) \neq 0$ をみたすとする) も連続である.

(2) 連続関数 $y = f(x)$ と連続関数 $z = g(y)$ の合成関数 $z = (g \circ f)(x)$ が定義されるとき, 合成関数 $g \circ f$ も連続である.

(3) 区間 I 上で狭義単調な関数 f は狭義単調な逆関数 f^{-1} をもつ (定理 2.6.4 参照) が, さらに f が区間 I 上で連続であれば f^{-1} は $f(I)$ 上連続である.

　関数の連続性から導かれる次の 2 つの性質はとても重要で, しばしば用いられるのでここで紹介しておく. 証明は付録 A.5.2 を参照.

定理 4.3.4. (最大値・最小値の存在). 閉区間 $I = [a, b]$ 上の連続関数 f は最大値および最小値をもつ. すなわち, ある $c, d \in I$ が存在して[*1] 任意の $x \in I$ に対して $f(d) \leq f(x) \leq f(c)$ が成り立つ.

定理 4.3.5. (中間値の定理). 閉区間 $I = [a, b]$ 上の連続関数 f に対して $f(a) < 0$ かつ $f(b) > 0$ (または, $f(a) > 0$ かつ $f(b) < 0$) が成り立つとする. このとき, $f(c) = 0$ をみたす $a < c < b$ が存在する.

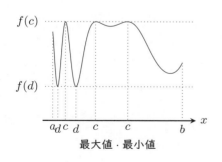

最大値・最小値

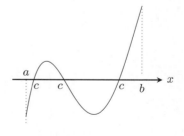

中間値の定理のイメージ

[*1] c, d はそれぞれ 2 つ以上存在するかもしれない. また, c, d の値が具体的にわかる保証もない.

例 4.3.6. 方程式 $2^{-x} + 3^{-x} = 1$ が $0 < x < 1$ の範囲に解をもつことを示せ.

解説: $f(x) = (2^{-x} + 3^{-x}) - 1$ とすると $f(0) = 1 > 0$, $f(1) = 2^{-1} + 3^{-1} - 1 = \dfrac{-1}{6} < 0$ なので, 中間値の定理より $f(c) = 0$ をみたす $0 < c < 1$ が存在する. したがって, この c は $2^{-c} + 3^{-c} - 1 = 0$, すなわち $2^{-c} + 3^{-c} = 1$ をみたす. 以上より, 方程式 $2^{-x} + 3^{-x} = 1$ は $0 < x < 1$ なる解をもつ. □

演習問題 4.3.1. 演習問題 4.1.1 で与えられた $\mathbb{R}$ 上の関数 f について, f が $x = 4, 3, 2, 1, 0, -1, -2, -3$ で連続であるかどうかそれぞれ判定せよ.

演習問題 4.3.2. 次の関数が $x = 0$ で連続であるか判定せよ.

(1) $f(x) = \begin{cases} \sin \dfrac{\pi}{x} & (x \neq 0) \\ 0 & (x = 0) \end{cases}$.   (2) $f(x) = \begin{cases} x \sin \dfrac{1}{x} & (x \neq 0) \\ 0 & (x = 0) \end{cases}$.

演習問題 4.3.3. 次の方程式が与えられた範囲に解をもつことを示せ.

(1) $x = \cos x$ $\left(0 < x < \dfrac{\pi}{2} \right)$.   (2) $2^x = 3x$ $(3 < x < 4)$.

演習問題 4.3.4. 次を示せ.

(1) 関数 f, g は閉区間 $[a, b]$ 上の連続関数で, (a, b) 内のすべての有理数 r に対して $f(r) = g(r)$ をみたすとする. このときすべての $x \in [a, b]$ に対して $f(x) = g(x)$ が成り立つことを示せ.

(2) 関数 f は $\mathbb{R}$ 上の連続関数で, 任意の $x, y \in \mathbb{R}$ に対して $f(x + y) = f(x) + f(y)$ をみたすとする. このとき $f(x) = f(1)x$ が成り立つことを示せ.

(3) 関数 f は $\mathbb{R}$ 上の連続関数で, 任意の $x, y \in \mathbb{R}$ に対して $f(x + y) = f(x)f(y)$ かつ $f(1) > 0$ をみたすとする. このとき $f(x) = f(1)^x$ が成り立つことを示せ (つまり, $f(1) = a \ (> 0)$ としてこれを指数関数 a^x の定義としてもよい).

第 5 章

微分法 (1 変数)

　自然現象の多くはその地点における状況に応じて変化するものなので，自然科学ではその値よりもその変化率に重要な情報が現れることが多い．Newton の運動方程式はその好例である．導関数は瞬間の変化率を引き出す関数であり，導関数の値はグラフの接線の傾きとして視覚化される．

5.1　導関数

　開区間 I を定義域とする関数 $y = f(x)$ のグラフ G_f 上の 2 点 $A = (a, f(a))$, $P = (p, f(p))$ をとる．直線 AP の方程式は

$$y = \frac{f(p) - f(a)}{p - a}(x - a) + f(a)$$

で与えられる．直線 AP の傾きを $v = \dfrac{f(p) - f(a)}{p - a}$ と表す．

補足 5.1.1. 関数 f が時刻 x における (運動する) 物体の位置を表すならば v は時刻 a から p までの平均速度である．

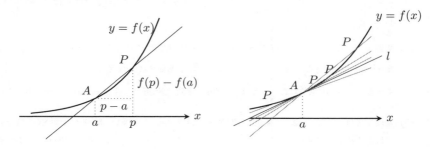

ここで $p \to a$ における極限を考えると, 点 P が点 A に近づいていき, 直線 AP も一定の直線 l に近づくことが期待される. この l をグラフ G_f 上の点 $(a, f(a))$ における**接線** (tangent line) といい, 接線の傾きを関数 f の a における微分係数という.

定義 5.1.2. 開区間 I 上の関数 $y = f(x)$ を考える.

(1) 点 $a \in I$ に対して極限値 $\lim_{x \to a} \dfrac{f(x) - f(a)}{x - a}$ が存在するとき, f は a で**微分可能** (differentiable) であるといい, その極限値を

$$f'(a) = \lim_{x \to a} \frac{f(x) - f(a)}{x - a}$$

と表して f の a における**微分係数** (derivative) という.

(2) 関数 f が任意の $x \in I$ で微分可能であるとき, f は I 上**微分可能**であるといい, $x \in I$ に対して $f'(x) \in \mathbb{R}$ を対応させる関数を f' と表して f の (x についての) **導関数** (derivative) という. 関数 $f(x)$ の導関数 $f'(x)$ を求めることを f を (x について) **微分する** (differentiate) という.

すなわち, 関数 $y = f(x)$ が a で微分可能であるとき, 曲線 $y = f(x)$ 上の点 $(a, f(a))$ における接線 l の方程式は

$$y = f'(a)(x - a) + f(a)$$

によって与えられる.

補足 5.1.3. 微分係数や導関数の記号はさまざまな記号があり, 都合に応じて使い分ける.

(1) $x = a + h$ とおけば $x \to a$ のとき $h \to 0$ だから, 次を $f'(a)$ の定義としても良い.

$$f'(a) = \lim_{h \to 0} \frac{f(a + h) - f(a)}{h}.$$

(2) x の増分という気持ちで h の代わりに Δx という記号を用いて次のように表すこともある.

$$f'(x) = \lim_{\Delta x \to 0} \frac{f(x + \Delta x) - f(x)}{\Delta x}.$$

(3) $y = f(x)$ のとき $f' = \dfrac{dy}{dx} = \dfrac{df}{dx}$ と表す. もし f が s についての関数であれば $f' = \dfrac{dy}{ds} = \dfrac{df}{ds}$ である.

(4) 関数 $y = f(x)$ を x について微分することをある種の操作 (写像) だと思って $\dfrac{d}{dx}y$ や $\dfrac{d}{dx}f$ と表すことがある. さらに, $D = \dfrac{d}{dx}$ や $D_x = \dfrac{d}{dx}$ と略記することもある. すなわち, $Dy = \dfrac{dy}{dx}$ である. このように表された $\dfrac{d}{dx}$ や D を**微分作用素** (differential operator, 微分演算子) という.

(5) 物理学では, 時刻 t によって変化する関数 $r(t)$ を考えることが多い. 時刻 t についての微分を $\dot{r}(t)$ とドットを用いて表すことがある. すなわち $\dot{r}(t) = \dfrac{dr}{dt}(t)$ である. $\dot{r}(t)$ は時刻 t における

瞬間の速度である.

(6) 関数 f の a における微分係数 $f'(a) = \dfrac{df}{dx}(a)$ を $\dfrac{df}{dx}\Big|_{x=a}$ とも表す.

補足 5.1.4. (片側微分係数). 微分係数の定義における極限を片側極限に書き換えることで, 片側微分係数を定義することができる. すなわち, 右極限値 $\displaystyle\lim_{x \to a+0} \dfrac{f(x) - f(a)}{x - a}$ が存在するとき, f は a で右微分可能といい, 右極限値を $f'_+(a)$ と表して右微分係数という. 左微分可能性と左微分係数 $f'_-(a)$ も同様に定める.

閉区間 $I = [a, b]$ 上の関数が微分可能であるとは, 開区間 (a, b) 上で微分可能で, a において右微分可能かつ b において左微分可能であることと定める.

定義に基づいていくつかの関数を微分してみよう.

例 5.1.5. x^n $(n = 0, 1, 2, \dots)$ は $\mathbb{R}$ 上微分可能で, $\dfrac{dx^n}{dx} = nx^{n-1}$ である.

証明: $n = 0$ の場合は $x^0 = 1$ だから, $(x + h)^0 - x^0 = 0$ より x^0 は微分可能で $(x^0)' = 0$ である. $n \geq 1$ ならば, 二項定理より

$$(x+h)^n - x^n = \sum_{k=0}^{n} \binom{n}{k} x^k h^{n-k} - x^n = h^n + nxh^{n-1} + \frac{n(n-1)}{2} x^2 h^{n-2} + \cdots + nx^{n-1}h$$

が成り立つので,

$$\frac{dx^n}{dx} = \lim_{h \to 0} \frac{(x+h)^n - x^n}{h} = nx^{n-1}. \quad \square$$

例 5.1.6. $\sin x$, $\cos x$ は $\mathbb{R}$ 上微分可能で, $\dfrac{d\sin x}{dx} = \cos x$, $\dfrac{d\cos x}{dx} = -\sin x$ である.

証明: 加法定理より

$$\frac{d\sin x}{dx} = \lim_{h \to 0} \frac{\sin(x+h) - \sin x}{h} = \lim_{h \to 0} \frac{\sin x \cos h + \cos x \sin h - \sin x}{h}$$
$$= \lim_{h \to 0} \left(\sin x \frac{\cos h - 1}{h} + \cos x \frac{\sin h}{h} \right) = \cos x.$$

$\cos x$ については同様なので演習問題 5.1.2 とする. $\quad \square$

例 5.1.7. e^x は $\mathbb{R}$ 上微分可能で, $\dfrac{de^x}{dx} = e^x$ である.

証明: 例 4.2.11 (2) より

$$\frac{de^x}{dx} = \lim_{h \to 0} \frac{e^{x+h} - e^x}{h} = e^x \lim_{h \to 0} \frac{e^h - 1}{h} = e^x. \quad \square$$

微分可能な関数は連続関数である.

定理 5.1.8. 開区間 I 上の関数 f が $a \in I$ で微分可能ならば, f は a で連続である.

証明: 関数 f の $x = a$ における連続性を示すためには $\lim\limits_{x \to a} f(x) = f(a)$ を示せば良い. 関数 f は a で微分可能であるので $\lim\limits_{x \to a} \dfrac{f(x) - f(a)}{x - a} = f'(a)$ である. そこで, $\varepsilon(x) = \dfrac{f(x) - f(a)}{x - a} - f'(a)$ とおけば $\lim\limits_{x \to a} \varepsilon(x) = 0$ である. $\varepsilon(x)$ の定義から

$$f(x) - f(a) = f'(a)(x - a) + \varepsilon(x) \tag{5.1.1}$$

である[*1]. よって,

$$\lim_{x \to a} f(x) = \lim_{x \to a}(f'(a)(x - a) + \varepsilon(x)) + f(a) = f(a)$$

が成り立つので, f は a で連続である. $\square$

微分可能な関数の和・差・積・商も微分可能であることを示そう.

定理 5.1.9. 関数 $f(x), g(x)$ が開区間 I 上で微分可能であるとき, $\alpha f + \beta g$, fg, $\dfrac{f}{g}$ も微分可能で, 次が成り立つ. ただし, α, β は定数で, 商 $\dfrac{f}{g}$ は $g(x) \neq 0$ をみたす $x \in I$ 全体を定義域としている.

  (1) (線型性) $(\alpha f + \beta g)'(x) = \alpha f'(x) + \beta g'(x)$.

  (2) (Leibniz 則) $(fg)'(x) = f'(x)g(x) + f(x)g'(x)$.

  (3) $\left(\dfrac{f}{g}\right)'(x) = \dfrac{f'(x)g(x) - f(x)g'(x)}{g(x)^2}$. 特に $\left(\dfrac{1}{g}\right)'(x) = -\dfrac{g'(x)}{g(x)^2}$.

証明: 定義に従って極限を計算する.

(1) 任意の $x \in I$ に対して

$$\lim_{h \to 0} \frac{\{\alpha f(x + h) + \beta g(x + h)\} - \{\alpha f(x) + \beta g(x)\}}{h}$$
$$= \alpha \lim_{h \to 0} \frac{f(x + h) - f(x)}{h} + \beta \lim_{h \to 0} \frac{g(x + h) - g(x)}{h}$$
$$= \alpha f'(x) + \beta g'(x).$$

よって, $\alpha f + \beta g$ は微分可能で主張が成り立つ.

(2) 任意の $x \in I$ に対して

$$\lim_{h \to 0} \frac{f(x + h)g(x + h) - f(x)g(x)}{h}$$
$$= \lim_{h \to 0} \frac{\{f(x + h)g(x + h) - f(x)g(x + h)\} + \{f(x)g(x + h) - f(x)g(x)\}}{h}$$

[*1] 式 (5.1.1) やその類似の式は, 第 5.2 節など頻繁に登場する.

$$= \lim_{h \to 0} \frac{f(x+h) - f(x)}{h} g(x+h) + f(x) \lim_{h \to 0} \frac{g(x+h) - g(x)}{h}$$
$$= f'(x)g(x) + f(x)g'(x). \quad (g \text{ が } x \text{ で連続であることを用いた})$$

よって, fg は微分可能で主張が成り立つ.

(3) 任意の $x \in I$ に対して

$$\lim_{h \to 0} \frac{f(x+h)/g(x+h) - f(x)/g(x)}{h}$$

$$= \lim_{h \to 0} \frac{1}{h} \frac{f(x+h)g(x) - f(x)g(x+h)}{g(x+h)g(x)}$$

$$= \lim_{h \to 0} \frac{1}{h} \frac{\{f(x+h)g(x) - f(x)g(x)\} + \{f(x)g(x) - f(x)g(x+h)\}}{g(x+h)g(x)}$$

$$= \lim_{h \to 0} \frac{f(x+h) - f(x)}{h} \frac{g(x)}{g(x+h)g(x)} - \frac{f(x)}{g(x)} \lim_{h \to 0} \frac{g(x+h) - g(x)}{h} \frac{1}{g(x+h)}$$

$$= \frac{f'(x)g(x) - f(x)g'(x)}{g(x)^2}. \quad (\text{再び } g \text{ の連続性を用いた})$$

よって, $\dfrac{f}{g}$ は微分可能で主張が成り立つ. $\square$

例 5.1.10. 次の導関数を求めよ. ただし, $m \in \mathbb{N}$ とする.

(1) $x^3 + 2\cos x.$ (2) $x^3 \cos x.$ (3) $x^{-m}.$ (4) $\tan x.$

解説: 定理 5.1.9 を用いて導関数を求める.

(1) $(x^3 + 2\cos x)' = (x^3)' + 2(\cos x)' = 3x^2 - 2\sin x.$

(2) $(x^3 \cos x)' = (x^3)' \cos x + x^3 (\cos x)' = 3x^2 \cos x - x^3 \sin x.$

(3) $(x^{-m})' = \left(\dfrac{1}{x^m}\right)' = \dfrac{-(x^m)'}{x^{2m}} = -mx^{-m-1}.$

(4) $(\tan x)' = \left(\dfrac{\sin x}{\cos x}\right)' = \dfrac{(\sin x)' \cos x - \sin x(\cos x)'}{\cos^2 x} = \dfrac{1}{\cos^2 x}.$

微分可能な関数同士の合成関数もまた微分可能である.

定理 5.1.11. (合成関数の微分法). 関数 $y = f(x)$ は I 上微分可能な関数であり, 関数 $z = g(y)$ は $f(I)$ 上微分可能であるとする. このとき合成関数 $z = (g \circ f)(x)$ は I 上微分可能で次が成り立つ.

$$(g \circ f)'(x) = g'(y)f'(x) = g'(f(x))f'(x). \tag{5.1.2}$$

証明: $\Delta y = f(x + \Delta x) - f(x)$, $\Delta z = g(y + \Delta y) - g(y)$ とすると, 定理 5.1.8 の証明で

考えたように

$$\Delta y = f'(x)\Delta x + \varepsilon_1(x)\Delta x, \qquad \lim_{\Delta x \to 0} \varepsilon_1(x) = 0$$
$$\Delta z = g'(y)\Delta y + \varepsilon_2(y)\Delta y, \qquad \lim_{\Delta y \to 0} \varepsilon_2(y) = 0$$

が成り立つから,

$$\Delta z = g'(y)(f'(x)\Delta x + \varepsilon_1(x)\Delta x) + \varepsilon_2(y)(f'(x)\Delta x + \varepsilon_1(x)\Delta x)$$
$$= g'(y)f'(x)\Delta x + (g'(y)\varepsilon_1(x) + \varepsilon_2(y)f'(x) + \varepsilon_2(y)\varepsilon_1(x))\Delta x$$

が成り立つ. f は連続であるから $\Delta x \to 0$ のとき $\Delta y \to 0$ なので $\lim_{\Delta x \to 0} \varepsilon_2(y) = 0$ である. したがって, $\Delta x \to 0$ のとき

$$\frac{\Delta z}{\Delta x} = g'(y)f'(x) + g'(y)\varepsilon_1(x) + \varepsilon_2(y)f'(x) + \varepsilon_2(y)\varepsilon_1(x) \to g'(y)f'(x)$$

が成り立つから,

$$\lim_{\Delta x \to 0} \frac{(g \circ f)(x + \Delta x) - (g \circ f)(x)}{\Delta x} = \lim_{\Delta x \to 0} \frac{g(f(x) + \Delta y) - g(f(x))}{\Delta x}$$
$$= \lim_{\Delta x \to 0} \frac{\Delta z}{\Delta x} = g'(y)f'(x)$$

が成り立つ. よって, $g \circ f$ は I 上微分可能で $(g \circ f)'(x) = g'(y)f'(x) = g'(f(x))f'(x)$ が成り立つ. $\square$

補足 5.1.12. $z = (g \circ f)(x)$ の導関数の公式 (5.1.2) は次のように略記すると覚えやすい.

$$\frac{dz}{dx} = \frac{dz}{dy} \cdot \frac{dy}{dx}.$$

例 5.1.13. $a > 1$ に対して $\dfrac{da^x}{dx} = a^x \log a$ である.

証明: $a^x = (e^{\log a})^x = e^{x \log a}$ なので, $u = x \log a$ とおけば

$$\frac{da^x}{dx} = \frac{de^u}{du}\frac{du}{dx} = e^u \log a = a^x \log a. \quad \square$$

例 5.1.14. 次の関数 $f(x)$ を x について微分せよ.

(1) $f(x) = (3x + 2)^{100}$.   (2) $f(x) = \cos(x^2)$.   (3) $f(x) = \log(x^2 + 1)$.

解説: (1) $u = 3x + 2$ とおくと $f(x) = u^{100}$ なので, 合成関数の微分法より

$$f'(x) = \frac{d(u^{100})}{du}\frac{du}{dx} = \frac{d(u^{100})}{du}\frac{d(3x + 2)}{dx} = 100u^{99} \cdot 3 = 300(3x + 2)^{99}.$$

(2) $u = x^2$ とおくと $f(x) = \cos u$ なので

$$f'(x) = \frac{d \cos u}{du} \frac{dx^2}{dx} = -\sin u \cdot 2x = -2x \sin(x^2).$$

(3) $u = x^2 + 1$ とおくと $f(x) = \log u$ なので

$$f'(x) = \frac{d \log u}{du} \frac{d(x^2 + 1)}{dx} = \frac{1}{u} \cdot 2x = \frac{2x}{x^2 + 1} \cdot \square$$

次は逆関数の導関数を求める.

定理 5.1.15. (逆関数の微分法). 関数 $y = f(x)$ が開区間 I で微分可能な狭義単調関数で, 任意の $a \in I$ に対して $f'(a) \neq 0$ をみたすとする. このとき逆関数 f^{-1} は $b = f(a)$ で微分可能で $(f^{-1})'(b) = \dfrac{1}{f'(f^{-1}(b))}$ が成り立つ. 略記すると次のようになる.

$$\frac{dx}{dy} = \left(\frac{dy}{dx}\right)^{-1}.$$

証明: $y = f(x)$ とおくと f^{-1} の連続性から $y \to b$ と $x \to a$ は同値だから,

$$\lim_{y \to b} \frac{f^{-1}(y) - f^{-1}(b)}{y - b} = \lim_{x \to a} \frac{x - a}{f(x) - f(a)} = \frac{1}{\lim_{x \to a} \frac{f(x) - f(a)}{x - a}} = \frac{1}{f'(a)}$$

が成り立つ. したがって, 逆関数 f^{-1} は $b = f(a)$ で微分可能で $(f^{-1})'(b) = \dfrac{1}{f'(f^{-1}(b))}$ が成り立つ. $\square$

例 5.1.16. $\dfrac{d \log |x|}{dx} = \dfrac{1}{x}$ である.

証明: $x > 0$ ならば $y = \log x$ は $x = e^y \ (> 0)$ の逆関数なので, 逆関数の微分法より

$$\frac{d \log x}{dx} = \frac{1}{(e^y)'} = \frac{1}{e^y} = \frac{1}{x}.$$

次に, $x < 0$ ならば $\log |x| = \log(-x)$ だから, $u = -x$ とおけば合成関数の微分法より

$$\frac{d \log(-x)}{dx} = \frac{d \log u}{du} \frac{du}{dx} = \frac{-1}{u} = \frac{1}{x}. \quad \square$$

例 5.1.17. $\dfrac{d \operatorname{Sin}^{-1} x}{dx} = \dfrac{1}{\sqrt{1 - x^2}}, \dfrac{d \operatorname{Cos}^{-1} x}{dx} = -\dfrac{1}{\sqrt{1 - x^2}}$ (ともに $-1 < x < 1$) である.

証明: $y = \mathrm{Sin}^{-1} x$ とすると $x = \sin y$ である. $-\dfrac{\pi}{2} < y < \dfrac{\pi}{2}$ より $\cos y > 0$ であることに注意すれば, 逆関数の微分法より

$$\frac{d\,\mathrm{Sin}^{-1} x}{dx} = \frac{1}{(\sin y)'} = \frac{1}{\cos y} = \frac{1}{\sqrt{1 - \sin^2 y}} = \frac{1}{\sqrt{1 - x^2}}.$$

$\dfrac{d\,\mathrm{Cos}^{-1} x}{dx} = -\dfrac{1}{\sqrt{1 - x^2}}$ についても同様である. $\square$

例 5.1.18. $\dfrac{d\,\mathrm{Tan}^{-1} x}{dx} = \dfrac{1}{1 + x^2}$ である.

証明: $y = \mathrm{Tan}^{-1} x$ は $x = \tan y$ の逆関数である. 逆関数の微分法より

$$\frac{d\,\mathrm{Tan}^{-1} x}{dx} = \frac{1}{(\tan y)'} = \cos^2 y = \frac{1}{1 + \tan^2 y} = \frac{1}{1 + x^2}. \quad \square$$

例 5.1.19. (対数微分法). 合成関数の微分法より $(\log |f(x)|)' = \dfrac{f'(x)}{f(x)}$ が成り立つので, $f'(x) = f(x)(\log |f(x)|)'$ が成り立つ. 対数をとると, 積は和に, ベキは積にそれぞれ変わるので微分しやすくなる. このように, 対数をとってから微分して導関数を求める方法を**対数微分法**という. 対数微分法を用いると $\dfrac{dx^x}{dx} = x^x(\log x + 1) \ (x > 0)$ を得る.

証明: $\log(x^x) = x \log x$ なので $(\log(x^x))' = \log x + 1$ である. 一方, 合成関数の微分法より $(\log(x^x))' = \dfrac{(x^x)'}{x^x}$ である. よって, $(x^x)' = x^x(\log x + 1)$ である. $\square$

最後に, 今まで計算した基本的な導関数をまとめる. これらは覚えた方が良い.

$$\frac{d}{dx} x^\alpha = \alpha x^{\alpha - 1} \quad (\alpha \in \mathbb{R}). \qquad\qquad \frac{d}{dx} \cos x = -\sin x.$$

$$\frac{d}{dx} a^x = a^x \log a \quad (a > 0). \qquad\qquad \frac{d}{dx} \tan x = \frac{1}{\cos^2 x}.$$

$$\frac{d}{dx} e^x = e^x. \qquad\qquad\qquad\qquad\qquad \frac{d}{dx} \mathrm{Sin}^{-1} x = \frac{1}{\sqrt{1 - x^2}}.$$

$$\frac{d}{dx} \log |x| = \frac{1}{x}. \qquad\qquad\qquad\quad\ \ \frac{d}{dx} \mathrm{Cos}^{-1} x = -\frac{1}{\sqrt{1 - x^2}}.$$

$$\frac{d}{dx} \sin x = \cos x. \qquad\qquad\qquad\quad \frac{d}{dx} \mathrm{Tan}^{-1} x = \frac{1}{x^2 + 1}.$$

演習問題 5.1.1. 関数 $f(x) = |x|$ が $x = 0$ で微分可能でないことを示せ.

演習問題 5.1.2. 定義に基づいて $\cos x$ の導関数を求めよ.

演習問題 5.1.3. 対数関数 $y = \log_a x \ (a > 0, a \neq 1)$ を微分せよ.

演習問題 5.1.4. $\log |f(x)g(x)|$ を 2 通りの方法で微分することで Leibniz 則 $(fg)' = f'g + fg'$ を作れ.

演習問題 5.1.5. $(f \circ f^{-1})(y) = y$ の両辺を微分することで逆関数の微分法 $(f^{-1})'(y) = \dfrac{1}{f'(f^{-1}(y))}$ を作れ.

演習問題 5.1.6. 次の関数を微分せよ.

(1) $x^4 + 3x^{5/2}$.

(2) $\dfrac{1}{2x^2} - \dfrac{1}{2x^3}$.

(3) $x\sqrt{x} + 2\sqrt[5]{x^4}$.

(4) $(2x - 1)^{400}$.

(5) $\dfrac{1}{\sqrt[5]{3x + 4}}$.

(6) $(2x - 1)^3(4x + 2)^5$.

(7) $(x + 1)\sqrt{1 - x^2}$.

(8) $\sin x - 3\cos(2x)$.

(9) $\sin x \cos x$.

(10) $\sin^{10} x$.

(11) $\tan \dfrac{1}{x}$.

(12) $\dfrac{\tan x}{x}$.

(13) $(\mathrm{Cos}^{-1} x)^5$.

(14) $\mathrm{Sin}^{-1} \dfrac{x}{2}$.

(15) $\dfrac{1}{5} \mathrm{Tan}^{-1} \dfrac{x}{5}$.

(16) e^{-3x}.

(17) $\exp\left(x^2\right)$.

(18) 5^{2x+3}.

(19) $\log(5x)$.

(20) $\log \left| \dfrac{1 - x}{1 + x} \right|$.

(21) $\log |\log x|$.

(22) $\log_2 x^3$.

(23) $x \log x$.

(24) $\log\left(x + \sqrt{1 + x^2}\right)$.

(25) $x\sqrt{1 - x^2} + \mathrm{Sin}^{-1} x$. (26) x^{3x}.

(27) $\sqrt[3]{\dfrac{(x + 1)(x^2 + 1)}{x - 3}}$.

演習問題 5.1.7. 次で定義される関数 sinh, cosh, tanh を総称して**双曲線関数**という (順にハイパボリックサイン, ハイパボリックコサイン, ハイパボリックタンジェントと読む).

$$\sinh x = \frac{e^x - e^{-x}}{2}, \quad \cosh x = \frac{e^x + e^{-x}}{2}, \quad \tanh x = \frac{e^x - e^{-x}}{e^x + e^{-x}} = \frac{\sinh x}{\cosh x}.$$

双曲線関数について次の問に答えよ.

(1) 次の「加法定理」を証明せよ.

$$\sinh(x + y) = \sinh x \cosh y + \cosh x \sinh y.$$
$$\cosh(x + y) = \cosh x \cosh y + \sinh x \sinh y.$$

(2) 以下の等式が成り立つことを示せ.

$$\cosh^2 x - \sinh^2 x = 1.$$

(3) $\sinh x, \cosh x, \tanh x$ を x について微分し, $\sinh x, \cosh x$ を用いて表せ.

(4) 関数 $y = \sinh x$ の逆関数を微分せよ.

(5) 関数 $y = \tanh x$ の逆関数を微分せよ.

演習問題 5.1.8. 関数 f が a で微分可能であるとき, 次の極限を求めよ.

(1) $\displaystyle \lim_{h \to 0} \frac{f(a + 2h) - f(a)}{h}$. 　　　　　　 (2) $\displaystyle \lim_{h \to 0} \frac{f(a + h) - f(a - h)}{h}$.

演習問題 5.1.9. 実数全体 $\mathbb{R}$ 上で連続な関数 $f(x)$ が $f(x + y) = f(x)f(y)$ かつ $a = f(1) > 0$ をみたすとき $f(x) = a^x$ が成り立つのであった (演習問題 4.3.4). つまり f は $\mathbb{R}$ 上微分可能である. さらに f が任意の $x \in \mathbb{R}$ に対して $f'(x) = f(x)$ をみたすならば, $f(1) = e$, すなわち $f(x) = e^x$ が成り立つことを示せ.

5.2　1 次近似と微分

定理 5.1.8 の証明で考えたように, 関数 f が $x = a$ で微分可能であれば

$$f(x) = f(a) + f'(a)(x - a) + \varepsilon(x), \quad \lim_{x \to a} \varepsilon(x) = 0$$

をみたす関数 $\varepsilon(x)$ が存在する. しかも, ε と微分係数の定義より

$$\lim_{x \to a} \frac{\varepsilon(x)}{x - a} = \lim_{x \to a} \frac{f(x) - f(a)}{x - a} - f'(a) = 0$$

が成り立つ. よって

$$f(x) = f(a) + f'(a)(x - a) + \varepsilon(x), \quad \lim_{x \to a} \frac{\varepsilon(x)}{x - a} = 0 \tag{5.2.1}$$

が成り立つ. したがって, x が a に近いとき, $\varepsilon(x)$ の値は $x - a$ よりも 0 に近い. 簡単に書くと, 関数 f は a の近くで

$$f(x) \fallingdotseq f(a) + f'(a)(x - a) \qquad (x \fallingdotseq a) \tag{5.2.2}$$

と 1 次多項式によって近似されるということである. 式 (5.2.1) や (5.2.2) を関数 f の a における**一次近似** (linear approximation) という. 一次近似の右辺 $f(a) + f'(a)(x - a)$ のグラフ $y = f(a) + f'(a)(x - a)$ は $y = f(x)$ 上の点 $(a, f(a))$ における接線に他ならないから, 接線は $x = a$ の近傍におけるグラフの近似である.

一次近似の一次の項に名前を付けておくと便利である.

定義 5.2.1. 2 つの独立変数 $x, \Delta x$ に対する関数 df を $df(x, \Delta x) = f'(x)\Delta x$ と定める. df を f の**微分** (differential) という. $df(x, \Delta x)$ を単に df, $df(x)$, dy 等とも表す. ここで

関数 $g(x) = x$ の微分を考えると $g'(x) = 1$ より $dx = \Delta x$ となるから, 次のようにも表す.

$$dy = f'(x)dx.$$

関数の微分 $dy = f'(x)dx$ は一次近似 (すなわち接線) の一次の項を表している. 実際, 関数 f の一次近似は

$$f(x + \Delta x) = f(x) + f'(x)\Delta x + \varepsilon(x), \quad \lim_{\Delta x \to 0} \frac{\varepsilon(\Delta x)}{\Delta x} = 0$$

と表せるが, 右辺の $f'(x)\Delta x$ は微分 dy に他ならない.

補足 5.2.2. 導関数 $\dfrac{dy}{dx}$ の dx, dy は固有の意味をもっていなかったので, $\dfrac{dy}{dx}$ は何らかの商という意味をもっていなかった. しかし, 関数の微分 $dy = f'(x)dx$ の両辺を dx で割ることで $\dfrac{dy}{dx} = f'(x)$ が成り立つ. つまり, 微分 $dy = f'(x)dx$ を考えることで $\dfrac{dy}{dx}$ に微分の商としての意味を与えることができる. この意味で, 合成関数の微分法や逆関数の微分法の公式は分数の計算をしているだけということになる.

演習問題 5.2.1. 次の関数 f の微分を求めよ. また, 与えられた x における接線の方程式を求めよ.

(1) $f(x) = e^x, \ x = 0.$ \qquad\qquad (2) $f(x) = \mathrm{Tan}^{-1} x, \ x = 1.$

5.3 曲線と接線

5.3.1 曲線の方程式と陰関数微分法

独立変数 $x, y \in \mathbb{R}$ に対する関数 $g(x, y)$ を考える. $c \in \mathbb{R}$ とする. このとき, 関係式

$$g(x, y) = c$$

をみたす点 (x, y) 全体 C を考えよう. 本節では集合 C が平面 $\mathbb{R}^2$ 内の曲線を表す場合を考える. このとき, 方程式 $g(x, y) = c$ を**曲線 C の方程式**という. 例えば $g(x, y) = x^2 + y^2$ とすれば, 方程式

$$g(x, y) = 1$$

は原点を中心とする半径 1 の円の方程式である. 方程式と曲線はあまり区別せず, 例えば「円 $C : x^2 + y^2 = 1$」と表現する.

方程式 $g(x, y) = c$ が与えられると, 座標平面 $\mathbb{R}^2$ 上に曲線を描くことで概形をつかむことができる. 関数のグラフの場合と同様に, 曲線を描くための基本は, $g(x, y) = c$ をみたす点 (x, y) をたくさん求め, それらをプロットして結ぶことである. もちろん, Geogebra 等のツールを用いてコンピュータで描くこともできるので, 自分で描いてみることを強く推奨する.

例 5.3.1. 曲線とその方程式の例を挙げる.

(1) (直線) 直線の方程式は一般に次のように表されるのであった. ただし $a, b, c \in \mathbb{R}$ で, a, b のうち少なくとも一方は 0 でないとする.

$$ax + by + c = 0.$$

(2) (関数のグラフ) 区間 $I \subset \mathbb{R}$ 上の関数 $y = f(x)$ が与えられたとき, $g(x, y) = y - f(x)$ と定めれば, 曲線
$$g(x, y) = 0$$

は関数のグラフ G_f に他ならない.

(3) (放物線) 平面上に定直線 l (準線という) とその上にない点 F (焦点という) を考える. 直線 l からの距離と点 F からの距離が等しい点 P 全体を**放物線** (parabola) という. 物体を投げたとき, 物体の運動の軌跡は放物線である. 適当に平行移動と回転を行うことで, $l : y = -a$, $F = (0, a)$ とすることができる $(a \neq 0)$. このとき, 放物線の方程式は次で与えられる.
$$x^2 - 4ay = 0.$$

(4) (楕円) 固定された 2 点 F, F' (焦点という) からの距離の和が一定である点 P の集まりを**楕円** (ellipse) という. 例えば地球をはじめとする太陽系の惑星は太陽を焦点の一つとする楕円軌道を描いている. 適当に平行移動と回転を行うことで, $F = (\sqrt{a^2 - b^2}, 0)$, $F' = (-\sqrt{a^2 - b^2}, 0)$, $FP + F'P = 2a$ とすることができる $(a \geq b > 0)$. このとき, 楕円の方程式は次で与えられる.

$$\frac{x^2}{a^2} + \frac{y^2}{b^2} = 1.$$

(5) (双曲線) 固定された 2 点 F, F' (焦点という) からの距離の差の絶対値が一定である点 P の集まりを**双曲線** (hyperbola) という. 適当に平行移動と回転を行うことで, $F = (\sqrt{a^2 + b^2}, 0)$, $F' = (-\sqrt{a^2 + b^2}, 0)$, $|FP - F'P| = 2a$ とすることができる $(a, b > 0)$. このとき, 双曲線の方程式は次で与えられる.

$$\frac{x^2}{a^2} - \frac{y^2}{b^2} = 1.$$

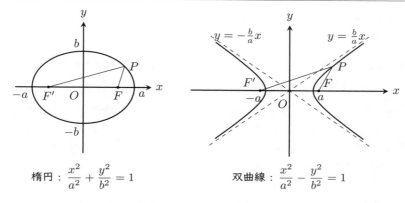

楕円 : $\dfrac{x^2}{a^2} + \dfrac{y^2}{b^2} = 1$　　　　双曲線 : $\dfrac{x^2}{a^2} - \dfrac{y^2}{b^2} = 1$

補足 5.3.2. 双曲線 $\dfrac{x^2}{a^2} - \dfrac{y^2}{b^2} = 1$ を考える. 2 直線 $\dfrac{x}{a} + \dfrac{y}{b} = 0,\ \dfrac{x}{a} - \dfrac{y}{b} = 0$ を双曲線の漸近線という. 2 本の漸近線が直交する双曲線を**直角双曲線** という. 双曲線と漸近線は交わることはなく, $|x| \to \infty$ のとき限りなく近づいていく. このように, 無限の彼方で曲線がある直線に限りなく近づいているとき, その直線を曲線の漸近線という. 演習問題 5.7.6 も参照.

　再び円に戻ろう. 方程式

$$x^2 + y^2 = 1 \qquad (5.3.1)$$

は原点を中心とする半径 1 の円を表し, 点 $(0,1)$ はこの円上の点である. この方程式 (5.3.1) を y について解くと,

$$y = \pm\sqrt{1 - x^2} \quad (-1 \leq x \leq 1)$$

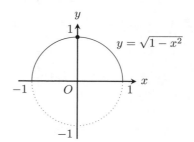

となる. よって, 関数 $y = \sqrt{1 - x^2}$ のグラフは曲線 C の一部で点 $(0,1)$ を含む. このように, $g(a,b) = c$ をみたす点 (a,b) が与えられると, $g(x, \varphi(x)) = c$ かつ $b = \varphi(a)$ をみたす関数 $y = \varphi(x)$ (定義域は a を含む区間) が定まることがある[*2].

定義 5.3.3. 上記の関数 $y = \varphi(x)$ を, 方程式 $g(x,y) = c$ で定められた**陰関数** (implicit function) という.

補足 5.3.4. 方程式 $g(x,y) = c$ を考えている際は x と y の扱いは対等である. すなわち, 方程式 $g(x,y) = c$ を x について解いて x が y についての関数 $x = \psi(y)$ であると見ても構わない. このように得られた関数 $x = \psi(y)$ も陰関数という.

　大雑把にいえば, 陰関数とは方程式を解いて $y = \varphi(x)$ のように得られた関数のことである. グラフ $y = \varphi(x)$ は曲線 $g(x,y) = c$ の一部であるから, 方程式 $g(x,y) = c$ の両辺を x につ

[*2] 関数 φ が存在するための十分条件は**陰関数定理**として知られている. 定理 6.7.12 を参照.

いて微分することで $\varphi'(x)$ を求めることができる. したがって, 陰関数のグラフの接線として曲線 $g(x,y) = c$ の接線が得られる.

例 5.3.5. 方程式 $x^2 + y^2 = 1$ の両辺を x で微分する. 合成関数の微分法より $\dfrac{d}{dx}(x^2 + y^2) = 2x + 2y\dfrac{dy}{dx}$ だから, $2x + 2y\dfrac{dy}{dx} = 0$ を得る. よって $y \neq 0$ ならば $\dfrac{dy}{dx} = -\dfrac{x}{y}$ となる. したがって, 円 $x^2 + y^2 = 1$ 上の点 (a,b) $(b \neq 0)$ において, 陰関数 $y = \varphi(x)$ の微分係数は $\varphi'(a) = -\dfrac{a}{b}$ であることがわかった. このように $y' = \varphi'(x)$ を求める方法を陰関数微分法という. 微分係数とは接線の傾きのことであったので, 点 (a,b) における円 $x^2 + y^2 = 1$ の接線の方程式は次のようになる.

$$y = -\frac{a}{b}(x - a) + b.$$

5.3.2 曲線のパラメータ表示

方程式では表しにくい曲線もパラメータ (媒介変数) を用いると容易に表せることがある. 平面上を動く点 $(x(t), y(t))$ の軌跡は時刻 t をパラメータとする曲線である.

定義 5.3.6. 曲線 C が区間 $I \subset \mathbb{R}$ 上の連続関数 $x = f(t), y = g(t)$ を用いて

$$C = \{(f(t), g(t)) \in \mathbb{R}\,;\, t \in I\}$$

と表されるとき, これを t をパラメータとする曲線 C の**パラメータ表示** (parametrization) という. パラメータ表示を単に $x = x(t), y = y(t)$ と略記することもある.

曲線のパラメータ表示はベクトルを用いて $\boldsymbol{c}(t) = \begin{bmatrix} x(t) \\ y(t) \end{bmatrix}$ と表すことも多い. $\boldsymbol{c}$ を**ベクトル値関数** (vector valued function) ともいう.

例 5.3.7. 直線は, パラメータ t を用いて

$$l : \begin{bmatrix} x \\ y \end{bmatrix} = t \begin{bmatrix} a \\ b \end{bmatrix} + \begin{bmatrix} c \\ d \end{bmatrix}$$

と表される. このとき, $\boldsymbol{v} = \begin{bmatrix} a \\ b \end{bmatrix}$ を直線 l の**方向ベクトル** (direction vector) という. 直線 l は $t = 0$ で点 (c,d) を通り, t が変化するにつれて方向ベクトル $\boldsymbol{v}$ の方向に伸びていく. つまり, 方向ベクトルは, 方向のみが重要で, その長さは問題ではない. つまり, 任意の $\alpha \neq 0$ に対して $\alpha\boldsymbol{v}$ は l の方向ベクトルである.

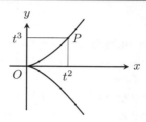

直線 $\begin{bmatrix} x \\ y \end{bmatrix} = t \begin{bmatrix} a \\ b \end{bmatrix} + \begin{bmatrix} c \\ d \end{bmatrix}$.

例 5.3.8. $x = t^2$, $y = t^3$ とパラメータ表示された曲線を描く.

t	-2	-1	0	1	2	3
x	4	1	0	1	4	9
y	-8	-1	0	1	8	27

例 5.3.9. パラメータ表示の例を挙げよう.

(1) (円) $\cos^2\theta + \sin^2\theta = 1$ なので, $x = a\cos\theta$, $y = a\sin\theta$ は円 $x^2 + y^2 = a^2$ のパラメータ表示である.

(2) (楕円) $x = a\cos t$, $y = b\sin t$ は楕円 $\dfrac{x^2}{a^2} + \dfrac{y^2}{b^2} = 1$ のパラメータ表示である. ここで, t は左下図のような角度である (x 軸と OP のなす角ではない).

(3) (双曲線) $x = a\cosh t$, $y = b\sinh t$ は双曲線 $\dfrac{x^2}{a^2} - \dfrac{y^2}{b^2} = 1$ $(x > 0)$ のパラメータ表示である. ただし, $\cosh t = \dfrac{e^t + e^{-t}}{2}$, $\sinh t = \dfrac{e^t - e^{-t}}{2}$ である (演習問題 5.1.7 参照). ここで, t は右下図斜線部の面積が $\dfrac{ab}{2}t$ となるような t である.

(4) (サイクロイド) 円が直線上を滑ることなく転がるとき, 円周上の定点の軌跡 $x = a(t - \sin t)$, $y = a(1 - \cos t)$ をサイクロイドという.

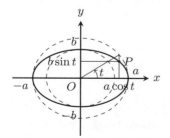

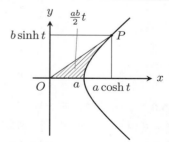

楕円 : $\dfrac{x^2}{a^2} + \dfrac{y^2}{b^2} = 1$

双曲線 : $\dfrac{x^2}{a^2} - \dfrac{y^2}{b^2} = 1$ $(x > 0)$

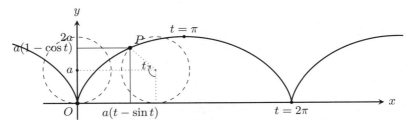

サイクロイド : $x = a(t - \sin t),\ y = a(1 - \cos t)$

例 5.3.10. 曲線のパラメータ表示は一通りではない. 例えば $x = \cos\theta, y = \sin\theta$ は円 $C : x^2 + y^2 = 1$ のパラメータ表示であるが, $x = \cos(2\theta)$, $y = \sin(2\theta)$ も円 C のパラメータ表示である.

他のパラメータ表示を求めよう. 点 $A = (-1, 0)$ と円 C 上の点 $P = (x, y) \neq A$ を結ぶ直線の傾きを t とする. 直線 OP と x 軸のなす角を θ とすると AP と x 軸のなす角は $\dfrac{\theta}{2}$ だから, $t = \tan\dfrac{\theta}{2}$ と表される.

x, y を t の関数で表そう. t の定義より $y = t(x + 1)$ なので, 点 P が円 C 上にあることから $x^2 = 1 - y^2 = 1 - t^2(x+1)^2$, すなわち $(t^2 + 1)x^2 + 2t^2 x + t^2 - 1 = 0$ が成り立つ. この 2 次方程式を解くと $x = -1, \dfrac{1 - t^2}{1 + t^2}$ を得る. よって, $y = 0, \dfrac{2t}{1 + t^2}$ となる. したがって, 点 P は t を用いて $(x, y) = \left(\dfrac{1 - t^2}{1 + t^2}, \dfrac{2t}{1 + t^2} \right)$ と表された. この表示は定理 7.4.8 で再会する.

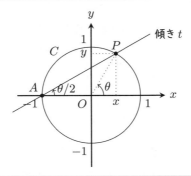

定義 5.3.11. (極座標). 円 $x^2 + y^2 = r^2$ $(r > 0)$ のパラメータ表示として $x = r\cos\theta$, $y = r\sin\theta$ $(\theta \in \mathbb{R})$ があった. r を動かすことで, 原点以外の平面上の点 (x, y) をパラメータ (r, θ) を用いて $(x, y) = (r\cos\theta, r\sin\theta)$ と表すことができる. $(x, y) = (r\cos\theta, r\sin\theta)$ で $r = 0$ とすれば原点を表すことができるので, 平面上の点 (x, y) は (r, θ) $(r \geq 0,\ \theta \in \mathbb{R})$

を用いて表すことができる. この (r, θ) を点 (x, y) の**極座標表示**という.

補足 5.3.12. 点 (x, y) の極座標表示 (r, θ) は一通りではない. 実際, 例えば $(-1, 0) = (\cos \pi, \sin \pi) = (\cos 3\pi, \sin 3\pi)$ なので, $(1, \pi)$ も $(1, 3\pi)$ も点 $(-1, 0)$ の極座標である. 原点以外の極座標を一意的に定めたい場合は, $0 \leq \theta < 2\pi$ のように θ の範囲を制限する必要がある.

パラメータ表示された曲線の接線を求めるためには曲線を微分する必要がある.

定義 5.3.13. 曲線 $c(t) = \begin{bmatrix} x(t) \\ y(t) \end{bmatrix}$ の成分 $x(t), y(t)$ がともに微分可能であるとき, 曲線 $c(t)$ は**微分可能**であるといい, ベクトル値関数 $c(t)$ の導関数を

$$\frac{d}{dt} c(t) \ (= c'(t)) \ = \begin{bmatrix} x'(t) \\ y'(t) \end{bmatrix}$$

と定める.

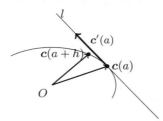

これからは微分可能な曲線 $c(t)$ を考える. 定義より

$$c'(a) = \begin{bmatrix} x'(a) \\ y'(a) \end{bmatrix} = \lim_{h \to 0} \frac{1}{h} \begin{bmatrix} x(a+h) - x(a) \\ y(a+h) - y(a) \end{bmatrix} = \lim_{h \to 0} \frac{1}{h} \left(c(a+h) - c(a) \right)$$

である. よって, $c'(a)$ は $t = a$ における瞬間の速度を表すので, $c(a)$ を通り $c'(a)$ を方向ベクトルとする直線

$$l : l(t) = t c'(a) + c(a)$$

は曲線 $c(t)$ の $t = a$ における接線である. また, ベクトル $d = \begin{bmatrix} a \\ b \end{bmatrix}$ を方向ベクトルにもつ直線の傾きは $\dfrac{b}{a}$ だから, 曲線 $c(t)$ の $t = a$ における接線の方程式は次で与えられる.

$$l : y = \frac{y'(a)}{x'(a)} (x - x(a)) + y(a).$$

補足 5.3.14. ベクトル値関数 $c(t)$ の導関数 $c'(t)$ を**速度ベクトル** (velocity vector) という. 速度

ベクトルを $\boldsymbol{v}(t)$ と書くこともある. 速度ベクトルのノルム (大きさ)

$$v(t) = \|\boldsymbol{v}(t)\| = \sqrt{(x'(t))^2 + (y'(t))^2}$$

を微分可能な曲線 $\boldsymbol{c}(t)$ の**速さ** (speed) という.

特に, 時刻 t における質点の位置が $\boldsymbol{r}(t)$ で与えられるとき, $t = a$ における速度ベクトル $\dot{\boldsymbol{r}}(a)$ は時刻 $t = a$ における瞬間の速度を表しており, その大きさ $v(t)$ は質点の速さを表している.

例 5.3.15. 曲線 $\boldsymbol{c}(t) = \begin{bmatrix} \cos t \\ \sin t \end{bmatrix}$ の $t = \dfrac{\pi}{4}$ における接線のパラメータ表示を一つ求めよ. また, 方程式も求めよ.

解説: $\boldsymbol{c}'(t) = \begin{bmatrix} -\sin t \\ \cos t \end{bmatrix}$ なので, $\boldsymbol{c}(t)$ の $t = \dfrac{\pi}{4}$ における速度ベクトルは $\boldsymbol{c}'\left(\dfrac{\pi}{4}\right) = \dfrac{1}{\sqrt{2}} \begin{bmatrix} -1 \\ 1 \end{bmatrix}$ である. よって, $t = \dfrac{\pi}{4}$ における接線のパラメータ表示を一つ求めると

$$\begin{bmatrix} x \\ y \end{bmatrix} = t \begin{bmatrix} -1 \\ 1 \end{bmatrix} + \frac{1}{\sqrt{2}} \begin{bmatrix} 1 \\ 1 \end{bmatrix} \quad (t \in \mathbb{R})$$

である. また, 方程式は次のようになる.

$$y = -\left(x - \frac{1}{\sqrt{2}}\right) + \frac{1}{\sqrt{2}}. \quad \square$$

例 5.3.16. 半径 r の円 $x^2 + y^2 = r^2$ 上を運動する物体を考えよう. このとき, 物体の位置 P は時刻 t についての関数 $\theta(t)$ を用いて $P = (r\cos\theta(t), r\sin\theta(t))$ と表される. この物体の速度ベクトルは

$$\frac{d}{dt} \begin{bmatrix} r\cos\theta(t) \\ r\sin\theta(t) \end{bmatrix} = \begin{bmatrix} -r\theta'(t)\sin\theta(t) \\ r\theta'(t)\cos\theta(t) \end{bmatrix} = r\theta'(t) \begin{bmatrix} -\sin\theta(t) \\ \cos\theta(t) \end{bmatrix}$$

と表される. $\theta'(t)$ (または絶対値 $|\theta'(t)|$) を角速度 (補足 3.2.13 も参照) といい, 角速度が一定の運動を等速円運動という.

物体が等速円運動しているときの関数 $\theta(t)$ を求める. このとき角速度 $\theta'(t)$ は t によらず一定である. よって, $\theta'(t) = \omega$ (定数) とすれば, t で積分することで

$$\theta(t) = \omega t + \theta_0 \quad (\theta_0 \text{ は定数})$$

と表される. このとき, 物体の速さは

$$v(t) = \sqrt{(r\theta'(t))^2 \sin^2\theta(t) + (r\theta'(t))^2 \cos^2\theta(t)} = r|\theta'(t)| = r|\omega| \quad (\text{定数})$$

と表される. 等速円運動は速さ $v(t)$ が一定であるような運動である.

補足 5.3.17. 同様に n 次元空間 $\mathbb{R}^n$ 内の曲線 $c : [a, b] \to \mathbb{R}^n$ や速度ベクトルも考えられる.

演習問題 5.3.1. 与えられた点を含む区間上で定義された陰関数 $y = \varphi(x)$ の導関数 $\dfrac{dy}{dx}$ を x, y を用いて表せ. また, 与えられた点における曲線 $g(x, y) = c$ の接線の方程式を求めよ.

(1) $x^2 + y^2 = 4$, $(1, \sqrt{3})$.
(2) $x^2 + y^2 = 4$, $(-1, -\sqrt{3})$.

(3) $x^2 + \dfrac{y^2}{4} = 1$, $\left(\dfrac{1}{2}, \sqrt{3} \right)$.
(4) $x^2 - xy + y^2 = 3$, $(1, 2)$.

演習問題 5.3.2. 次のパラメータで与えられる曲線 (x, y) について, 与えられたパラメータ t における速度ベクトルと接線を求めよ.

(1) $x = 3t - 2$, $y = t^2 + 1$, $t = 1$.
(2) $x = 3t - 2$, $y = t^2 + 1$, $t = -2$.

(3) $x = 3 \cos t$, $y = 2 \sin t$, $t = \dfrac{\pi}{4}$.
(4) $x = t - \sin t$, $y = 1 - \cos t$, $t = \dfrac{\pi}{3}$.

演習問題 5.3.3. 直角双曲線 $x^2 - y^2 = 2$ を原点を中心として反時計回りに $\dfrac{\pi}{4}$ だけ回転させた直角双曲線の方程式と漸近線を求め, 概形を描け.

5.4 平均値の定理

接線は関数の一次近似を表していた. 平均値の定理やそれと類似の定理は, 一次近似を詳しく理解したり高次の近似に拡張するために必要なとても重要な定理である. 最初に平均値の定理の特別な場合である Rolle の定理を証明する.

> **定理 5.4.1. (Rolle の定理).** 閉区間 $[a, b]$ 上の連続関数 f が開区間 (a, b) で微分可能であるとする. このとき, $f(a) = f(b)$ が成り立つならば, $f'(\xi) = 0$ をみたす $\xi \in (a, b)$ が存在する.

証明: 関数 f が定数関数ならば確かに成り立つので, 定数関数でないとしよう. 閉区間上の連続関数は最大値と最小値をもつ (定理 4.3.4) ので, それぞれを $f(c)$, $f(d)$ とする. f は定数関数でないので $f(c) \neq f(d)$ である. よって, c, d のうち少なくとも一方は a, b と一致しない. そこで, c, d のうち a, b と異なる方を選び, それを ξ とする. 適宜読み替えれば良いから $f(\xi)$ は最大値であると仮定する. $f'(\xi) = 0$ を示せば良い.

$f'(\xi) > 0$ と仮定すると, 微分係数の定義より, $h > 0$ が十分小さければ $f(\xi + h) - f(\xi) > 0$ が成り立つ. よって $f(\xi) < f(\xi + h)$ が成り立つ. 一方, $f'(\xi) < 0$ と仮定すると, 同様に $f(\xi) < f(\xi - h)$ が成り立つ. いずれにせよ f が ξ で最大値をとることに反するので, $f'(\xi) = 0$ である. $\square$

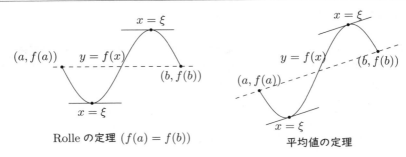

Rolle の定理 $(f(a) = f(b))$ 平均値の定理

上図から読み取れるように, Rolle の定理は接線の傾きが 0 となる点 ξ が開区間 (a, b) 内に存在することを述べている. ξ の位置や個数はわからない. 次は平均値の定理を示そう. 平均値の定理の意味も同様に上図から読み取れる.

定理 5.4.2. (平均値の定理). 閉区間 $[a, b]$ 上の連続関数 f が開区間 (a, b) で微分可能であるとする. このとき,

$$\frac{f(b) - f(a)}{b - a} = f'(\xi) \quad (\iff f(b) = f(a) + f'(\xi)(b - a))$$

をみたす $\xi \in (a, b)$ が存在する.

証明: Rolle の定理に帰着させて示す. そのために

$$g(x) = f(x) - \left\{ \frac{f(b) - f(a)}{b - a}(x - a) + f(a) \right\}$$

と定義しよう. このとき, $g(a) = 0$, $g(b) = 0$ であるから, Rolle の定理より $g'(\xi) = 0$ をみたす $a < \xi < b$ が存在する. ここで, $g'(x) = f'(x) - \dfrac{f(b) - f(a)}{b - a}$ だから,

$$\frac{f(b) - f(a)}{b - a} = f'(\xi)$$

が成り立つ. □

平均値の定理は関数のグラフの接線の傾きに関する定理であるが, パラメータ表示された曲線の接線の傾きに関する同様の定理も成り立つ (Cauchy の平均値の定理という).

定理 5.4.3. (Cauchy の平均値の定理). 閉区間 $[a, b]$ 上の連続関数 f, g が開区間 (a, b) で微分可能であるとする. 曲線 $c(t) = \begin{bmatrix} f(t) \\ g(t) \end{bmatrix}$ が $c(a) \neq c(b)$ かつ $c'(t) \neq \mathbf{0}$ $(a < t < b)$ をみたすならば, $c'(\xi)$ が 2 点 $c(a), c(b)$ を結ぶ直線の方向ベクトルとなるよう

な $a < \xi < b$ が存在する. さらに, $f(a) \neq f(b)$ かつ $f'(\xi) \neq 0$ ならば次が成り立つ.

$$\frac{g(b) - g(a)}{f(b) - f(a)} = \frac{g'(\xi)}{f'(\xi)}.$$

証明: 次の関数 φ に対して Rolle の定理を用いれば平均値の定理と同様に証明できる.

$$\varphi(x) = (f(b) - f(a))g(x) - (g(b) - g(a))f(x) \quad \square$$

補足 5.4.4. Cauchy の平均値の定理は, f, g の両方に平均値の定理を適用して比をとったわけではない. 実際, 平均値の定理を適用すると

$$f(b) - f(a) = f'(\xi)(b - a), \quad g(b) - g(a) = g'(\xi')(b - a)$$

をみたす ξ, ξ' $(a < \xi, \xi' < b)$ が存在する. 比をとると

$$\frac{g(b) - g(a)}{f(b) - f(a)} = \frac{g'(\xi)}{f'(\xi')}$$

となる. $\xi = \xi'$ **となるようにとれるかどうかはわからない**. 一方, Cauchy の平均値の定理では $\xi = \xi'$ となるようにとれると主張している. これが Cauchy の平均値の定理の重要な点である.

演習問題 5.4.1. $0 < a < b$ ならば次の不等式が成り立つことを示せ.

$$\frac{b - a}{b} < \log b - \log a < \frac{b - a}{a}.$$

5.5 高階導関数

関数が与えられたとき, 導関数を求めることは比較的容易である. 得られた導関数も当然関数なので, 再度導関数を考えることができる.

定義 5.5.1. 開区間 I 上の関数 $f(x)$ が I 上微分可能であるとき, その導関数 $f'(x)$ も I 上の関数である. 導関数 $f'(x)$ が更に (x について) I 上微分可能であるとき, 関数 f は I 上 2 **回微分可能** (2-times differentiable) であるという. 導関数 $f'(x)$ の導関数 $(f'(x))'$ を $f''(x)$, $\dfrac{d^2 f}{dx^2}$, $f^{(2)}(x)$ 等と表し, 2 **階導関数** (2nd derived function) という. これに対応して $f^{(1)}(x) = f'(x)$ とも表し, これを 1 階導関数ともいう. また, 便宜上 $f^{(0)}(x) = f(x)$ と表し, f 自身を 0 階導関数ともいう.

同様に, 自然数 $r \in \mathbb{N}$ に対して $r - 1$ 階導関数 $f^{(r-1)}(x)$ が I 上微分可能であるとき, 関数 f は I 上 r **回微分可能** (r-times differentiable) であるという. $f^{(r-1)}(x)$ の導関数 $(f^{(r-1)}(x))'$ を $f^{(r)}(x)$, $\dfrac{d^r f}{dx^r}$ 等と表し[*3], f の r **階導関数** (r-th derived function) という. $n \geq 2$ のとき, n 階導関数を**高階導関数** (derived function of higher order) ともいう.

例 5.5.2. ベクトル値関数 $c(t)$ の導関数 $c'(t)$ を速度ベクトルというのであった. 2 階導関数 $c''(t)$ を加速度ベクトルという. 特に, ベクトル値関数 $r(t)$ が時刻 t における質点の位置を表すなら, 導関数 $\dot{r}(t)$ は時刻 t における質点の速度であった. さらに, 2 階導関数 $\ddot{r}(t)$ は時刻 t における質点の加速度である.

定理 5.1.8 と同様にして次が成り立つ.

定理 5.5.3. 開区間 I 上の関数 f が r 階微分可能であるとすると, $r-1$ 階以下の導関数 $f, f', f'', f''', f^{(4)}, \ldots, f^{(r-1)}$ はすべて連続である.

補足 5.5.4. 定理 5.1.9 の場合と同様にして, n 回微分可能な関数 f, g の和 $f+g$ もまた n 回微分可能で, $(f+g)^{(n)} = f^{(n)} + g^{(n)}$ が成り立つ. 積 fg も n 回微分可能だが, その計算則 (Leibniz 則) は次のようになる:

$$(fg)^{(n)} = \sum_{k=0}^{n} \binom{n}{k} f^{(k)} g^{(n-k)}.$$

ただし, $\binom{n}{k}$ は二項係数である. また, 商や合成, 逆関数についても微分可能性が保たれる.

定義 5.5.5. 開区間 I 上の関数 f が r 回微分可能で, r 階導関数 $f^{(r)}$ も連続であるとする. このとき, 関数 f は C^r 級であるという. 開区間 I 上の C^r 級関数全体のなす集合を $C^r(I)$ と表す. また, すべての $r \in \mathbb{N}$ に対して C^r 級であるような関数を C^∞ 級関数といい, 開区間 I 上の C^∞ 級関数全体のなす集合を $C^\infty(I)$ と表す.

補足 5.5.6. C^r 級ならば C^{r-1} 級である. すなわち, 次の包含関係が成り立つ.

$$C^0(I) \supset C^1(I) \supset \cdots \supset C^r(I) \supset \cdots \supset C^\infty(I).$$

例えば, $\mathbb{R}$ 上 C^1 級だが 2 回微分可能でない関数を演習問題 5.5.3 に挙げた. 一方, ベキ関数, 指数関数, 対数関数, 三角関数, 逆三角関数やそれらの四則演算や合成は何回でも微分できることを確かめられるから C^∞ 級である. つまり, C^∞ 級関数は豊富に存在する.

演習問題 5.5.1. 次の n 階導関数を確かめよ.

(1) $(x^\alpha)^{(n)} = \alpha(\alpha-1)\cdots(\alpha-n+1)x^{\alpha-n}$ $(\alpha \notin \mathbb{N})$.

(2) $(a^x)^{(n)} = (\log a)^n a^x$.   (3) $(\log x)^{(n)} = (-1)^{n-1}(n-1)! \cdot x^{-n}$.

(4) $(\sin x)^{(n)} = \sin\left(x + \dfrac{n\pi}{2}\right)$.   (5) $(\cos x)^{(n)} = \cos\left(x + \dfrac{n\pi}{2}\right)$.

---

*3 3 階までは f''' のようにプライム ($'$) を微分の階数分だけ用いて表し, 4 階以上の場合は $f^{(4)}$ などと表すことが多い.

演習問題 5.5.2. n 階微分可能な関数 f, g に対して Leibniz 則

$$(fg)^{(n)} = \sum_{k=0}^{n} \binom{n}{k} f^{(k)} g^{(n-k)}$$

が成り立つことを示せ.

演習問題 5.5.3. 関数

$$f(x) = \begin{cases} x^3 \sin \dfrac{1}{x} & (x \neq 0) \\ 0 & (x = 0) \end{cases}$$

について次の問に答えよ.

(1) f の 1 階導関数 f' を求め, f が $\mathbb{R}$ 上 C^1 級であることを示せ.

(2) $x = 0$ で f' は微分不可能であることを示せ.

5.6 Taylor の定理

Taylor の定理では未知の関数 f を多項式で近似する. さらに, その誤差についての情報も与える. 例えばその効用として, 四則演算のみで関数の値 $f(x)$ の近似値を求めることができ, その誤差も評価できる (例 5.6.12 参照). この考え方はコンピュータで関数の値を出力する際にも用いられている. 微分可能性に関する細かい仮定に煩わされたくないので, 本節では, 関数は**必要なだけ微分可能**であるとする (このような関数を本書では**滑らかな関数**という).

Taylor の定理を述べる前に, どのような多項式で近似されるべきか考える. そのために,

$$f(x) = a_0 + a_1(x - a) + a_2(x - a)^2 + \cdots + a_k(x - a)^k + \cdots \tag{5.6.1}$$

をみたす定数 $a_k \in \mathbb{R}$ $(k = 0, 1, 2, \dots)$ が存在するときに, 定数 $a_k \in \mathbb{R}$ $(k = 0, 1, 2, \dots)$ がみたすべき条件を求める. まず, 式 (5.6.1) に $x = a$ を代入すれば $a_0 = f(a)$ が成り立つ. 次に式 (5.6.1) の両辺を x で微分すれば

$$f'(x) = a_1 + 2a_2(x - a) + \cdots + ka_k(x - a)^{k-1} + \cdots \tag{5.6.2}$$

となるので, 式 (5.6.2) に $x = a$ を代入すれば $a_1 = f'(a)$ が成り立つ. 次に式 (5.6.2) の両辺を x で微分すれば

$$f''(x) = 2a_2 + \cdots + k(k-1)a_k(x - a)^{k-2} + \cdots \tag{5.6.3}$$

となるので, 式 (5.6.3) に $x = a$ を代入すれば $a_2 = \dfrac{f''(a)}{2}$ を得る. 同様の操作を繰り返す. すなわち, k 階導関数

$$f^{(k)}(x) = k!a_k + (k+1)k \cdots \cdots 2a_{k+1}(x - a) + \cdots$$

に $x = a$ を代入して $a_k = \dfrac{f^{(k)}(a)}{k!}$ を得る. したがって, 式 (5.6.1) をみたす定数 $a_k \in \mathbb{R}$ $(k = 0, 1, 2, \dots)$ が存在するならば, $a_k = \dfrac{f^{(k)}(a)}{k!}$ をみたさなければならない. 以上より, 次のような展開が期待される.

$$f(x) = f(a) + f'(a)(x - a) + \frac{f''(a)}{2!}(x - a)^2 + \cdots + \frac{f^{(k)}(a)}{k!}(x - a)^k + \cdots$$

この右辺を **Taylor 級数**という (付録 A.4 参照).

今得た定数 $a_k \in \mathbb{R}$ を用いて多項式

$$p_n(x) = \sum_{k=0}^{n} \frac{f^{(k)}(a)}{k!}(x - a)^k = f(a) + f'(a)(x - a) + \frac{f''(a)}{2!}(x - a)^2 + \cdots + \frac{f^{(n)}(a)}{n!}(x - a)^n$$

を考えよう. 多項式 $p_n(x)$ は Taylor 級数を n 次までで打ち切って得た多項式である. $n = 1$ のとき, 直線 $y = p_1(x)$ は $x = a$ における接線である. 多項式 $p_n(x)$ を, a における関数 f の n 次 **Taylor 多項式**という.

以下に $f(x) = \sin x$, $a = 0$ の場合のグラフを描くので Taylor 多項式が関数を近似する様子を観察せよ. Taylor 多項式 p_1, p_3, p_5, p_7 の計算については例 5.6.9 を参照.

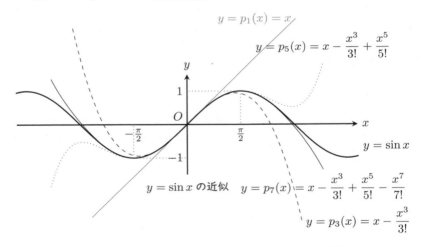

例 5.6.1. $f(x) = \sin x$, $a = 0$, $x = 1, 0.5, 0.2, 0.1, 0.01, 0.001$ の場合に $f(x)$ と Taylor 多項式 $p_1(x)$, $p_3(x)$ の誤差を表にまとめた. ただし, $p_1(x) = x$, $p_3(x) = x - \dfrac{x^3}{3!}$ である.

x	$f(x)$	$p_1(x)$	$p_3(x)$	$f(x)-p_1(x)$	$f(x)-p_3(x)$
$\pi/2$	1	1.57079633	0.92483223	-0.57079633	0.07516777
1	0.84147098	1	0.83333333	-0.15852902	0.00813765
0.5	0.47942554	0.5	0.47916667	-0.02057446	0.00025887
0.2	0.19866933	0.2	0.19866667	-0.00133067	0.00000266
0.1	0.09983342	0.1	0.09983333	-0.00016658	9.0×10^{-8}
0.01	0.00999983	0.01	0.00999983	-0.00000017	(8.3×10^{-13})
0.001	0.00099999	0.001	0.00099999	(-1.6×10^{-10})	(8.2×10^{-18})

この表は次のように鑑賞する. すなわち, p_n の n を固定したとき, x の値が $a=0$ に近づけば近づくほど, $f(x)$ の値と $p_n(x)$ の値の誤差の絶対値は小さくなっていく. さらに, 誤差の小さくなっていくスピードは, x が $a=0$ に近づくスピードよりも速い.

定理 5.6.2. (Taylor の定理). 開区間 I 上の関数 f を考え, $a \in I$ とする. 任意の $x \in I$ に対し,

$$f(x) = p_n(x) + R_{n+1}(x) \tag{5.6.4}$$
$$= f(a) + f'(a)(x-a) + \frac{f''(a)}{2!}(x-a)^2 + \frac{f'''(a)}{3!}(x-a)^3$$
$$+ \cdots + \frac{f^{(n)}(a)}{n!}(x-a)^n + R_{n+1}(x) \tag{5.6.5}$$

によって I 上の関数 $R_{n+1}(x)$ を定義すると, 次が成り立つ.

(1) $\displaystyle \lim_{x \to a} \frac{R_{n+1}(x)}{(x-a)^n} = 0$.

(2) (Lagrange の剰余項) $R_{n+1}(x) = \dfrac{f^{(n+1)}(\xi)}{(n+1)!}(x-a)^{n+1}$ をみたすような ξ (ξ は x と a の間の実数) が存在する.

誤差を表す関数 $R_{n+1}(x)$ を $n+1$ **次の剰余項**といい, $R_{n+1}(x)$ を求めて式 (5.6.4) や (5.6.5) の形で表したものを a における (n 次の) **(有限) Taylor 展開**という.

Taylor の定理の剰余項はさまざまな表示があり, 目的に応じて使い分ける. Lagrange の剰余項以外は付録 A.5.3 を参照.

補足 5.6.3. Lagrange の剰余項 $R_{n+1}(x) = \dfrac{f^{(n+1)}(\xi)}{(n+1)!}(x-a)^{n+1}$ は

$$R_{n+1}(x) = \frac{f^{(n+1)}(a+\theta(x-a))}{(n+1)!}(x-a)^{n+1} \quad (0 < \theta < 1)$$

と表しても良い. これは ξ が a と x を $\theta : (1-\theta)$ の比に内分する点だと見ている.

Taylor の定理の証明は付録 A.5.3 を参照. 特に $a = 0$ としたものは「Taylor」の代わりに「Maclaurin」という.

補足 5.6.4. $n = 0$ の場合の有限 Taylor 展開 (0 次の Taylor 展開) を考えると

$$f(x) = f(a) + f'(\xi)(x - a) \quad (\xi \text{ は } x \text{ と } a \text{ の間の実数})$$

を得る. これは平均値の定理に他ならない.

例 5.6.5. 関数 $f(x) = \dfrac{1}{1 - x}$ ($|x| < 1$) の有限 Maclaurin 展開を求めよ.

解説: まず, Taylor の定理を使うために導関数を求めると $f^{(k)}(x) = \dfrac{k!}{(1 - x)^{k+1}}$ なので, $f^{(k)}(0) = k!$ である. したがって, Taylor の定理より

$$\frac{1}{1 - x} = \sum_{k=0}^{n} x^k + \frac{1}{(1 - \theta x)^{n+2}} x^{n+1}$$

をみたす $0 < \theta < 1$ が存在する. □

等比数列の和の公式を思い出すと,

$$1 + x + x^2 + x^3 + \cdots + x^n = \frac{1 - x^{n+1}}{1 - x}$$

であった. したがって,

$$\frac{1}{1 - x} = \sum_{k=0}^{n} x^k + \frac{x^{n+1}}{1 - x} \tag{5.6.6}$$

を得る. 例 5.6.5 より式 (5.6.6) も $f(x) = \dfrac{1}{1 - x}$ ($|x| < 1$) の n 次の Maclaurin 展開である. しかし, 例 5.6.5 を知らない場合はどのように判断したら良いだろうか. 式 (5.6.6) が確かに n 次の Maclaurin 展開であることは次の定理 5.6.6 で保証される.

定理 5.6.6. f を開区間 I 上の関数とし, $a \in I$ とする. 任意の $x \in I$ に対し,

$$f(x) = \sum_{k=0}^{n} a_k (x - a)^k + g(x), \quad \lim_{x \to a} \frac{g(x)}{(x - a)^n} = 0$$

をみたす a_k ($k = 0, 1, \ldots, n$) が存在するならば $a_k = \dfrac{f^{(k)}(a)}{k!}$ が成り立つ.

証明: Taylor の定理より $\displaystyle\lim_{x \to a} \frac{R_{n+1}(x)}{(x - a)^n} = 0$ をみたす関数 R_{n+1} を用いて.

$$\sum_{k=0}^{n} \frac{f^{(k)}(a)}{k!} (x - a)^k + R_{n+1}(x) = \sum_{k=0}^{n} a_k (x - a)^k + g(x)$$

と表せるので, $x \to a$ とすれば $a_0 = f(a)$ が成り立つ. よって

$$\sum_{k=1}^{n} \frac{f^{(k)}(a)}{k!}(x-a)^k + R_{n+1}(x) = \sum_{k=1}^{n} a_k(x-a)^k + g(x)$$

となるから, 両辺を $x-a$ で割って $x \to a$ とすれば $a_1 = f'(a)$ となる. 以下繰り返して $k = 0, 1, 2, \ldots, n$ に対して $a_k = \dfrac{f^{(k)}(a)}{k!}$ が成り立つことが示される. □

したがって, どのように得たものでも定理 5.6.6 の仮定をみたせばそれは Taylor 展開である.

補足 5.6.7. 定理 5.6.6 で得た近似

$$f(x) = \sum_{k=0}^{n} \frac{f^{(k)}(a)}{k!}(x-a)^k + g(x), \quad \lim_{x \to a} \frac{g(x)}{(x-a)^n} = 0 \tag{5.6.7}$$

を f の a における **n 次近似**という.

例 5.6.8. 式 (5.6.6) が, 確かに $\dfrac{1}{1-x}$ の n 次の Maclaurin 展開であることを確かめよ.

解説: $g(x) = \dfrac{x^{n+1}}{1-x}$ とおくと, $\displaystyle\lim_{x \to 0} \frac{g(x)}{x^n} = \lim_{x \to 0} \frac{x}{1-x} = 0$ が成り立つ. よって, 定理 5.6.6 より式 (5.6.6) は $\dfrac{1}{1-x}$ の n 次の Maclaurin 展開であることが確かめられた. □

例 5.6.9. 以下の関数 $f(x)$ の有限 Maclaurin 展開を求めよ.

(1) $f(x) = e^x$.   (2) $f(x) = \sin x$.   (3) $f(x) = \cos x$.

(4) $f(x) = (1+x)^\alpha \ (\alpha \in \mathbb{R})$.   (5) $f(x) = \log(1+x)$.

解説: 自分で $n = 2, 3, 4$ の場合を計算してから解説を読むと良い.

(1) $f^{(k)}(x) = e^x$ だから $f^{(k)}(0) = 1$ である. したがって, Taylor の定理より

$$e^x = \sum_{k=0}^{n} \frac{1}{k!}x^k + \frac{e^{\theta x}}{(n+1)!}x^{n+1}$$

をみたす $0 < \theta < 1$ が存在する.

(2) $f^{(k)}(x) = \sin\left(x + \dfrac{k\pi}{2}\right)$ なので, $f^{(2m)}(0) = 0 \ (m = 0, 1, 2, 3, \ldots)$, $f^{(2m+1)}(0) = (-1)^m \ (m = 0, 1, 2, 3, \ldots)$ である. したがって, Taylor の定理より, $n = 2m \ (m = 0, 1, 2, 3, \ldots)$ ならば

$$\sin x = \sum_{k=0}^{m-1} \frac{(-1)^k}{(2k+1)!}x^{2k+1} + \frac{1}{(2m+1)!}\sin\left(\theta x + \frac{(2m+1)\pi}{2}\right)x^{2m+1}$$

をみたす $0 < \theta < 1$ が存在する. 同様に, $n = 2m + 1 \ (m = 0, 1, 2, 3, \ldots)$ ならば

$$\sin x = \sum_{k=0}^{m} \frac{(-1)^k}{(2k+1)!} x^{2k+1} + \frac{1}{(2m+2)!} \sin\left(\theta x + \frac{(2m+2)\pi}{2}\right) x^{2m+2}$$

をみたす $0 < \theta < 1$ が存在する.

(3) $f^{(k)}(x) = \cos\left(x + \dfrac{k\pi}{2}\right)$ なので, $f^{(2m)}(0) = (-1)^m \ (m = 0, 1, 2, 3, \ldots)$, $f^{(2m+1)}(0) = 0 \ (m = 0, 1, 2, 3, \ldots)$ である. したがって, Taylor の定理より, $n = 2m \ (m = 0, 1, 2, 3, \ldots)$ ならば

$$\cos x = \sum_{k=0}^{m} \frac{(-1)^k}{(2k)!} x^{2k} + \frac{1}{(2m+1)!} \cos\left(\theta x + \frac{(2m+1)\pi}{2}\right) x^{2m+1}$$

をみたす $0 < \theta < 1$ が存在する. 同様に, $n = 2m + 1 \ (m = 0, 1, 2, 3, \ldots)$ ならば

$$\cos x = \sum_{k=0}^{m} \frac{(-1)^k}{(2k)!} x^{2k} + \frac{1}{(2m+2)!} \cos\left(\theta x + \frac{(2m+2)\pi}{2}\right) x^{2m+2}$$

をみたす $0 < \theta < 1$ が存在する.

(4) $\alpha \in \mathbb{N}$ のときは二項定理を用いて展開すれば良い. $\alpha \notin \mathbb{N} \cup \{0\}$ とする. このとき, $f^{(k)}(x) = \alpha \cdot (\alpha - 1) \cdots (\alpha - k + 1)(1 + x)^{\alpha - k}$ だから $f^{(k)}(0) = \alpha \cdot (\alpha - 1) \cdots (\alpha - k + 1)$ である. したがって, Taylor の定理より

$$(1 + x)^{\alpha} = \sum_{k=0}^{n} \binom{\alpha}{k} x^k + \binom{\alpha}{n+1}(1 + \theta x)^{\alpha - (n+1)} x^{n+1}$$

をみたす $0 < \theta < 1$ が存在する. ここで, $\dbinom{\alpha}{k} \ (k = 0, 1, 2, 3, \ldots)$ は $\dbinom{\alpha}{0} = 1$, $\dbinom{\alpha}{k} = \dfrac{\alpha \cdot (\alpha - 1) \cdots (\alpha - k + 1)}{k!} \ (k \in \mathbb{N})$ によって定義され, **一般二項係数**という. $\alpha \in \mathbb{N}$, $0 \le k \le \alpha$ ならば, これは高校で学んだ二項係数 ${}_{\alpha}C_k$ と一致する.

(5) $k \in \mathbb{N}$ のとき $f^{(k)}(x) = \dfrac{(-1)^{k-1} \cdot (k-1)!}{(1+x)^k}$ だから $f^{(k)}(0) = (-1)^{k-1} \cdot (k-1)!$ である. また, $f^{(0)}(0) = f(0) = 0$ である. したがって, Taylor の定理より

$$\log(1 + x) = \sum_{k=1}^{n} \frac{(-1)^{k-1}}{k} x^k + \frac{(-1)^n}{(n+1)(1+\theta x)^{n+1}} x^{n+1}$$

をみたす $0 < \theta < 1$ が存在する. $\square$

例 5.6.10. 関数 $f(x) = \sin x$ の $\dfrac{\pi}{4}$ における 3 次の Taylor 展開を求めよ.

解説: $f'(x) = \cos x$, $f''(x) = -\sin x$, $f'''(x) = -\cos x$, $f^{(4)}(x) = \sin x$ なので, $f\left(\dfrac{\pi}{4}\right) = \dfrac{1}{\sqrt{2}}$, $f'\left(\dfrac{\pi}{4}\right) = \dfrac{1}{\sqrt{2}}$, $f''\left(\dfrac{\pi}{4}\right) = -\dfrac{1}{\sqrt{2}}$, $f'''\left(\dfrac{\pi}{4}\right) = -\dfrac{1}{\sqrt{2}}$ であるから, Taylor の定理より $x = \dfrac{\pi}{4}$ における 3 次の Taylor 展開は次のようになる.

$$f(x) = \frac{1}{\sqrt{2}} + \frac{1}{\sqrt{2}}\left(x - \frac{\pi}{4}\right) - \frac{1}{2\sqrt{2}}\left(x - \frac{\pi}{4}\right)^2 - \frac{1}{6\sqrt{2}}\left(x - \frac{\pi}{4}\right)^3$$
$$+ \frac{1}{4!}\sin\left(\frac{\pi}{4} + \theta\left(x - \frac{\pi}{4}\right)\right)\left(x - \frac{\pi}{4}\right)^4 \quad (0 < \theta < 1). \quad \square$$

例 5.6.11. $f(x) = \sin(x^2)$ の 6 次の Maclaurin 展開を求めよ. また, f の 6 次の Maclaurin 多項式も求めよ.

解説: Taylor の定理を適用するために 7 階までの導関数を求めても良いが, 少々大変なので, ここでは知っている展開を利用する. 最後に剰余項を評価する.

$\sin t$ の 3 次の Maclaurin 展開は $\sin t = t - \dfrac{t^3}{6} + \dfrac{\sin(\theta t)}{4!}t^4$ $(0 < \theta < 1)$ なので (例 5.6.9 (2) 参照), $t = x^2$ を代入すれば[*4]

$$\sin(x^2) = x^2 - \frac{x^6}{6} + \frac{\sin(\theta x^2)}{4!}x^8 \ (0 < \theta < 1)$$

を得る. $g(x) = \dfrac{\sin(\theta x^2)}{4!}x^8$ とおく. $|\sin(\theta x^2)| \leq 1$ だから, はさみうちの原理を用いれば $\lim\limits_{x \to 0} \dfrac{g(x)}{x^6} = \lim\limits_{x \to 0} \dfrac{x^2\sin(\theta x^2)}{4!} = 0$ がわかる. よって, これは f の 6 次の Maclaurin 展開である. したがって, f の 6 次の Maclaurin 多項式は $p_6(x) = x^2 - \dfrac{x^6}{6}$ である. $\square$

Taylor の定理の一つの応用として関数の近似値を求めよう.

例 5.6.12. $\sin(0.1)$ の近似値を誤差 $\pm 10^{-5}$ 未満で求めよ.

解説: 要求された誤差を実現するために必要な Taylor 展開の次数は計算してみなければわからない. 試しに $\sin x$ を 3 次まで Maclaurin 展開してみると

$$\sin x = x - \frac{x^3}{3!} + R_4(x), \quad \text{ただし } R_4(x) = \frac{\sin(\theta x)}{4!}x^4 \ (0 < \theta < 1)$$

が成り立つので,

$$\sin(0.1) = 0.1 - \frac{(0.1)^3}{3!} + R_4(0.1) = \frac{0.599}{6} + R_4(0.1)$$

[*4] ここで $t = x^2$ を代入するので $\sin t$ の 3 次の展開を用いた.

が成り立つ. 誤差 $R_4(0.1)$ を評価する. $0 < \theta < 1$ より $0 < \sin(0.1\theta) < 1$ なので

$$0 < R_4(0.1) = \frac{1}{4!}\sin(0.1\theta)(0.1)^4 < \frac{10^{-4}}{24} < 5 \times 10^{-6}(< 10^{-5})$$

である. 一方, $0.09983333 < \dfrac{0.599}{6} = 0.09983333\cdots < 0.09983334$ なので $0.09983 < \sin(0.1) < 0.099839$ が成り立つから, 小数第5位まで正確にわかった: $\sin(0.1) \fallingdotseq 0.09983$. 誤差は $+10^{-5}$ 未満で, 要求された誤差 $\pm 10^{-5}$ の範囲に収まっている. $\square$

演習問題 5.6.1. 次の関数の指定された a と n について, a における n 次 Taylor 展開を求めよ.

   (1) $f(x) = (1+x)^3$. $a = 1$. $n = 3$.   (2) $f(x) = e^x$. $a = 1$. $n = 2$.
   (3) $f(x) = \cos x$. $a = \dfrac{\pi}{6}$. $n = 2$.   (4) $f(x) = \tan x$. $a = 0$. $n = 2$.

演習問題 5.6.2. 次の関数の n 次 Maclaurin 展開を求めよ.

   (1) $f(x) = e^{x/2}$. $n = 7$.   (2) $f(x) = x^2 e^x$. $n = 7$.
   (3) $f(x) = \exp(-x^2)$. $n = 8$.   (4) $f(x) = \dfrac{e^x + e^{-x}}{2}$. $n = 4$.

演習問題 5.6.3. Napier 数 e の値を小数第3位まで求めよ.

演習問題 5.6.4. $\sqrt{1.1}$ の値を小数第3位まで求めよ.

5.7 不定形の極限

  引き続き, 本節でも関数は滑らかな関数を考える. 本節では不定形の極限の計算について学ぶ. 単に $\lim\limits_{x \to \blacksquare} f(x) = 0$ といっても, $x \to \blacksquare$ における関数の振る舞いはさまざまである. 例えば, $x \to \infty$ のとき, e^{-x} と x^{-1} はともに $x \to 0$ となるが, x を大きくしていったとき e^{-x} の方がはるかに速く0に近づく. 収束する速さを比べ, それを極限の計算に利用する.

定義 5.7.1. (無限小). 関数 f が $\lim\limits_{x \to \blacksquare} f(x) = 0$ をみたすとき, 関数 f は $x \to \blacksquare$ において**無限小** (infinitesimal) であるという.

補足 5.7.2. 同様に, 関数 f が $\lim\limits_{x \to \blacksquare} f(x) = \pm\infty$ をみたすとき, 関数 f は $x \to \blacksquare$ において**正の (負の) 無限大** (positive (negative) infinity) であるという.

例 5.7.3.

   (1) $x^2 \to 0$, $\sin x \to 0$ $(x \to 0)$ であるので, $x^2, \sin x$ は 0 において無限小である.
   (2) $e^{-x} \to 0$ $(x \to \infty)$ であるので, e^{-x} は ∞ において無限小である.

Landau^{ランダウ}の記号は $x \to a$ における2つの関数の振る舞いを比べる記号である.

定義 5.7.4. (Landau の記号 o). 関数 f, g に対して

$$\lim_{x \to \blacksquare} \frac{f(x)}{g(x)} = 0$$

が成り立つとき, $x \to \blacksquare$ において f は g に比べて**無視できる**といい, $f = o(g)$ $(x \to \blacksquare)$ と表す. 明らかな場合や問題にならない場合は $x \to \blacksquare$ を省略することがある. 特に, 関数 f, g が $x \to \blacksquare$ において無限小で, $f = o(g)$ $(x \to \blacksquare)$ が成り立つとき, $x \to \blacksquare$ において関数 f は関数 g よりも**高位の無限小**であるという.

補足 5.7.5. (Landau の記号 O). $a \in \mathbb{R}$ とする. $x \to a$ のとき関数 f が関数 g で**押さえられる**とは, a の近傍で $|f(x)| \leq C|g(x)|$ $(x \neq a)$ をみたす定数 $C > 0$ が存在することである. このとき, $f = O(g)$ $(x \to a)$ と大文字の O を用いて表す. 片側極限や $a = \pm\infty$ でも同様に定める. 本書では小文字の o のみを用いる.

例 5.7.6.

(1) 定義より, $f = o(1)$ $(x \to \blacksquare)$ と $\lim_{x \to \blacksquare} f(x) = 0$ は同値である. すなわち, $x \to \blacksquare$ において関数 f が無限小であるとは, $f = o(1)$ $(x \to \blacksquare)$ が成り立つことと同値である.

(2) $a < b$ のとき $\dfrac{x^a}{x^b} \to 0$ $(x \to \infty)$, $\dfrac{x^b}{x^a} \to 0$ $(x \to +0)$ なので, $x^a = o(x^b)$ $(x \to \infty)$ かつ $x^b = o(x^a)$ $(x \to +0)$ である.

(3) $n \in \mathbb{N}$ とする. $x^n = o(e^x)$ $(x \to \infty)$ が成り立つ. これは, $x \to \infty$ のとき e^x が x^n よりはるかに速く大きくなることを表している. 実際, Taylor の定理より $e^x = 1 + x + \cdots + \dfrac{x^{n+1}}{(n+1)!} + \dfrac{e^{x\theta}}{(n+2)!}x^{n+2}$ をみたす実数 $0 < \theta < 1$ が存在するので, $x > 0$ ならば $e^x > \dfrac{x^{n+1}}{(n+1)!}$ が成り立つ. よって, $0 < \dfrac{x^n}{e^x} < \dfrac{(n+1)!}{x} \to 0$ $(x \to \infty)$ であるから, はさみうちの原理より $\dfrac{x^n}{e^x} \to 0$ $(x \to \infty)$ が成り立つ.

補足 5.7.7. (Landau の記号の使い方についての注意). Landau の記号 $f = o(g)$ $(x \to \blacksquare)$ は, 右辺にある $o(g)$ という大きさを基準にして左辺の関数 f の $x \to \blacksquare$ における振る舞いを評価する記号である. $o(g)$ は具体的な関数を表しているわけではない. o は四則演算や極限の計算に利用すると便利である. 例えば, 次のように用いる.

- $f = g + o(h)$ とは, $f - g = o(h)$ が成り立つこと.
- $f_1 + o(g_2) = o(g)$ とは, $f_2 = o(g_2)$ をみたす任意の関数 f_2 に対して $f_1 + f_2 = o(g)$ が成り立つこと.
- $o(g_1) + o(g_2) = o(g)$ とは, $f_1 = o(g_1)$, $f_2 = o(g_2)$ をみたす任意の関数 f_1, f_2 に対して $f_1 + f_2 = o(g)$ が成り立つこと.
- $f_1 o(g_2) = o(g)$ とは, $f_2 = o(g_2)$ をみたす任意の関数 f_2 に対して $f_1 f_2 = o(g)$ が成り立つこと.

- $\alpha \in \mathbb{R}$ とする. $\displaystyle\lim_{x \to \blacksquare} \frac{o(g)}{h(x)} = \alpha$ とは, $f = o(g)$ $(x \to \blacksquare)$ をみたす任意の関数 f に対して

  $\displaystyle\lim_{x \to \blacksquare} \frac{f(x)}{h(x)} = \alpha$ が成り立つこと.

Taylor の定理との関連から最も重要な無限小は極限 $\displaystyle\lim_{x \to 0} x^k = 0$ である. この無限小との比較を考えることで Taylor の定理を極限の計算に利用することができる.

定理 5.7.8. 次が成り立つ. ただし, $m, n \in \mathbb{N}$ とする.

(1) $m \le n$ ならば $o(x^m) + o(x^n) = o(x^m)$ $(x \to 0)$.

(2) $x^m o(x^n) = o(x^{m+n})$ $(x \to 0)$.

(3) $o(x^m) o(x^n) = o(x^{m+n})$ $(x \to 0)$.

(4) $\displaystyle\lim_{x \to 0} \frac{o(x^n)}{x^n} = 0$.

証明: (1) $m \le n$ なので, $f = o(x^m)$, $g = o(x^n)$ $(x \to 0)$ をみたす任意の関数 f, g に対して $\dfrac{f(x) + g(x)}{x^m} = \dfrac{f(x)}{x^m} + \dfrac{g(x)}{x^n} \cdot x^{n-m} \to 0$ $(x \to 0)$ が成り立つ. よって $o(x^m) + o(x^n) = o(x^m)$ $(x \to 0)$ が成り立つ.

(2) $g = o(x^n)$ $(x \to 0)$ をみたす任意の関数 g に対して $\dfrac{x^m g(x)}{x^{m+n}} = \dfrac{g(x)}{x^n} \to 0$ $(x \to 0)$ が成り立つ. よって $x^m o(x^n) = o(x^{m+n})$ $(x \to 0)$ が成り立つ.

(3) $f = o(x^m)$, $g = o(x^n)$ $(x \to 0)$ をみたす任意の関数 g に対して $\dfrac{f(x) g(x)}{x^{m+n}} = \dfrac{f(x)}{x^m} \cdot \dfrac{g(x)}{x^n} \to 0$ $(x \to 0)$ が成り立つ. よって $o(x^m) o(x^n) = o(x^{m+n})$ $(x \to 0)$ が成り立つ.

(4) $f = o(x^n)$ $(x \to 0)$ をみたす任意の関数 f をとると, Landau の記号 o の定義より $\displaystyle\lim_{x \to 0} \frac{f(x)}{x^n} = 0$ が成り立つ. したがって, $\displaystyle\lim_{x \to 0} \frac{o(x^n)}{x^n} = 0$ が成り立つ. $\quad\square$

定義 5.7.9. (同位の無限小). 関数 f, g が $x \to \blacksquare$ において**同値**であるとは,

$$\lim_{x \to \blacksquare} \frac{f(x)}{g(x)} = 1$$

が成り立つことと定め, これを $f \sim g$ $(x \to \blacksquare)$ と表す. 明らかな場合や問題にならない場合は $x \to \blacksquare$ を省略することがある. 特に, f, g が $x \to \blacksquare$ において無限小で, ある実数 $c \ne 0$ が存在して $f \sim cg$ $(x \to \blacksquare)$ が成り立つとき, f と g は**同位の無限小**であるという.

補足 5.7.10. 定義より $f \sim g \iff g \sim f$ だが, $f \sim g + h$ だからといって「移項して」$f - g \sim h$ が成り立つとは限らない. 実際, $x^2 + x \sim x^2 + 1$ $(x \to \infty)$ だが, 両辺から x^2 を引いてみると, $x \not\sim 1$ $(x \to \infty)$ である.

例 5.7.11.

(1) $\dfrac{\sin x}{x} \to 1 \ (x \to 0)$ なので $\sin x \sim x \ (x \to 0)$ である.

(2) $f(x) = \dfrac{x}{x^2+1}$ とすると, $\lim\limits_{x\to\infty} \dfrac{f(x)}{x^{-1}} = \lim\limits_{x\to\infty} \dfrac{x^2}{x^2+1} = \lim\limits_{x\to\infty} \dfrac{1}{1+1/x^2} = 1$ なの
で $\dfrac{x}{x^2+1} \sim x^{-1} \ (x \to \infty)$ である.

Taylor の定理より, 剰余項は $R_{n+1}(x) = o((x-a)^n) \ (x \to a)$ をみたす. すなわち,

$$f(x) = \sum_{k=0}^{n} \frac{f^{(k)}(a)}{k!}(x-a)^k + o((x-a)^n) \ (x \to a). \tag{5.7.1}$$

が成り立つ.

定義 5.7.12. 式 (5.7.1) を a における f の n 次の**漸近展開**という.

式 (5.7.1) より,

$$f(x) \sim \sum_{k=0}^{n} \frac{f^{(k)}(a)}{k!}(x-a)^k \ (x \to a) \tag{5.7.2}$$

が成り立つ. これも漸近展開という.

例 5.7.13. 次の漸近展開は例 5.6.5, 例 5.6.9 から直ちに得られる.

$$e^x = \sum_{k=0}^{n} \frac{1}{k!}x^k + o(x^n) \ (x \to 0).$$

$$\sin x = \sum_{k=0}^{n} \frac{(-1)^k}{(2k+1)!}x^{2k+1} + o(x^{2n+2}) \ (x \to 0).$$

$$\cos x = \sum_{k=0}^{n} \frac{(-1)^k}{(2k)!}x^{2k} + o(x^{2n+1}) \ (x \to 0).$$

$$(1+x)^\alpha = \sum_{k=0}^{n} \binom{\alpha}{k}x^k + o(x^n) \ (x \to 0).$$

$$\frac{1}{1-x} = \sum_{k=0}^{n} x^k + o(x^n) \ (x \to 0).$$

$$\log(1+x) = \sum_{k=1}^{n} \frac{(-1)^{k-1}}{k}x^k + o(x^n) \ (x \to 0).$$

Taylor の定理と同様に既知の展開を用いて漸近展開を計算できる.

例 5.7.14.

$$\frac{1}{(1-x)^2} = 1 + 2x + o(x) \ (x \to 0)$$

が成り立つことを示せ.

解説:
$$\frac{1}{(1-x)^2} = (1 + x + o(x))(1 + x + o(x))$$
$$= 1 + x + o(x) + x + x^2 + xo(x) + o(x) + xo(x) + o(x)o(x)$$
$$= 1 + 2x + x^2 + 2o(x) + 3o(x^2)$$
$$= 1 + 2x + o(x) \ (x \to 0)$$

である. 最後の等号は $\dfrac{x^2 + 2o(x) + 3o(x^2)}{x} \to 0 \ (x \to 0)$ より従う. 展開項をすべて書いていると読みにくいので, 定理 5.7.8 を使って高次の項を Landau の記号 o でまとめながら計算する方が良い. □

漸近展開を極限の計算に応用する.

例 5.7.15. 極限 $\displaystyle\lim_{x \to 0} \frac{(1 - \cos x)\sin x}{x^3}$ を求めよ.

解説: 分母は 3 次の速さで 0 に収束する. そこで, 分子も 3 次, つまり分子の $1 - \cos x$ は 2 次, $\sin x$ は 1 次, かけて 3 次となるように漸近展開すれば良い. 実際, $\cos x = 1 - \dfrac{x^2}{2!} + o(x^2)$ と漸近展開すると $1 - \cos x = \dfrac{x^2}{2!} + o(x^2)$ なので, $(1 - \cos x)\sin x = \left(\dfrac{x^2}{2!} + o(x^2)\right)(x + o(x)) = \dfrac{x^3}{2} + o(x^3)$ であるから,
$\displaystyle\lim_{x \to 0} \frac{(1 - \cos x)\sin x}{x^3} = \lim_{x \to 0} \frac{\frac{x^3}{2} + o(x^3)}{x^3} = \lim_{x \to 0}\left(\frac{1}{2} + \frac{o(x^3)}{x^3}\right) = \frac{1}{2}$ となる. □

漸近展開を用いると多くの不定形の極限を計算できるが, 漸近展開を使えない場合や大変面倒な場合がある. 次の l'Hôpital の定理はその場合も含めて不定形の極限の計算手段を与えるが, 多くの場合は漸近展開の方が適当である.

定理 5.7.16. (l'Hôpital の定理). 関数 f, g が次をみたすとする.

- f, g は $x = a$ の近傍で a 以外の x について定義され, $f(x) \neq 0$, $f'(x) \neq 0$.
- $\displaystyle\lim_{x \to a} f(x) = 0$, $\displaystyle\lim_{x \to a} g(x) = 0$. すなわち, 極限 $\displaystyle\lim_{x \to a} \frac{g(x)}{f(x)}$ は $\dfrac{0}{0}$ の不定形である.
- $\displaystyle\lim_{x \to a} \frac{g'(x)}{f'(x)} = \alpha$ $(\alpha \in \mathbb{R}$ または $\alpha = \pm\infty)$.

このとき,
$$\lim_{x \to a} \frac{g(x)}{f(x)} = \lim_{x \to a} \frac{g'(x)}{f'(x)} = \alpha$$

が成り立つ.

証明: $f(a) = 0$, $g(a) = 0$ と定義すれば, f, g は $x = a$ の周りで定義された連続関数とみなすことができる. そこで, Cauchy の平均値の定理より

$$\frac{g(x) - g(a)}{f(x) - f(a)} = \frac{g'(\xi)}{f'(\xi)}$$

をみたす ξ (ξ は x と a の間の実数) が存在する. ここで, (左辺) $= \dfrac{f(x)}{g(x)}$, $\lim\limits_{x \to a} \dfrac{g'(\xi)}{f'(\xi)} = \lim\limits_{\xi \to a} \dfrac{g'(\xi)}{f'(\xi)} = \alpha$ なので次を得る.

$$\lim_{x \to a} \frac{g(x)}{f(x)} = \lim_{x \to a} \frac{g'(x)}{f'(x)} = \alpha. \quad \square$$

補足 5.7.17. l'Hôpital の定理は, 仮定がみたされる限り,

$$\lim_{x \to a} \frac{g(x)}{f(x)} = \lim_{x \to a} \frac{g'(x)}{f'(x)} = \lim_{x \to a} \frac{g''(x)}{f''(x)} = \cdots$$

と繰り返し使うことができる.

補足 5.7.18. l'Hôpital の定理は次のようなバリエーションがある:

$$x \to a \pm 0 \text{ の極限}, \quad x \to \pm\infty \text{ の極限}, \quad \frac{\infty}{\infty} \text{ 型の不定形}.$$

例えば, $x \to \infty$ の極限で $\dfrac{\infty}{\infty}$ 型の不定形の場合は次のようになる.
  関数 f, g が次をみたすとする. ただし, R は十分大きい実数を一つ選んで固定する.

- f, g は $x > R$ について定義され, $f(x) \neq 0$, $f'(x) \neq 0$.
- $\lim\limits_{x \to \infty} f(x) = \infty$, $\lim\limits_{x \to \infty} g(x) = \infty$.
- $\lim\limits_{x \to \infty} \dfrac{g'(x)}{f'(x)} = \alpha$ ($\alpha \in \mathbb{R}$ または $\alpha = \pm\infty$).

このとき, 次が成り立つ.

$$\lim_{x \to \infty} \frac{g(x)}{f(x)} = \lim_{x \to \infty} \frac{g'(x)}{f'(x)} = \alpha.$$

例 5.7.19. 次の極限を求めよ. ただし $\alpha > 0$ とする.

(1) $\lim\limits_{x \to +0} x^\alpha \log x$.   (2) $\lim\limits_{x \to 0} \dfrac{\log(\cos x)}{\log(\cos(2x))}$.   (3) $\lim\limits_{x \to 0} \dfrac{\mathrm{Tan}^{-1} x}{x^{1/3}}$.

解説: l'Hôpital の定理は仮定がみたされることを確認してから使うこと.

(1) l'Hôpital の定理を使いがちだが, l'Hôpital の定理を用いずに計算した方が楽である. 実際, $t = -\log x$ とおけば $\lim\limits_{x \to +0} x^\alpha \log x = \lim\limits_{t \to \infty} t e^{-\alpha t} = 0$ となる.

(2) 漸近展開するよりも l'Hôpital の定理を使う方が楽である. $f(x) = \log(\cos(2x))$, $g(x) = \log(\cos x)$ とすると f, g は $x = 0$ の周りで (より具体的には, 例えば $-\pi/10 <$

$x < \pi/10$ で) 微分可能で, $f(x) \neq 0$ $(x \neq 0)$, $f'(x) = \dfrac{-2\sin(2x)}{\cos(2x)} \neq 0$ $(x \neq 0)$, $g'(x) = \dfrac{-\sin x}{\cos x}$, $\displaystyle\lim_{x \to 0} \dfrac{g'(x)}{f'(x)} = -\dfrac{1}{4}$ が成り立つ. よって l'Hôpital の定理より $\displaystyle\lim_{x \to 0} \dfrac{\log(\cos x)}{\log(\cos(2x))} = \lim_{x \to 0} \dfrac{g'(x)}{f'(x)} = -\dfrac{1}{4}$.

(3) $x^{1/3}$ は $x = 0$ で漸近展開できないので $\mathrm{Tan}^{-1} x$ の漸近展開 $\mathrm{Tan}^{-1} x = x + o(x)$ $(x \to 0)$ のみ利用する. 実際, $\displaystyle\lim_{x \to 0} \dfrac{\mathrm{Tan}^{-1} x}{x^{1/3}} = \lim_{x \to 0} \dfrac{x + o(x)}{x^{1/3}} = \lim_{x \to 0} \left(x^{2/3} + \dfrac{o(x)}{x} x^{2/3} \right) = 0$. l'Hôpital の定理を用いるのも良いだろう. □

l'Hôpital の定理の仮定のチェックは面倒である. l'Hôpital の定理の仮定はみたされていることが多いのだが, 仮定がみたされないと次のように不都合が起きる.

例 5.7.20. l'Hôpital の定理の仮定をみたさないような例をいくつか挙げる.

(不定形でない例) $\displaystyle\lim_{x \to 0} \dfrac{x^2 + x}{x + 2} = 0$ だが, $\displaystyle\lim_{x \to 0} \dfrac{(x^2 + x)'}{(x + 2)'} = \lim_{x \to 0} \dfrac{2x + 1}{1} = 1$.

(極限 $\displaystyle\lim_{x \to a} \dfrac{f'(x)}{g'(x)}$ が収束も $\pm\infty$ に発散もしない場合) $\displaystyle\lim_{x \to \infty} \dfrac{x + \sin x}{x} = 1$ ($\tfrac{\infty}{\infty}$ の不定形) だが, $\displaystyle\lim_{x \to \infty} \dfrac{(x + \sin x)'}{(x)'} = \lim_{x \to \infty} (1 + \cos x)$ は収束せず, $\pm\infty$ に発散もしない.

($f'(x) = 0$ となる例; O. Stolz の例). $g(x) = x + \sin x \cos x$, $f(x) = e^{\sin x} g(x)$ とすると $f'(x) = e^{\sin x}(x + \sin x \cos x + 2\cos x)\cos x$ なので, $\cos x = 0$ となる x, すなわち $x = \dfrac{\pi}{2} + n\pi$ $(n \in \mathbb{Z})$ に対して $f'(x) = 0$ となる. すなわち, $f'(x) \neq 0$ $(x > R)$ をみたすような $R \in \mathbb{R}$ は存在しない.

一方, $\displaystyle\lim_{x \to \infty} \dfrac{g(x)}{f(x)}$ は発散するが, $g'(x) = 2\cos^2 x$ より $\displaystyle\lim_{x \to \infty} \dfrac{g'(x)}{f'(x)} = 0$ である. 確かに l'Hôpital の定理の結果は成り立たない. これは, $f'(x) = 0$ となる因子 $\cos x$ が $g'(x)$ にも含まれており, 約分できてしまうことから起きる.

演習問題 5.7.1. 次の関数の 0 における 3 次の漸近展開を書け.

(1) e^x.　　　　　　　　　(2) $\sin x$.　　　　　　　　(3) $\cos x$.

(4) $\sqrt{1 + x}$.　　　　　　(5) $\dfrac{1}{1 - x}$.　　　　　　(6) $\log(1 + x)$.

演習問題 5.7.2. 次の関数の 0 における漸近展開を指定された次数まで求めよ.

(1) $f(x) = e^x + \log(1 - x)$ $(3$ 次$)$.　　(2) $f(x) = \exp(-x^2)$ $(6$ 次$)$.

(3) $f(x) = \log(1 + \sin x)$ $(3$ 次$)$.　　(4) $f(x) = e^x \sin x$ $(4$ 次$)$.

演習問題 5.7.3. 次の極限を求めよ.

(1) $\displaystyle\lim_{x\to 0}\frac{e^x-1-x}{x^2}$.　　　(2) $\displaystyle\lim_{x\to 0}\frac{\sin x-x}{x^3}$.　　　(3) $\displaystyle\lim_{x\to 0}\frac{3\sqrt[3]{1+x}-3-x}{x^2}$.

(4) $\displaystyle\lim_{x\to 0}\frac{\log(1+2x)}{x}$.　　　(5) $\displaystyle\lim_{x\to 0}\frac{e^x-e^{\sin x}}{x^3}$.　　　(6) $\displaystyle\lim_{x\to 0}\frac{e^x-1-x}{\cos x-1}$.

(7) $\displaystyle\lim_{x\to +0}\frac{\log(\tan(3x))}{\log(\tan(2x))}$.　　　(8) $\displaystyle\lim_{x\to\infty}x^{1/x}$.　　　(9) $\displaystyle\lim_{x\to 1}x^{\frac{1}{1-x}}$.

演習問題 5.7.4. 次の問に答えよ.

(1) $\log\left(1+\dfrac{1}{x}\right)=\dfrac{1}{x}-\dfrac{1}{2x^2}+o(x^{-2})\ (x\to\infty)$ であることを示せ.

(2) 極限 $\displaystyle\lim_{x\to\infty}x\left(e-\left(1+\dfrac{1}{x}\right)^x\right)$ を求めよ.

演習問題 5.7.5. 次の式を van der Waals の状態方程式という.
ファン・デル・ワールス

$$\left(P+\frac{an^2}{V^2}\right)(V-bn)=nRT.$$

ただし, P は圧力, n は物質量, V は体積, R は気体定数, T は温度, a,b は定数である.
$z=\dfrac{PV}{nRT}$, $x=\dfrac{n}{V}$ とする. van der Waals の状態方程式が成り立つとき, 次の問に答えよ.

(1) z から P を消去せよ.

(2) z を x の関数と見て, 0 における z の 3 次の漸近展開を求めよ (ビリアル展開という).

演習問題 5.7.6. 関数 f と実数 $a,b\in\mathbb{R}$ に対して $f(x)=ax+b+o(1)\ (x\to\infty)$ が成り立つとき, 直線 $y=ax+b$ は曲線 $y=f(x)$ の ∞ における**漸近線**であるという. $-\infty$ における漸近線も同様に定義する. このとき, 次の曲線の ∞ における漸近線を求めよ.

(1) $y=\mathrm{Tan}^{-1}x$.　　　(2) 双曲線 $4x^2-y^2=1$.

5.8　関数のグラフと極値問題

　関数の増減や極値, 凹凸を調べることは, 関数を知るための基本的なアプローチである. 特に関数が滑らかな場合, Taylor の定理の応用として極値の有無を判定することができる.

5.8.1　増減と極値

　まずは関数の増減と極値について学ぶ.

> **定理 5.8.1.** 閉区間 $[a, b]$ 上の連続関数 f が開区間 (a, b) で微分可能であるとする. この
> とき, 次が成り立つ.
>
> (1) $f'(x) = 0$ $(a < x < b)$ をみたすならば, f は $[a, b]$ 上定数関数である.
> (2) $f'(x) > 0$ $(a < x < b)$ をみたすならば, f は $[a, b]$ 上狭義単調増加である.
> (3) $f'(x) < 0$ $(a < x < b)$ をみたすならば, f は $[a, b]$ 上狭義単調減少である.

証明: (1), (2) のみ示す. (3) も同様である.

(1) $a < x \le b$ をみたす実数 x を任意にとると, 平均値の定理より $\dfrac{f(x) - f(a)}{x - a} = f'(\xi)$ を
みたす $a < \xi < x$ が存在する. 仮定より $f'(\xi) = 0$ だから, $f(x) = f(a)$ が成り立つ.
つまり, f は $[a, b]$ 上定数関数である.

(2) $a \le u < v \le b$ をみたす実数 u, v を任意にとると, 平均値の定理より $\dfrac{f(v) - f(u)}{v - u} =$
$f'(\xi)$ をみたす $u < \xi < v$ が存在する. 仮定より $f'(\xi) > 0$ だから, $\dfrac{f(v) - f(u)}{v - u} > 0$
が成り立つ. $u < v$ だったから $f(v) - f(u) > 0$ が成り立つ. したがって, $f(u) < f(v)$
だから, f は $[a, b]$ 上狭義単調増加である. □

増減が変化する点の十分近くのみを考えれば, 関数はその点で最大値や最小値をとってい
る. この点を極値という.

> **定義 5.8.2.** 区間 I 上で定義された関数 $f(x)$ が $x = a$ で**極大値** (maximal value)
> (resp. **極小値** (minimal value)) $f(a)$ をとるとは, 十分小さい $\varepsilon > 0$ が存在して, 関数
> $f(x)$ が開区間 $(a - \varepsilon, a + \varepsilon)$ 上で $f(a) > f(x)$ $(x \ne a)$ (resp. $f(a) < f(x)$ $(x \ne a)$)
> が成り立つことをいう. また, 極大値と極小値を総称して**極値** (extremal value) という.

すなわち, $f(a)$ が極値であるとは, $x = a$ の周りでは最大値または最小値であって, かつ
$x = a$ の周りでは定数でない, ということである. 極値の定義には微分可能性は関係ない.

例 5.8.3.

(1) 関数 $f(x) = |x|$ は $x = 0$ で極小値 $f(0) = 0$ をとる.
(2) 関数 $f(x) = x^3$ は任意の実数 x において極値をとらない.
(3) 関数 $f(x) = \sin x$ は $x = \dfrac{\pi}{2} + 2n\pi$ $(n \in \mathbb{Z})$ で極大値 $f\left(\dfrac{\pi}{2} + 2n\pi\right) = 1$ をとる.

極値をすべて求めよう. まず, 関数 f が極値をとる点の候補を絞る.

> **命題 5.8.4.** 開区間 I 上で微分可能な関数 f が $a \in I$ において極値 $f(a)$ をとるならば,
> $f'(a) = 0$ が成り立つ.

証明: $f(a)$ が極大値の場合のみ示す. 極小値の場合も同様である. 仮定より $f(a)$ は極大
値だから, 十分小さい $\varepsilon > 0$ をとれば f は開区間 $(a - \varepsilon, a + \varepsilon)$ 上で最大値をとる. そこで,
Rolle の定理の証明と同様にして $f'(a) = 0$ が従う. □

命題 5.8.4 は極値をとる点の候補を与える. つまり, $f'(a) = 0$ なる点 a 以外では極値をとらない. 一方で, 関数 $f(x) = x^3$ を考えるとわかるように, $f'(a) = 0$ だからといって $x = a$ で極値をとるとは限らない. 実際, 関数 $f(x) = x^3$ に対して $f'(0) = 0$ だが, $f(x) = x^3$ は $\mathbb{R}$ 上狭義単調増加なので極値をとらない.

それでは, 極値をとる点の候補 a において本当に極値をとるか判定するためにはどうすれば良いだろうか. 関数 f が滑らかな場合, それを判定できる可能性がある.

定理 5.8.5. 開区間 I 上の滑らかな関数 f が $a \in I$ において $f'(a) = 0$ をみたすとする. このとき, 次が成り立つ.

(1) $f''(a) > 0$ ならば f は $x = a$ において極小値 $f(a)$ をとる.
(2) $f''(a) < 0$ ならば f は $x = a$ において極大値 $f(a)$ をとる.

証明: $f'(a) = 0$ なので 2 次の Tyalor 展開は $x \neq a$ のとき

$$f(x) = f(a) + \frac{f''(a)}{2}(x-a)^2 + R_3(x)$$
$$= f(a) + \frac{f''(a)}{2}(x-a)^2 \left(1 + \frac{R_3(x)}{(x-a)^2}\right)$$

である. $\displaystyle\lim_{x \to a} \frac{R_3(x)}{(x-a)^2} = 0$ であるから, $x \neq a$ のとき $(x-a)^2 > 0$ であることに注意すると, $x \neq a$ が a に十分近ければ $f''(a)$ の符号と $f(x) - f(a)$ の符号は一致することがわかる. 以上より, $x \neq a$ かつ $f''(a) > 0$ ならば $f(x) > f(a)$, したがって f は $x = a$ で極小値 $f(a)$ をとる. 同様に, $x \neq a$ かつ $f''(a) < 0$ ならば $f(x) < f(a)$, したがって f は $x = a$ で極大値 $f(a)$ をとる. $\square$

$f''(a) = 0$ の場合は 3 階以上の微分係数を利用する.

定理 5.8.6. 開区間 I 上の滑らかな関数 f と $a \in I$ を考える.

$$f'(a) = \cdots = f^{(n-1)}(a) = 0, \ f^{(n)}(a) \neq 0$$

をみたすならば, 次が成り立つ.

(1) n が偶数ならば f は $x = a$ で極値をとる. 特に, $f^{(n)}(a) > 0$ ならば f は $x = a$ で極小値 $f(a)$ をとり, $f^{(n)}(a) < 0$ ならば f は $x = a$ で極大値 $f(a)$ をとる.
(2) n が奇数ならば f は $x = a$ で極値をとらない.

証明: 定理 5.8.5 の証明とほぼ同様に証明される. $\square$

極値問題は, 最適化問題として現れる. その例として光の屈折の法則を導こう.

例 5.8.7. (光の屈折の法則 (極値問題の応用)). 光の進行について, 次のことが知られている (Fermat の原理): 光は所要時間が最短となる経路をとる.

Fermat の原理を用いて, 点 A から出て接面 H を越え別の媒質内にある点 B に到達する光の経路を特定しよう (この結果を光の屈折の法則もしくは Snell の法則という).

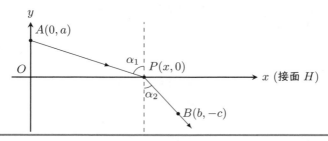

解説: 上の図のように, 接面 P を x 軸とした xy 平面を考える. 以下の議論を煩雑にしないために $a, b, c > 0$ とする. 同じ媒質内であれば光は直進するので, 図の点 P の座標を求めれば良い. 点 A を含む媒質内における光の速さを v_1, 点 B を含む媒質内における光の速さを v_2 とすると, 光が A を出発して B に到着するまでの時間は

$$f(x) = \frac{\sqrt{x^2 + a^2}}{v_1} + \frac{\sqrt{(b-x)^2 + c^2}}{v_2}$$

である. 関数 f は $\mathbb{R}$ 上 C^∞ 級である. そこで f を x で 2 階まで微分すると

$$f'(x) = \frac{x}{v_1\sqrt{x^2 + a^2}} + \frac{x - b}{v_2\sqrt{(b-x)^2 + c^2}}$$

$$f''(x) = \frac{a^2}{v_1(x^2 + a^2)^{3/2}} + \frac{c^2}{v_2((b-x)^2 + c^2)^{3/2}} > 0$$

となる. $f'(0) = \dfrac{-b}{v_2\sqrt{b^2 + c^2}} < 0$, $f'(b) = \dfrac{b}{v_1\sqrt{b^2 + a^2}} > 0$ であるから, 中間値の定理より $f'(x_0) = 0$ をみたす $0 < x_0 < b$ が存在する. $f''(x) > 0$ だからこの x_0 で f は極小値をとる. また, f' は狭義単調増加だから, $f'(x) = 0$ となる x は $x = x_0$ のみである. したがって, f は $f'(x_0) = 0$ をみたす x_0 においてただ一つの極小値 $f(x_0)$ をもつ. 以上より, f は $(0, b)$ の範囲に最小値をもつ. 増減表もかいておく.

x	$\cdots$	0	$\cdots$	x_0	$\cdots$	b	$\cdots$
$f'(x)$	$-$	$-$	$-$	0	$+$	$+$	$+$
$f(x)$	$\searrow$		$\searrow$	最小値	$\nearrow$		$\nearrow$

以上より, 点 $(x_0, 0)$ を通るときに所要時間が最小になるので, Fermat の原理より光は点

$(x_0, 0)$ を通る. $f'(x_0) = 0$ より

$$\frac{x_0}{v_1 \sqrt{(x_0)^2 + a^2}} = -\frac{x_0 - b}{v_2 \sqrt{(b - x_0)^2 + c^2}}$$

だから, $\sin \alpha_1 = \dfrac{x_0}{\sqrt{(x_0)^2 + a^2}}$, $\sin \alpha_2 = \dfrac{b - x_0}{\sqrt{(b - x_0)^2 + c^2}}$ より

$$\frac{\sin \alpha_1}{v_1} = \frac{\sin \alpha_2}{v_2} \tag{5.8.1}$$

を得る. 最後の等式 (5.8.1) が光の屈折の法則である. □

具体的な関数についての計算練習は次の凹凸を学んだ後にまとめて行う.

5.8.2 凹凸と変曲点

物事を調べる際に, それがどの程度変化しているかという情報は重要である. その変化を表す関数が導関数で, 接線の傾きという形でそれは可視化できた. 更に, 「変化の変化」を調べることも重要である. 例えば Newton 力学において, それは速度 $\dot{r}(t)$ の変化率, すなわち加速度 $\ddot{r}(t)$ という形で現れ, 運動方程式 $m\ddot{r}(t) = F(t)$ によって物体の運動を決定している. 本節では「変化の変化」を表す 2 階導関数が関数のグラフにおいてどのように可視化されるかを学ぶ.

定義 5.8.8. 区間 I 上の関数 f に対して次のように定義する.

(1) 関数 f が任意の $a, b \in I, a < b$ に対して以下の不等式をみたすとき, 関数 f は I において**狭義下に凸 (または, 狭義凸)** (strictly convex) であるという.

$$\frac{f(b) - f(a)}{b - a}(x - a) + f(a) > f(x) \quad (a < x < b).$$

(2) 関数 f が任意の $a, b \in I, a < b$ に対して以下の不等式をみたすとき, 関数 f は I において**狭義上に凸 (または, 狭義凹)** (strictly convex) であるという.

$$\frac{f(b) - f(a)}{b - a}(x - a) + f(a) < f(x) \quad (a < x < b).$$

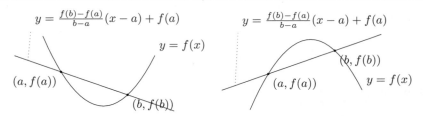

$$y = \frac{f(b)-f(a)}{b-a}(x-a) + f(a)$$

$(a, f(a))$

$y = f(x)$

$(b, f(b))$

狭義下に凸な関数のグラフ

$$y = \frac{f(b)-f(a)}{b-a}(x-a) + f(a)$$

$(b, f(b))$

$(a, f(a))$

$y = f(x)$

狭義上に凸な関数のグラフ

例 5.8.9.

(1) 関数 $f(x) = x^2$ は $\mathbb{R}$ において狭義下に凸である.

(2) 関数 $f(x) = -x^2$ は $\mathbb{R}$ において狭義上に凸である.

(3) 関数 $f(x) = x^3$ は $[0, \infty)$ において狭義下に凸, $(-\infty, 0]$ において狭義上に凸である.

定理 5.8.10. 開区間 I 上の滑らかな関数 f に対して次が成り立つ.

(1) 任意の $x \in I$ に対して $f''(x) > 0$ ならば, f は I において狭義下に凸である.

(2) 任意の $x \in I$ に対して $f''(x) < 0$ ならば, f は I において狭義上に凸である.

証明: (1) のみ示す. (2) についても同様である.

$a, b \in I$, $a < b$ とする. $x \in \mathbb{R}$ に対して

$$g(x) = \left\{ \frac{f(b) - f(a)}{b - a}(x - a) + f(a) \right\} - f(x)$$

とおくと $g(a) = 0$, $g(b) = 0$ なので, Rolle の定理より $g'(\xi) = 0$ をみたす $a < \xi < b$ が存在する. $g'(x) = \dfrac{f(b) - f(a)}{b - a} - f'(x)$ であるので,

$$\frac{f(b) - f(a)}{b - a} = f'(\xi)$$

が成り立つ. したがって $g'(x) = f'(\xi) - f'(x)$ を得る. $g'(x)$ の正負を調べる. 関数 f' と $x, \xi \in I$ に対し, 平均値の定理より $f'(\xi) - f'(x) = f''(\eta)(\xi - x)$ をみたす実数 η (η は x と ξ の間の数) が存在する. もし $x > \xi$ であれば $\xi - x < 0$ なので, $f''(\eta) > 0$ より $g'(x) = f'(\xi) - f'(x) < 0$ である. したがって, $x > \xi$ の範囲で g は狭義単調減少だから, $x < b$ ならば $g(x) > g(b) = 0$ が成り立つ. 一方, $x < \xi$ であれば $\xi - x > 0$ なので, $f''(\eta) > 0$ より $g'(x) = f'(\xi) - f'(x) > 0$ である. したがって, $x < \xi$ の範囲で g は狭義単調増加だから, $a < x$ ならば $g(x) > g(a) = 0$ が成り立つ. いずれにせよ, $a < x < b$ ならば $g(x) > 0$ が成り立つことがわかった. 以上より

$$\frac{f(b) - f(a)}{b - a}(x - a) + f(a) > f(x) \quad (a < x < b)$$

が成り立つから, f は I において狭義下に凸である. □

したがって, 2 階微分係数の正負はグラフの凹凸として可視化される. グラフの増減が変わる点を極値というように, 凹凸が変わる点にも名前が付いている.

> **定義 5.8.11.** 区間 I 上で定義された関数 f と $a \in I$ を考える. 点 $(a, f(a))$ において関数 $y = f(x)$ のグラフの接線が存在すると仮定する. 関数 $y = f(x)$ のグラフ上の点 $(a, f(a))$ が **変曲点** (inflection point) であるとは, $c < a < d$ を上手くとれば f が閉区間 $[c, a]$ において狭義下に凸 (resp. 狭義上に凸) かつ閉区間 $[a, d]$ において狭義上に凸 (resp. 狭義下に凸) であることをいう.

例 5.8.12. $f(x) = \cos x$ は $x = \dfrac{\pi}{2}$ で微分可能だから点 $\left(\dfrac{\pi}{2}, 0 \right)$ における接線が存在し, 閉区間 $[-\pi/2, \pi/2]$ において狭義上に凸, 閉区間 $[\pi/2, 3\pi/2]$ において狭義下に凸である. したがって, 点 $\left(\dfrac{\pi}{2}, 0 \right)$ は変曲点である. 同様に, 点 $\left(\dfrac{\pi}{2} + n\pi, 0 \right)$ $(n \in \mathbb{Z})$ はすべて変曲点である.

補足 5.8.13. 点 $(a, f(a))$ における接線が存在しない場合は凹凸が変化しても変曲点とはいわない. 例 5.8.20 参照.

それでは実際に, 具体的な関数の増減, 極値, 凹凸, 変曲点を調べ, それらを基にグラフの概形を描こう. グラフを描く際には以下の情報を反映させると良い.

- 定義域, 端での振る舞い (極限).
- 対称性, 周期性.
- 増減・極値.

- 軸との交点.
- 漸近線 (特定の直線に近づくか?).
- 凹凸・変曲点.

y 軸や原点に関する対称性はとても重要である.

> **定義 5.8.14.** $I = [-a, a]$ または $I = (-a, a)$ とする. f を I 上の関数とする.
>
> (1) (y 軸に関する対称性) f が **偶関数** であるとは, $f(-x) = f(x)$ $(x \in I)$ をみたすことをいう.
>
> (2) (原点に関する対称性) f が **奇関数** であるとは, $f(-x) = -f(x)$ $(x \in I)$ をみたすことをいう.

例 5.8.15. x^2, x^4, $\cos x$ は偶関数, x, x^3, $\sin x$, $\tan x$ は奇関数である.

例 5.8.16. 関数 $f(x) = x^3 - 3x + 2$ の増減, 極値, 凹凸, 変曲点を調べ, グラフの概形を描け.

解説: $f'(x) = 3x^2 - 3 = 3(x+1)(x-1)$, $f''(x) = 6x$ であるので, 関数 f についての増減と凹凸を表にすると次のようになる (この表を増減凹凸表という). ここで, $f(x)$ の行の両端の $\pm\infty$ はそれぞれ $x \to \pm\infty$ における極限を表している.

x	$\cdots$	-1	$\cdots$	0	$\cdots$	1	$\cdots$
$f'(x)$	$+$	0	$-$	$-$	$-$	0	$+$
$f''(x)$	$-$	$-$	$-$	0	$+$	$+$	$+$
$f(x)$	$-\infty$ ↗	極大値 $f(-1)=4$	↘	変曲点 $f(0)=2$	↘	極小値 $f(1)=0$	↗ ∞

したがって, f は $x = -1$ において極大値 $f(-1) = 4$ をとり, $x = 1$ において極小値 $f(1) = 0$ をとる. また, 点 $(0, 2)$ はグラフの変曲点である. グラフの概形は次のようになる.

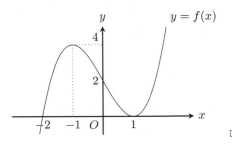

例 5.8.17. 関数 $f(x) = x^4 + 2x^3 + 1$ の増減, 極値, 凹凸, 変曲点を調べ, グラフの概形を描け.

解説: $f'(x) = 4x^3 + 6x^2 = 2x^2(2x+3)$, $f''(x) = 12x^2 + 12x = 12x(x+1)$ であるので, 関数 f についての増減凹凸表は次のようになる.

x	$\cdots$	$-\dfrac{3}{2}$	$\cdots$	-1	$\cdots$	0	$\cdots$
$f'(x)$	$-$	0	$+$	$+$	$+$	0	$+$
$f''(x)$	$+$	$+$	$+$	0	$-$	0	$+$
$f(x)$	∞ ↘	極小値 $f(-3/2) = -11/16$	↗	変曲点 $f(-1) = 0$	↗	変曲点 $f(0) = 1$	↗ ∞

したがって, f は $x = -\dfrac{3}{2}$ において極小値 $f\left(-\dfrac{3}{2}\right) = -\dfrac{11}{16}$ をとる. また, 点 $(-1, 0), (0, 1)$ はグラフの変曲点である. グラフの概形は次のようになる.

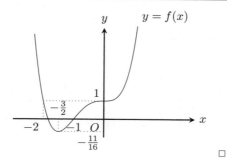

例 5.8.18. 関数 $f(x) = \dfrac{x^2}{x-1}$ の増減, 極値, 凹凸, 変曲点を調べ, グラフの概形を描け.

解説: $f(x) = x + 1 + \dfrac{1}{x-1}$ より $f'(x) = 1 - \dfrac{1}{(x-1)^2} = \dfrac{x(x-2)}{(x-1)^2}$, $f''(x) = \dfrac{2}{(x-1)^3}$ であるので, 関数 f についての増減凹凸表は次のようになる.

x	$\cdots$	0	$\cdots$	1	$\cdots$	2	$\cdots$
$f'(x)$	$+$	0	$-$		$-$	0	$+$
$f''(x)$	$-$	$-$	$-$		$+$	$+$	$+$
$f(x)$	$-\infty \nearrow$	極大値 $f(0)=0$	$\searrow -\infty$		$\infty \searrow$	極小値 $f(2)=4$	$\nearrow \infty$

したがって, f は $x=0$ において極大値 $f(0)=0$ をとり, $x=2$ において極小値 $f(2)=4$ をとる. 変曲点は存在しない. グラフの概形は次のようになる (直線 $y=x+1$, $x=1$ はそれぞれ漸近線).

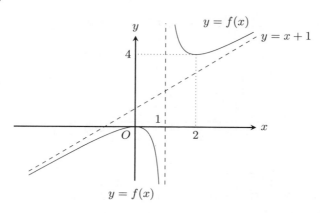

例 5.8.19. 関数 $f(x) = \exp(-x^2)$ の増減, 極値, 凹凸, 変曲点を調べ, グラフの概形を描け. この関数は統計学や物理学等のさまざまな分野に現れる重要な関数である.

解説: $f'(x) = -2x\exp(-x^2)$, $f''(x) = 2(\sqrt{2}x+1)(\sqrt{2}x-1)\exp(-x^2)$ であるので, 関数 f についての増減凹凸表は次のようになる.

x	$\cdots$	$-\dfrac{1}{\sqrt{2}}$	$\cdots$	0	$\cdots$	$\dfrac{1}{\sqrt{2}}$	$\cdots$
$f'(x)$	$+$	$+$	$+$	0	$-$	$-$	$-$
$f''(x)$	$+$	0	$-$	$-$	$-$	0	$+$
$f(x)$	$0\nearrow$	変曲点 $e^{-1/2}$	$\nearrow$	極大値 $f(0)=1$	$\searrow$	変曲点 $e^{-1/2}$	$\searrow 0$

したがって, f は $x = 0$ において極大値 $f(0) = 1$ をとる. また, 点 $\left(-\dfrac{1}{\sqrt{2}}, e^{-1/2}\right), \left(\dfrac{1}{\sqrt{2}}, e^{-1/2}\right)$ はグラフの変曲点である. グラフの概形は次のようになる.

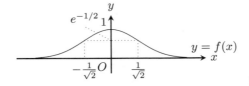

例 5.8.20. 関数 $f(x) = |x|\sqrt{x+1}$ の増減, 極値, 凹凸, 変曲点を調べ, グラフの概形を描け. この関数は $x = 0$ において微分可能でないので注意を要する.

解説: $x > 0$ に対して $f(x) = x\sqrt{x+1}$ なので $f'(x) = \dfrac{3x+2}{2\sqrt{x+1}} > 0$, $f''(x) = \dfrac{3x+4}{4(x+1)^{3/2}} > 0$ であって, $-1 < x < 0$ に対して $f(x) = -x\sqrt{x+1}$ なので $f'(x) = -\dfrac{3x+2}{2\sqrt{x+1}}$, $f''(x) = -\dfrac{3x+4}{4(x+1)^{3/2}} < 0$ である. よって, 関数 f についての増減凹凸表は次のようになる.

x	-1	$\cdots$	$-\dfrac{2}{3}$	$\cdots$	0	$\cdots$
$f'(x)$		$+$	0	$-$		$+$
$f''(x)$		$-$	$-$	$-$		$+$
$f(x)$	0	$\nearrow$	極大値 $2/3\sqrt{3}$	$\searrow$	極小値 0	$\nearrow \infty$

したがって, f は $x = -\dfrac{2}{3}$ において極大値 $f\left(-\dfrac{2}{3}\right) = \dfrac{2}{3\sqrt{3}}$ をとり, $x = 0$ において極小値 $f(0) = 0$ をとる. 変曲点は存在しない. グラフの概形は次のようになる.

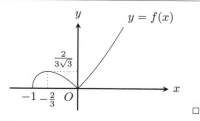

最後に紹介する Newton（ニュートン）法は方程式の解を数値計算する際に有用である.

定理 5.8.21. (Newton 法). 開区間 I 上の滑らかな関数 f と 2 点 $a, b \in I$ を考える. 次の 2 条件が成り立つことを仮定する.

(1) $f(a) < 0$, $f(b) > 0$.

(2) すべての $x \in [a, b]$ に対して $f'(x) > 0, f''(x) > 0$.

このとき, 次の漸化式で定義された数列 $\{x_n\}$ は収束し, その極限値 $x_\infty \in (a, b)$ は $f(x_\infty) = 0$ をみたす.

$$x_1 = b, \quad x_{n+1} = x_n - \frac{f(x_n)}{f'(x_n)}$$

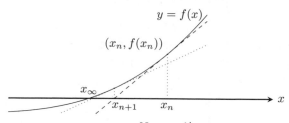

Newton 法

例 5.8.22. (Newton 法の例). 関数 $f(x) = x^3 - 2$ を考える. 関数 f は閉区間 $[1, 2]$ で Newton 法の仮定をみたす. 実際, $f(1) = 1 - 2 = -1 < 0$, $f(2) = 2^3 - 2 = 6 > 0$, $f'(x) = 3x^2 > 0$, $f''(x) = 6x > 0$ $(x \in [1, 2])$ が成り立つ. したがって, 次の漸化式

$$x_1 = 2, \quad x_{n+1} = x_n - \frac{(x_n)^3 - 2}{3(x_n)^2} = \frac{2}{3}\left(x_n + \frac{1}{(x_n)^2}\right)$$

で定義される数列 $\{x_n\}$ は収束し, その極限値は $\sqrt[3]{2}$ である. 以下に x_n $(n = 1, 2, 3, 4, 5, 6)$ の値を記す. $\sqrt[3]{2} = 1.259\ 921\ 049\ 89\cdots$ だから, 差 $|x_n - \sqrt[3]{2}|$ が急激に小さくなることが観察できるだろう.

n	1	2	3	4	5	6
x_n	2	1.5	$1.29629629\dots$	$1.26093222\dots$	$1.25992186\dots$	$1.25992105\dots$

演習問題 5.8.1. 次の関数 $f(x)$ の増減, 極値, 凹凸, 変曲点を調べ, グラフの概形を描け.

(1) $f(x) = -x^4 + 2x^3$.   (2) $f(x) = x^4 - x^2 + 1$.

(3) $f(x) = \dfrac{4x}{x^2 + 1}$.   (4) $f(x) = xe^{-x}$.

(5) $f(x) = e^{-x} - e^{-2x}$.   (6) $f(x) = \dfrac{1}{1 + e^{-x}}$.

(7) $f(x) = x \log x$.   (8) $f(x) = x^{3/5}(4 - x)$.

演習問題 5.8.2. $\mathbb{R}$ 上の関数 f, g について次の性質を示せ.

(1) f, g が偶関数ならば, 和 $f + g$ も偶関数である.

(2) f, g が偶関数ならば, 積 fg も偶関数である.

(3) f, g が奇関数ならば, 和 $f + g$ も奇関数である.

(4) f, g が奇関数ならば, 積 fg は偶関数である.

(5) f が偶関数, g が奇関数ならば, 積 fg は奇関数である.

(6) 関数 $a(x) = \dfrac{f(x) + f(-x)}{2}$ は偶関数である.

(7) 関数 $b(x) = \dfrac{f(x) - f(-x)}{2}$ は奇関数である.

(8) f が微分可能で偶関数ならば f' は奇関数である.

(9) f が微分可能で奇関数ならば f' は偶関数である.

第6章

微分法 (主に 2 変数)

　n 個の独立変数に対して実数をただ一つ与える関数を n 変数関数とい, $n \geq 2$ の場合を多変数関数という. 多変数関数では独立変数が多いことが原因で複雑な現象が起こる. 1 変数関数の微分法と 2 変数関数の微分法に大きな違いがあることに比べ, 2 変数関数の微分法と 3 変数以上の関数の微分法との違いは大きくないので, 本書では 2 変数関数を中心に進める.

6.1　極限

　まずは多変数関数の定義から始める. 1 変数の場合, 関数の定義域として区間 I を考えておけば十分な議論を進めることができた. しかし, 2 個以上の変数を扱う場合, その変数が動く範囲は多様な形をしている. 以下に 2 変数の場合の例を示す.

長方形　　　　　　　円板　　　　　　その他 1　　　　　その他 2

定義 6.1.1. $(a, b) \in \mathbb{R}^2$, $r > 0$ に対して

$$D_r(a, b) = \{(x, y) \in \mathbb{R}^2 \, ; \, (x - a)^2 + (y - b)^2 < r^2\}$$

と定め, $D_r(a, b)$ を中心 (a, b), 半径 r の **開円板** (open disk) という.

定義 6.1.2. 部分集合 $D \subset \mathbb{R}^2$ に対し, 次のように定義する.

(1) D が **開集合** (open set) であるとは, 任意の点 $(x, y) \in D$ に対して十分小さな $\varepsilon > 0$ をとれば $D_\varepsilon(a, b) \subset D$ をみたすようにできることをいう (ε は (x, y) に応じて変わって良い).

(2) D が **閉集合** (closed set) であるとは, $\mathbb{R}^2 \setminus D$ が開集合であることをいう.

(3) D が**有界** (bounded) であるとは, 十分大きな $r > 0$ をとれば $D \subset D_r(0,0)$ をみたすようにできることをいう.

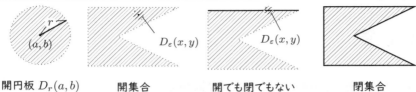

開円板 $D_r(a,b)$ 開集合   開でも閉でもない   閉集合

定義 6.1.3. $D \subset \mathbb{R}^2$ とする. 任意の点 $(x,y) \in D$ に対して実数 $z = f(x,y)$ がただ一つ定まるとき, 規則 f を D 上の関数という. このように, 独立変数が 2 個の関数を 2 変数関数という. 2 個以上の変数をもつ関数を多変数関数ということがある. 1 変数関数のときと同様に, 定義域を省略した場合は文脈に合う最大の部分集合 D を定義域とする.

補足 6.1.4. 一般に, 2 変数関数 $z = f(x,y)$ のグラフは xyz 空間 $\mathbb{R}^3$ 内の曲面になる. そのため, グラフの概形を描くことは大変困難で, たとえ描いたとしても, 1 変数の場合に比べて関数の理解に繋がりにくい (第 6.7 節のグラフも参照). 3 変数以上の場合はなおさらである. そのため, 微積分という道具を用いて関数を調べることが重要になる.

補足 6.1.5. 本書では主に 2 変数関数の微分法を学ぶが, 一般に, 自由度の多い複雑な問題を考えるときほど多くの変数をもつ関数が現れるので, 応用上は 3 個以上の変数をもつ関数も必要になる. 例えば 3 変数関数は x_1, x_2, x_3 または x, y, z を使って $y = f(x_1, x_2, x_3)$ または $w = f(x, y, z)$ と表す. 変数が増えると複雑さが増すので一般に計算は大変になる. もちろん多変数のベクトル値関数も考えることができる.

1 変数関数の極限を考えたように 2 変数関数の極限も考える. ただし, 2 変数においては, 点 (a,b) に近づけるという近づけ方の種類が増える.

直線に沿った近づけ方   曲線に沿った近づけ方 1   曲線に沿った近づけ方 2

定義 6.1.6. 部分集合 $D \subset \mathbb{R}^2$ 上の 2 変数関数 f に対して, 点 $(x,y) \in D$ が $(x,y) \neq (a,b)$ をみたしながら点 $(a,b) \in \mathbb{R}^2$ に限りなく近づくことを $(x,y) \to (a,b)$ と表す. このとき, その近づき方によらず $f(x,y)$ が実数 $\alpha \in \mathbb{R}$ に限りなく近づくならば, 関数 f は

$(x, y) \to (a, b)$ で極限値 α に**収束する**といい，

$$\lim_{(x,y)\to(a,b)} f(x,y) = \alpha \quad \text{または} \quad f(x,y) \to \alpha \quad ((x,y) \to (a,b))$$

等と表す．また，(x, y) が $(x, y) \in A$ をみたしながら $(x, y) \to (a, b)$ となるときの極限を $\lim_{\substack{(x,y)\to(a,b) \\ (x,y)\in A}} f(x,y)$ と表す．

発散については 1 変数の場合と同様に定める．

補足 6.1.7. 2 変数関数の極限についても，命題 4.2.1, 定理 4.2.2, 定理 4.2.3 のような極限の基本的な性質が成り立つ．特にはさみうちの原理は重要である．Landau の記号も同様である．

1 変数の場合は右極限と左極限を考えれば十分であったが，2 変数の場合はすべての近づけ方を考えなければならない．例を通してそのことを観察しよう．

例 6.1.8. $(x, y) \to (0, 0)$ とする近づけ方を次のように変えたときに，関数

$$f(x, y) = \frac{xy}{x^2 + y^2} \quad ((x, y) \neq (0, 0))$$

の極限を調べよ．ただし，$a \in \mathbb{R}$ を定数とする．

(1) $\lim_{\substack{(x,y)\to(0,0) \\ y=ax}} f(x,y)$ （直線 $y = ax$ に沿って近づけた極限）．

(2) $\lim_{\substack{(x,y)\to(0,0) \\ y=ax^2}} f(x,y)$ （放物線 $y = ax^2$ に沿って近づけた極限）．

解説: (1) $y = ax$ のとき，

$$f(x, y) = \frac{xy}{x^2 + y^2} = \frac{ax^2}{x^2(a^2 + 1)} = \frac{a}{a^2 + 1}$$

が成り立つ．これは，直線 $y = ax$ 上では常に $f(x, y) = \dfrac{a}{a^2 + 1}$ が成り立つということである．よって，$y = ax$ に沿って $(x, y) \to (0, 0)$ とすると，$f(x, y)$ は $\dfrac{a}{a^2 + 1}$ に限りなく近づく．つまり，$\lim_{\substack{(x,y)\to(0,0) \\ y=ax}} f(x,y) = \dfrac{a}{a^2 + 1}$ である．

(2) $y = ax^2$ のとき $f(x, y) = \dfrac{ax^3}{x^2 + a^2x^4} = \dfrac{ax}{a^2x^2 + 1}$ である．$y = ax^2$ のとき $(x, y) \to (0, 0)$ と $x \to 0$ は同値だから，

$$\lim_{\substack{(x,y)\to(0,0) \\ y=ax^2}} f(x,y) = \lim_{x\to 0} \frac{ax}{a^2x^2 + 1} = 0. \quad \square$$

すなわち，直線に沿って $(x, y) \to (0, 0)$ とした場合，極限が異なることがわかった．実際，この極限は発散する．

例 6.1.9. 例 6.1.8 の f に対して極限 $\displaystyle\lim_{(x,y)\to(0,0)} f(x,y)$ を求めよ.

解説: 例 6.1.8 より, 直線 $y = ax$ に沿って近づけるとき, $f(x,y)$ は傾き a によって近づく先が異なることが観察された. つまり, 極限は発散することがわかった. 実際に発散することを示すためには, 次のように 2 通りの近づけ方のみ考えれば十分である:

極限 $\displaystyle\lim_{(x,y)\to(0,0)} f(x,y)$ が発散することを示す. 実際, $\displaystyle\lim_{\substack{(x,y)\to(0,0)\\y=0}} f(x,y) = \lim_{x\to 0} 0 = $

0 が成り立つ. 一方, $\displaystyle\lim_{\substack{(x,y)\to(0,0)\\y=x}} f(x,y) = \lim_{x\to 0}\frac{x^2}{2x^2} = \frac{1}{2}$ が成り立つ. したがって

$\displaystyle\lim_{\substack{(x,y)\to(0,0)\\y=x}} f(x,y) \neq \lim_{\substack{(x,y)\to(0,0)\\y=0}} f(x,y)$ だから, 極限 $\displaystyle\lim_{(x,y)\to(0,0)} f(x,y)$ は発散する. $\quad\square$

例 6.1.8 を見て直線に沿った近づけ方のみで十分だと考えたくなるかもしれないが, それは誤りである. 例えば演習問題 6.1.1 を見よ. それでは, すべての近づけ方を網羅するためにはどうすれば良いだろうか. はさみうちの原理が役に立つ.

例 6.1.10.

$$f(x,y) = \frac{xy}{\sqrt{x^2+y^2}} \quad ((x,y) \neq (0,0))$$

とする. 極限 $\displaystyle\lim_{(x,y)\to(0,0)} f(x,y)$ を調べよ.

解説: 方法 1: $|x| \leq \sqrt{x^2+y^2}$ なので,

$$\left|\frac{xy}{\sqrt{x^2+y^2}}\right| \leq \frac{\sqrt{x^2+y^2}\cdot|y|}{\sqrt{x^2+y^2}} \leq |y| \to 0 \quad ((x,y)\to(0,0))$$

が成り立つから, はさみうちの原理より次を得る.

$$\lim_{(x,y)\to(0,0)} \frac{xy}{\sqrt{x^2+y^2}} = 0.$$

方法 2: 極座標表示を用いる. すなわち, $x = r\cos\theta,\ y = r\sin\theta$ とする $(r > 0, \theta \in \mathbb{R})$.
このとき $f(r\cos\theta, r\sin\theta) = \dfrac{r^2\sin\theta\cos\theta}{r} = r\sin\theta\cos\theta$ であるので,

$$|f(x,y)| = |f(r\cos\theta, r\sin\theta)| = |r\sin\theta\cos\theta| \leq r \to 0 \quad (r\to +0)$$

が成り立つ. ところで, $(x,y)\to 0$ と $r(= \sqrt{x^2+y^2}) \to +0$ は同値であるから, はさみうちの原理より次を得る.

$$\lim_{(x,y)\to(0,0)} \frac{xy}{\sqrt{x^2+y^2}} = \lim_{r\to+0} f(r\cos\theta, r\sin\theta) = 0. \quad\square$$

2 変数関数の連続性は 1 変数の場合と同様に定義される.

定義 6.1.11. 部分集合 D 上の 2 変数関数 f と $(a,b) \in D$ に対して, f が (a,b) で **連続** であるとは, 極限 $\lim_{(x,y)\to(a,b)} f(x,y)$ が収束し,

$$\lim_{(x,y)\to(a,b)} f(x,y) = f(a,b)$$

が成り立つことである. また, f が D **上連続** であるとは, f が任意の $(a,b) \in D$ で連続であることと定める.

例 6.1.12. 関数

$$f(x,y) = \begin{cases} \dfrac{xy}{x^2+y^2} & (x,y) \neq (0,0) \\ 0 & (x,y) = (0,0) \end{cases}$$

の点 $(0,0)$ における連続性を調べよ.

解説: 例 6.1.8 より極限 $\lim_{(x,y)\to(0,0)} f(x,y)$ は発散するので, f は点 $(0,0)$ で連続でない. □

例 6.1.13. 関数

$$f(x,y) = \begin{cases} \dfrac{xy}{\sqrt{x^2+y^2}} & (x,y) \neq (0,0) \\ 0 & (x,y) = (0,0) \end{cases}$$

の点 $(0,0)$ における連続性を調べよ.

解説: 例 6.1.10 より $\lim_{(x,y)\to(0,0)} f(x,y) = 0$ なので $\lim_{(x,y)\to(0,0)} f(x,y) = f(0,0)$ が成り立つ. したがって, f は点 $(0,0)$ で連続である. □

最大値・最小値の存在は基本的な連続関数の性質である. この性質のおかげで最適化問題が意味をもつ.

定理 6.1.14. 空でない有界閉集合上の連続関数は最大値と最小値をもつ.

演習問題 6.1.1. 次の極限を求めよ. 必要なら $y = x^2, x^3$ に沿った近づけ方を考えよ.

(1) $\displaystyle\lim_{(x,y)\to(0,0)} \frac{x^2 y}{x^4 + y^2}$.

(2) $\displaystyle\lim_{(x,y)\to(0,0)} \frac{x^3 y}{x^6 + y^2}$.

演習問題 6.1.2. 次の極限を求めよ.

(1) $\displaystyle\lim_{(x,y)\to(0,0)} \frac{x^2 - y^2}{x^2 + y^2}$.

(2) $\displaystyle\lim_{(x,y)\to(0,0)} \frac{x^2 y}{x^2 + y^2}$.

(3) $\displaystyle\lim_{(x,y)\to(0,0)} \frac{\sin\sqrt{x^2+y^2}}{\sqrt{x^2+y^2}}$.

(4) $\displaystyle\lim_{(x,y)\to(0,0)} \frac{x^3 + (y+2)x^2 + 2y^2}{x^2 + y^2}$.

演習問題 6.1.3. 次の関数が $(x, y) = (0, 0)$ で連続かどうか調べよ.

(1) $f(x, y) = \begin{cases} \dfrac{x^2 - y^2}{x^2 + y^2} & (x, y) \neq (0, 0) \\ 0 & (x, y) = (0, 0) \end{cases}$. (2) $f(x, y) = \begin{cases} \dfrac{x^2 y}{x^2 + y^2} & (x, y) \neq (0, 0) \\ 0 & (x, y) = (0, 0) \end{cases}$.

(3) $f(x, y) = \begin{cases} \dfrac{\sin \sqrt{x^2 + y^2}}{\sqrt{x^2 + y^2}} & (x, y) \neq (0, 0) \\ 0 & (x, y) = (0, 0) \end{cases}$.

6.2 偏導関数

2 変数関数を微分することを考える. 変数ごとに微分することは最初に思いつく.

定義 6.2.1. 開集合 $D \subset \mathbb{R}^2$ 上の関数 $z = f(x, y)$ が $(a, b) \in D$ において x について**偏微分可能** (partially differentiable) であるとは, 極限値 $\displaystyle\lim_{h \to 0} \dfrac{f(a + h, b) - f(a, b)}{h}$ が存在することと定める. この極限値を f の x についての (a, b) における**偏微分係数** (partial derivative) といい, $\dfrac{\partial f}{\partial x}(a, b)$, $f_x(a, b)$, $z_x(a, b)$ 等と表す.

さらに, f が任意の $(a, b) \in D$ で x について偏微分可能であるとき, f は x について D 上**偏微分可能** (partially differentiable) であるという. このとき, $(x, y) \in D$ に対して $\dfrac{\partial f}{\partial x}(x, y)$ を対応させる D 上の関数を x についての**偏導関数** (partial derivative) といい, $\dfrac{\partial f}{\partial x}$, f_x, z_x 等と表す. x についての偏導関数を求めることを, x について**偏微分する**という.

同様に y についての偏微分可能性, y についての偏微分係数, y についての偏導関数も定義される. 例えば

$$\frac{\partial f}{\partial y}(a, b) = f_y(a, b) = \lim_{h \to 0} \frac{f(a, b + h) - f(a, b)}{h}$$

を (a, b) における y についての偏微分係数という. すべての変数について考える場合には単に偏微分可能, 偏微分係数, 偏導関数という.

x についての偏導関数は x 軸と平行な直線 $y = b$ に沿った変化を考えている. y についての偏導関数は y 軸と平行な直線 $x = a$ に沿った変化を考えている. 関数を 1 変数関数と見て微分しているので, 1 変数関数の場合の計算技術がそのまま利用できる.

補足 6.2.2. (方向微分). 開集合 $D \subset \mathbb{R}^2$ 上の関数のベクトル $\boldsymbol{u} \in \mathbb{R}^2$ 方向への変化を考える. ベクトル $\boldsymbol{u} \in \mathbb{R}^2$, $\boldsymbol{u} \neq \boldsymbol{0}$ に対して, 以下の右辺の極限が収束する場合, $\boldsymbol{a} \in D$ における $\boldsymbol{u}$ 方向の微分係数 $\nabla_{\boldsymbol{u}} f$ を右辺の極限値を用いて定義する:

$$(\nabla_{\boldsymbol{u}} f)(\boldsymbol{a}) = \lim_{h \to 0} \frac{f(\boldsymbol{a} + h\boldsymbol{u}) - f(\boldsymbol{a})}{h}.$$

特に $\nabla_{\boldsymbol{e}_1} f = f_x$, $\nabla_{\boldsymbol{e}_2} = f_y$ が成り立つ.

例 6.2.3. 次の関数を偏微分せよ.

(1) $f(x, y) = x^2 - 4xy + 3y^2$.　　　　　(2) $u(t, x) = \dfrac{1}{2\sqrt{\pi t}} \exp \dfrac{-x^2}{4t}$.

解説: (1) $f_x(x, y) = 2x - 4y$, $f_y(x, y) = -4x + 6y$.

(2)
$$
u_t(t, x) = \frac{\partial}{\partial t}\left(\frac{1}{2\sqrt{\pi t}}\right) \exp \frac{-x^2}{4t} + \frac{1}{2\sqrt{\pi t}} \frac{\partial}{\partial t}\left(\exp \frac{-x^2}{4t}\right)
$$
$$
= -\frac{1}{4t\sqrt{\pi t}} \exp \frac{-x^2}{4t} + \frac{1}{2\sqrt{\pi t}} \cdot \frac{x^2}{4t^2} \exp \frac{-x^2}{4t}
$$
$$
= \left(-\frac{1}{4t\sqrt{\pi t}} + \frac{x^2}{8t^2\sqrt{\pi t}}\right) \exp \frac{-x^2}{4t} = \left(-\frac{1}{2t} + \frac{x^2}{4t^2}\right) u(t, x).
$$
$$
u_x(t, x) = -\frac{x}{4t\sqrt{\pi t}} \exp \frac{-x^2}{4t} = -\frac{x}{2t} u(t, x). \quad \square
$$

補足 6.2.4. 3 変数以上になっても同様に偏導関数が定義される. 例えば, 関数 $f(x, y, z)$ の z についての偏導関数 f_z は次で定義される.

$$
f_z(x, y, z) = \lim_{h \to 0} \frac{f(x, y, z + h) - f(x, y, z)}{h}.
$$

偏微分可能だからといって連続であるとは限らないことには注意が必要である.

例 6.2.5. 例 6.1.12 において, 関数

$$
f(x, y) = \begin{cases} \dfrac{xy}{x^2 + y^2} & (x, y) \neq (0, 0) \\ 0 & (x, y) = (0, 0) \end{cases}
$$

は原点で連続でないことを確かめた. f が原点 $(0, 0)$ において偏微分可能であることを示せ.

解説:

$$
\lim_{h \to 0} \frac{f(h, 0) - f(0, 0)}{h} = \lim_{h \to 0} \frac{0 - 0}{h} = 0, \quad \lim_{h \to 0} \frac{f(0, h) - f(0, 0)}{h} = \lim_{h \to 0} \frac{0 - 0}{h} = 0
$$

なので f は x についても y についても原点 $(0, 0)$ で偏微分可能で, $f_x(0, 0) = 0$, $f_y(0, 0) = 0$ である. $\square$

補足 6.2.6. (勾配ベクトル場). 偏微分可能な 2 変数関数 $f(x, y)$ に対して, ベクトル値関数

$$
(\nabla f)(x, y) = \begin{bmatrix} f_x(x, y) \\ f_y(x, y) \end{bmatrix}
$$

を f の**勾配ベクトル場** (gradient vector field) という. ∇f を $\mathrm{grad}(f)$ とも表す. 点 (x, y) に対してベクトル $(\nabla f)(x, y)$ を勾配ベクトルという. 勾配ベクトル $(\nabla f)(x, y)$ は, 点 (x, y) において関数 f が最も変化している方向とその大きさを表している. 実際, f が全微分可能 (定義 6.3.1 参照) ならば $\nabla_{\boldsymbol{u}} f = \langle \nabla f, \boldsymbol{u} \rangle$ が成り立つ.

演習問題 6.2.1. 次の関数 f を偏微分せよ. すなわち, f_x, f_y を求めよ.

(1) $f(x,y) = (2x-y)^3$.　(2) $f(x,y) = \sin(3x-2y)$.　(3) $f(x,y) = \mathrm{Tan}^{-1}\dfrac{y}{x}$.

演習問題 6.2.2. 次の関数 f を偏微分せよ. すなわち, f_x, f_y, f_z を求めよ.

(1) $f(x,y,z) = x^2 + y^3 + z^4$.　　　　　(2) $f(x,y,z) = \sqrt{x^2+y^2+z^2}$.

6.3　1 次近似と全微分

1 変数関数の導関数は, 一次関数による近似としてグラフの接線を求めるものであった. 多変数関数も一次関数によって近似したいと考えることは自然である. 全微分はその意味で 1 変数関数の導関数の多変数における類似を与えるものである.

定義 6.3.1. 開集合 $D \subset \mathbb{R}^2$ 上の関数 $f(x,y)$ が点 $(a,b) \in D$ で**全微分可能** (totally differentiable) であるとは,

$$f(x,y) = f(a,b) + A(x-a) + B(y-b) + o\left(\sqrt{(x-a)^2+(y-b)^2}\right) \quad ((x,y) \to (a,b)) \tag{6.3.1}$$

をみたす実数 $A, B \in \mathbb{R}$ が存在することである. 関数 f がすべての点 $(a,b) \in D$ で全微分可能であるとき, f は D 上全微分可能であるという.

補足 6.3.2. 極限の記号 $\lim$ を用いて式 (6.3.1) を表すと

$$\lim_{(x,y)\to(a,b)} \frac{f(x,y) - \{f(a,b) + A(x-a) + B(y-b)\}}{\sqrt{(x-a)^2+(y-b)^2}} = 0$$

であるから, こちらを定義として利用しても良い. また, $\boldsymbol{x} = \begin{bmatrix} x \\ y \end{bmatrix}$, $\boldsymbol{a} = \begin{bmatrix} a \\ b \end{bmatrix}$, $\boldsymbol{A} = \begin{bmatrix} A & B \end{bmatrix}$ とベクトルで表すと,

$$\lim_{\boldsymbol{x}\to\boldsymbol{a}} \frac{f(\boldsymbol{x}) - \{f(\boldsymbol{a}) + \boldsymbol{A}(\boldsymbol{x}-\boldsymbol{a})\}}{\|\boldsymbol{x}-\boldsymbol{a}\|} = 0$$

と表せる. このように書くと 1 変数の場合との類似がよくわかる.

偏微分可能だからといって連続であるとは限らなかった (例 6.2.5 参照) が, 全微分可能性からは連続性が従う.

命題 6.3.3. 開集合 $D \subset \mathbb{R}^2$ 上の関数 $f(x,y)$ が点 $(a,b) \in D$ で全微分可能であるならば, f は点 (a,b) で連続である.

証明: 1 変数の場合と同様に $\varepsilon(\boldsymbol{x}) = f(\boldsymbol{x}) - (f(\boldsymbol{a}) + \boldsymbol{A}(\boldsymbol{x}-\boldsymbol{a}))$ とおく. このとき, f が全微分可能であることから $\lim_{\boldsymbol{x}\to\boldsymbol{a}} \varepsilon(\boldsymbol{x}) = 0$ なので,

$$\lim_{\boldsymbol{x}\to\boldsymbol{a}} f(\boldsymbol{x}) = \lim_{\boldsymbol{x}\to\boldsymbol{a}} (f(\boldsymbol{a}) - \boldsymbol{A}(\boldsymbol{x}-\boldsymbol{a}) + \varepsilon(\boldsymbol{x})) = f(\boldsymbol{a})$$

が成り立つ. よって, f は a において連続である. □

式 (6.3.1) における A, B を具体的に求めよう.

命題 6.3.4. 開集合 $D \subset \mathbb{R}^2$ 上の関数 $f(x, y)$ が点 $(a, b) \in D$ で全微分可能であるとする. このとき, f は (a, b) において偏微分可能で, 式 (6.3.1) の A, B は $A = f_x(a, b)$, $B = f_y(a, b)$ で与えられる.

証明: f が (a, b) で全微分可能なので

$$f(x, y) = f(a, b) + A(x - a) + B(y - b) + o\left(\sqrt{(x-a)^2 + (y-b)^2}\right) \quad ((x, y) \to (a, b))$$

が成り立つような実数 $A, B \in \mathbb{R}$ が存在する. 特に $y = b$ とすると

$$f(x, b) = f(a, b) + A(x - a) + o(x - a) \quad (x \to a)$$

が成り立つ. これは, x についての関数 $g(x) = f(x, b)$ の一次近似に他ならない. よって, f は点 (a, b) において x について偏微分可能で, $A = f_x(a, b)$ が成り立つ. 同様に $B = f_y(a, b)$ を得る. □

命題 6.3.4 の逆は正しくない. すなわち, 偏微分可能だが全微分不可能な関数が存在する (演習問題 6.3.2 参照). 命題 6.3.4 より, f が点 (a, b) において全微分可能であれば

$$f(\boldsymbol{x}) = f(\boldsymbol{a}) + f_x(\boldsymbol{a})(x - a) + f_y(\boldsymbol{a})(y - b) + o(\|\boldsymbol{x} - \boldsymbol{a}\|) \quad (\boldsymbol{x} \to \boldsymbol{a}) \qquad (6.3.2)$$

が成り立つ. 1 変数の場合と同様に,

定義 6.3.5. 開集合 $D \subset \mathbb{R}^2$ 上の関数 $f(x, y)$ が点 $(a, b) \in D$ で全微分可能であるとする.

(1) 式 (6.3.2) を f の**一次近似**という.

(2) 一次近似 (6.3.2) の右辺の $f(a, b) + f_x(a, b)(x - a) + f_y(a, b)(y - b)$ に注目し, 平面

$$H : z = f(a, b) + f_x(a, b)(x - a) + f_y(a, b)(y - b) \qquad (6.3.3)$$

を考える. この平面 H を点 (a, b) における曲面 $z = f(x, y)$ の**接平面** (tangent plane) という.

補足 6.3.6. 接平面について幾何的に説明する. 開集合 $D \subset \mathbb{R}^2$ 上の関数 $f(x, y)$ が点 $(a, b) \in D$ で全微分可能であるとする. 関数 f のグラフ $z = f(x, y)$ の平面 $y = b$ による断面を考えると, 曲線 $\begin{cases} z = f(x, y) \\ y = b \end{cases}$ を得る. この曲線の $x = a$ における接線 $\begin{cases} z = f_x(a, b)(x - a) + f(a, b) \\ y = b \end{cases}$ の

方向ベクトルとして $\boldsymbol{p} = \begin{bmatrix} 1 \\ 0 \\ f_x(a,b) \end{bmatrix}$ を選ぶ. 同様に, 関数 f のグラフ $z = f(x,y)$ の平面 $x = a$ に

よる断面の $y = b$ における接線 $\begin{cases} z = f_y(a,b)(y-a) \\ x = a \end{cases}$ の方向ベクトルとして $\boldsymbol{q} = \begin{bmatrix} 0 \\ 1 \\ f_y(a,b) \end{bmatrix}$ を

選ぶ. 接平面は, 点 $(a,b,f(a,b))$ を通り, $\boldsymbol{p}$ と $\boldsymbol{q}$ によって張られる平面 H に他ならない. 実際, 平面 H の法線ベクトルとして

$$\boldsymbol{n} = \boldsymbol{p} \times \boldsymbol{q} = \begin{bmatrix} -f_x(a,b) \\ -f_y(a,b) \\ 1 \end{bmatrix}$$

をとれば, H の方程式は

$$-f_x(a,b)(x-a) - f_y(a,b)(y-b) + (z - f(a,b)) = 0$$

と表せる. これを整理すれば式 (6.3.3) を得る.

一変数の場合と同様に, 一次近似の 1 次の項に名前を付ける.

定義 6.3.7. 全微分可能な関数 $z = g(x,y)$ に対し, 4 つの独立変数 $x, y, \Delta x, \Delta y$ に対する関数 $df(x, y, \Delta x, \Delta y)$ を

$$df(x, y, \Delta x, \Delta y) = f_x(x,y)\Delta x + f_y(x,y)\Delta y$$

と定める. $df(x, y, \Delta x, \Delta y)$ を単に $df(x,y)$, df, dz 等とも表す. ここで関数 $g(x,y) = x$, $h(x,y) = y$ の微分を考えるとそれぞれ $dx = \Delta x$, $dy = \Delta y$ となるから, 次のようにも表す.

$$df = f_x(x,y)dx + f_y(x,y)dy.$$

df を f の**微分** (differential) または**全微分** (total differential) という.

全微分可能性を判定する際に有用な十分条件を挙げる.

定義 6.3.8. 開集合 $D \subset \mathbb{R}^2$ 上の関数 $f(x,y)$ が D 上偏微分可能で, さらに偏導関数 f_x, f_y がともに連続であるとする. このとき, f は D 上 C^1 級であるという.

命題 6.3.9. 開集合 D 上 C^1 級な関数 f は D 上全微分可能である. したがって, 特に f は D 上連続である.

証明: $(a,b) \in D$ とし, $(x,y) \neq (a,b)$ なる点 $(x,y) \in D$ をとる. 平均値の定理を x についての関数 $x \mapsto f(x,y)$ に用いると

$$f(x,y) - f(a,y) = f_x(h,y)(x-a)$$

をみたす h が存在する (h は a と x の間の実数). 同様に関数 $y \mapsto f(a,y)$ に平均値の定理

を用いると
$$f(a,y) - f(a,b) = f_y(a,k)(y-b)$$

をみたす k が存在する (k は b と y の間の実数). f は C^1 級だから, 特に f_x, f_y は点 (a,b) において連続なので,

$$f_x(h,y) \to f_x(a,b), \quad f_y(a,k) \to f_y(a,b) \ ((x,y) \to (a,b))$$

が成り立つ. したがって,

$$
\begin{aligned}
&f(x,y) - \{f(a,b) + f_x(a,b)(x-a) + f_y(a,b)(y-b)\} \\
&= (f(x,y) - f(a,y) - f_x(a,b)(x-a)) + (f(a,y) - f(a,b) - f_y(a,b)(y-b)) \\
&= (f_x(h,y) - f_x(a,b))(x-a) + (f_y(a,k) - f_y(a,b))(y-b) \\
&= o\left(\sqrt{(x-a)^2 + (y-b)^2}\right) \quad ((x,y) \to (a,b))
\end{aligned}
$$

が成り立つので, $(x,y) \to (a,b)$ のとき

$$f(x,y) = f(a,b) + f_x(a,b)(x-a) + f_y(a,b)(y-b) + o\left(\sqrt{(x-a)^2 + (y-b)^2}\right)$$

が成り立つ. したがって, f は任意の点 $(a,b) \in D$ において全微分可能であるから, D 上全微分可能である.　□

補足 6.3.10. 点 $\boldsymbol{a}$ における f の一次近似は

$$f(\boldsymbol{x}) = f(\boldsymbol{a}) + \begin{bmatrix} f_x(\boldsymbol{a}) & f_y(\boldsymbol{a}) \end{bmatrix} (\boldsymbol{x} - \boldsymbol{a}) + o(\|\boldsymbol{x} - \boldsymbol{a}\|) \quad (\boldsymbol{x} \to \boldsymbol{a})$$

と表される. 一次の項に現れる $\begin{bmatrix} f_x(\boldsymbol{a}) & f_y(\boldsymbol{a}) \end{bmatrix}$ を全微分といい,

$$df(\boldsymbol{a}) = \begin{bmatrix} f_x(\boldsymbol{a}) & f_y(\boldsymbol{a}) \end{bmatrix}$$

と表すこともある. このとき $dx = \begin{bmatrix} 1 & 0 \end{bmatrix}, dy = \begin{bmatrix} 0 & 1 \end{bmatrix}$ である.

例 6.3.11. 関数 $f(x,y) = x^2 + 2y^2$ について次の問に答えよ.

(1) f は $\mathbb{R}^2$ 上 C^1 級であることを確かめよ.

(2) f の全微分を求めよ.

(3) 点 $(1,-1)$ における f の一次近似を求めよ.

(4) 曲面 $z = f(x,y) = x^2 + 2y^2$ 上の点 $(1,-1,3)$ における接平面の方程式を求めよ.

解説: (1) $f_x(x,y) = 2x, f_y(x,y) = 4y$ なので, これらはともに $\mathbb{R}^2$ 上連続である. したがって, f は $\mathbb{R}^2$ 上 C^1 級である.

(2) 全微分の定義より $df(x,y) = 2x\,dx + 4y\,dy$.

(3) $f(1,-1) = 3$, $f_x(1,-1) = 2$, $f_y(1,-1) = -4$ より

$$f(x,y) = 3 + 2(x-1) - 4(y+1) + o\left(\sqrt{(x-1)^2 + (y+1)^2}\right) \quad ((x,y) \to (1,-1)).$$

(4) (3) より $z = 3 + 2(x-1) - 4(y+1)$. □

例 6.3.12. (熱力学第一法則). 熱力学第一法則は全微分を用いて表すことができる:

$$dU = TdS - PdV.$$

ただし, U は内部エネルギー, T は温度, P は圧力で, S (エントロピー) と V (体積) の C^∞ 級関数とみなす. このとき, $\left(\dfrac{\partial T}{\partial V}\right)_S = -\left(\dfrac{\partial P}{\partial S}\right)_V$ が成り立つことを示せ (これは Maxwell 関係式という関係式の一つである). ただし, $\left(\dfrac{\partial z}{\partial x}\right)_y$ という記号は, z を x, y の 2 変数関数と見たときの x についての偏導関数を表す, 物理化学で使われる記号である.

証明: 熱力学第一法則より $T = \left(\dfrac{\partial U}{\partial S}\right)_V$, $-P = \left(\dfrac{\partial U}{\partial V}\right)_S$ なので次を得る.

$$\left(\frac{\partial T}{\partial V}\right)_S = \left(\frac{\partial}{\partial V}\left(\frac{\partial U}{\partial S}\right)_V\right)_S = \left(\frac{\partial}{\partial S}\left(\frac{\partial U}{\partial V}\right)_S\right)_V = -\left(\frac{\partial P}{\partial S}\right)_V. \quad \square$$

演習問題 6.3.1. 次の関数 $f(x,y)$ の全微分を求めよ. また, グラフ $z = f(x,y)$ 上の与えられた点 $(a, b, f(a,b))$ における接平面の方程式を求めよ.

(1) $f(x,y) = 3x^2y + xy$, $(1, -1, f(1,-1))$.
(2) $f(x,y) = \dfrac{x}{x+y}$, $(-2, 1, f(-2,1))$.

演習問題 6.3.2. 関数

$$f(x,y) = \begin{cases} \dfrac{xy}{\sqrt{x^2+y^2}} & (x,y) \neq (0,0) \\ 0 & (x,y) = (0,0) \end{cases}$$

が点 $(0,0)$ で偏微分可能だが全微分可能でないことを示せ.

6.4 連鎖律

次は 2 変数関数の合成関数に関する微分法について学ぶ. 3 変数以上でも同様である.

定理 6.4.1. (連鎖律 (その 1)). 全微分可能な関数 $f(x,y)$ を曲線 $c(t) = \begin{bmatrix} x(t) \\ y(t) \end{bmatrix}$ に沿って考える. すなわち, t についての関数 $g(t) = f(x(t), y(t))$ を考える. このとき, 関数

$x = x(t)$, $y = y(t)$ が微分可能ならば g も微分可能で,

$$\frac{dg}{dt}(t) = \frac{\partial f}{\partial x}(x(t), y(t))\frac{dx}{dt}(t) + \frac{\partial f}{\partial y}(x(t), y(t))\frac{dy}{dt}(t) \qquad (6.4.1)$$

が成り立つ.

証明: g を微分するために $g(x+h) - g(t) = f(x(t+h), y(t+h)) - f(x(t), y(t))$ を計算したい. x, y は微分可能だから, 一次近似を用いると, $h \to 0$ のとき

$$x(t+h) = x(t) + x'(t)h + o(h), \quad y(t+h) = y(t) + y'(t)h + o(h)$$

が成り立つ. したがって, f の一次近似を用いれば, $h \to 0$ のとき

$$\begin{aligned}
g(t+h) - g(t) &= f(x(t+h), y(t+h)) - f(x(t), y(t))\\
&= f(x(t) + x'(t)h + o(h), y(t) + y'(t)h + o(h)) - f(x(t), y(t))\\
&= f_x(x(t), y(t))(x'(t)h + o(h)) + f_y(x(t), y(t))(y'(t)h + o(h))\\
&\quad + o\left(\sqrt{(x'(t)h + o(h))^2 + (y'(t)h + o(h))^2}\right)
\end{aligned}$$

が成り立つ. ところで, $h \to 0$ のとき

$$\frac{\sqrt{(x'(t)h + o(h))^2 + (y'(t)h + o(h))^2}}{|h|} \to \sqrt{x'(t)^2 + y'(t)^2}$$

だから,

$$o\left(\sqrt{(x'(t)h + o(h))^2 + (y'(t)h + o(h))^2}\right) = o(h)$$

が成り立つ. 以上より

$$\lim_{h \to 0} \frac{g(t+h) - g(t)}{h} = f_x(x(t), y(t))x'(t) + f_y(x(t), y(t))y'(t)$$

が成り立つ. したがって, $g(t)$ は微分可能で, 次が成り立つ.

$$\frac{dg}{dt}(t) = \frac{\partial f}{\partial x}(x(t), y(t))\frac{dx}{dt}(t) + \frac{\partial f}{\partial y}(x(t), y(t))\frac{dy}{dt}(t). \qquad \square$$

補足 6.4.2. 2 変数関数の連鎖律 (6.4.1) は 1 変数の場合と大きく異なるように見える. これを 1 変数の場合の類似であると見るためにはベクトルで表すと良い. 実際, 補足 6.3.10 のように全微分 df を行ベクトルを用いて表せば, 式 (6.4.1) は

$$\frac{d}{dt}(f(x(t), y(t))) = df(x(t), y(t))\begin{bmatrix} x'(t) \\ y'(t) \end{bmatrix} = df(\boldsymbol{x}(t))\boldsymbol{c}'(t)$$

と表される. すなわち, $g'(t)$ は, 全微分 df の速度ベクトル $\boldsymbol{c}'(t)$ 方向の成分を表している.

例 6.4.3. (直線に沿った微分). 全微分可能な関数 f に対し $g(t) = f(at + c, bt + d)$ とする. g を t について微分せよ.

解説: 連鎖律を用いて計算すれば

$$g'(t) = \frac{d}{dt}(f(at + c, bt + d)) = af_x(at + c, bt + d) + bf_y(at + c, bt + d)$$

である. これは $\boldsymbol{u} = \begin{bmatrix} a \\ b \end{bmatrix}$ 方向の微分係数 $\nabla_{\boldsymbol{u}} f$ と一致している (補足 6.2.6 参照). □

例 6.4.4. (円周上の微分). 全微分可能な関数 f を単位円 $(\cos\theta, \sin\theta)$ に沿って微分せよ. すなわち, 関数 $g(\theta) = f(\cos\theta, \sin\theta)$ を θ について微分せよ.

解説: 連鎖律より次のようになる.

$$g'(\theta) = \frac{d}{d\theta}(f(\cos\theta, \sin\theta)) = -f_x(\cos\theta, \sin\theta)\sin\theta + f_y(\cos\theta, \sin\theta)\cos\theta. \quad □$$

　次は関数 x, y が 2 変数関数の場合を考える. 偏導関数は注目する変数のみ動かして他の変数を止めることで定義されていることを思い出すと, 定理 6.4.1 と同様であることに気付く.

定理 6.4.5. (連鎖律 (その 2)). 関数 $z = f(x, y)$ が全微分可能で, 関数 $x = x(u, v)$, $y = y(u, v)$ が偏微分可能であるとする. このとき, u, v についての関数 $g(u, v) = f(x(u, v), y(u, v))$ は偏微分可能で,

$$\frac{\partial g}{\partial u}(u, v) = \frac{\partial f}{\partial x}(x(u, v), y(u, v))\frac{\partial x}{\partial u}(u, v) + \frac{\partial f}{\partial y}(x(u, v), y(u, v))\frac{\partial y}{\partial u}(u, v) \quad (6.4.2)$$

$$\frac{\partial g}{\partial v}(u, v) = \frac{\partial f}{\partial x}(x(u, v), y(u, v))\frac{\partial x}{\partial v}(u, v) + \frac{\partial f}{\partial y}(x(u, v), y(u, v))\frac{\partial y}{\partial v}(u, v) \quad (6.4.3)$$

が成り立つ. 変数を省略して書くと

$$\frac{\partial g}{\partial u} = \frac{\partial f}{\partial x}\frac{\partial x}{\partial u} + \frac{\partial f}{\partial y}\frac{\partial y}{\partial u}, \quad \frac{\partial g}{\partial v} = \frac{\partial f}{\partial x}\frac{\partial x}{\partial v} + \frac{\partial f}{\partial y}\frac{\partial y}{\partial v}$$

または

$$z_u = z_x x_u + z_y y_u, \quad z_v = z_x x_v + z_y y_v \quad (6.4.4)$$

となる.

補足 6.4.6. 式 (6.4.4) を行列を用いて表すと 1 変数の場合との類似が見える.

$$\begin{bmatrix} g_u & g_v \end{bmatrix} = \begin{bmatrix} f_x & f_y \end{bmatrix}\begin{bmatrix} x_u & x_v \\ y_u & y_v \end{bmatrix}.$$

定義 6.4.7. 行列 $J = \begin{bmatrix} x_u & x_v \\ y_u & y_v \end{bmatrix}$ をベクトル値関数 $\boldsymbol{F}(u,v) = \begin{bmatrix} x(u,v) \\ y(u,v) \end{bmatrix}$ の **Jacobi 行列**という. また, Jacobi 行列 J の行列式を $\dfrac{\partial(x,y)}{\partial(u,v)} = \det J = x_u y_v - x_v y_u$ と表し, $\boldsymbol{F}$ の**ヤコビアン** (または Jacobi 行列式) という.

例 6.4.8. 全微分可能な関数 $f(x,y)$ と関数 $x(u,v) = au + bv$, $y(u,v) = cu + dv$ $(a,b,c,d \in \mathbb{R}$ は定数) に対して $g(u,v) = f(x(u,v), y(u,v))$ とする. g を u, v について偏微分せよ. また, $\boldsymbol{F}(u,v) = \begin{bmatrix} au + bv \\ cu + dv \end{bmatrix}$ の Jacobi 行列とヤコビアンを求めよ.

解説: $x_u = a$, $x_v = b$, $y_u = c$, $y_v = d$ なので, 連鎖律より

$$\frac{\partial g}{\partial u} = a\frac{\partial f}{\partial x} + c\frac{\partial f}{\partial y}, \quad \frac{\partial g}{\partial v} = b\frac{\partial f}{\partial x} + d\frac{\partial f}{\partial y}$$

が成り立つ. Jacobi 行列は $J = \begin{bmatrix} a & b \\ c & d \end{bmatrix}$, ヤコビアンは $\dfrac{\partial(x,y)}{\partial(u,v)} = ad - bc$ である. □

例 6.4.9. (極座標変換と連鎖律). 全微分可能な関数 $f(x,y)$ と関数 $x(r,\theta) = r\cos\theta$, $y(r,\theta) = r\sin\theta$ $(r > 0,\ \theta \in \mathbb{R})$ に対して $g(r,\theta) = f(x(r,\theta), y(r,\theta))$ とする. g を r, θ について偏微分せよ. また, $\boldsymbol{F}(r,\theta) = \begin{bmatrix} r\cos\theta \\ r\sin\theta \end{bmatrix}$ の Jacobi 行列とヤコビアンを求めよ.

解説: $x_r = \cos\theta$, $x_\theta = -r\sin\theta$, $y_r = \sin\theta$, $y_\theta = r\cos\theta$ なので, 連鎖律より

$$\frac{\partial g}{\partial r} = \cos\theta\frac{\partial f}{\partial x} + \sin\theta\frac{\partial f}{\partial y}, \quad \frac{\partial g}{\partial \theta} = -r\sin\theta\frac{\partial f}{\partial x} + r\cos\theta\frac{\partial f}{\partial y}$$

が成り立つ. Jacobi 行列は $J = \begin{bmatrix} \cos\theta & -r\sin\theta \\ \sin\theta & r\cos\theta \end{bmatrix}$, ヤコビアンは $\dfrac{\partial(x,y)}{\partial(r,\theta)} = r$ である. □

演習問題 6.4.1. $f(x,y) = xy^2 - x^2 y$, $x(t) = t^2$, $y(t) = -2t$ とする. 連鎖律を用いて $g(t) = f(x(t), y(t))$ を微分せよ. また, g を t の関数として書き下してから t について微分し, 両者が一致することを確かめよ.

演習問題 6.4.2. f が全微分可能であるとする. 次の関数 g について, 微分係数 $g'(0)$ を f_x, f_y のうち必要なものを用いて表せ.

  (1) $g(t) = f(-3t + 1, 5t + 1)$.　　　　(2) $g(t) = f(t - \sin t, 1 - \cos t)$.

演習問題 6.4.3. f が全微分可能であるとする. 次の関数 g について, 偏微分係数 $g_u(0,0)$, $g_v(0,0)$ を f_x, f_y のうち必要なものを用いて表せ.

    (1) $g(u, v) = f(-3u + v, 5u - 2v).$ (2) $g(u, v) = f(u^2 - v^2, 3u + 2v).$

演習問題 6.4.4. 次の変換の Jacobi 行列 J とヤコビアンを求めよ.

    (1) $x(u, v) = u + v,\ y(u, v) = u - v.$ (2) $x(u, v) = u^2 + v^2,\ y(u, v) = 2uv.$

演習問題 6.4.5. $z = f(x, y),\ x = r\cos\theta,\ y = r\sin\theta$ とする. このとき, 次が成り立つことを示せ.

$$\left(\frac{\partial z}{\partial x}\right)^2 + \left(\frac{\partial z}{\partial y}\right)^2 = \left(\frac{\partial z}{\partial r}\right)^2 + \frac{1}{r^2}\left(\frac{\partial z}{\partial \theta}\right)^2.$$

6.5   高階偏導関数

1 変数関数の場合と同様に, 高階の偏導関数が定義できる.

定義 6.5.1. 開集合 $D \subset \mathbb{R}^2$ 上の関数 f が偏微分可能であるとする.

- f_x が D 上 x について偏微分可能であるとき, f_x の x についての偏導関数を
  $f_{xx} = (f_x)_x,\ \dfrac{\partial^2 f}{\partial x^2} = \dfrac{\partial}{\partial x}\left(\dfrac{\partial f}{\partial x}\right) = \dfrac{\partial f_x}{\partial x}$ 等と表す.
- f_x が D 上 y について偏微分可能であるとき, f_x の y についての偏導関数を
  $f_{xy} = (f_x)_y,\ \dfrac{\partial^2 f}{\partial y \partial x} = \dfrac{\partial}{\partial y}\left(\dfrac{\partial f}{\partial x}\right) = \dfrac{\partial f_x}{\partial y}$ 等と表す.
- f_y が D 上 x について偏微分可能であるとき, f_y の x についての偏導関数を
  $f_{yx} = (f_y)_x,\ \dfrac{\partial^2 f}{\partial x \partial y} = \dfrac{\partial}{\partial x}\left(\dfrac{\partial f}{\partial y}\right) = \dfrac{\partial f_y}{\partial x}$ 等と表す.
- f_y が D 上 x について偏微分可能であるとき, f_y の y についての偏導関数を
  $f_{yy} = (f_y)_y,\ \dfrac{\partial^2 f}{\partial y^2} = \dfrac{\partial}{\partial y}\left(\dfrac{\partial f}{\partial y}\right) = \dfrac{\partial f_y}{\partial y}$ 等と表す.

x と y の順番に注意すること. 以上の 4 つを **2 階偏導関数**という.

同様に, r 回偏微分した関数を **r 階偏導関数**, r 階偏導関数 $(r \geq 2)$ を総称して**高階偏導関数**という.

例えば, 3 階偏導関数は以下の 8 個ある:

$$f_{xxx} = (f_{xx})_x, \qquad f_{xxy} = (f_{xx})_y, \qquad f_{xyx} = (f_{xy})_x, \qquad f_{xyy} = (f_{xy})_y,$$
$$f_{yxx} = (f_{yx})_x, \qquad f_{yxy} = (f_{yx})_y, \qquad f_{yyx} = (f_{yy})_x, \qquad f_{yyy} = (f_{yy})_y.$$

一般には偏微分する変数の順番によって得られる偏導関数は変化する (演習問題 6.5.5 参照). しかし, 十分良い性質をもつ関数であれば, 偏微分する変数の順番によらないことが確かめられる.

定義 6.5.2. 開集合 $D \subset \mathbb{R}^2$ 上の関数 f が D 上 **C^r 級**であるとは, f の r 階以下の偏導関数がすべて存在してそれらがすべて連続であることをいう. また, 関数 f が任意の $r \in \mathbb{N}$

について C^r 級であるとき, 関数 f は C^∞ 級であるという.

定義より C^r 級ならば C^{r-1} 級である. 多項式や指数関数, 三角関数やそれらの合成などは C^∞ 級である.

定理 6.5.3. 開集合 $D \subset \mathbb{R}^2$ 上の関数 f が C^r 級ならば, r 階以下の偏導関数は偏微分の順番によらない. 例えば,

- f が C^2 級ならば $f_{xy} = f_{yx}$ が成り立つ.
- f が C^3 級ならば $f_{xy} = f_{yx}$, $f_{xxy} = f_{xyx} = f_{yxx}$, $f_{xyy} = f_{yxy} = f_{yyx}$ が成り立つ.

証明: $r = 2$ の場合に示せば十分である. 実際, $r = 2$ の場合に示されたとする. 例えば f が C^3 級の場合を考えよう. このとき f は C^2 級なので $f_{xy} = f_{yx}$ だから, $f_{xyx} = (f_{xy})_x = (f_{yx})_x = f_{yxx}$ が成り立つ. 一方, このとき f_x は C^2 級なので, $f_{xxy} = (f_x)_{xy} = (f_x)_{yx} = f_{xyx}$ が成り立つ. 以上より $f_{xxy} = f_{xyx} = f_{yxx}$ が成り立つ.

それでは $r = 2$ の場合を示そう. $(a, b) \in D$ を任意にとって固定する. 天下り的ではあるが, $h \neq 0$, $k \neq 0$ に対して

$$F(h, k) = f(a + h, b + k) - f(a + h, b) - f(a, b + k) + f(a, b)$$

とおき, $F(h, k)$ を 2 通りの方法で計算する.

まず, $\varphi(x) = f(x, b + k) - f(x, b)$ とおくと $F(h, k) = \varphi(a + h) - \varphi(a)$ であるから, φ に対して平均値の定理を用いると, $F(h, k) = \varphi(a + h) - \varphi(a) = \varphi'(a + \theta_1 h)h$ をみたす $0 < \theta_1 < 1$ が存在する. $\varphi'(x) = f_x(x, b + k) - f_x(x, b)$ であるので, y についての関数 $y \mapsto f_x(a + \theta_1 h, y)$ に対して平均値の定理を用いると, $\varphi'(a + \theta_1 h) = f_x(a + \theta_1 h, b + k) - f_x(a + \theta_1 h, b) = f_{xy}(a + \theta_1 h, b + \theta_2 k)k$ をみたす $0 < \theta_2 < 1$ が存在する. 以上より,

$$F(h, k) = \varphi'(a + \theta_1 h)h = f_{xy}(a + \theta_1 h, b + \theta_2 k)hk$$

みたす $0 < \theta_1 < 1$, $0 < \theta_2 < 1$ が存在することがわかった.

同様に, $\psi(x) = f(a + h, y) - f(a, y)$ とすれば

$$F(h, k) = \psi'(b + \theta_3 k)k = f_{yx}(a + \theta_4 h, b + \theta_3 k)hk$$

をみたす $0 < \theta_3 < 1$, $0 < \theta_4 < 1$ が存在することがわかる.

以上より $f_{xy}(a + \theta_1 h, b + \theta_2 k) = f_{yx}(a + \theta_4 h, b + \theta_3 k)$ が成り立つので, $(h, k) \to (0, 0)$ とすれば, f_{xy} と f_{yx} が点 (a, b) で連続であることから $f_{xy}(a, b) = f_{yx}(a, b)$ が従う. □

定理 6.5.3 より, f が C^r 級 $(r \in \mathbb{N})$ であれば, r 階以下の偏導関数は偏微分する変数の順番によらず, どの変数について何回偏微分したかによって決まる. そこで, 例えば f が C^5 級

であれば,

$$\frac{\partial^5 f}{\partial x \partial y \partial x \partial x \partial y} = \frac{\partial^5 f}{\partial x^3 \partial y^2}$$

のようにどの変数で何回偏微分したかということだけに注目して高階偏導関数を表す.

定義 6.5.4. 非負整数 $m, n \in \mathbb{Z}_+ = \{0, 1, 2, \dots\}$ と開集合 $D \subset \mathbb{R}^2$ 上の C^∞ 級関数 $p_{k,l}$ $(k, l \in \mathbb{Z},\ 0 \le k \le m,\ 0 \le l \le n)$ を考える. $p_{m,n} \ne 0$ (定数関数 0 でないという意味) とする. 開集合 $D \subset \mathbb{R}^2$ 上の C^∞ 級関数 f に対して

$$\left(\left(\sum_{k=0}^{m} \sum_{l=0}^{n} p_{k,l}(x,y) \frac{\partial^{k+l}}{\partial x^k \partial x^l} \right) f \right)(x,y) = \sum_{k=0}^{m} \sum_{l=0}^{n} p_{k,l}(x,y) \frac{\partial^{k+l} f}{\partial x^k \partial x^l}(x,y)$$

と定義すると, これもまた D 上の C^∞ 級関数である. ただし, $\dfrac{\partial^0 f}{\partial x^0 \partial y^0}(x,y) = f(x,y)$ と約束する. このとき,

$$P = \sum_{k=0}^{m} \sum_{l=0}^{n} p_{k,l}(x,y) \frac{\partial^{k+l}}{\partial x^k \partial x^l} \tag{6.5.1}$$

と表して, このような P を $(m+n)$ 階の **(偏) 微分作用素** (differential operator of order $m + n$) という.

　微分作用素 P, Q に対して積 PQ を $(PQ)f = P(Qf)$ と定義する. また, $P^0 f = f$ と定め, さらに自然数 $m \in \mathbb{N}$ に対し $P^m f = P(P^{m-1})f$ と定める. Taylor の定理では次の微分作用素が役に立つ:

例 6.5.5. 定数 $h, k \in \mathbb{R}$ を固定する. このとき, 1 階微分作用素 $P = h\dfrac{\partial}{\partial x} + k\dfrac{\partial}{\partial y}$ に対して二項定理と同様の証明により次が成り立つ.

$$P^m = \left(h\frac{\partial}{\partial x} + k\frac{\partial}{\partial y} \right)^m = \sum_{l=0}^{m} \binom{m}{l} h^l k^{m-l} \frac{\partial^m}{\partial x^l \partial y^{m-l}}.$$

例 6.5.6. $D \subset \mathbb{R}^2$ を開集合とする. 微分作用素 $\Delta = \dfrac{\partial^2}{\partial x^2} + \dfrac{\partial^2}{\partial y^2}$ を ($\mathbb{R}^2$ の) ラプラシアンという. ラプラシアンは自然科学ではとても重要な微分作用素である. ラプラシアンを極座標で表示せよ.

解説: 連鎖律より

$$\frac{\partial}{\partial r} = \cos\theta \frac{\partial}{\partial x} + \sin\theta \frac{\partial}{\partial y}, \quad \frac{\partial}{\partial \theta} = -r\sin\theta \frac{\partial}{\partial x} + r\cos\theta \frac{\partial}{\partial y}$$

なので, $\dfrac{\partial}{\partial x}, \dfrac{\partial}{\partial y}$ について解くと

$$\frac{\partial}{\partial x} = \cos\theta\frac{\partial}{\partial r} - \frac{\sin\theta}{r}\frac{\partial}{\partial\theta}, \quad \frac{\partial}{\partial y} = \sin\theta\frac{\partial}{\partial r} + \frac{\cos\theta}{r}\frac{\partial}{\partial\theta}$$

となる. よって C^∞ 級関数 $z = f(x, y)$, $x = r\cos\theta$, $y = r\sin\theta$ に対して $\dfrac{\partial z}{\partial r}, \dfrac{\partial z}{\partial\theta}$ が r, θ の関数であることに注意すると,

$$\begin{aligned}
\frac{\partial^2 z}{\partial x^2} &= \left(\cos\theta\frac{\partial}{\partial r} - \frac{\sin\theta}{r}\frac{\partial}{\partial\theta}\right)\left(\cos\theta\frac{\partial z}{\partial r} - \frac{\sin\theta}{r}\frac{\partial z}{\partial\theta}\right)\\
&= \cos^2\theta\frac{\partial^2 z}{\partial r^2} + \frac{\sin^2\theta}{r^2}\frac{\partial^2 z}{\partial\theta^2} - \frac{2\sin\theta\cos\theta}{r}\frac{\partial^2 z}{\partial r\partial\theta} + \frac{\sin^2\theta}{r}\frac{\partial z}{\partial r} + \frac{2\sin\theta\cos\theta}{r^2}\frac{\partial z}{\partial\theta},\\
\frac{\partial^2 z}{\partial y^2} &= \left(\sin\theta\frac{\partial}{\partial r} + \frac{\cos\theta}{r}\frac{\partial}{\partial\theta}\right)\left(\sin\theta\frac{\partial z}{\partial r} + \frac{\cos\theta}{r}\frac{\partial z}{\partial\theta}\right)\\
&= \sin^2\theta\frac{\partial^2 z}{\partial r^2} + \frac{\cos^2\theta}{r^2}\frac{\partial^2 z}{\partial\theta^2} + \frac{2\sin\theta\cos\theta}{r}\frac{\partial^2 z}{\partial r\partial\theta} + \frac{\cos^2\theta}{r}\frac{\partial z}{\partial r} - \frac{2\sin\theta\cos\theta}{r^2}\frac{\partial z}{\partial\theta}
\end{aligned}$$

を得る. ここで, f が C^∞ 級より $\dfrac{\partial^2 z}{\partial r\partial\theta} = \dfrac{\partial^2 z}{\partial\theta\partial r}$ であることを用いた. したがって, 辺々を加えることで, ラプラシアンの極座標表示

$$\Delta = \frac{\partial^2}{\partial x^2} + \frac{\partial^2}{\partial y^2} = \frac{\partial^2}{\partial r^2} + \frac{1}{r^2}\frac{\partial^2}{\partial\theta^2} + \frac{1}{r}\frac{\partial}{\partial r}$$

を得る. □

例 6.5.7. 関数 $f(x, y) = x^2 + 3xy^2 + 4y$ に対して次を求めよ.

(1) $\left(3\dfrac{\partial}{\partial x} + 5\dfrac{\partial}{\partial y}\right)f.$　　(2) $\left(3\dfrac{\partial}{\partial x} - 2\dfrac{\partial}{\partial y}\right)^2 f.$　　(3) $\Delta f.$

解説: $f_x(x, y) = 2x + 3y^2$, $f_y(x, y) = 6xy + 4$, $f_{xx}(x, y) = 2$, $f_{xy}(x, y) = f_{yx}(x, y) = 6y$, $f_{yy}(x, y) = 6x$ であるから, 次のように計算できる.

(1)
$$\begin{aligned}
\left(3\frac{\partial}{\partial x} + 5\frac{\partial}{\partial y}\right)f(x, y) &= 3\frac{\partial f}{\partial x}(x, y) + 5\frac{\partial f}{\partial y}(x, y)\\
&= 3\left(2x + 3y^2\right) + 5\left(6xy + 4\right) = 6x + 9y^2 + 30xy + 20.
\end{aligned}$$

(2)
$$\begin{aligned}
\left(3\frac{\partial}{\partial x} - 2\frac{\partial}{\partial y}\right)^2 f(x, y) &= \left(9\frac{\partial^2}{\partial x^2} - 12\frac{\partial^2}{\partial x\partial y} + 4\frac{\partial^2}{\partial y^2}\right)f(x, y)\\
&= 9\frac{\partial^2 f}{\partial x^2}(x, y) - 12\frac{\partial^2 f}{\partial x\partial y}(x, y) + 4\frac{\partial^2 f}{\partial y^2}(x, y)\\
&= 9\cdot 2 - 12\cdot 6y + 4\cdot 6x = 24x - 72y + 18.
\end{aligned}$$

(3)
$$\Delta f(x,y) = \left(\frac{\partial^2}{\partial x^2} + \frac{\partial^2}{\partial y^2} \right) f(x,y) = \frac{\partial^2 f}{\partial x^2}(x,y) + \frac{\partial^2 f}{\partial y^2}(x,y) = 2 + 6x. \quad \square$$

演習問題 6.5.1. 次の関数の 2 階偏導関数をすべて求めよ.

(1) $f(x,y) = x^2 y^5$.   (2) $f(x,y) = \sqrt{2x - y}$.   (3) $f(x,y) = \mathrm{Sin}^{-1}(xy^2)$.

演習問題 6.5.2. $f(x,y) = x^2 + 3xy + 4y^2$ に対し次を計算せよ.

(1) $\left(\dfrac{\partial}{\partial x} - 2\dfrac{\partial}{\partial y} \right) f(x,y)$. (2) $\left(\dfrac{\partial}{\partial x} - 2\dfrac{\partial}{\partial y} \right)^3 f(x,y)$. (3) $\left(x\dfrac{\partial}{\partial x} + y\dfrac{\partial}{\partial y} \right) f(x,y)$.

演習問題 6.5.3. 次の関数 f に対して Δf を求めよ. ただし, Δ はラプラシアンである.

(1) $f(x,y) = \mathrm{Tan}^{-1}\dfrac{y}{x}$.   (2) $f(x,y) = \sin x \cos y$.   (3) $f(x,y) = \log(x^2 + y^2)$.

(4) $f(x,y) = r\cos(k\theta)$ $(k \in \mathbb{Z})$. ただし $x = r\cos\theta,\ y = r\sin\theta$ とする.

演習問題 6.5.4. $u(t,x) = \dfrac{1}{2\sqrt{\pi t}} \exp \dfrac{-x^2}{4t}$ とする. $\left(\dfrac{\partial}{\partial t} - \dfrac{\partial^2}{\partial x^2} \right) u(t,x)$ を計算せよ.

演習問題 6.5.5. 関数

$$f(x,y) = \begin{cases} \dfrac{xy(x^2 - y^2)}{x^2 + y^2} & (x,y) \neq (0,0) \\ 0 & (x,y) = (0,0) \end{cases}$$

が原点 $(0,0)$ において 2 階偏微分可能で, $f_{xy}(0,0) \neq f_{yx}(0,0)$ であることを確かめよ.

6.6 Taylor の定理 (多変数)

Taylor の定理は多変数関数でも重要である. 本節では必要なだけ偏微分可能な (すなわち, 滑らかな) 関数のみ考えることにする.

定理 6.6.1. (Taylor の定理 (2 変数)). 開集合 $D \subset \mathbb{R}^2$ 上の滑らかな関数 f と点 $(a,b) \in D$ を考える. このとき, 点 (a,b) と点 $(a+h, b+k)$ を結ぶ線分 L が D に含まれているならば,

$$f(a+h, b+k) = \sum_{m=0}^{n} \frac{1}{m!} \left(h\frac{\partial}{\partial x} + k\frac{\partial}{\partial y} \right)^m f(a,b) + R_{n+1}(h,k) \qquad (6.6.1)$$

によって $R_{n+1}(h,k)$ を定義すると,

$$R_{n+1}(h,k) = \frac{1}{(n+1)!} \left(h\frac{\partial}{\partial x} + k\frac{\partial}{\partial y} \right)^{n+1} f(a+\theta h, b+\theta k)$$

をみたす $0 < \theta < 1$ が存在する.

式 (6.6.1) を点 (a, b) における n 次の **Taylor 展開**といい, $R_n(h, k)$ を $n + 1$ 次の**剰余項**という. 点 $(0, 0)$ における Taylor 展開のことを Maclaurin 展開ともいう.

証明: $\varphi(t) = f(a + th, b + tk)$ と定めると, これは L を含む直線のうち D に含まれる部分で定義された滑らかな関数である. よって, 連鎖律より

$$\varphi'(t) = h f_x(a + th, b + tk) + k f_y(a + th, b + tk) = \left(h \frac{\partial}{\partial x} + k \frac{\partial}{\partial y} \right) f(a + th, b + tk)$$

が成り立つ. そこで, 繰り返し連鎖律を用いると, $m = 0, 1, 2, \ldots, n, n + 1$ に対して

$$\varphi^{(m)}(t) = \left(h \frac{\partial}{\partial x} + k \frac{\partial}{\partial y} \right)^m f(a + th, b + tk)$$

が成り立つことがわかる. φ に Taylor の定理 (1 変数) を用いると

$$
\begin{aligned}
\varphi(t) &= \sum_{m=0}^{n} \frac{\varphi^{(m)}(0)}{m!} t^m + \frac{\varphi^{(n+1)}(\theta t)}{(n+1)!} t^{n+1} \\
&= \sum_{m=0}^{n} \frac{1}{m!} \left(h \frac{\partial}{\partial x} + k \frac{\partial}{\partial y} \right)^m f(a + th, b + tk) t^m \\
&\quad + \frac{1}{(n+1)!} \left(h \frac{\partial}{\partial x} + k \frac{\partial}{\partial y} \right)^{n+1} f(a + \theta th, b + \theta tk) t^{n+1}
\end{aligned}
$$

をみたす $0 < \theta < 1$ が存在する. ここで $t = 1$ とすれば $\varphi(1) = f(a + h, b + k)$ であることから主張を得る. □

Taylor 展開の $n + 1$ 次の剰余項は

$$R_{n+1}(h, k) = \sum_{l=0}^{n+1} \binom{n+1}{l} h^l k^{n+1-l} \frac{\partial^{n+1} f}{\partial x^l \partial y^{n+1-l}} (a + \theta h, b + \theta k)$$

と表せるので,

$$\lim_{(h,k) \to (0,0)} \frac{R_{n+1}(h, k)}{\left(\sqrt{h^2 + k^2} \right)^n} = 0$$

が従う. よって,

$$f(a+h, b+k) = \sum_{m=0}^{n} \frac{1}{m!} \left(h \frac{\partial}{\partial x} + k \frac{\partial}{\partial y} \right)^m f(a, b) + o\left(\left(\sqrt{h^2 + k^2} \right)^n \right) \quad ((h, k) \to (0, 0))$$

を得る. これを点 (a, b) における f の n 次の**漸近展開**という. n 次近似ということもある.

補足 6.6.2. 特に $x = a+h, y = b+k$ とおけば, 2 次近似の右辺は

$$f(a,b) + f_x(a,b)(x-a) + f_y(a,b)(y-b) + \frac{1}{2}f_{xx}(a,b)(x-a)^2 + f_{xy}(a,b)(x-a)(y-b)$$

$$+ \frac{1}{2}f_{yy}(a,b)(y-b)^2 + o\left((x-a)^2 + (y-b)^2\right) \quad ((x,y) \to (a,b))$$

である.

補足 6.6.3. 多変数関数の Taylor の定理はベクトルを用いると見やすくなる.

$$\boldsymbol{h} = \begin{bmatrix} h \\ k \end{bmatrix}, \quad \nabla = \begin{bmatrix} \partial/\partial x \\ \partial/\partial y \end{bmatrix}$$

と書いてベクトル同士の内積のように微分作用素 $\boldsymbol{h} \cdot \nabla$ を

$$\boldsymbol{h} \cdot \nabla = h\frac{\partial}{\partial x} + k\frac{\partial}{\partial y}$$

と定める. このとき Taylor の定理の式 (6.6.1) は $\boldsymbol{a} = \begin{bmatrix} a \\ b \end{bmatrix}$ に対して

$$f(\boldsymbol{a}+\boldsymbol{h}) = \sum_{m=0}^{n} \frac{1}{m!}\left(\boldsymbol{h} \cdot \nabla\right)^m f(\boldsymbol{a}) + \frac{1}{(n+1)!}\left(\boldsymbol{h} \cdot \nabla\right)^{n+1} f(\boldsymbol{a}+\theta\boldsymbol{h})$$

となる. 3 変数以上でも同様である.

例 6.6.4. 次の関数の 2 次の Maclaurin 展開を求めよ. 剰余項は R_3 と省略して良い.

$$f(x,y) = e^{x-y}.$$

解説: $f_x(x,y) = e^{x-y}$, $f_y(x,y) = -e^{x-y}$, $f_{xx}(x,y) = e^{x-y}$, $f_{xy}(x,y) = -e^{x-y}$, $f_{yy}(x,y) = e^{x-y}$ なので, $f(0,0) = 1$, $f_x(0,0) = 1$, $f_y(0,0) = -1$, $f_{xx}(0,0) = 1$, $f_{xy}(0,0) = -1$, $f_{yy}(0,0) = 1$ である. よって Taylor の定理より

$$f(x,y) = 1 + x - y + \frac{1}{2}x^2 - xy + \frac{1}{2}y^2 + R_3.$$

補足: $(x,y) \to (0,0)$ のとき $x-y \to 0$ なので, 1 変数関数 e^t の Maclaurin 展開に $t = x-y$ を代入して求めても良い.

$$f(x,y) = 1 + (x-y) + \frac{1}{2}(x-y)^2 + \frac{e^{\theta(x-y)}}{3!}(x-y)^3 \quad (0 < \theta < 1). \quad \square$$

演習問題 6.6.1. 次の関数の 2 次の Maclaurin 展開を求めよ. 剰余項は R_3 と省略しても良い.

(1) $f(x,y) = \cos(x+2y)$. 　　　　(2) $f(x,y) = e^{2x}\sin(x-y)$.

演習問題 6.6.2. よく知られているように, タテ x, ヨコ y の長方形の面積は $f(x,y) = xy$ で与えられる. 今, ある長方形 A のタテの長さ a とヨコの長さ b を測ったところ, $a = 3$, $b = 2$ であった. a, b の測定誤差が 0.1 未満であるとき, 長方形 A の真の面積 $f(x,y)$ と測定値 $f(a,b) = 6$ との誤差を評価したい. 1 次の Taylor 展開を用いて誤差を評価せよ.

6.7 極値問題

1 変数の場合と同様に, Taylor の定理を利用して 2 変数関数の極値問題を考えよう.

6.7.1 2 変数関数の極値問題

まずは極大値と極小値の定義から始める.

定義 6.7.1. 部分集合 $D \subset \mathbb{R}^2$ 上の関数 f が点 $(a,b) \in D$ で**極大値** (maximal value) $f(a,b)$ をとるとは, $\varepsilon > 0$ を十分小さくとれば

$$f(x,y) < f(a,b) \quad ((x,y) \in D_\varepsilon(a,b) \text{ かつ } (x,y) \neq (a,b)).$$

が成り立つことと定める. 同様に, 点 $(a,b) \in D$ で**極小値** (minimal value) $f(a,b)$ をとるとは, $\varepsilon > 0$ を十分小さくとれば

$$f(x,y) > f(a,b) \quad ((x,y) \in D_\varepsilon(a,b) \text{ かつ } (x,y) \neq (a,b)).$$

が成り立つことと定める. 極大値と極小値を総称して**極値** (extremal value) という.

1 変数関数の場合と同様に, 全微分を用いて極値をとるための必要条件を得る.

命題 6.7.2. 開集合 $D \subset \mathbb{R}^2$ 上の関数 f が点 (a,b) で全微分可能であるとする. 関数 f が点 (a,b) で極値をとるならば, $df(a,b) = 0$ (すなわち $f_x(a,b) = 0$ かつ $f_y(a,b) = 0$) が成り立つ.

証明: 関数 f は点 (a,b) で極値をとるので, 特に x についての関数 $x \mapsto f(x,b)$ は $x = a$ で極値をとる. よって, 命題 5.8.4 より $f_x(a,b) = 0$ を得る. 同様に $f_y(a,b) = 0$ も成り立つので, $df(a,b) = 0$ を得る. □

1 変数関数の場合と同様に, $df(a,b) = 0$ であっても極値をとったりとらなかったりする. 具体例で確かめよう.

例 6.7.3. (極小値の例). $f(x,y) = x^2 + y^2$ とすると, $df(x,y) = 2x\,dx + 2y\,dy$ なので, $df(x,y) = 0$ となる点は $(x,y) = (0,0)$ に限る. $(x,y) \neq (0,0)$ ならば $f(x,y) > 0 = f(0,0)$ であるので, f は原点 $(0,0)$ で極小値 $f(0,0) = 0$ をとる.

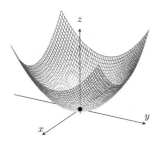

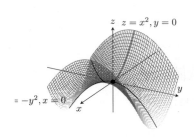

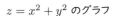

$z = x^2 + y^2$ のグラフ $z = x^2 - y^2$ のグラフ

例 6.7.4. $f(x,y) = x^2 - y^2$ とすると, $df(x,y) = 2xdx - 2ydy$ なので, $df(x,y) = 0$ となる点は $(x,y) = (0,0)$ に限る. 直線 $x = y$ に沿って $f(x,x) = 0 = f(0,0)$ なので, f は点 $(0,0)$ で極値をとらない.

関数 $f(x,y) = x^2 - y^2$ は直線 $x = 0$ に沿って $f(0,y) = -y^2$ なので, 直線 $x = 0$ 上では $(0,0)$ で極大である. 一方, 直線 $y = 0$ に沿って $f(x,0) = x^2$ なので, 直線 $y = 0$ 上では $(0,0)$ で極小である. つまり, 点 $(0,0)$ において, ある方向では極大, 別の方向では極小となる. このような点を**鞍点** (saddle point) という.

定義 6.7.5. (鞍点). 点 (a,b) を通る相異なる 2 つの直線 l_1, l_2 が存在して, 関数 f が l_1 上では点 (a,b) で極大値, f が l_2 上では点 (a,b) で極小値をとるとき, 点 (a,b) は f の**鞍点**であるという. 極大の方向を峠, 極小の方向を尾根と見立てて**峠点**ということもある.

点 (a,b) を通るすべての直線上で極小であれば点 (a,b) で極小値をとる (もしくは直線上で極大なら極大値), と考えたくなるが, それは誤りである.

例 6.7.6. $f(x,y) = 2x^4 - 3x^2y + y^2 = (y - x^2)(y - 2x^2)$ とすると, $df(x,y) = (8x^3 - 6xy)dx + (-3x^2 + 2y)dy$ なので $df(0,0) = 0$ となる.

   (1) f が直線 (at, bt) 上では点 $(0,0)$ で極小値をとることを確かめよ.

   (2) f は点 $(0,0)$ で極値をとらないことを確かめよ.

解説: (1) $f(at, bt) = t^2(b - a^2t)(b - 2a^2t)$ なので, $0 < |t| < \dfrac{|b|}{2a^2}$ であれば $f(at, bt) > 0 = f(0,0)$ となるから, 直線 (at, bt) 上では点 $(0,0)$ で極小値をとる.

(2) $x \neq 0$ ならば $f(x,0) = 2x^4 > 0 = f(0,0)$ かつ $f(x, 3x^2/2) = -\dfrac{x^4}{4} < 0 = f(0,0)$ なので, 点 $(0,0)$ のいくらでも近くに $f(x,y) > f(0,0)$ となる点 (x,y) および $f(x,y) <$

$f(0,0)$ となる点 (x,y) が存在する. つまり, f は点 $(0,0)$ で極値をとらない.　□

以上のように, 2 変数関数の極値判定は難しい. そこで, 2 変数関数 f が $df(a,b) = 0$ をみたすとき, 点 (a,b) で本当に極値をとるか判定する方法が必要である. そのためには, 1 変数の場合と同様に Taylor 展開が役に立つ. 実際, $df(a,b) = 0$ ならば 2 次の Taylor 展開は

$$f(x,y) - f(a,b)$$
$$= \frac{1}{2}\left(f_{xx}(a,b)(x-a)^2 + 2f_{xy}(a,b)(x-a)(y-b) + f_{yy}(a,b)(y-b)^2\right) + R_3(x,y)$$

となる. $x = a + r\cos\theta$, $y = b + r\sin\theta$ とすれば

$$f(a + r\cos\theta, b + r\sin\theta) - f(a,b)$$
$$= \frac{r^2}{2}\left(f_{xx}(a,b)\cos^2\theta + 2f_{xy}(a,b)\cos\theta\sin\theta + f_{yy}(a,b)\sin^2\theta\right) + R_3(x,y)$$
$$= \frac{r^2}{2}\left(g(\theta) + \frac{2R_3(x,y)}{r^2}\right)$$

が成り立つ. ただし, $g(\theta) = f_{xx}(a,b)\cos^2\theta + 2f_{xy}(a,b)\cos\theta\sin\theta + f_{yy}(a,b)\sin^2\theta$ とおいた. $\displaystyle\lim_{r\to 0}\frac{R_3(x,y)}{r^2} = 0$ なので, $g(\theta)$ の符号が問題となる. そこで, 定理 3.5.7 より次を得る.

定理 6.7.7. 開集合 $D \subset \mathbb{R}^2$ 上の滑らかな関数 f が, 点 $(a,b) \in D$ において $df(a,b) = 0$ をみたすとする. $D = f_{xx}(a,b)f_{yy}(a,b) - f_{xy}(a,b)^2$ とする. このとき, 次が成り立つ.

(1) $D > 0$ かつ $f_{xx}(a,b) > 0$ ならば, f は点 (a,b) で極小値をとる.

(2) $D > 0$ かつ $f_{xx}(a,b) < 0$ ならば, f は点 (a,b) で極大値をとる.

(3) $D < 0$ ならば, 点 (a,b) は f の鞍点である.

補足 6.7.8. $D = 0$ の場合は極値をとることも極値をとらないこともあるので, 個別に考える必要がある.

補足 6.7.9. 行列

$$H_f(x,y) = \begin{bmatrix} f_{xx}(x,y) & f_{yx}(x,y) \\ f_{xy}(x,y) & f_{yy}(x,y) \end{bmatrix}$$

を **Hesse** 行列という. f が C^2 級であれば $f_{xy} = f_{yx}$ なので, H_f は対称行列である. 定理 6.7.7 の D は Hesse 行列の行列式 $\det H_f(a,b)$ に他ならない. Hesse 行列の行列式 $\det H_f(a,b)$ を **ヘッシアン** という. 定理 3.5.7 より定理 6.7.7 は次のように書き換えられる.

(1) H_f が正定値ならば, f は点 (a,b) で極小値をとる.

(2) H_f が負定値ならば, f は点 (a,b) で極大値をとる.

(3) H_f が不定符号ならば, 点 (a,b) は f の鞍点である.

3 変数以上でも同様である. 例えば, 滑らかな 3 変数関数 f に対して対称行列

$$H_f(x,y,z) = \begin{bmatrix} f_{xx}(x,y,z) & f_{yx}(x,y,z) & f_{zx}(x,y,z) \\ f_{xy}(x,y,z) & f_{yy}(x,y,z) & f_{zy}(x,y,z) \\ f_{xz}(x,y,z) & f_{yz}(x,y,z) & f_{zz}(x,y,z) \end{bmatrix}$$

を f の Hesse 行列という. Hesse 行列 H_f の定値性を用いれば 2 変数の場合と同様に極値判定を行える.

例 6.7.10. 関数 $f(x,y) = x^3 + y^3 - 3xy$ の極値をすべて求めよ.

解説: $f_x(x,y) = 3x^2 - 3y$, $f_y(x,y) = 3y^2 - 3x$ なので, $f_x(x,y) = 0$, $f_y(x,y) = 0$ を解くと $(x,y) = (0,0), (1,1)$ である. この 2 点が極値をとる点の候補なので, この 2 点で極値をとるかどうか調べる.

f の 2 階偏導関数を計算すると, $f_{xx}(x,y) = 6x$, $f_{xy}(x,y) = -3$, $f_{yy}(x,y) = 6y$ となる. よって,

i) $D = f_{xx}(0,0)f_{yy}(0,0) - f_{xy}(0,0)^2 = 0 \cdot 0 - (-3)^2 = -9 < 0$ なので, f は点 $(0,0)$ で極値をとらない (鞍点である).

ii) $D = f_{xx}(1,1)f_{yy}(1,1) - f_{xy}(1,1)^2 = 6 \cdot 6 - (-3)^2 = 27 > 0$ かつ $f_{xx}(1,1) = 6 > 0$ なので, f は点 $(1,1)$ で極小値 $f(1,1) = -1$ をとる. □

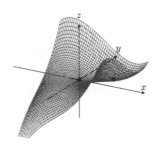

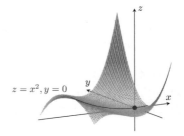

$z = x^3 + y^3 - 3xy$ のグラフ $z = x^2 + (1+x)^3y^2$ のグラフ

例 6.7.11. 関数 $f(x,y) = x^2 + (1+x)^3y^2$ の極値をすべて求めよ.

解説: $f_x(x,y) = 2x + 3(1+x)^2y^2$, $f_y(x,y) = 2(1+x)^3y$ なので, $f_x(x,y) = 0$, $f_y(x,y) = 0$ を解くと $(x,y) = (0,0)$ である. よって点 $(0,0)$ が極値をとる点の候補なので, 点 $(0,0)$ で極値をとるかどうか調べる.

実際, $f_{xx}(x,y) = 2 + 6(1+x)y^2$, $f_{xy}(x,y) = 6(1+x)^2y$, $f_{yy}(x,y) = 2(1+x)^3$ だから, $D = f_{xx}(0,0)f_{yy}(0,0) - f_{xy}(0,0)^2 = 2 \cdot 2 - 0^2 = 4 > 0$ かつ $f_{xx}(0,0) = 2 > 0$ となる. したがって, f は点 $(0,0)$ で極小値 $f(0,0) = 0$ をとる.

なお, 関数 f に対して $df(x,y) = 0$ をみたす点 (x,y) は極小値をとる点 $(0,0)$ のみである
にも関わらずその極小値は最小値ではない. 実際, $f(-2,3) = 4 - 1 \cdot 9 = -5 < 0 = f(0,0)$
である. これは 1 変数の場合には起こらず, 多変数特有の現象である. 図も参照せよ. □

6.7.2　陰関数定理と条件付き極値問題

与えられた条件の下で関数を考え, 極値を求める方法について学ぶ. まず, 陰関数微分法
(第 5.3.1 項参照) を一般に述べると次のようになる. 証明は省略する.

定理 6.7.12. (陰関数定理). 2 変数関数 g が C^1 級で $g(x,y) = 0$ をみたすとする. この
とき, $g(a,b) = 0$, $g_y(a,b) \neq 0$ ならば, $x = a$ の周りで定義された $g(x,y) = 0$ の陰関数
$y = \varphi(x)$ が存在して, $\varphi'(x) = -\dfrac{g_x(x, \varphi(x))}{g_y(x, \varphi(x))}$ が成り立つ.

陰関数定理を用いると条件付きの極値をとるための必要条件を得る.

定理 6.7.13. (Lagrange 未定乗数法). $f(x,y)$, $g(x,y)$ は C^1 級とする. f が点 (a,b)
において曲線 $g(x,y) = 0$ の上での極値をとるとする. また, $dg(a,b) \neq 0$ が成り立つとする.
このとき, $F(x,y,\lambda) = f(x,y) - \lambda g(x,y)$ とすれば, ある $\mu \in \mathbb{R}$ について $dF(a,b,\mu) = 0$
が成り立つ.

例 6.7.14. 条件 $g(x,y) = x^2 - \dfrac{1}{4}y^2 - 1 = 0$ の下で関数 $f(x,y) = x^3 + y$ の極値をす
べて求めよ.

解説: $dg(x,y) = 2xdx - \dfrac{1}{2}ydy$ なので, 条件 $g(x,y) = 0$ の下で常に $dg(x,y) \neq 0$
である. そこで, Lagrange 未定乗数法を用いて極値をとる点の候補を探す. すなわち,
$F(x,y,\lambda) = f(x,y) - \lambda g(x,y)$ とおいて $F'(x,y,\lambda) = 0$, すなわち, $F_x = F_y = F_\lambda = 0$ と
なる点 (x,y,λ) を探す. $dF(x,y,\lambda) = (3x^2 - 2\lambda x)dx + (1 + \dfrac{1}{2}\lambda y)dy + (-x^2 + \dfrac{1}{4}y^2 + 1)d\lambda$
なので, そのような点は $(x,y,\lambda) = (2/\sqrt{3}, -2/\sqrt{3}, \sqrt{3}), (-2/\sqrt{3}, 2/\sqrt{3}, -\sqrt{3})$ である.

まず, 陰関数定理より点 $(2/\sqrt{3}, -2/\sqrt{3})$ の近くで $g(x,y) = 0$ の陰関数が存在するから,
それを $y = \varphi_1(x)$ とする. $g(x, \varphi_1(x)) = 0$ の両辺を x で繰り返し微分すると,

$$2x - \frac{1}{2}\varphi_1(x)\varphi_1'(x) = 0, \quad 2 - \frac{1}{2}\varphi_1'(x)^2 - \frac{1}{2}\varphi_1(x)\varphi_1''(x) = 0$$

が成り立つ. これに $x = 2/\sqrt{3}$ を代入すれば $\varphi_1'(2/\sqrt{3}) = -4$, $\varphi_1''(2/\sqrt{3}) = 6\sqrt{3}$ を得
る. さて, $p_1(x) = f(x, \varphi_1(x))$ とおけば $p_1'(x) = 3x^2 + \varphi_1'(x)$, $p_1''(x) = 6x + \varphi_1''(x)$ だか
ら, $p_1(2/\sqrt{3}) = 2\sqrt{3}/9$, $p_1'(2/\sqrt{3}) = 0$, $p_1''(2/\sqrt{3}) = 10\sqrt{3} > 0$ である. よって, p_1 は
$x = 2/\sqrt{3}$ で極小値 $2\sqrt{3}/9$ をとる. すなわち, f は条件 $g(x,y) = 0$ の下で極小値 $2\sqrt{3}/9$
をとる.

一方，点 $(2/\sqrt{3}, -2/\sqrt{3})$ の近くにおける $g(x,y) = 0$ の陰関数を $y = \varphi_2(x)$ とし，$p_2(x) = f(x, \varphi_2(x))$ とすれば，同様にして関数 f は条件 $g(x,y) = 0$ の下で極大値 $-2\sqrt{3}/9$ をとることが示される． □

演習問題 6.7.1. 関数 $f(x,y) = x^3 - 2y^3 + x^2 + y^2$ が次の点で極値をとるかどうか判定せよ．

(1) $(0,0)$.   (2) $(1,-1)$.   (3) $\left(0, \dfrac{1}{3}\right)$.   (4) $\left(-\dfrac{2}{3}, \dfrac{1}{3}\right)$.

演習問題 6.7.2. 次の関数 f の極値をすべて求めよ．

(1) $f(x,y) = x^2 + xy + 2y^2 - 4y$.   (2) $f(x,y) = x^3 + 2xy - x - 2y$.

(3) $f(x,y) = x^3 - y^3 + x^2 - 2xy + y^2$. (4) $f(x,y) = x^4 + y^2 + 2x^2 - 4xy + 1$.

(5) $f(x,y) = (x^2 y - x - 1)^2 + (x^2 - 1)^2$. (6) $f(x,y) = 3xe^y - x^3 - e^{3y}$.

演習問題 6.7.3. (最小二乗法). ある人は 2 つの量 (x,y) が $y = ax + b$ という関係をみたしていると予測している $(a, b \in \mathbb{R})$．実験を行い，n 個の組 (x,y) からなるデータ $(x_1, y_1), \ldots, (x_n, y_n)$ を得た．値は正確には直線上に並ばないので，できる限り直線 $y = ax + b$ がデータに適合するように定数 a, b を決定したい．各垂直偏差を $d_i = y_i - (ax_i + b)$ とする．関数 $f(a,b) = \displaystyle\sum_{i=1}^{n} d_i^2$ が最小となるような (a,b) を求めよ．

演習問題 6.7.4. 条件 $x^2 + y^2 = 1$ の下で関数 $f(x,y) = xy$ の極値をすべて求めよ．

第 7 章

積分法 (1 変数)

高校では，「微分すること」の逆演算として「積分すること」が定義された．微分法と積分法が概ね逆演算の関係にあることは微分積分学におけるとても重要な性質である．しかし，例えば $F'(x) = e^{-x^2}$ となる関数 F は初等関数[*1] ではないことが知られているので，高校流の定義では積分できるかすら明らかでない．e^{-x^2} は正規分布の確率密度関数として現れて積分されるから，統計学が必要な人にとって，この関数の積分は明確に定義されていなければならない．また，2 変数以上の関数は原始関数をもたないので，高校のように原始関数を用いて積分を定義することができない．そのため，定積分を直接定義する必要がある．イメージしやすい 1 変数関数の場合にこの考え方を身に着けておけば，2 変数以上になっても考えやすいだろう．

7.1 Riemann 積分 (定積分)

それでは Riemann（リーマン）積分 (または，定積分) の定義から始めよう．実数 $a, b \in \mathbb{R}$ $(a \leq b)$ が与えられたとき，閉区間 $I = [a, b]$ の**長さ** $\ell(I)$ を $\ell(I) = b - a$ と定め，小学校で習ったように長方形の面積を「縦 × 横」で定める．

定義 7.1.1. (Riemann 和). 実数 $a, b \in \mathbb{R}$ とその間の実数 $a = x_0 < x_1 < x_2 < \cdots < x_{n-1} < x_n = b$ を考える．このような有限個の実数の列を閉区間 $[a, b]$ の**分割** (division) といい，

$$\text{分割 } \Delta : a = x_0 < x_1 < x_2 < \cdots < x_{n-1} < x_n = b$$

もしくは簡単に分割 Δ と表す．分割によって得られた n 個の区間 $I_1 = [x_0, x_1], I_2 = [x_1, x_2], \ldots, I_n = [x_{n-1}, x_n]$ を**小区間** (subinterval) といい，小区間 I_k $(k =$

[*1] 代数関数 (本書では定義していないが，ベキ関数や有理関数を含む関数のクラス)，指数関数，対数関数，三角関数，逆三角関数の有限回の合成により得られる関数のこと．

$1, 2, \ldots, n)$ の長さ $\ell(I_k)$ の最大値 $|\Delta| = \max_{1 \le k \le n} \ell(I_k)$ を分割 Δ の**幅** (mesh) という.

閉区間 $I = [a, b]$ 上の関数 f が与えられたとする. 閉区間 I の分割 Δ に対し, 分割によって得られた小区間 I_k の中から任意に代表点 $\xi_k \in I_k$ をとって, 和

$$S(f; \Delta; \{\xi_k\}) = \sum_{k=1}^{n} f(\xi_k)\ell(I_k)$$

を考える. この和 $S(f; \Delta; \{\xi_k\})$ を f の Δ に関する **Riemann 和**という.

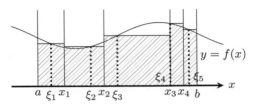

Riemann 和 ($f \ge 0$ の場合. 斜線部の面積)

$f(x) \ge 0$ のとき, Riemann 和は, 上図斜線部の各長方形の面積を足し上げることで定義される (一般には $f(\xi_k)$ の正負によって符号が付く). この長方形の幅を狭くしていったとき, 全長方形を合わせた部分は関数 $y = f(x)$ のグラフ, x 軸, 直線 $x = a$, 直線 $x = b$ に囲まれる部分に近づいていき, その違いは「面積 0」に近づいていくことが期待される. Riemann 積分はこの極限によって定義される.

定義 7.1.2. (Riemann 積分). 閉区間 $I = [a, b]$ 上で定義された関数 f と閉区間 I の分割 Δ に関する Riemann 和 $S(f; \Delta; \{\xi_k\})$ を考える. もしある実数 R が存在して, 代表点 $\xi_k \in I_k$ のとり方に依存することなく幅 $|\Delta| \to 0$ における極限値が R となる, すなわち

$$\lim_{|\Delta| \to 0} S(f; \Delta; \{\xi_k\}) = R$$

となるとき, f は I 上 **Riemann 積分可能** (もしくは単に**可積分** (integrable)) といい, R を f の I 上での **Riemann 積分** (もしくは**定積分**, 単に**積分** (integral)) という. そしてこの極限値 R を

$$R = \int_a^b f(x)dx = \int_I f(x)dx$$

等と表す. f の Riemann 積分を求めることを f を**積分する** (integrate) といい, f を**被積分関数** (integrand) という.

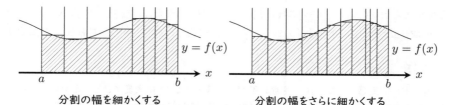

分割の幅を細かくする　　　　　　　分割の幅をさらに細かくする

補足 7.1.3. $f(x) \geq 0$ のとき, 次の斜線部の面積 S を $S = \displaystyle\int_a^b f(x)\,dx$ によって定める.

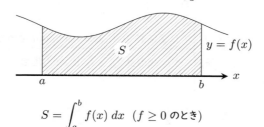

$$S = \int_a^b f(x)\,dx \quad (f \geq 0 \text{ のとき})$$

連続関数は可積分関数である. この結果はとても重要だが, 証明は本書の程度を超える.

定理 7.1.4. 閉区間 $I = [a, b]$ 上の連続関数は I 上 Riemann 積分可能である.

例えば高校で学んだように $\displaystyle\int_a^b dx = b - a$, $\displaystyle\int_0^1 x\,dx = \dfrac{1}{2}$ だが, 後者を定義に基づいて計算してみよう.

例 7.1.5. 定義に基づいて積分 $\displaystyle\int_0^1 x\,dx$ の値を求めよ.

解説: まず, 閉区間 $[0, 1]$ の分割 Δ を任意に考え, その小区間 I_k $(k = 1, 2, \ldots, n)$ の代表点 $\eta_k \in I_k$ を $\eta_k = \dfrac{x_{k-1} + x_k}{2}$ と選ぶ (η_k は I_k の中点). この分割の Riemann 和は

$$S(f; \Delta; \{\eta_k\}) = \sum_{k=1}^n \frac{x_{k-1} + x_k}{2}(x_k - x_{k-1}) = \frac{1}{2}\sum_{k=1}^n \left\{(x_k)^2 - (x_{k-1})^2\right\} = \frac{1}{2}$$

である. 次に, 改めて代表点 $\xi_k \in I_k$ を任意にとると, $|\xi_k - \eta_k| \leq |\Delta|$ であるから

$$|S(f; \Delta; \{\xi_k\}) - S(f; \Delta; \{\eta_k\})| = \left|\sum_{k=1}^n \xi_k \ell(I_k) - \sum_{k=1}^n \eta_k \ell(I_k)\right| \leq \sum_{k=1}^n |\xi_k - \eta_k|\ell(I_k)$$

$$\leq |\Delta| \sum_{k=1}^n \ell(I_k) = |\Delta|$$

となる. したがって, はさみうちの原理より $|\Delta| \to 0$ のとき $|S(f; \Delta; \{\xi_k\}) - S(f; \Delta; \{\eta_k\})| \to 0$ が成り立つから, $S(f; \Delta; \{\eta_k\}) = \dfrac{1}{2}$ より $S(f; \Delta; \{\xi_k\}) \to \dfrac{1}{2}$ である. 以上より $\displaystyle\int_0^1 x\,dx = \dfrac{1}{2}$ であることがわかった. □

例 7.1.5 で実感できるように, 定義に基づいて積分することは大変である. 定義に戻らず簡単に計算するための手段の一つを第 7.2 節で学ぶ. 積分可能でない例も知っておこう.

例 7.1.6. 関数

$$f(x) = \begin{cases} 1 & (x \in \mathbb{Q}) \\ 0 & (x \notin \mathbb{Q}) \end{cases}$$

を考える (Dirichlet 関数という). f は閉区間 $[0, 1]$ 上で Riemann 可積分でない.

解説: 閉区間 $[0, 1]$ の分割を任意にとり, 代表点 $\xi_k \in I_k$ として有理数 $\xi_k \in \mathbb{Q}$ を選ぶ. このとき, Riemann 和は

$$S(f; \Delta; \{\xi_k\}) = \sum_{k=1}^{n} f(\xi_k)\ell(I_k) = \sum_{k=1}^{n} \ell(I_k) = 1$$

となる. 一方, 代表点 $\eta_k \in I_k$ として無理数 $\eta_k \notin \mathbb{Q}$ を選ぶと, Riemann 和は

$$S(f; \Delta; \{\eta_k\}) = \sum_{k=1}^{n} f(\eta_k)\ell(I_k) = \sum_{k=1}^{n} 0 \cdot \ell(I_k) = 0$$

となる. したがって, $|\Delta| \to 0$ のとき Riemann 和は一定の値に収束しない. すなわち, f は閉区間 $[0, 1]$ 上 Riemann 可積分でない. □

今までは $a \le b$ の場合に限って積分 $\displaystyle\int_a^b f(x)\,dx$ を考えていたが, $a \ge b$ の場合も考えることができるように, 次のように定める:

$$\int_a^b f(x)\,dx = -\int_b^a f(x)\,dx \quad (a \ge b).$$

補足 7.1.7. (区分求積法). 関数 f が閉区間 $I = [a, b]$ 上連続であるとする. このとき f は I 上可積分であるので, $|\Delta_n| \to 0$ $(n \to \infty)$ なる分割の列 $\{\Delta_n\}$ と Δ_n の代表点 $\xi_k \in I_k$ を任意に固定すれば

$$\int_a^b f(x)\,dx = \lim_{n \to \infty} S(f; \Delta_n; \{\xi_k\})$$

が成り立つ. これを**区分求積法**の原理という. 特に Δ_n を n 等分, $\xi_k = x_k = a + \dfrac{k}{n}(b - a)$ (n 等

分点) とすれば,

$$\int_a^b f(x)\, dx = \lim_{n\to\infty} \frac{b-a}{n} \sum_{k=1}^{n} f\left(a + \frac{k}{n}(b-a)\right)$$

となる. 区分求積法については, 例 7.2.10 も参照.

次の積分の性質はよく用いる.

定理 7.1.8. 次の関係が成り立つ. ただし, f, g は可積分関数, $\alpha, \beta \in \mathbb{R}$ は定数とする.

(1) $\displaystyle\int_a^a f(x)\, dx = 0.$

(2) (積分の線型性) 関数 $\alpha f + \beta g$ も可積分で,

$$\int_a^b (\alpha f(x) + \beta g(x))\, dx = \alpha \int_a^b f(x)\, dx + \beta \int_a^b g(x)\, dx.$$

(3) (積分区間の変更) $c \in \mathbb{R}$ に対し $\displaystyle\int_a^b f(x)\, dx = \int_a^c f(x)\, dx + \int_c^b f(x)\, dx.$

(4) (積分の単調性) $a \le b$ かつ $f(x) \le g(x)$ $(a \le x \le b)$ ならば

$$\int_a^b f(x)\, dx \le \int_a^b g(x)\, dx.$$

(5) (積分の強単調性) $a < b$ かつ $f(x) \le g(x)$ $(a \le x \le b)$ であって, さらに $f(x) < g(x)$ $(c \le x \le d)$ をみたす $(a \le)\, c < d\, (\le b)$ が存在するならば,

$$\int_a^b f(x)\, dx < \int_a^b g(x)\, dx.$$

(6) (積分の三角不等式) f は閉区間 $[a, b]$ 上の連続関数ならば,

$$\left| \int_a^b f(x)\, dx \right| \le \int_a^b |f(x)|\, dx.$$

証明: (1) 閉区間 $[a, a]$ 上の Riemann 和は常に 0 なので, $\displaystyle\int_a^a f(x)\, dx = 0$ である.

(2) $a < b$ の場合に示せば十分である. 閉区間 $[a, b]$ の分割 Δ と代表点 $\xi_k \in I_k$ を任意にとる. このとき, 関数 $\alpha f + \beta g$ の Riemann 和は

$$S(\alpha f + \beta g; \Delta; \{\xi_k\}) = \sum_{k=1}^{n} (\alpha f + \beta g)(\xi_k)\ell(I_k) = \alpha \sum_{k=1}^{n} f(\xi_k)\ell(I_k) + \beta \sum_{k=1}^{n} g(\xi_k)\ell(I_k)$$

$$= \alpha S(f; \Delta; \{\xi_k\}) + \beta S(g; \Delta; \{\xi_k\})$$

となる. よって, $|\Delta| \to 0$ とすれば f, g が $[a, b]$ 上可積分であることから $\alpha f + \beta g$ も可積

分で

$$\int_a^b (\alpha f(x) + \beta g(x))\, dx = \alpha \int_a^b f(x)\, dx + \beta \int_a^b g(x)\, dx.$$

(3) $a < c < b$ の場合のみ示す. そうでない場合も同様である. さて, 閉区間 $[a, c]$ の分割 Δ_1 と代表点 $\xi_k^{(1)} \in I_k^{(1)}$ $(k = 1, 2, \ldots, n_1)$ および閉区間 $[c, b]$ の分割 Δ_2 と代表点 $\xi_k^{(2)} \in I_k^{(2)}$ $(k = 1, 2, \ldots, n_2)$ を任意にとる. このとき, 分割 Δ_1, Δ_2 および代表点 $\xi_k^{(1)}, \xi_k^{(2)}$ をあわせると閉区間 $[a, b]$ の分割 Δ および代表点 $\xi_k \in I_k$ $(k = 1, 2, \ldots, n)$ が得られる $(n = n_1 + n_2$ とした$)$. $|\Delta| \to 0$ のとき $|\Delta_1|, |\Delta_2| \to 0$ だから,

$$\begin{aligned}
\int_a^b f(x)\, dx &= \lim_{|\Delta| \to 0} S(f; \Delta; \{\xi_k\}) = \lim_{|\Delta| \to 0} \sum_{k=1}^n f(\xi_k)\ell(I_k) \\
&= \lim_{|\Delta_1| \to 0} \sum_{k=1}^{n_1} f(\xi_k^{(1)})\ell(I_k^{(1)}) + \lim_{|\Delta_2| \to 0} \sum_{k=1}^{n_2} f(\xi_k^{(2)})\ell(I_k^{(2)}) \\
&= \lim_{|\Delta_1| \to 0} S(f; \Delta_1; \{\xi_k^{(1)}\}) + \lim_{|\Delta_2| \to 0} S(f; \Delta_2; \{\xi_k^{(2)}\}) \\
&= \int_a^c f(x)\, dx + \int_c^b f(x)\, dx.
\end{aligned}$$

(4) 閉区間 $[a, b]$ の分割 Δ と代表点 $\xi_k \in I_k$ を任意にとる. このとき, 関数 f の Riemann 和は

$$S(f; \Delta; \{\xi_k\}) = \sum_{k=1}^n f(\xi_k)\ell(I_k) \le \sum_{k=1}^n g(\xi_k)\ell(I_k) = S(g; \Delta; \{\xi_k\})$$

と評価できる. よって, $|\Delta| \to 0$ とすれば f, g が $[a, b]$ 上可積分であることから

$$\int_a^b f(x)\, dx \le \int_a^b g(x)\, dx.$$

(5) $c \le x \le d$ に対して $f(x) < g(x)$ をみたすとき, 十分小さい $\varepsilon > 0$ を用いて $f(x) \le g(x) - \varepsilon$ と表せる. よって, (2), (3) より

$$\begin{aligned}
\int_a^b f(x)\, dx &= \int_a^c f(x)\, dx + \int_c^d f(x)\, dx + \int_d^b f(x)\, dx \\
&\le \int_a^c g(x)\, dx + \int_c^d (g(x) - \varepsilon)\, dx + \int_d^b g(x)\, dx \\
&= \int_a^b g(x)\, dx - \varepsilon(d - c) < \int_a^b g(x)\, dx.
\end{aligned}$$

(6) $-|f(x)| \leq f(x) \leq |f(x)|$ が成り立つので，積分の単調性より $-\int_a^b |f(x)| \, dx \leq$ $\int_a^b f(x) \, dx \leq \int_a^b |f(x)| \, dx$ が成り立つ．よって $\int_a^b |f(x)| \, dx \geq 0$ より

$$\left| \int_a^b f(x) \, dx \right| \leq \int_a^b |f(x)| \, dx. \quad \square$$

演習問題 7.1.1. $\int_a^b c \, dx = c(b-a)$ であることを積分の定義に基づいて確かめよ．

演習問題 7.1.2. 閉区間 $[-a, a]$ 上の可積分関数 f に対して次が成り立つことを示せ．

(1) f が偶関数ならば $\int_{-a}^a f(x) \, dx = 2 \int_0^a f(x) \, dx$ が成り立つ．

(2) f が奇関数ならば $\int_{-a}^a f(x) \, dx = 0$ が成り立つ．

演習問題 7.1.3. 任意の自然数 $k \in \mathbb{N}$ に対して次の不等式が成り立つことを示せ．

$$\frac{1}{k+1} \leq \int_k^{k+1} \frac{1}{x} \, dx \leq \frac{1}{k}.$$

7.2 微分積分学の基本定理

定義に基づいて積分を計算することは一般には困難だが，微分積分学の基本定理によって積分を容易に計算できるようになる．ただし，そのためには微分して f になる関数 F を知っている必要がある．さもなければ何とか工夫して見つけ出さなければならない．計算のための基本的な技術は第 7.3 節以降で学ぶ．まず，定積分を用いて次の関数が定義される[*2]．

定義 7.2.1. 閉区間 I 上の可積分関数 f と固定された点 $a \in I$ に対し，関数

$$F(x) = \int_a^x f(t) \, dt \quad (x \in I)$$

を f の**不定積分** (indefinite integral) という．

補足 7.2.2. 定義 7.2.1 で積分の下端を $b \in I$ にとりかえると，定理 7.1.8 (2) より

$$\int_b^x f(t) \, dt = \int_b^a f(t) \, dt + \int_a^x f(t) \, dt$$

となる．第 1 項は定数なので，2 つの不定積分 $\int_a^x f(t) \, dt$, $\int_b^x f(t) \, dt$ の違いは定数のみである．

[*2] Riemann 積分を用いて定義されるので，不定 Riemann 積分というべきかもしれないが，一般的ではない．

定義 7.2.3. f, F が区間 I 上の関数で, F は I 上微分可能であるとする.

$$F'(x) = f(x) \quad (x \in I)$$

が成り立つとき, F は f の**原始関数** (primitive function) であるという.

補足 7.2.4. F を f の原始関数, C を定数とする. このとき, $(F + C)' = F' + C' = F' = f$ であるから, $F + C$ も f の原始関数である. 一方, G も f の原始関数とすると, $(G - F)' = G' - F' = f - f = 0$ となるので, 定理 5.8.1 (1) より $G - F$ は定数である. したがって, 原始関数は $F + C$ (C は定数) の形に限る. この定数 C を**積分定数** (integral constant) という.

さて, 連続関数 f に対して「不定積分 $\displaystyle\int_a^x f(t)\,dt$ は f の原始関数である」ことを証明したい. これによって「積分して微分すると元に戻る」こと, すなわち「積分は微分の逆演算である」ことが確かめられる. そのための準備として, まずは積分の平均値の定理を証明しよう.

定理 7.2.5. (積分の平均値の定理). 連続関数 f に対して

$$\int_a^b f(x)\,dx = f(\xi)(b - a) \tag{7.2.1}$$

をみたす実数 ξ が a と b の間に存在する.

証明: まず, $a = b$ ならば $\xi = a$ に対して式 (7.2.1) が成り立つ. 次に $a < b$ とする. f は閉区間上の連続関数だから定理 4.3.4 より最大値 M と最小値 m をもつ. よって, 任意の $a \le x \le b$ に対して $m \le f(x) \le M$ が成り立つので, 積分の単調性より

$$\int_a^b m\,dx \le \int_a^b f(x)\,dx \le \int_a^b M\,dx$$

が成り立つ. したがって,

$$m \le \frac{1}{b - a}\int_a^b f(x)\,dx \le M$$

を得る. m は f の最小値, M は f の最大値だから, 中間値の定理 (定理 4.3.5) より, $f(\xi) = \dfrac{1}{b - a}\displaystyle\int_a^b f(x)\,dx$ をみたす $a < \xi < b$ が存在する. $a > b$ の場合は以上の議論の a, b を入れ替えれば良い. よって主張を得る. $\square$

定理 7.2.6. (微分積分学の基本定理). 区間 I 上の連続関数 f に対して次が成り立つ.

(1) $a, x \in I$ とする. f の不定積分 $F(x) = \displaystyle\int_a^x f(t)\,dt$ は x で微分可能で, $F'(x) = f(x)$ が成り立つ. したがって, f の不定積分 F は f の原始関数である.

(2) G を f の原始関数とすると, 次が成り立つ.

$$\int_a^b f(x)\, dx = G(b) - G(a).$$

この右辺を $\left[G(x) \right]_a^b$ や $\left[G(x) \right]_{x=a}^{x=b}$ と略記する.

証明: (1) F が微分可能であることを示し, 導関数を計算する. まず, $x \in I$ に対して

$$\lim_{h \to 0} \frac{F(x+h) - F(x)}{h} = \lim_{h \to 0} \frac{1}{h} \int_x^{x+h} f(t)\, dt$$

である. ここで, 積分の平均値の定理 (定理 7.2.5) より

$$\int_x^{x+h} f(t)\, dt = f(\xi) h$$

をみたす x と $x + h$ の間の点 ξ が存在する. $h \to 0$ のとき $\xi \to x$ であるから, f が連続であることより

$$\lim_{h \to 0} \frac{F(x+h) - F(x)}{h} = \lim_{\xi \to x} f(\xi) = f(x)$$

を得る. よって, F は微分可能で, $F'(x) = f(x)$ が成り立つ.

(2) (1) より $G(x) = \displaystyle\int_a^x f(t)\, dt + C$ をみたす定数 C が存在する. 特に $x = a$ とすれば $C = G(a)$ を得るので, $\displaystyle\int_a^x f(t)\, dt = G(x) - G(a)$ である. 特に $x = b$ とすれば $\displaystyle\int_a^b f(t)\, dt = G(b) - G(a)$ を得る. □

例 7.2.7. 次の関数 f を x で微分せよ.

(1) $f(x) = \displaystyle\int_0^{2x} \cos t\, dt.$　　　　　　(2) $f(x) = \displaystyle\int_x^{2x} \exp(t^2)\, dt.$

解説: (1) $u = 2x$ として合成関数の微分法を用いると

$$f'(x) = \frac{d}{dx} \int_0^{2x} \cos t\, dt = \frac{d}{du} \left(\int_0^u \cos t\, dt \right) \cdot \frac{du}{dx} = \cos u \cdot 2 = 2\cos(2x).$$

(2) まず $f(x) = \displaystyle\int_x^{2x} \exp(t^2)\, dt = \int_0^{2x} \exp(t^2)\, dt - \int_0^x \exp(t^2)\, dt$ と分け, 各項ごとに微分する. $\exp(t^2)$ の原始関数を初等関数で表すことはできないので, 微分積分学の基本定理が必要である.

第 1 項は $u = 2x$ として合成関数の微分法を用いると

$$\frac{d}{dx} \int_0^{2x} \exp(t^2)\, dt = \frac{d}{du}\left(\int_0^u \exp(t^2)\, dt \right) \cdot \frac{du}{dx} = \exp(u^2) \cdot 2 = 2\exp(4x^2).$$

一方，第 2 項は微分積分学の基本定理より $\dfrac{d}{dx} \displaystyle\int_0^x \exp(t^2)\, dt = \exp(x^2)$ である．
以上より $f'(x) = 2\exp(4x^2) - \exp(x^2)$.　□

補足 7.2.8. ベクトル値関数 $\boldsymbol{x}(t) = \begin{bmatrix} x_1(t) \\ x_2(t) \end{bmatrix}$ の積分を成分ごとの積分として定義する．すなわち，

$$\int_a^b \boldsymbol{x}(t)\, dt = \begin{bmatrix} \displaystyle\int_a^b x_1(t)\, dt \\ \displaystyle\int_a^b x_2(t)\, dt \end{bmatrix}$$

と定義する．例えば，速度ベクトル $\boldsymbol{v}(t)$ が与えられたとき，その積分として $\boldsymbol{r}(t_0)$ を始点とする物体の運動 $\boldsymbol{r}(t) = \boldsymbol{r}(t_0) + \displaystyle\int_{t_0}^t \boldsymbol{v}(s)\, ds$ を得る．

　微分積分学の基本定理により定積分の計算は原始関数を求めることに帰着された．一方，原始関数 G を求めること自体がやさしいわけではない．しかし，我々は既にさまざまな関数の導関数を計算したので，視点を逆にすれば多くの関数の原始関数が得られる．表 7.1 は基本的な原始関数の一覧である．表 7.1 の原始関数はスラスラと使えるように練習すべきである．表 7.1 以外の関数の原始関数を求める技術は第 7.3 節以降で学ぶが，すべての初等関数の原始関数が初等関数として得られるわけではない．これは積分を難しく感じさせる要因の一つであろう．

　任意の原始関数 G は，不定積分 F を用いると $G = F + C$ (C は定数) の形で表せるのであった．そこで，以下では f の原始関数の一つを次の記号で表す．

$$\int f(x)\, dx.$$

例 7.2.9. 次の定積分を計算せよ．

(1) $\displaystyle\int_0^1 (x^4 - 2x + 4)\, dx.$　(2) $\displaystyle\int_1^2 \frac{1}{x^2}\, dx.$　(3) $\displaystyle\int_2^{-1} e^x\, dx.$

(4) $\displaystyle\int_0^{\pi/2} \cos t\, dt.$　(5) $\displaystyle\int_{-1}^1 \frac{1}{1+x^2}\, dx.$　(6) $\displaystyle\int_0^{1/2} \frac{dx}{\sqrt{1-x^2}}.$

解説: 表 7.1 に与えられた原始関数を用いて計算する．

(1) $\displaystyle\int_0^1 (x^4 - 2x + 4)\, dx = \int_0^1 (x^4 - 2x + 4)\, dx = \left[\frac{1}{5}x^5 - x^2 + 4x \right]_0^1 = \frac{1}{5} - 1 + 4 = \frac{16}{5}.$

$f(x)$	$F(x) = \displaystyle\int f(x)dx$
$x^{\alpha}\ (\alpha \neq -1)$	$\dfrac{1}{\alpha + 1}x^{\alpha+1}$
x^{-1}	$\log|x|$
$a^x\ (a \neq 1)$	$\dfrac{a^x}{\log a}$
e^x	e^x
$\sin x$	$-\cos x$
$\cos x$	$\sin x$
$\dfrac{1}{\sqrt{1 - x^2}}$	$\mathrm{Sin}^{-1} x$
$\dfrac{1}{x^2 + 1}$	$\mathrm{Tan}^{-1} x$

表 7.1: 基本的な原始関数

(2) $\displaystyle\int_1^2 \frac{1}{x^2}\,dx = \int_1^2 x^{-2}\,dx = \left[-x^{-1}\right]_1^2 = \frac{1}{2}.$

(3) $\displaystyle\int_2^{-1} e^x\,dx = \left[e^x\right]_2^{-1} = e^{-1} - e^2.$

(4) $\displaystyle\int_0^{\pi/2} \cos t\,dt = \left[\sin t\right]_0^{\pi/2} = 1.$

(5) $\dfrac{1}{1 + x^2}$ は偶関数だから, $\displaystyle\int_{-1}^1 \frac{1}{1 + x^2}\,dx = 2\int_0^1 \frac{dx}{1 + x^2} = 2\left[\mathrm{Tan}^{-1} x\right]_0^1 = 2\left(\mathrm{Tan}^{-1} 1 - \mathrm{Tan}^{-1} 0\right) = \dfrac{\pi}{2}.$

(6) $\displaystyle\int_0^{1/2} \frac{dx}{\sqrt{1 - x^2}} = \left[\mathrm{Sin}^{-1} x\right]_0^{1/2} = \mathrm{Sin}^{-1}\frac{1}{2} - \mathrm{Sin}^{-1} 0 = \dfrac{\pi}{6}.$ □

補足 7.1.7 で述べたように, 連続関数の定積分を Riemann 和を用いて求めるためには, 特

定の分割のみを考えれば十分である. 一方, 我々は連続関数の定積分を計算するためには原始関数を求めれば良いという微分積分学の基本定理を学んだ. そこで, 我々は区分求積法を逆に利用して, 定積分を用いて数列の極限を計算することができる.

例 7.2.10. 次で定義される数列 $\{a_n\}$ の極限を求めよ.

$$a_n = \sum_{k=1}^{n} \frac{1}{n+k} = \frac{1}{n+1} + \frac{1}{n+2} + \cdots + \frac{1}{2n}.$$

解説: $\dfrac{1}{n+k} = \dfrac{1}{n} \cdot \dfrac{1}{1+\frac{k}{n}}$ なので, 数列

$$a_n = \sum_{k=1}^{n} \frac{1}{1+\frac{k}{n}} \cdot \frac{1}{n}$$

は関数 $f(x) = \dfrac{1}{1+x}$ $(0 \leq x \leq 1)$ と閉区間 $[0,1]$ の n 等分に対する Riemann 和である (補足 7.1.7 参照). 関数 $f(x) = \dfrac{1}{1+x}$ は閉区間 $[0,1]$ 上の連続関数なので $[0,1]$ 上可積分であるから,

$$\lim_{n\to\infty} a_n = \lim_{n\to\infty} \sum_{k=1}^{n} \frac{1}{1+\frac{k}{n}} \cdot \frac{1}{n} = \int_0^1 \frac{1}{1+x}\,dx$$

であることがわかった. ところで, $(\log|1+x|)' = \dfrac{1}{1+x}$ だったので次を得る:

$$\lim_{n\to\infty} a_n = \lim_{n\to\infty} \sum_{k=1}^{n} \frac{1}{1+\frac{k}{n}} \cdot \frac{1}{n} = \int_0^1 \frac{1}{1+x}\,dx = \Big[\log|1+x|\Big]_0^1 = \log 2. \quad \square$$

演習問題 7.2.1. 次の関数 f を x で微分せよ. ただし, g は連続関数とする.

(1) $f(x) = \displaystyle\int_0^{x^2} \frac{1}{1+t^2}\,dt.$ 　　　　　　(2) $f(x) = \displaystyle\int_0^{3x} g(t)\,dt.$

演習問題 7.2.2. 次の定積分を求めよ.

(1) $\displaystyle\int_0^2 x^5\,dx.$ 　　(2) $\displaystyle\int_2^1 \frac{1}{x}\,dx.$ 　　(3) $\displaystyle\int_1^8 \frac{1}{y^{1/3}}\,dy.$

(4) $\displaystyle\int_2^3 \frac{x^2-3x+2}{x^2}\,dx.$ 　　(5) $\displaystyle\int_0^\pi 2\sin x\,dx.$ 　　(6) $\displaystyle\int_0^1 (e^x - x)\,dx.$

(7) $\displaystyle\int_{-1}^0 2^x\,dx.$ 　　(8) $\displaystyle\int_0^{1/\sqrt{2}} \frac{1}{\sqrt{1-x^2}}\,dx.$ 　　(9) $\displaystyle\int_1^{\sqrt{3}} \frac{3}{1+x^2}\,dx.$

演習問題 7.2.3. 次の極限を求めよ.

(1) $\displaystyle\lim_{n\to\infty}\sum_{k=1}^{n}\frac{k^2}{n^3}$.　　　(2) $\displaystyle\lim_{n\to\infty}\frac{1}{n}\sum_{k=1}^{n}\sin\frac{k\pi}{n}$.　　　(3) $\displaystyle\lim_{n\to\infty}\sum_{k=1}^{n}\frac{1}{\sqrt{4n^2-k^2}}$.

演習問題 7.2.4. 次の xy 平面内の集合の面積を求めよ.

(1) 放物線 $y=x^2$ と直線 $y=-2x+3$ によって囲まれる部分.

(2) 直線 $y=\sqrt{2}$ と曲線 $y=\dfrac{1}{\sqrt{1-x^2}}$ によって囲まれる部分.

7.3　積分の計算

積分の計算技術, 特に原始関数の一つ $\displaystyle\int f(x)\,dx$ を計算するための技術を学ぶ. 定積分を求める際には原始関数を一つだけ求めれば良いので, 積分定数 C は省略する.

7.3.1　置換積分法

合成関数の微分法を利用すると置換積分法が得られる.

定理 7.3.1. (置換積分法). C^1 級関数 $t=\varphi(x)$ と連続関数 $f(t)$ に対して次が成り立つ.

(1) (定積分の場合)
$$\int_a^b f(\varphi(x))\varphi'(x)\,dx=\int_{\varphi(a)}^{\varphi(b)} f(t)\,dt.$$

(2) (原始関数の場合)
$$\int f(\varphi(x))\varphi'(x)\,dx=\int f(t)\,dt.$$

証明: (1) のみ示す. (2) は (1) と同様に証明される. F を f の原始関数の一つとすると, 合成関数の微分法より $(F\circ\varphi)'(x)=F'(\varphi(t))\varphi'(x)=f(\varphi(x))\varphi'(x)$ が成り立つ. したがって, $(F\circ\varphi)(x)$ は $f(\varphi(x))\varphi'(x)$ の原始関数だから

$$\int_a^b f(\varphi(x))\varphi'(x)\,dx=\int_a^b (F\circ\varphi)'(x)\,dx=(F\circ\varphi)(b)-(F\circ\varphi)(a)$$
$$=F(\varphi(b))-F(\varphi(a))=\int_{\varphi(a)}^{\varphi(b)} f(t)\,dt$$

が成り立つ.　□

補足 7.3.2. 計算したい積分に $t=\varphi(x)$ とその微分 $dt=\varphi'(x)dx$ を代入すると置換積分を行える. どのような関数 φ を用いるか的確に判断するためには慣れが必要なので, 最初のうちは上手くいかないことがある. 上手くいかなくてもめげずに別の置換を試すこと.

次の特別な置換積分は重要である.

系 7.3.3. 連続関数 f の不定積分を F とする. このとき次が成り立つ.

(1) $a, b \in \mathbb{R}$ を定数として $a \neq 0$ とする. このとき次が成り立つ.

$$\int f(ax + b)\, dx = \frac{1}{a} F(ax + b).$$

(2) φ が C^1 級であるとき, 次が成り立つ.

$$\int \frac{\varphi'(x)}{\varphi(x)}\, dx = \log |\varphi(x)|.$$

証明: (1) $t = ax + b$ とおくと $dt = a dx$ だから,

$$\int f(ax + b)\, dx = \int f(t) \frac{1}{a}\, dt = \frac{1}{a} F(t) = \frac{1}{a} F(ax + b).$$

(2) $t = \varphi(x)$ とおくと $dt = \varphi'(x) dx$ だから,

$$\int \frac{\varphi'(x)}{\varphi(x)}\, dx = \int \frac{1}{t}\, dt = \log |t| = \log |\varphi(x)|. \quad \square$$

補足 7.3.4. (よくある間違い). 積分 $\int f'(g(x))\, dx$ が $\frac{1}{g'(x)} (f \circ g)(x)$ と等しいとしてしまう誤り をよく見る. 合成関数の微分法 $(f \circ g)'(x) = f'(g(x)) g'(x)$ から類推したのだろうが, もちろんこ れは誤りである. 実際, 例えば $f(t) = t, g(x) = x^2$ とすれば $\int f'(g(x))\, dx = \int dx = x$ かつ $\frac{1}{g'(x)} (f \circ g)(x) = \frac{1}{2} x$ なので, もちろん $\int f'(g(x))\, dx \neq \frac{1}{g'(x)} (f \circ g)(x)$ である.

例 7.3.5. 次の関数の原始関数を一つ求めよ.

(1) $\sqrt[3]{3x + 1}$.

(2) e^{-5x}.

(3) $\dfrac{1}{3x + 2}$.

(4) $\dfrac{2x + 1}{x^2 + x + 1}$.

(5) $\tan x$.

(6) $\sin^2 x$.

解説: (1) $t = 3x + 1$ とおけば $dt = 3dx$ なので,

$$\int \sqrt[3]{3x + 1}\, dx = \frac{1}{3} \int t^{1/3}\, dt = \frac{1}{3} \cdot \frac{1}{4/3} t^{4/3} = \frac{1}{4} (3x + 1)^{4/3} = \frac{1}{4} \sqrt[3]{(3x + 1)^4}.$$

(2) $t = -5x$ とおけば $dt = -5dx$ なので,

$$\int e^{-5x}\, dx = -\frac{1}{5} \int e^t\, dt = -\frac{1}{5} e^t = -\frac{1}{5} e^{-5x}.$$

(3) $t = 3x + 2$ とおけば $dt = 3dx$ なので,

$$\int \frac{1}{3x + 2}\, dx = \frac{1}{3} \int \frac{1}{t}\, dt = \frac{1}{3} \log |t| = \frac{1}{3} \log |3x + 2|.$$

(4) $2x + 1 = (x^2 + x + 1)'$ なので,

$$\int \frac{2x+1}{x^2+x+1}\,dx = \int \frac{(x^2+x+1)'}{x^2+x+1}\,dx = \log(x^2+x+1).$$

(5) $\displaystyle\int \tan x\,dx = \int \frac{\sin x}{\cos x}\,dx = -\int \frac{(\cos x)'}{\cos x}\,dx = -\log|\cos x|.$

(6) 三角関数の積分は三角関数の性質を利用すると良い. 半角公式より $\sin^2 x = \dfrac{1-\cos(2x)}{2}$ だから, $\displaystyle\int \sin^2 x\,dx = \frac{1}{2}\int (1-\cos(2x))\,dx = \frac{x}{2} - \frac{1}{4}\sin(2x).$ □

例 7.3.6. 次の定積分を求めよ.

(1) $\displaystyle\int_0^1 (2x+1)^3\,dx.$　　　(2) $\displaystyle\int_0^2 x(2x+1)^{1/2}\,dx.$　　(3) $\displaystyle\int_0^2 \sqrt{4-x^2}\,dx.$

(4) $\displaystyle\int_0^1 \frac{x}{\sqrt{1+x^2}}\,dx.$　　　(5) $\displaystyle\int_0^{\pi/2} (1+\cos^2 x)\sin x\,dx.$

解説: (1) $\displaystyle\int_0^1 (2x+1)^3\,dx = \left[\frac{1}{2}\cdot\frac{1}{4}(2x+1)^4\right]_0^1 = \frac{1}{8}(3^4-1) = 10.$ 原始関数を求める際に系 7.3.3 (1) を用いた (以降いちいち断らない).

(2) $t = 2x+1$ とおくと $dt = 2dx$ で, x と t の対応は次のようになる: $\begin{array}{c|ccc} x & 0 & \to & 2 \\ \hline t & 1 & \to & 5 \end{array}$.

よって, $\displaystyle\int_0^2 x(2x+1)^{1/2}\,dx = \int_1^5 \frac{t-1}{2}t^{1/2}\frac{dt}{2} = \frac{1}{4}\int_1^5 (t^{3/2}-t^{1/2})\,dt$

$= \dfrac{1}{4}\left[\dfrac{2}{5}t^{5/2} - \dfrac{2}{3}t^{3/2}\right]_1^5 = \dfrac{5^{5/2}-1^{5/2}}{10} - \dfrac{5^{3/2}-1^{3/2}}{6} = \dfrac{5\sqrt{5}}{3} + \dfrac{1}{15}.$

(3) この積分は, 半径 2, 中心角 $\dfrac{\pi}{2}$ の扇形の面積を表している. つまり π である. 扇形の面積を用いずに計算するには, 円のパラメータ表示を意識して三角関数を用いると良い. 実際, $x = 2\sin t$ とおくと $dx = 2\cos t\,dt$ で, x と t の対応は次のようになる: $\begin{array}{c|ccc} x & 0 & \to & 2 \\ \hline t & 0 & \to & \pi/2 \end{array}$. よって, $\displaystyle\int_0^2 \sqrt{4-x^2}\,dx = \int_0^{\pi/2}\sqrt{4-4\sin^2 t}\cdot 2\cos t\,dt =$

$4\displaystyle\int_0^{\pi/2}\cos^2 t\,dt = 2\int_0^{\pi/2}(\cos(2t)+1)\,dt = 2\left[\frac{\sin(2t)}{2}+t\right]_0^{\pi/2} = \pi.$ 途中, $\cos^2 t$ を積分する際に半角公式を用いた.

(4) $\displaystyle\int_0^1 \frac{x}{\sqrt{1+x^2}}\,dx = \frac{1}{2}\int_0^1 (1+x^2)^{-1/2}(1+x^2)'\,dx$ なので $t = 1+x^2$ とおく. このとき, $dt = (1+x^2)'dx$ で, x と t の対応は次のようになる: $\begin{array}{c|ccc} x & 0 & \to & 1 \\ \hline t & 1 & \to & 2 \end{array}$. よって,

$\displaystyle\int_0^1 \frac{x}{\sqrt{1+x^2}}\,dx = \frac{1}{2}\int_0^1 (1+x^2)^{-1/2}(1+x^2)'\,dx = \frac{1}{2}\int_1^2 t^{-1/2}\,dt = \frac{1}{2}\left[2t^{1/2}\right]_1^2$
$= \sqrt{2}-1.$

(5) $t = \cos x$ とおくと $dt = -\sin x \, dx$ で, x と t は次のように対応する: $\begin{array}{c|ccc} x & 0 & \to & \pi/2 \\ \hline t & 1 & \to & 0 \end{array}$.

よって, $\displaystyle\int_0^{\pi/2} (1 + \cos^2 x) \sin x \, dx = -\int_0^{\pi/2} (1 + \cos^2 x) \cdot (\cos x)' \, dx$

$\displaystyle = -\int_1^0 (1 + t^2) \, dt = \int_0^1 (1 + t^2) \, dt = \left[t + \frac{1}{3} t^3 \right]_0^1 = \frac{4}{3}. \quad \square$

7.3.2 部分積分法

積の微分法から部分積分法が導かれる.

> **定理 7.3.7. (部分積分法).** 関数 f, g は C^1 級 であるとする. このとき次が成り立つ.
>
> (1) (定積分の場合)
>
> $$\int_a^b f(x) g'(x) \, dx = \Big[f(x) g(x) \Big]_a^b - \int_a^b f'(x) g(x) \, dx.$$
>
> (2) (原始関数の場合)
>
> $$\int f(x) g'(x) \, dx = f(x) g(x) - \int f'(x) g(x) \, dx.$$

証明: (1) のみ示す. (2) は (1) と同様に証明される. 積の微分法の公式 $(f(x)g(x))' = f'(x)g(x) + f(x)g'(x)$ より, $f(x)g(x)$ は $f'(x)g(x) + f(x)g'(x)$ の原始関数である. したがって, 微分積分学の基本定理より $\displaystyle\int_a^b (f'(x)g(x) + f(x)g'(x)) \, dx = \Big[f(x)g(x) \Big]_a^b$ であるから, 整理すれば $\displaystyle\int_a^b f(x)g'(x) \, dx = \Big[f(x)g(x) \Big]_a^b - \int_a^b f'(x)g(x) \, dx$ が成り立つ. $\square$

部分積分は, $\displaystyle\int f(x)g'(x) \, dx$ の計算に比べて $\displaystyle\int f'(x)g(x) \, dx$ の計算が簡単にできる場合に用いる. 例えば f が多項式の場合, 部分積分を繰り返すことで次数を下げていくことができるので, 部分積分は有力な手法である.

例 7.3.8. 次の関数の原始関数を一つ求めよ.

(1) $\log x$.   (2) $x \sin x$.   (3) $x^2 e^x$.   (4) $e^x \cos x$.

解説: (1) $\displaystyle\int \log x \, dx = \int (x)' \log x \, dx = x \log x - \int x \cdot (\log x)' \, dx = x \log x - \int dx$
$\displaystyle = x \log x - x.$

(2) $\displaystyle\int x \sin x \, dx = \int x \cdot (-\cos x)' \, dx = -x \cos x + \int (x)' \cos x \, dx$
$\displaystyle = -x \cos x + \int \cos x \, dx = -x \cos x + \sin x.$

(3) 部分積分を繰り返し用いる.

$$\int x^2 e^x \, dx = \int x^2 (e^x)' \, dx = x^2 e^x - \int (x^2)' e^x \, dx$$
$$= x^2 e^x - 2 \int x e^x \, dx = x^2 e^x - 2 \int x (e^x)' \, dx$$
$$= x^2 e^x - 2 \left(x e^x - \int e^x \, dx \right) = (x^2 - 2x + 2) e^x.$$

(4) 部分積分を 2 回行うと, 計算したい積分が現れる. $I = \int e^x \cos x \, dx$ とすると,

$$I = \int (e^x)' \cos x \, dx = e^x \cos x + \int e^x \sin x \, dx = e^x \cos x + \int (e^x)' \sin x \, dx$$
$$= e^x \cos x + e^x \sin x - \int e^x \cos x \, dx = e^x \cos x + e^x \sin x - I$$

なので, $I = \dfrac{e^x}{2}(\cos x + \sin x).$ □

例 7.3.9. 次の定積分の値を求めよ.

(1) $\displaystyle \int_0^{\pi/2} x \cos x \, dx.$ (2) $\displaystyle \int_{-1}^1 (x+1)^3 (x-1) \, dx.$

(3) $\displaystyle \int_1^e (\log x)^2 \, dx.$ (4) $\displaystyle \int_0^{\pi/2} e^x \cos x \, dx.$

解説: (1) $\displaystyle \int_0^{\pi/2} x \cos x \, dx = \int_0^{\pi/2} x (\sin x)' \, dx = \Big[x \sin x \Big]_0^{\pi/2} - \int_0^{\pi/2} \sin x \, dx$
$= \dfrac{\pi}{2} + \Big[\cos x \Big]_0^{\pi/2} = \dfrac{\pi}{2} - 1.$

(2) $(x+1)' = 1$ であることに注目する.

$$\int_{-1}^1 (x+1)^3 (x-1) \, dx = \int_{-1}^1 \left(\frac{(x+1)^4}{4} \right)' (x-1) \, dx$$
$$= \left[\frac{(x+1)^4 (x-1)}{4} \right]_{-1}^1 - \int_{-1}^1 \frac{(x+1)^4}{4} \, dx = - \left[\frac{(x+1)^5}{20} \right]_{-1}^1 = -\frac{8}{5}.$$

(3) $\displaystyle \int_1^e (\log x)^2 \, dx = \int_1^e (x)' (\log x)^2 \, dx = \Big[x (\log x)^2 \Big]_1^e - \int_1^e 2 \log x \, dx$
$= e - 2 \Big[x \log x - x \Big]_1^e = e - 2.$

(4) 例 7.3.8 と同様に部分積分を 2 回行う.

$$\int_0^{\pi/2} e^x \cos x \, dx = \Big[e^x \cos x \Big]_0^{\pi/2} + \int_0^{\pi/2} e^x \sin x \, dx$$

$$= -1 + \left[e^x \sin x\right]_0^{\pi/2} - \int_0^{\pi/2} e^x \cos x \, dx = -1 + e^{\pi/2} - \int_0^{\pi/2} e^x \cos x \, dx$$

なので, $\displaystyle\int_0^{\pi/2} e^x \cos x \, dx = \frac{1}{2}(e^{\pi/2} - 1)$. □

部分積分を用いて漸化式を作ることができる.

例 7.3.10. 定積分

$$I_n = \int_0^{\pi/2} \sin^n x \, dx \quad (n = 0, 1, 2, 3, \dots)$$

のみたす漸化式を作り, I_n の値を求めよ.

解説: $n \geq 2$ のとき,

$$
\begin{aligned}
I_n &= \int_0^{\pi/2} \sin^{n-1} x (-\cos x)' \, dx \\
&= \left[-\sin^{n-1} x \cos x\right]_0^{\pi/2} + \int_0^{\pi/2} (n-1) \sin^{n-2} x \cos^2 x \, dx \\
&= (n-1) \int_0^{\pi/2} (\sin^{n-2} x - \sin^n x) \, dx = (n-1)I_{n-2} - (n-1)I_n
\end{aligned}
$$

が成り立つ. よって, I_n のみたす漸化式は

$$I_n = \frac{n-1}{n} I_{n-2}$$

である. つまり,

$$I_n = \frac{n-1}{n} I_{n-2} = \frac{n-1}{n} \cdot \frac{n-3}{n-2} I_{n-4} = \cdots$$

と計算していくことができる. そこで, $\displaystyle I_0 = \int_0^{\pi/2} dx = \frac{\pi}{2}$, $\displaystyle I_1 = \int_0^{\pi/2} \sin x \, dx = 1$ であることを用いると, I_n の値は次のようになる.

$$
I_n =
\begin{cases}
\dfrac{(n-1)!!}{n!!} \cdot \dfrac{\pi}{2} & (n \text{ は偶数}) \\[2ex]
\dfrac{(n-1)!!}{n!!} & (n \text{ は奇数})
\end{cases}
.
$$

ただし, $n!!$ は, $(2k)!! = (2k) \cdot (2k-2) \cdot (2k-4) \cdots 2$, $(2k-1)!! = (2k-1) \cdot (2k-3) \cdot (2k-5) \cdots 1$ $(k \in \mathbb{N})$, $0!! = 1$ によって定義される, 階乗の一般化の一種である. □

演習問題 7.3.1. 次の関数の原始関数を一つ求めよ.

(1) $(2x+1)^5$. (2) $\dfrac{1}{2x-1}$. (3) $\sqrt{x-2}$.

(4) $x(1-x)^{1/4}$. (5) $\dfrac{2x}{x^2+1}$. (6) $\cos^2 x \sin x$.

(7) $\dfrac{\cos x}{1+\sin x}$. (8) $\dfrac{\mathrm{Sin}^{-1} x}{\sqrt{1-x^2}}$. (9) $\dfrac{1}{e^x+e^{-x}}$.

演習問題 7.3.2. 次の定積分を求めよ.

(1) $\displaystyle\int_0^{13} (2x+1)^{1/3}\,dx$. (2) $\displaystyle\int_0^3 x\sqrt{9-x^2}\,dx$. (3) $\displaystyle\int_0^1 xe^{-x^2}\,dx$.

演習問題 7.3.3. 次の関数の原始関数を一つ求めよ.

(1) xe^x. (2) $x\log x$. (3) $x^2\log x$.

(4) $(x^2+1)\cos x$. (5) $e^{2x}\sin x$. (6) $\mathrm{Sin}^{-1} x$.

演習問題 7.3.4. 次の定積分を求めよ.

(1) $\displaystyle\int_0^\pi x\sin x\,dx$. (2) $\displaystyle\int_0^1 x(x-1)^2\,dx$. (3) $\displaystyle\int_\alpha^\beta (x-\alpha)(x-\beta)\,dx$.

演習問題 7.3.5. 次の定積分 I_n の値のみたす漸化式を作れ.

$$I_n = \int_1^e (\log x)^n\,dx \quad (n=0,1,2,3,\dots).$$

演習問題 7.3.6. 次の定積分を求めよ. ただし, m,n は 0 以上の整数とする.

(1) $\displaystyle\int_0^{2\pi} \sin(mx)\sin(nx)\,dx$. (2) $\displaystyle\int_0^{2\pi} \sin(mx)\cos(nx)\,dx$.

演習問題 7.3.7. 次の関数の原始関数を一つ求めよ. 必要なら $t=x+\sqrt{x^2+1}$ とせよ.

(1) $\dfrac{1}{\sqrt{x^2+1}}$. (2) $\dfrac{x}{\sqrt{x^2+1}}$. (3) $\dfrac{x^2}{\sqrt{x^2+1}}$. (4) $\sqrt{x^2+1}$.

演習問題 7.3.8. 次の関数の原始関数を一つ求めよ.

(1) $\dfrac{1}{\sqrt{16-x^2}}$. (2) $\dfrac{x}{\sqrt{1-x^2}}$. (3) $\dfrac{x^2}{\sqrt{1-x^2}}$. (4) $\sqrt{1-x^2}$.

演習問題 7.3.9. 次の問に答えよ. ただし, $\sinh x = \dfrac{e^x-e^{-x}}{2}$, $\cosh x = \dfrac{e^x+e^{-x}}{2}$. $\tanh x = \dfrac{\sinh x}{\cosh x}$ とする. 演習問題 5.1.7 も参照せよ.

(1) $x=\sinh t$ とおくことで, 次の関数の原始関数を一つ求めよ.

 (a) $\dfrac{1}{\sqrt{x^2+1}}$. (b) $\sqrt{x^2+1}$.

(2) $x = \cosh t$ とおくことで，次の関数の原始関数を一つ求めよ．

(a) $\dfrac{1}{\sqrt{x^2 - 1}}$ $(x > 1)$. (b) $\sqrt{x^2 - 1}$ $(x > 1)$.

演習問題 7.3.10. 次が成り立つことを示せ．

$$\int_a^b f(x)\,dx + \int_{f(a)}^{f(b)} f^{-1}(y)\,dy = bf(b) - af(a).$$

7.4 有理関数の積分

多項式 P, Q に対して関数 $f(x) = \dfrac{Q(x)}{P(x)}$ の形で与えられる関数を有理関数というのであった．$\deg Q \geq \deg P$ の場合は，割り算を実行することによって，

$$f(x) = R(x) + \frac{S(x)}{P(x)} \quad (\deg S < \deg P)$$

をみたすような多項式 R, S を見つけることができる．多項式の積分は既に計算できるから，有理関数を積分するためには，(分子の次数) < (分母の次数) の場合に積分できれば良い．そこで，以下では，$\deg Q < \deg P$ をみたす有理関数 $f(x) = \dfrac{Q(x)}{P(x)}$ の積分を考えることにしよう．

次は部分分数分解によって積分を計算しやすいピースに分解する．多項式 $P(x)$ は実数の範囲で

$$P(x) = \left(\prod_{i=1}^{k}(x - a_i)^{m_i}\right) \cdot \left(\prod_{i=1}^{l}(x^2 + p_i x + q_i)^{n_i}\right)$$

の形に因数分解されることが知られている（ただし，$a_i, p_i, q_i \in \mathbb{R}$ かつ $p_i - 4q_i < 0$）ので，この因数分解を用いると次のようになる．ただし，$\deg Q < \deg P$ とする．

定理 7.4.1. (部分分数分解). 有理関数 $f(x) = \dfrac{Q(x)}{P(x)}$ は次の形の有理関数の和に部分分数分解される．

- $\dfrac{A}{(x - a_i)^j}$ $(A \in \mathbb{R})$.

- $\dfrac{Bx + C}{(x^2 + p_i x + q_i)^{j'}}$ $(B, C \in \mathbb{R})$.

ただし，$j = 1, 2, \ldots, m_i$, $j' = 1, 2, \ldots, n_i$ である．

証明は付録 A.5 を参照．次の例で部分分数分解の A, B, C を求める方法を学ぶ．

例 7.4.2. 部分分数分解せよ．

(1) $\dfrac{1}{(x-3)(x-2)}$. (2) $\dfrac{1}{(x-1)(x-2)(x-3)}$. (3) $\dfrac{x+2}{(x^2+1)(x-1)^2}$.

解説: (1) 次をみたす実数 A, B を求めれば良い.

$$\frac{1}{(x-3)(x-2)} = \frac{A}{x-3} + \frac{B}{x-2}. \tag{7.4.1}$$

式 (7.4.1) の両辺を $x-3$ 倍すると

$$\frac{1}{x-2} = A + (x-3)\frac{B}{x-2}$$

であるから, $x \to 3$ とすれば $A = 1$ を得る. 同様に式 (7.4.1) に $x-2$ をかけて $x \to 2$ とすれば, $B = -1$ を得る. よって,

$$\frac{1}{(x-3)(x-2)} = \frac{1}{x-3} - \frac{1}{x-2}.$$

(2) 部分分数分解は次の形になる $(A, B, C \in \mathbb{R})$.

$$\frac{1}{(x-1)(x-2)(x-3)} = \frac{A}{x-1} + \frac{B}{x-2} + \frac{C}{x-3}.$$

両辺を $x-1$ 倍して $x \to 1$ とすれば $A = \dfrac{1}{2}$, 両辺を $x-2$ 倍して $x \to 2$ とすれば $B = -1$, 両辺を $x-3$ 倍して $x \to 3$ とすれば $C = \dfrac{1}{2}$ を得る. したがって,

$$\frac{1}{(x-1)(x-2)(x-3)} = \frac{1/2}{x-1} - \frac{1}{x-2} + \frac{1/2}{x-3}.$$

(3) 部分分数分解は次の形になる $(A, B, C, D \in \mathbb{R})$.

$$\frac{x+2}{(x^2+1)(x-1)^2} = \frac{Ax+B}{x^2+1} + \frac{C}{x-1} + \frac{D}{(x-1)^2}. \tag{7.4.2}$$

式 (7.4.2) の両辺に $(x-1)^2$ をかけると

$$\frac{x+2}{x^2+1} = (x-1)^2\frac{Ax+B}{x^2+1} + C(x-1) + D$$

であるから, $x \to 1$ とすれば $D = \dfrac{3}{2}$ となり, 両辺を微分してから $x \to 1$ とすれば $C = -1$ を得る. 次に, 今求めた C, D を用いれば

$$\frac{x+2}{(x^2+1)(x-1)^2} - \left(\frac{C}{x-1} + \frac{D}{(x-1)^2}\right) = \frac{(x-1)^2(x-\frac{1}{2})}{(x^2+1)(x-1)^2} = \frac{x-\frac{1}{2}}{x^2+1}$$

であるから, 式 (7.4.2) より $\dfrac{x-\frac{1}{2}}{x^2+1} = \dfrac{Ax+B}{x^2+1}$ が成り立つ. よって $A = 1$, $B = -\dfrac{1}{2}$ を得る. したがって,

$$\frac{x+2}{(x^2+1)(x-1)^2} = \frac{x-\frac{1}{2}}{x^2+1} - \frac{1}{x-1} + \frac{3}{2} \cdot \frac{1}{(x-1)^2}. \quad \square$$

定理 7.4.1 より, 有理関数を積分するためには次の形の原始関数さえ計算できれば良いことがわかった. ただし, $k \in \mathbb{N}$, $a, p, q \in \mathbb{R}$, $p^2 - 4q < 0$ とする.

$$\int \frac{1}{(x-a)^k}\, dx, \quad \int \frac{x}{(x^2+px+q)^k}\, dx, \quad \int \frac{1}{(x^2+px+q)^k}\, dx.$$

また, $p^2 - 4q < 0$ なので, $a \in \mathbb{R}$, $b > 0$ に対して $x^2 + px + q = (x-a)^2 + b^2$ の形に平方完成できる. よって, 置換 $t = x - a$ を行うことで, 原始関数

$$\int \frac{1}{x^k}\, dx, \quad \int \frac{x}{(x^2+b^2)^k}\, dx, \quad I_k = \int \frac{1}{(x^2+b^2)^k}\, dx$$

を計算できれば良いことがわかった. 簡単な順に計算しよう.

例 7.4.3. $k \in \mathbb{N}$, $a \in \mathbb{R}$ とする. 次が成り立つ.

$$\int \frac{1}{(x-a)^k}\, dx = \begin{cases} \log|x-a| & (k=1) \\ \dfrac{1}{-k+1} \cdot \dfrac{1}{(x-a)^{k-1}} & (k \geq 2) \end{cases}.$$

証明: $k = 1$ のときは $(\log|x-a|)' = \dfrac{1}{x-a}$ より従う. また, $k \geq 2$ のときは $t = x - a$ と置換すると $\displaystyle \int \frac{dx}{(x-a)^k} = \int t^{-k}\, dt = \frac{t^{-k+1}}{-k+1} = \frac{1}{-k+1} \cdot \frac{1}{(x-a)^{k-1}}$ が成り立つ. よって主張を得る. □

例 7.4.4. $k \in \mathbb{N}$, $b > 0$ とする. 次が成り立つ.

$$\int \frac{x}{(x^2+b^2)^k}\, dx = \begin{cases} \dfrac{1}{2}\log(x^2+b^2) & (k=1) \\ \dfrac{1}{2(-k+1)} \cdot \dfrac{1}{(x^2+b^2)^{k-1}} & (k \geq 2) \end{cases}.$$

証明: $t = x^2$ と置換すれば $\displaystyle \int \frac{x}{(x^2+b^2)^k}\, dx = \frac{1}{2}\int \frac{dt}{(t+b^2)^k}$ なので, 例 7.4.3 より主張を得る. □

例 7.4.5. $b > 0$ とする. 次が成り立つ.

$$I_1 = \int \frac{1}{x^2+b^2}\, dx = \frac{1}{b} \operatorname{Tan}^{-1} \frac{x}{b}.$$

証明: $t = \dfrac{x}{b}$ とおくと $\displaystyle I_1 = \int \frac{1}{x^2+b^2}\, dx = \frac{1}{b^2}\int \frac{b}{t^2+1}\, dt = \frac{1}{b}\operatorname{Tan}^{-1} t = \frac{1}{b}\operatorname{Tan}^{-1}\frac{x}{b}$ が成り立つ. □

問題は I_k $(k \geq 2)$ である. これは漸化式を作って計算する.

例 7.4.6. 不定積分 $I_k = \displaystyle\int \frac{1}{(x^2+b^2)^k}\,dx$ は次の漸化式をみたす.

$$I_k = \frac{2k-3}{2b^2(k-1)}I_{k-1} + \frac{1}{2b^2(k-1)}\frac{x}{(x^2+b^2)^{k-1}}.$$

I_1 は例 7.4.5 で計算しているので, 不定積分 I_k はこの漸化式を用いれば (原理的には) 計算できる.

証明: まず,

$$I_k = \int \frac{1}{(x^2+b^2)^k}\,dx = \frac{1}{b^2}\int \frac{b^2}{(x^2+b^2)^k}\,dx = \frac{1}{b^2}\int \frac{x^2+b^2-x^2}{(x^2+b^2)^k}\,dx$$
$$= \frac{1}{b^2}I_{k-1} - \frac{1}{b^2}\int \frac{x^2}{(x^2+b^2)^k}\,dx$$

である. ここで, 例 7.4.4 と部分積分より

$$\int \frac{x^2}{(x^2+b^2)^k}\,dx = \int x\cdot\frac{x}{(x^2+b^2)^k}\,dx = \frac{1}{2(-k+1)}\int x\cdot\left(\frac{1}{(x^2+b^2)^{k-1}}\right)'\,dx$$
$$= \frac{1}{2(-k+1)}\frac{x}{(x^2+b^2)^{k-1}} - \frac{1}{2(-k+1)}\int \frac{1}{(x^2+b^2)^{k-1}}\,dx$$
$$= \frac{1}{2(-k+1)}\frac{x}{(x^2+b^2)^{k-1}} - \frac{1}{2(-k+1)}I_{k-1}$$

となる. したがって, 次を得る.

$$I_k = \frac{1}{b^2}I_{k-1} - \frac{1}{b^2}\left(\frac{1}{2(-k+1)}\frac{x}{(x^2+b^2)^{k-1}} - \frac{1}{2(-k+1)}I_{k-1}\right)$$
$$= \frac{2k-3}{2b^2(k-1)}I_{k-1} + \frac{1}{2b^2(k-1)}\frac{x}{(x^2+b^2)^{k-1}}. \quad \square$$

以上を用いて有理関数を積分してみよう.

例 7.4.7. 次の関数の原始関数を一つ求めよ.

(1) $\displaystyle\frac{1}{(x-3)(x-2)}$.
(2) $\displaystyle\frac{x^4-x^3-x^2+x-1}{x^3-2x^2+x-2}$.
(3) $\displaystyle\frac{1}{(x-1)(x-2)(x-3)}$.
(4) $\displaystyle\frac{x+2}{(x^2+1)(x-1)^2}$.

解説: (1) 例 7.4.2 (1) より

$$\int \frac{1}{(x-3)(x-2)}\,dx = \int \left(\frac{1}{x-3} - \frac{1}{x-2}\right)dx = \log\left|\frac{x-3}{x-2}\right|.$$

(2) (分子の次数) > (分母の次数) なので，まず割り算を行い，その後部分分数分解する．部分分数分解する際に必要なので分母を因数分解しておく．

$$\frac{x^4 - x^3 - x^2 + x - 1}{x^3 - 2x^2 + x - 2} = x + 1 + \frac{2x + 1}{x^3 - 2x^2 + x - 2} = x + 1 + \frac{2x + 1}{(x - 2)(x^2 + 1)}.$$

次に，第 3 項の部分分数分解は次の形になる $(A, B, C \in \mathbb{R})$.

$$\frac{2x + 1}{(x - 2)(x^2 + 1)} = \frac{A}{x - 2} + \frac{Bx + C}{x^2 + 1}. \tag{7.4.3}$$

A, B, C を求める．まず，式 (7.4.3) の両辺に $x - 2$ をかけると $\frac{2x + 1}{x^2 + 1} = A + (x - 2)\frac{Bx + C}{x^2 + 1}$ となるので，$x \to 2$ とすれば $A = 1$ となる．よって，$\frac{2x + 1}{x^2 + 1} - A = \frac{2x + 1 - (x^2 + 1)}{x^2 + 1} = -\frac{x(x - 2)}{x^2 + 1}$ が成り立つので，$-\frac{x(x - 2)}{x^2 + 1} = (x - 2)\frac{Bx + C}{x^2 + 1}$ となる．両辺を $x - 2$ で割って係数を比較すると $B = -1$, $C = 0$ となる．したがって，

$$\int \frac{x^4 - x^3 - x^2 + x - 1}{x^3 - 2x^2 + x - 2} \, dx = \int \left(x + 1 + \frac{1}{x - 2} - \frac{x}{x^2 + 1} \right) dx$$
$$= \frac{x^2}{2} + x + \log|x - 2| - \frac{1}{2}\log(x^2 + 1).$$

(3) 例 7.4.2 (2) より

$$\int \frac{1}{(x - 1)(x - 2)(x - 3)} \, dx = \int \left(\frac{1/2}{x - 1} - \frac{1}{x - 2} + \frac{1/2}{x - 3} \right) dx$$
$$= \frac{1}{2}\log|x - 1| - \log|x - 2| + \frac{1}{2}\log|x - 3|.$$

(4) 例 7.4.2 (3) より

$$\int \frac{x + 2}{(x^2 + 1)(x - 1)^2} = \int \left(\frac{x - \frac{1}{2}}{x^2 + 1} - \frac{1}{x - 1} + \frac{3}{2} \cdot \frac{1}{(x - 1)^2} \right) dx$$
$$= \frac{1}{2}\log(x^2 + 1) - \frac{1}{2}\mathrm{Tan}^{-1} x - \log|x - 1| - \frac{3}{2(x - 1)}. \quad \square$$

置換積分を行うことで有理関数の積分に帰着できることがある．代表的なものは

$$\frac{1}{\sin x}, \quad \frac{1}{\sin(2x)}, \quad \frac{1}{\cos^2 x}, \quad \frac{1}{2 + 3\cos x}, \quad \frac{\tan x}{1 + \sin x + \cos x}, \quad \text{etc.}$$

のような三角関数の有理関数の積分である．

定理 7.4.8. 関数 f が $\sin x$ と $\cos x$ の有理関数であるとき，$t = \tan \dfrac{x}{2}$ とおけば $\displaystyle\int f(x) \, dx$ は t の有理関数の積分になる．

証明: まず, $\cos^2 \dfrac{x}{2} = \dfrac{1}{1 + \tan^2(x/2)} = \dfrac{1}{1+t^2}$ なので, 2 倍角の公式より $\sin x = 2 \sin \dfrac{x}{2} \cos \dfrac{x}{2} = 2 \cos^2 \dfrac{x}{2} \tan \dfrac{x}{2} = \dfrac{2t}{1+t^2}$, $\cos x = 2 \cos^2 \dfrac{x}{2} - 1 = \dfrac{2}{1+t^2} - 1 = \dfrac{1-t^2}{1+t^2}$ である (例 5.3.10 も参照せよ). また, $dt = \dfrac{1/2}{\cos^2(x/2)} dx = \dfrac{1+t^2}{2} dx$ である. したがって,

$$\sin x = \frac{2t}{1+t^2}, \quad \cos x = \frac{1-t^2}{1+t^2}, \quad \frac{dx}{dt} = \frac{2}{1+t^2}$$

と $\sin x, \cos x, \dfrac{dx}{dt}$ はすべて t の有理関数で表される. すなわち, 三角関数の有理関数の積分は, 置換 $t = \tan \dfrac{x}{2}$ によって t の有理関数の積分に書き換えることができる. □

補足 7.4.9. $\tan x = \dfrac{\sin x}{\cos x}$ なので, $\tan x$ は $\sin x$ と $\cos x$ の有理関数である. したがって, 三角関数 $\sin x, \cos x, \tan x$ の有理関数の積分は計算できる.

例 7.4.10. 原始関数 $\displaystyle \int \frac{dx}{\sin(2x)}$ を次の 2 通りの置換で計算してみよう.

(1) $t = \tan \dfrac{x}{2}$.　　　　　(2) $t = \tan x$.

解説: (1) $t = \tan \dfrac{x}{2}$ とおくと $\sin x = \dfrac{2t}{1+t^2}$, $\cos x = \dfrac{1-t^2}{1+t^2}$, $dx = \dfrac{2dt}{1+t^2}$ なので,

$$\int \frac{dx}{\sin(2x)} = \int \frac{dx}{2 \sin x \cos x} = \int \frac{(1+t^2)^2}{2 \cdot 2t \cdot (1-t^2)} \cdot \frac{2dt}{1+t^2} = \int \frac{1+t^2}{2t(1-t^2)} \, dt$$

$$= \frac{1}{2} \int \left(\frac{-1}{t+1} + \frac{1}{t} - \frac{1}{t-1} \right) dt = \frac{1}{2} \log \left| \frac{t}{t^2 - 1} \right|$$

$$= \frac{1}{2} \log \left| \frac{\tan \frac{x}{2}}{\tan^2 \frac{x}{2} - 1} \right| = \frac{1}{2} \log \left| \frac{\tan x}{2} \right|.$$

(2) $t = \tan x$ とおくと $\sin(2x) = \dfrac{2t}{1+t^2}$, $dx = \dfrac{dt}{1+t^2}$ なので,

$$\int \frac{dx}{\sin(2x)} = \int \frac{1+t^2}{2t} \cdot \frac{dt}{1+t^2} = \int \frac{dt}{2t} = \frac{1}{2} \log |t| = \frac{1}{2} \log |\tan x|.$$

注: $\log \left| \dfrac{\tan x}{2} \right| = \log |\tan x| - \log 2$ より, (1) と (2) の結果の差は定数のみである. □

補足 7.4.11. 一般に, $\cos^2 x, \sin^2 x, \cos(2x), \sin(2x), \tan x$ のみの有理関数の積分は, $t = \tan \dfrac{x}{2}$ とおくよりも $t = \tan x$ とおいた方が計算が簡単になる.

演習問題 7.4.1. 次の関数の原始関数を一つ求めよ.

(1) $\dfrac{1}{(x-2)^2}$.

(2) $\dfrac{2x}{x^2+x+1}$.

(3) $\dfrac{3x^2+4x-2}{3x+1}$.

(4) $\dfrac{3x-1}{x(x+2)}$.

(5) $\dfrac{3x+1}{(x+2)^2}$.

(6) $\dfrac{1}{x(x-2)(x+1)}$.

(7) $\dfrac{5x^2}{(x-2)^2(x+3)}$.

(8) $\dfrac{4}{(x^2+3)(x-1)}$.

(9) $\dfrac{x^3}{(x^2+3)(x^2+1)}$.

演習問題 7.4.2. 次の関数の原始関数を一つ求めよ.

(1) $\dfrac{1}{\sin x}$.

(2) $\dfrac{1}{2+\cos x}$.

(3) $\dfrac{1}{3+5\sin x}$.

(4) $\dfrac{\sin^2 x}{1+3\cos^2 x}$.

演習問題 7.4.3. 次の関数の原始関数を一つ求めよ.

(1) $\dfrac{1}{e^x+1}$.

(2) $\dfrac{1}{e^x+4e^{-x}+5}$.

(3) $\dfrac{e^{4x}}{e^{2x}-4}$.

演習問題 7.4.4. 次の問に答えよ. ただし, $\sinh x = \dfrac{e^x-e^{-x}}{2}$, $\cosh x = \dfrac{e^x+e^{-x}}{2}$.
$\tanh x = \dfrac{\sinh x}{\cosh x}$ とする. 演習問題 5.1.7 も参照せよ.

(1) $t = \tanh \dfrac{x}{2}$ とおくとき, $\sinh x$, $\cosh x$, $\tanh x$ を t の関数で表せ.

(2) 次の関数の原始関数を一つ求めよ.

(a) $\dfrac{1}{\sinh x}$.

(b) $\dfrac{1}{\cosh x}$.

(c) $\dfrac{1}{3+\cosh x}$.

7.5 数値積分

微分積分学の基本定理を用いれば多くの定積分を計算できる. しかし, 応用上重要な定積分の中には, 被積分関数の原始関数を計算できず, そのため微分積分学の基本定理を用いて積分の値を計算できないことがある. 本節では定積分を近似的に計算する方法を学ぶ.

定積分は Riemann 和の極限によって定義されていた. Riemann 和とは長方形の面積の和であり, 各長方形の幅が十分狭ければ Riemann 和と定積分の誤差は十分小さくなった. そこで, 具体的に Riemann 和を計算し, 定積分の値と比較してみよう. ただし, Riemann 和を計算する場合には, 分割と代表点を任意にとるよりも規則的に与えたほうが扱いやすい. そこで, まずは区間の分割 $\Delta : a = x_0 < x_1 < \cdots < x_{n-1} < x_n = b$ として閉区間 $[a,b]$ の n 等分 Δ_n を選び, 代表点 ξ_k として小区間 $[x_{k-1}, x_k]$ の中点 $\bar{x}_k$ をとって計算する.

例 7.5.1. 統計学で重要な確率分布の一つに標準正規分布がある. 標準正規分布に従う確

率変数 X [*3] の値が 1 以上 2 以下の値をとる確率 $P(1 \leq X \leq 2)$ は

$$P(1 \leq X \leq 2) = \frac{1}{\sqrt{2\pi}} \int_1^2 e^{-x^2/2} \, dx$$

である. つまり, この確率 $P(1 \leq X \leq 2)$ を計算するためには定積分 $\int_1^2 e^{-x^2/2} \, dx$ の値を求める必要がある. しかし, 関数 $e^{-x^2/2}$ の原始関数は初等関数ではないことが知られており, 微分積分学の基本定理を用いて定積分の値を求めることはできない. 確率 $P(1 \leq X \leq 2)$ を計算するためには標準正規分布表という数表を用いることが一般的だが, 標準正規分布表が手元にない場合や標準正規分布表には載っていない精度で計算したい場合には自分で必要な桁まで近似値を求める必要がある. ここでは, 例として $n = 4$ の場合に Riemann 和 $S(f; \Delta_n \{\bar{x}_k\})$ を求める.

解説: Riemann 和 $S(f; \Delta_n; \{\bar{x}_k\})$ は

$$S(f; \Delta_n; \{\bar{x}_k\}) = \frac{1}{n} \sum_{k=1}^{n} \exp\left\{ -\frac{1}{2} \left(1 + \frac{k}{n} - \frac{1}{2n} \right)^2 \right\}$$

なので, $n = 4$ ならば

$$S(f; \Delta_4; \{\bar{x}_k\})$$
$$= \frac{1}{4} \left\{ \exp\left(-\frac{9^2}{2 \cdot 8^2} \right) + \exp\left(-\frac{11^2}{2 \cdot 8^2} \right) + \exp\left(-\frac{13^2}{2 \cdot 8^2} \right) + \exp\left(-\frac{15^2}{2 \cdot 8^2} \right) \right\}$$
$$= 0.339\ 781\ 89 \cdots$$

である. なお, 真の値は $0.340\ 663 \cdots$ なので, 差は 0.001 未満である. □

近似というからには誤差の評価も必要である. 誤差は次のように評価される.

定理 7.5.2. (複合中点公式). 閉区間 $[a, b]$ $(a < b)$ 上の C^2 級関数 f と閉区間 $[a, b]$ の分割 $\Delta : a = x_0 < x_1 < \cdots < x_{n-1} < x_n = b$ に対して

$$M(f) = \sum_{k=1}^{n} f(\bar{x}_k) \, \ell(I_k)$$

とおく. $M(f)$ を複合中点公式といい, 特に $n = 1$ の場合は単に中点公式 (midpoint rule) という. ただし, $\ell(I_k) = x_k - x_{k-1}$ は分割 Δ によって定まる小区間 $I_k = [x_{k-1}, x_k]$ の長さ, $\bar{x}_k = \dfrac{x_{k-1} + x_k}{2}$ は区間 I_k の中点である. このとき, 定積分 $\int_a^b f(x) \, dx$ は $M(f)$ で

[*3] 確率変数に馴染みがない場合は, 試行を行った結果が X であり, その確率が積分で与えられると考えて良い.

近似され, 誤差は次で評価される. ただし, 連続関数 f の最大値を $\|f\|_{\max}$ で表す.

$$\left| \int_a^b f(x)\,dx - M(f) \right| \leq \frac{|\Delta|^2(b-a)}{24}\|f''\|_{\max}.$$

特に, n 等分 $\Delta = \Delta_n$ に対する複合中点公式は次のようになる.

$$M(f) = \frac{b-a}{n}\sum_{k=1}^n f\left(\bar{x}_k\right)$$

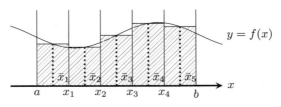

複合中点公式 (5 等分)

証明: まず $n=1$ の場合を考える. $x, t \in [a, b]$ に対して Taylor の定理より

$$f(x) = f(t) + f'(t)(x-t) + \frac{1}{2}f''(\xi)(x-t)^2$$

をみたす実数 ξ が x と t の間に存在する (ξ は x の関数であることに注意). 両辺を積分すると

$$\begin{aligned}
\int_a^b f(x)\,dx &= \int_a^b \left\{ f(t) + f'(t)(x-t) + \frac{1}{2}f''(\xi)(x-t)^2 \right\} dx \\
&= f(t)(b-a) + \frac{f'(t)}{2}\left\{ (b-t)^2 - (a-t)^2 \right\} + \frac{1}{2}\int_a^b f''(\xi)(x-t)^2\,dx \\
&= f(t)(b-a) + f'(t)(b-a)\left(\frac{a+b}{2} - t \right) + \frac{1}{2}\int_a^b f''(\xi)(x-t)^2\,dx
\end{aligned}$$

となる. そこで, $t = \dfrac{a+b}{2}$ とすれば

$$\begin{aligned}
\left| \int_a^b f(x)\,dx - (b-a)f\left(\frac{a+b}{2} \right) \right| &= \frac{1}{2}\left| \int_a^b f''(\xi)(x-t)^2\,dx \right| \leq \frac{1}{2}\int_a^b |f''(\xi)|\,(x-t)^2\,dx \\
&\leq \frac{1}{2}\|f''\|_{\max}\left[\frac{1}{3}(x-t)^3 \right]_a^b = \frac{(b-a)^3}{24}\|f''\|_{\max}
\end{aligned}$$

となる. これで $n=1$ の場合が示された.

次に，一般の分割に対しては

$$\left|\int_a^b f(x)\,dx - M(f)\right| \le \sum_{k=1}^n \left|\int_{x_{k-1}}^{x_k} f(x)\,dx - f(\bar{x_k})\ell(I_k)\right| \le \sum_{k=1}^n \frac{(x_k - x_{k-1})^3}{24}\|f''\|_{\max}$$

$$\le |\Delta|^2 \sum_{k=1}^n \frac{x_k - x_{k-1}}{24}\|f''\|_{\max} = \frac{|\Delta|^2(b-a)}{24}\|f''\|_{\max}$$

より示された． □

複合中点公式では関数 f を各小区間において 0 次関数 (定数関数) で近似して積分を近似している．では，f を各小区間において 1 次関数で近似した場合はどのような積分の近似公式が得られるだろうか．1 次関数で近似した場合は，小区間上の台形の面積を足し上げることになる．それにより得られる複合台形公式を用いた AUC (例 7.7.5 参照) の計算は，薬学では必須である．

定理 7.5.3. (複合台形公式). 閉区間 $[a,b]$ $(a<b)$ 上の C^2 級関数 f と閉区間 $[a,b]$ の分割 $\Delta : a = x_0 < x_1 < \cdots < x_{n-1} < x_n = b$ に対して

$$T(f) = \sum_{k=1}^n \frac{f(x_{k-1}) + f(x_k)}{2}\ell(I_k)$$

とおく．$T(f)$ を複合台形公式といい，特に $n=1$ の場合は単に台形公式 (trapezoidal rule) という．このとき，定積分 $\int_a^b f(x)\,dx$ は $T(f)$ で近似され，近似の誤差は次で評価される．

$$\left|\int_a^b f(x)\,dx - T(f)\right| \le \frac{|\Delta|^2(b-a)}{12}\|f''\|_{\max}.$$

特に，n 等分 $\Delta = \Delta_n$ に対する複合台形公式は次のようになる．

$$T(f) = \frac{b-a}{n}\sum_{k=1}^n \frac{f(x_{k-1}) + f(x_k)}{2}$$

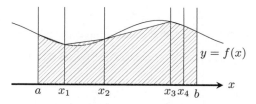

複合台形公式

証明: $n = 1$ の場合のみ示す.

$$g(t) = \int_a^{a+t} f(x)\,dx - \frac{f(a) + f(a+t)}{2}t$$

とおけば $g(b-a) = \displaystyle\int_a^b f(x)\,dx - T(f)$ は誤差に他ならない.

$$g'(t) = f(a+t) - \frac{f(a) + f'(a+t)t + f(a+t)}{2} = \frac{f(a+t) - f'(a+t)t - f(a)}{2},$$

$$g''(t) = \frac{f''(a+t)t}{2}$$

なので, $-\dfrac{t}{2}\|f''\|_{\max} \leq g''(t) \leq \dfrac{t}{2}\|f''\|_{\max}$ を得る. ところで, $g'(0) = 0$, $g(0) = 0$ だから, $[0, t]$ 上で積分していくと, 積分の単調性より $-\dfrac{t^2}{4}\|f''\|_{\max} \leq g'(t) \leq \dfrac{t^2}{4}\|f''\|_{\max}$, $-\dfrac{t^3}{12}\|f''\|_{\max} \leq g(t) \leq \dfrac{t^3}{12}\|f''\|_{\max}$, を得る. したがって, $t = b - a$ とすれば $|g(b-a)| \leq \dfrac{(b-a)^3}{12}\|f''\|_{\max}$ を得る. つまり,

$$\left| \int_a^b f(x)\,dx - T(f) \right| \leq \frac{(b-a)^3}{12}\|f''\|_{\max}$$

を得る. □

さらに, 2 次以上の関数で関数 f を近似するとより良い近似が得られる. 2 次関数で近似した場合の結果のみ紹介する. $S(f)$ の出処は演習問題 7.5.2 を参照.

定理 7.5.4. (複合 Simpson 公式). 閉区間 $[a, b]$ $(a < b)$ 上の C^4 級関数 f と閉区間 $[a, b]$ の分割 $\Delta : a = x_0 < x_1 < \cdots < x_{n-1} < x_n = b$ に対して

$$S(f) = \sum_{k=1}^{n} \frac{f(x_{k-1}) + 4f(\bar{x}_k) + f(x_k)}{6}\ell(I_k)$$

とおく. ここで, $\bar{x}_k = \dfrac{x_{k-1} + x_k}{2}$ は区間 $[x_{k-1}, x_k]$ の中点である. $S(f)$ を複合 Simpson 公式といい, 特に $n = 1$ の場合は単に Simpson 公式という.

このとき, 定積分 $\displaystyle\int_a^b f(x)\,dx$ は $S(f)$ で近似され, 近似の誤差は次で評価される.

$$\left| \int_a^b f(x)\,dx - S(f) \right| \leq \frac{|\Delta|^4(b-a)}{2880}\|f^{(4)}\|_{\max}.$$

演習問題 7.5.1. $\displaystyle\int_0^\pi \sin x\, dx$ の近似値を次の方法で計算し，真の値との誤差を調べよ．ただし，分割は 4 等分 Δ_4 を用いよ．

(1) 複合中点公式．   (2) 複合台形公式．   (3) 複合 Simpson 公式．

演習問題 7.5.2. (Lagrange 補間多項式). f を連続関数とする．

(1) 3 点 $(x_0, f(x_0))$, $(x_1, f(x_1))$, $(x_2, f(x_2))$ を通る高々 2 次の関数はただ一つ存在し，その関数 p_2 は次で与えられることを示せ．

$$p_2(x) = f(x_0)\frac{(x-x_1)(x-x_2)}{(x_0-x_1)(x_0-x_2)} + f(x_1)\frac{(x-x_0)(x-x_2)}{(x_1-x_0)(x_1-x_2)}$$
$$+ f(x_2)\frac{(x-x_0)(x-x_1)}{(x_2-x_0)(x_2-x_1)}.$$

(2) $c = \dfrac{a+b}{2}$ ならば $\displaystyle\int_a^b p_2(x)\, dx = \dfrac{f(a)+4f(c)+f(b)}{6}(b-a)$ であることを示せ．

7.6 曲線に沿った積分

関数を曲線に沿って積分しよう．本節で扱う関数は滑らかであるとする．また，曲線 $\boldsymbol{c}(t) = \begin{bmatrix} x(t) \\ y(t) \end{bmatrix}$ $(a \le t \le b)$ は，パラメータ t が $t=a$ から $t=b$ の方向に動くような有向曲線として扱う．

曲線 $\boldsymbol{c}$ に沿って積分するためにパラメータ t の動く範囲 $[a, b]$ を分割する．すなわち，分割 $\Delta : a = t_0 < t_1 < \cdots < t_{n-1} < t_n = b$ に対して点 $\boldsymbol{c}(t_0), \boldsymbol{c}(t_1), \ldots, \boldsymbol{c}(t_n)$ を考える．これらの点は曲線 $\boldsymbol{c}$ を分割しており，幅 $|\Delta|$ が十分小さければ，$\boldsymbol{c}(t_{k-1})$ と $\boldsymbol{c}(t_k)$ を結ぶ線分 L_k は曲線 $\boldsymbol{c}(t)$ $(t_{k-1} \le t \le t_k)$ の良い近似である．線分 L_k の長さは $\sqrt{(x(t_k)-x(t_{k-1}))^2 + (y(t_k)-y(t_{k-1}))^2}$ だから, Riemann 和は

$$\sum_{k=0}^n f(t_{k-1})\sqrt{(x(t_k)-x(t_{k-1}))^2 + (y(t_k)-y(t_{k-1}))^2}$$
$$= \sum_{k=0}^n f(t_{k-1})\sqrt{x'(t_{k-1})^2 + y'(t_{k-1})^2}(t_k - t_{k-1}) + o(|\Delta|) \quad (|\Delta| \to 0)$$

となる．そこで，次のように定義しよう．

定義 7.6.1. 曲線 $c(t)$ $(a \leq t \leq b)$ 上で定義された関数 f の積分 $\displaystyle\int_c f\,ds$ を

$$\int_c f\,ds = \int_a^b f(c(t))\|c'(t)\|\,dt$$

によって定義する. 特に $f = 1$ の場合

$$L(c) = \int_c ds = \int_a^b \|c'(t)\|\,dt = \int_a^b \sqrt{x'(t)^2 + y'(t)^2}\,dt$$

を曲線 $c(t)$ の長さという.

例 7.6.2. 次の曲線の長さを求めよ.

(1) 曲線 $c(t) = \begin{bmatrix} \cos t \\ \sin t \end{bmatrix}$ $(0 \leq t \leq 2\pi)$. (2) 曲線 $c(t) = \begin{bmatrix} t \\ t^2/2 \end{bmatrix}$ $(0 \leq t \leq 2)$

解説: (1) $c'(t) = \begin{bmatrix} -\sin t \\ \cos t \end{bmatrix}$ なので $\|c'(t)\| = 1$ だから, $L(c) = \displaystyle\int_0^{2\pi} dt = 2\pi$ である.

(2) $c'(t) = \begin{bmatrix} 1 \\ t \end{bmatrix}$ なので $\|c'(t)\| = \sqrt{1+t^2}$ だから, 演習問題 7.3.7 (4) より

$$L(c) = \int_0^2 \sqrt{1+t^2}\,dt = \left[\frac{1}{2}\left(t\sqrt{t^2+1} + \log\left(t + \sqrt{1+t^2}\right)\right)\right]_0^2$$

$$= \sqrt{5} + \frac{1}{2}\log(2 + \sqrt{5}). \quad \square$$

2 変数関数 F_1, F_2 に対し, ベクトル値関数 $F(x,y) = \begin{bmatrix} F_1(x,y) \\ F_2(x,y) \end{bmatrix}$ を**ベクトル場** (vector field) という. ベクトル場は曲線に沿って積分することができる. $\mathbb{R}^n$ の開集合 D に対し, D 内のどの 2 点を選んでも D 内の曲線で結べるとき, D は**領域** (domain) であるという.

定義 7.6.3. (線積分). 領域 $D \subset \mathbb{R}^2$ 上のベクトル場 $F = \begin{bmatrix} F_1 \\ F_2 \end{bmatrix}$ と D 内の曲線 $c(t)$ $(a \leq t \leq b)$ を考える. 曲線 c に沿った F の**線積分** (line integral) $\displaystyle\int_c F$ を

$$\int_c F = \int_a^b \langle F(c(t)), c'(t) \rangle\,dt = \int_a^b \left(F_1(c(t))x'(t) + F_2(c(t))y'(t)\right)dt$$

によって定義する. $\displaystyle\int_c F$ を $\displaystyle\int_c F_1\,dx + F_2\,dy$ とも表す. 特に c が閉曲線であるとき, すなわち $c(a) = c(b)$ が成り立つとき, c に沿った F の線積分を $\displaystyle\oint_c F$ とも表す.

補足 7.6.4. ベクトル場の線積分は, 領域 $D \subset \mathbb{R}^n$ 上のベクトル場 $\boldsymbol{F}(\boldsymbol{x}) = \begin{bmatrix} F_1(\boldsymbol{x}) \\ \vdots \\ F_n(\boldsymbol{x}) \end{bmatrix} \in \mathbb{R}^n$ と D

内の曲線 $\boldsymbol{c} : [a, b] \to D$ に対して同様に定義される. 特に, $n = 3$ の場合は次のように表される.

$$\int_{\boldsymbol{c}} \boldsymbol{F} = \int_{\boldsymbol{c}} F_1 dx + F_2 dy + F_3 dz = \int_a^b \left(F_1(\boldsymbol{c}(t))x'(t) + F_2(\boldsymbol{c}(t))y'(t) + F_3(\boldsymbol{c}(t))z'(t) \right) dt.$$

例 7.6.5. 次のベクトル場の曲線 $\boldsymbol{c}(t) = \begin{bmatrix} \cos t \\ \sin t \end{bmatrix}$ $(0 \le t \le 2\pi)$ 上の線積分を求めよ.

(1) $\boldsymbol{F}(x, y) = \begin{bmatrix} -y \\ x \end{bmatrix}$. 　　　　　　　(2) $\boldsymbol{F}(x, y) = \begin{bmatrix} y \\ x \end{bmatrix}$.

解説: (1) $\boldsymbol{c}'(t) = \begin{bmatrix} -\sin t \\ \cos t \end{bmatrix}$ なので $\oint_{\boldsymbol{c}} \boldsymbol{F} = \int_0^{2\pi} (\sin^2 t + \cos^2 t) \, dt = 2\pi.$

(2) $\oint_{\boldsymbol{c}} \boldsymbol{F} = \int_0^{2\pi} (-\sin^2 t + \cos^2 t) \, dt = 0.$ □

線積分が積分の経路によらないことがある.

定理 7.6.6. 曲線 $\boldsymbol{c}(t)$ $(a \le t \le b)$, $\boldsymbol{\gamma}(t)$ $(\alpha \le t \le \beta)$ の始点と終点がそれぞれ一致しているとする. すなわち, $\boldsymbol{c}(a) = \boldsymbol{\gamma}(\alpha)$, $\boldsymbol{c}(b) = \boldsymbol{\gamma}(\beta)$ が成り立つとする. このとき, $\boldsymbol{c}$ と $\boldsymbol{\gamma}$ の囲む有界部分を含む領域上で $\nabla f = \boldsymbol{F}$ をみたす関数 f が存在するならば

$$\int_{\boldsymbol{c}} \boldsymbol{F} = \int_{\boldsymbol{\gamma}} \boldsymbol{F}$$

が成り立つ. ただし, ∇f は $\boldsymbol{F}$ の勾配ベクトル場である. 特に, $\boldsymbol{c}$ が閉曲線ならば $\oint_{\boldsymbol{c}} \boldsymbol{F} = 0$
が成り立つ.

証明: $\boldsymbol{c}$ と $\boldsymbol{\gamma}$ の囲む有界部分を含む領域上で $\nabla f = \boldsymbol{F}$ をみたす関数 f が存在するから, 連鎖律より

$$\int_{\boldsymbol{c}} \boldsymbol{F} = \int_{\boldsymbol{c}} \nabla f = \int_a^b \left(\frac{\partial f}{\partial x}(\boldsymbol{c}(t))x'(t) + \frac{\partial f}{\partial y}(\boldsymbol{c}(t))y'(t) \right) dt$$

$$= \int_a^b \frac{d}{dt} f(\boldsymbol{c}(t)) \, dt = f(\boldsymbol{c}(b)) - f(\boldsymbol{c}(a))$$

が成り立つ. 同様に $\displaystyle\int_{\boldsymbol{\gamma}} \boldsymbol{F} = f(\boldsymbol{\gamma}(b)) - f(\boldsymbol{\gamma}(a))$ が成り立つから, $\boldsymbol{c}(a) = \boldsymbol{\gamma}(\alpha)$, $\boldsymbol{c}(b) = \boldsymbol{\gamma}(\beta)$ より $\displaystyle\int_{\boldsymbol{c}} \boldsymbol{F} = \int_{\boldsymbol{\gamma}} \boldsymbol{F}$ を得る. □

例 7.6.7. (保存力). 物体が力 F を受けて点 $(x(a), y(a), z(a))$ から点 $(y(b), y(b), z(b))$ まで運動し, 時刻 t における位置が $r(t) = \begin{bmatrix} x(t) \\ y(t) \\ z(t) \end{bmatrix}$ $(a \le t \le b)$ だったとする. ベクトル場 F の曲線 r 上の線積分 $W = \displaystyle\int_r F$ を力 F のした仕事という.

$F = -\nabla\phi$ をみたす関数 ϕ が存在するとき, 力 F は保存力であるといい, 関数 ϕ を保存力 F のポテンシャルという. 定理 7.6.6 より保存力 F がした仕事 W は運動の経路によらず始点と終点のみで定まる: $W = \phi(r(a)) - \phi(r(b))$.

万有引力は保存力の重要な例の一つである. 質量 M の物体 A の位置を原点にとり, 質量 m の物体 B の位置を $r = \begin{bmatrix} x \\ y \\ z \end{bmatrix}$ で表すと, 物体 B が A から受ける万有引力 F は

$$F = -G\frac{Mm}{\|r\|^3}r = -G\frac{Mm}{(x^2+y^2+z^2)^{3/2}} \begin{bmatrix} x \\ y \\ z \end{bmatrix}$$

で与えられる. ここで, G は万有引力定数とう定数である. この力 F は保存力である. 実際,

$$\phi(x,y,z) = -G\frac{Mm}{\|r\|} = -G\frac{Mm}{\sqrt{x^2+y^2+z^2}}$$

とすれば

$$(\nabla\phi)(x,y,z) = G\frac{Mm}{(x^2+y^2+z^2)^{3/2}} \begin{bmatrix} x \\ y \\ z \end{bmatrix}$$

なので, $F = -\nabla\phi$ が成り立つ.

演習問題 7.6.1. 次の曲線 c の長さを求めよ.

(1) $c(t) = \begin{bmatrix} \cos t \\ \sin t \end{bmatrix}$ $(0 \le t \le 2\pi)$. (2) $c(t) = \begin{bmatrix} \cos(-t) \\ \sin(-t) \end{bmatrix}$ $(0 \le t \le 2\pi)$.

演習問題 7.6.2. $f(x,y) = x^2$ とする. 次の曲線 c に沿った積分 $\displaystyle\int_c f$ を求めよ.

(1) $c(t) = \begin{bmatrix} \cos t \\ \sin t \end{bmatrix}$ $(0 \le t \le 2\pi)$. (2) $c(t) = \begin{bmatrix} \cos(-t) \\ \sin(-t) \end{bmatrix}$ $(0 \le t \le 2\pi)$.

演習問題 7.6.3. 次の曲線 c に沿ったベクトル場 $F(x,y) = \begin{bmatrix} -y \\ x \end{bmatrix}$ の線積分を求めよ.

(1) $c(t) = \begin{bmatrix} \cos t \\ \sin t \end{bmatrix}$ $(0 \le t \le 2\pi)$. (2) $c(t) = \begin{bmatrix} \cos(-t) \\ \sin(-t) \end{bmatrix}$ $(0 \le t \le 2\pi)$.

7.7 広義積分

Riemann 積分は有界な閉区間 $[a, b]$ $(a, b \in \mathbb{R})$ 上での有界関数の積分を考えていたが, ここでは区間や関数が有界でない場合の積分を考える. ここで, 関数 f が有界であるとは, 実数 $M > 0$ を十分大きくとれば, 定義域全域で $|f(x)| \leq M$ が成り立つことである.

定義 7.7.1. $a \in \mathbb{R}$ とする. 連続関数 f が区間 $[a, \infty)$ で**広義積分可能** (improper integrable) であるとは, 極限

$$I = \lim_{c \to \infty} \int_a^c f(x)\, dx$$

が収束することである. このとき, 極限値 I を f の $[a, \infty)$ 上の **広義積分** (improper integral) といって $\displaystyle\int_a^\infty f(x)\, dx$ と表す.

極限 I が収束するとき広義積分 $\displaystyle\int_a^\infty f(x)\, dx$ は**収束する**という. 極限 I が発散するとき, 広義積分 $\displaystyle\int_a^\infty f(x)\, dx$ は**発散する**という.

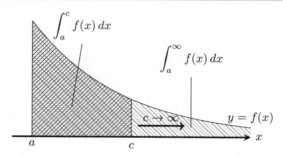

補足 7.7.2. 広義積分 $\displaystyle\int_a^\infty f(x)\, dx$ の定義では, まずは閉区間 $[a, c]$ 上の Riemann 積分を考える. f は $[a, c]$ 上連続なので Riemann 積分可能である. 次に, c を動かすと Riemann 積分の値 $\displaystyle\int_a^c f(x)\, dx$ は c についての関数である. 広義積分とはこの関数の $c \to \infty$ における極限である. したがって, 広義積分は x 軸と関数のグラフに囲まれた部分の面積を表す. ただし「無限に伸びた部分」の面積を考えることになる.

補足 7.7.3. 広義積分 $\displaystyle\int_0^\infty \frac{1}{x^2 + 1}\, dx$ を考える. 定義によると

$$\int_0^\infty \frac{1}{x^2 + 1}\, dx = \lim_{c \to 0} \int_0^c \frac{1}{x^2 + 1}\, dx = \lim_{c \to \infty} \Big[\mathrm{Tan}^{-1} x\Big]_0^c = \lim_{c \to \infty} \mathrm{Tan}^{-1} c = \frac{\pi}{2}$$

である. 記号の簡略化のため. しばしば $\left[\mathrm{Tan}^{-1}\,x\right]_0^\infty = \lim_{c\to\infty}\left[\mathrm{Tan}^{-1}\,x\right]_0^c$ と略記し,

$$\int_0^\infty \frac{1}{x^2+1}\,dx = \left[\mathrm{Tan}^{-1}\,x\right]_0^\infty = \frac{\pi}{2}$$

と計算することがある.

例 7.7.4. 次の広義積分の収束・発散を調べ, 収束する場合は広義積分の値を求めよ. ただし, $a,b,k \in \mathbb{R}$, $a < b$, $R > 0$ とする.

(1) $I = \displaystyle\int_R^\infty x^k\,dx.$ (2) $I = \displaystyle\int_a^\infty e^{kx}\,dx.$

解説: (1) $k = -1$ ならば

$$I = \int_R^\infty x^{-1}\,dx = \lim_{c\to\infty}\int_R^c x^{-1}\,dx = \lim_{c\to\infty}\left[\log|x|\right]_R^c = \lim_{c\to\infty}\left(\log c - \log R\right) = \infty$$

なので, 広義積分 I は ∞ に発散する.

次に $k \neq -1$ とする. このとき,

$$I = \lim_{c\to\infty}\int_R^c x^k\,dx = \lim_{c\to\infty}\left[\frac{x^{k+1}}{k+1}\right]_R^c = \lim_{c\to\infty}\frac{c^{k+1}-R^{k+1}}{k+1} = \begin{cases} \dfrac{-R^{k+1}}{k+1} & (k+1<0) \\ \infty & (k+1>0) \end{cases}$$

である. よって, $k < -1$ ならば広義積分 I は収束して $I = \dfrac{-R^{k+1}}{k+1}$ である. 一方, $k > -1$ ならば広義積分 I は ∞ に発散する. 以上をまとめると次のようになる.

$$I = \begin{cases} \dfrac{-R^{k+1}}{k+1} & (k<-1) \\ \infty & (k\geq-1) \end{cases}.$$

(2) $k = 0$ の場合は広義積分 I は ∞ に発散するので $k \neq 0$ とする. このとき,

$$I = \lim_{c\to\infty}\int_a^c e^{kx}\,dx = \lim_{c\to\infty}\left[\frac{e^{kx}}{k}\right]_a^c = \lim_{c\to\infty}\frac{e^{kc}-e^{ka}}{k} = \begin{cases} \dfrac{-e^{ka}}{k} & (k<0) \\ \infty & (k>0) \end{cases}$$

である. よって, $k < 0$ ならば広義積分 I は収束して $I = \dfrac{-e^{ka}}{k}$ である. 一方, $k > 0$ ならば広義積分 I は ∞ に発散する. 以上をまとめると次のようになる.

$$I = \begin{cases} \dfrac{-e^{ka}}{k} & (k<0) \\ \infty & (k\geq0) \end{cases}. \quad \square$$

例 7.7.5. (曲線下面積). 時刻 t における薬物の血中濃度を $x(t)$ とする. 広義積分 $\int_0^\infty x(t)\,dt$ の値は薬物血中濃度時間曲線下面積 (Area Under the blood concentration time Curve, AUC) といわれ, 薬物の効果の強弱を反映する一つの目安として用いられる[*4].

例えば, 時刻 t における濃度 $x(t)$ が以下のように測定されたとする. ただし, $t \geq 10$ の範囲では x を表すモデル $x(t)$ が与えられているとする.

t	0	1	3	8	10	$\cdots$
$x(t)$	0	80	70	10	5	$x(t)$

このとき, 台形公式により, 次のように AUC を見積もることができる:

$$\mathrm{AUC} = \frac{x(0)+x(1)}{2} + 2\frac{x(1)+x(3)}{2} + 5\frac{x(3)+x(8)}{2} + 2\frac{x(8)+x(10)}{2} + \int_{10}^\infty x(t)\,dt.$$

$(-\infty, b]$ 上の広義積分も $[a, \infty)$ 上の場合と同様に考えれば良い.

定義 7.7.6. $b \in \mathbb{R}$ とする. 連続関数 f が区間 $(-\infty, b]$ で**広義積分可能** (improper integrable) であるとは, 極限

$$I = \lim_{c \to -\infty} \int_c^b f(x)\,dx$$

が収束することである. このとき, 極限値 I を f の**広義積分** (improper integral) といって $\int_{-\infty}^b f(x)\,dx$ と表す.

極限 I が収束するとき, 広義積分 $\int_a^b f(x)\,dx$ は**収束する**という. 極限 I が発散するとき, 広義積分 $\int_a^b f(x)\,dx$ は**発散する**という.

[*4] 統計学にも AUC という量があり, それは ROC 曲線下面積を表す.

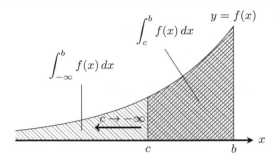

例 7.7.7. 次の広義積分の収束・発散を調べ, 収束する場合は広義積分の値を求めよ. ただし, $a, k \in \mathbb{R}$ とする.

(1) $I = \displaystyle\int_{-\infty}^{a} e^{kx}\, dx.$

(2) $I = \displaystyle\int_{-\infty}^{0} \dfrac{1}{x^2 + 1}\, dx.$

解説: (1) $k = 0$ の場合は広義積分 I は ∞ に発散するので $k \neq 0$ とする. このとき,

$$I = \lim_{c \to -\infty} \int_{c}^{a} e^{kx}\, dx = \lim_{c \to -\infty} \left[\frac{e^{kx}}{k}\right]_{c}^{a} = \lim_{c \to -\infty} \frac{e^{ka} - e^{kc}}{k} = \begin{cases} \dfrac{e^{ka}}{k} & k > 0 \\ \infty & k < 0 \end{cases}$$

である. よって, $k > 0$ ならば広義積分 I は収束して $I = \dfrac{e^{ka}}{k}$ である. 一方, $k < 0$ ならば広義積分 I は ∞ に発散する. 以上をまとめると次のようになる.

$$I = \begin{cases} \dfrac{e^{ka}}{k} & k > 0 \\ \infty & k \leq 0 \end{cases}.$$

(2) $I = \displaystyle\int_{-\infty}^{0} \dfrac{1}{x^2 + 1}\, dx = \left[\mathrm{Tan}^{-1} x\right]_{-\infty}^{0} = \dfrac{\pi}{2}.$ □

実数全体 $\mathbb{R} = (-\infty, \infty)$ 上の広義積分は区間を 2 つに分けて考える.

定義 7.7.8. $\mathbb{R} = (-\infty, \infty)$ 上の連続関数 f が $\mathbb{R}$ 上**広義積分可能**であるとは, 実数 $c \in \mathbb{R}$ に対して広義積分

$$\int_{-\infty}^{c} f(x)\, dx, \quad \int_{c}^{\infty} f(x)\, dx$$

がともに収束することと定める. このとき,

$$\int_{-\infty}^{\infty} f(x)\, dx = \int_{-\infty}^{c} f(x)\, dx + \int_{c}^{\infty} f(x)\, dx$$

と定め, この値を f の**広義積分**という.

連続関数 f が $\mathbb{R}$ 上広義積分可能であるとき広義積分 $\displaystyle\int_{-\infty}^{\infty} f(x)\,dx$ は **収束する** といい, 連続関数 f が $\mathbb{R}$ 上広義積分可能でないとき, すなわち, $\displaystyle\int_{-\infty}^{c} f(x)\,dx$ または $\displaystyle\int_{c}^{\infty} f(x)\,dx$ のうち少なくとも一方が発散するとき, 広義積分 $\displaystyle\int_{-\infty}^{\infty} f(x)\,dx$ は **発散する** という.

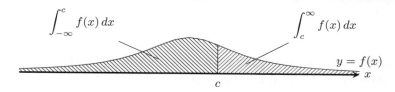

補足 7.7.9. $\mathbb{R}$ 上の広義積分の定義における $c \in \mathbb{R}$ はそのとり方によらない. 実際,

$$\int_{-\infty}^{c'} f(x)\,dx = \int_{-\infty}^{c} f(x)\,dx + \int_{c}^{c'} f(x)\,dx, \quad \int_{c'}^{\infty} f(x)\,dx = \int_{c}^{\infty} f(x)\,dx - \int_{c}^{c'} f(x)\,dx$$

が成り立つので, 広義積分 $\displaystyle\int_{-\infty}^{\infty} f(x)\,dx$ の収束・発散は, ある実数 $c \in \mathbb{R}$ に対して確かめれば良い. また, 収束する場合は次が成り立つ.

$$\int_{-\infty}^{c} f(x)\,dx + \int_{c}^{\infty} f(x)\,dx = \int_{-\infty}^{c'} f(x)\,dx + \int_{c'}^{\infty} f(x)\,dx.$$

補足 7.7.10. 以下の計算は広義積分の計算としては誤りである (Cauchy の主値という):

$$I = \int_{-\infty}^{\infty} \frac{2x}{x^2+1}\,dx = \lim_{c \to \infty} \int_{-c}^{c} \frac{2x}{x^2+1}\,dx = 0.$$

実際, 広義積分の定義によれば, $\mathbb{R} = (-\infty, \infty)$ における広義積分を考える際には広義積分 $\displaystyle\int_{-\infty}^{0} \frac{2x}{x^2+1}\,dx$ と広義積分 $\displaystyle\int_{0}^{\infty} \frac{2x}{x^2+1}\,dx$ をそれぞれ独立に考える必要がある. すなわち, $\pm\infty$ における極限は別々にとらなければならない. この広義積分 I は発散する (例 7.7.11 参照).

例 7.7.11. 次の広義積分の収束・発散を調べ, 収束する場合は広義積分の値を求めよ.

(1) $\displaystyle I = \int_{-\infty}^{\infty} \frac{1}{x^2+1}\,dx.$ 　　　　(2) $\displaystyle I = \int_{-\infty}^{\infty} \frac{2x}{x^2+1}\,dx$

証明: (1) $\displaystyle I = \int_{-\infty}^{0} \frac{1}{x^2+1}\,dx + \int_{0}^{\infty} \frac{1}{x^2+1}\,dx = \pi.$

(2) $\displaystyle \lim_{c \to \infty} \int_{0}^{c} \frac{2x}{x^2+1}\,dx = \lim_{c \to \infty} \Big[\log(x^2+1)\Big]_{0}^{c} = \lim_{c \to \infty} \log(c^2+1) = \infty$ より広義積分 I は発散する. □

例 7.7.12. (確率・統計と広義積分). 確率変数 X (例 7.5.1 の脚注参照) の値が b 以下である確率 $P(X \le b)$ が広義積分

$$P(X \le b) = \int_{-\infty}^{b} f(u)\,du$$

で与えられるとする. このとき, f を確率密度関数といい, 関数

$$F(x) = \int_{-\infty}^{x} f(u)\,du$$

を分布関数という. 確率というからには全事象の確率は 1 でなければならない. すなわち, 確率密度関数 f は $\displaystyle\int_{-\infty}^{\infty} f(u)\,du = 1$ をみたさねばならない.

重要な分布の一つである標準正規分布の確率密度関数は次で与えられる.

$$f(u) = \frac{1}{\sqrt{2\pi}} \exp\left(-\frac{u^2}{2}\right).$$

確率密度関数の $\mathbb{R}$ 上の広義積分は 1 でなければならないので

$$\int_{-\infty}^{\infty} \exp\left(-\frac{u^2}{2}\right)\,du = \sqrt{2\pi} \tag{7.7.1}$$

が成り立たねばならない. しかし, 関数 $\exp\left(-\dfrac{u^2}{2}\right)$ の原始関数は初等関数ではないので, 広義積分 $\displaystyle\int_{-\infty}^{\infty} \exp\left(-\frac{u^2}{2}\right)\,du$ が収束するかどうかすら明らかでない. この広義積分が収束することは例 7.7.18, 演習問題 7.7.4 を参照. 広義積分の値については 演習問題 7.7.4 を参照.

補足 7.7.13. その他の広義積分も同様に定義する.

- $[a, b)$ 上の連続関数 f の広義積分: $\displaystyle\int_{a}^{b} f(x)\,dx = \lim_{c \to b-0} \int_{a}^{c} f(x)\,dx.$
- $(a, b]$ 上の連続関数 f の広義積分: $\displaystyle\int_{a}^{b} f(x)\,dx = \lim_{c \to a+0} \int_{c}^{b} f(x)\,dx.$
- (a, b) 上の連続関数 f の広義積分: $\displaystyle\int_{a}^{b} f(x)\,dx = \int_{a}^{c} f(x)\,dx + \int_{c}^{b} f(x)\,dx.$
- $(a, c) \cup (c, b)$ 上の連続関数 f の広義積分: $\displaystyle\int_{a}^{b} f(x)\,dx = \int_{a}^{c} f(x)\,dx + \int_{c}^{b} f(x)\,dx.$
  $[a, c) \cup (c, b]$, $[a, c) \cup (c, b)$, $(a, c) \cup (c, b]$ 上の連続関数についても同様に広義積分を定める.

補足 7.7.14. 収束する広義積分に対しては定積分の場合と同様に置換積分法や部分積分法を使うことができる.

補足 7.7.15. 積分 $I = \displaystyle\int_{-1}^1 \dfrac{1}{x}\,dx$ を考える. 広義積分だと気づかず

$$I = \Big[\log|x| \Big]_{-1}^1 = \log 1 - \log 1 = 0$$

と計算しないこと. 広義積分 I は発散する (例 7.7.16 参照).

例 7.7.16. 次の積分の収束・発散を調べ, 収束する場合は広義積分の値を求めよ. ただし, $k \in \mathbb{R}$ とする.

(1) $I = \displaystyle\int_0^1 x^k\,dx.$ (2) $I = \displaystyle\int_{-1}^1 \dfrac{1}{x}\,dx.$

証明: (1) $k \neq -1$ のとき任意の $0 < c < 1$ に対して $\displaystyle\int_c^1 x^k\,dx = \left[\dfrac{1}{k+1} x^{k+1} \right]_c^1 = \dfrac{1 - c^{k+1}}{k+1}$ であり, $k = -1$ のとき任意の $0 < c < 1$ に対して $\displaystyle\int_c^1 x^k\,dx = [\log|x|]_c^1 = -\log c$ である. よって $k \le -1$ ならば $I = \displaystyle\lim_{c \to +0} \int_c^1 x^k\,dx = \infty$ で, $k > -1$ ならば $I = \displaystyle\lim_{c \to +0} \int_c^1 x^k\,dx = \dfrac{1}{k+1}$ である. なお, I は $k \ge 0$ ならば単なる定積分である.

(2) 関数 $\dfrac{1}{x}$ は $[-1,0) \cup (0,1]$ 上の連続関数なので, 広義積分 I を $\displaystyle\int_0^1 \dfrac{1}{x}\,dx$ と $\displaystyle\int_{-1}^0 \dfrac{1}{x}\,dx$ に分ける. (1) より広義積分 $\displaystyle\int_0^1 \dfrac{1}{x}\,dx$ は発散するので, 広義積分 I も発散する. □

次に被積分関数の原始関数を求めることが非常に大変な場合や初等関数で表せない場合の広義積分を考える. 収束することがわかれば数値計算を行うことができるので, 収束・発散の判定が重要である.

定理 7.7.17. 連続関数 f, g に対して次が成り立つ.

(1) $|f(x)| \le g(x)$ かつ広義積分 $\displaystyle\int_a^b g(x)\,dx$ が収束するならば, 広義積分 $\displaystyle\int_a^b f(x)\,dx$ も収束する.

(2) $f(x) \ge g(x) > 0$ かつ広義積分 $\displaystyle\int_a^b g(x)\,dx$ が発散するならば, 広義積分 $\displaystyle\int_a^b f(x)\,dx$ も発散する.

(3) $f(x) \le g(x) < 0$ かつ広義積分 $\displaystyle\int_a^b g(x)\,dx$ が発散するならば, 広義積分 $\displaystyle\int_a^b f(x)\,dx$ も発散する.

証明: 省略する. 積分が面積を表していることをイメージすると納得できるだろう. □

　定理 7.7.17 の g としてよく用いられる関数は多項式関数, 有理関数, 指数関数である. 適切な関数 g を使うためには試行錯誤して見つける必要がある. その際には収束・発散の速さに対する理解や Taylor 展開が役に立つ.

　例 7.7.18. 次の広義積分が収束することを示せ.

$$\int_{-\infty}^{\infty} e^{-x^2} \, dx.$$

解説: $|x| \to \infty$ のとき $e^{-x^2} \to 0$ となるが, この収束の速さは $|x|^{-k}$ $(k \in \mathbb{N})$ や $e^{-\alpha x}$ $(\alpha > 0)$ より速い. これを上手く用いて定理 7.7.17 を適用する. 以下にその方法を 3 種類挙げる.

方法 1 Taylor の定理より任意の実数 $t \in \mathbb{R}$ に対して $e^t = 1 + t + \dfrac{e^{\theta t}}{2} t^2$ をみたす実数 θ $(0 < \theta < 1)$ が存在する. $\dfrac{e^{\theta t}}{2} t^2 \geq 0$ だから $e^t \geq 1 + t$ が成り立つ. $t = x^2$ を代入して逆数をとれば $e^{-x^2} \leq \dfrac{1}{x^2 + 1}$ が成り立つ. $e^{-x^2} > 0$ かつ広義積分 $\displaystyle\int_{-\infty}^{\infty} \dfrac{1}{x^2 + 1} \, dx$ は収束する (例 7.7.11 参照) ので, 定理 7.7.17 より広義積分 $\displaystyle\int_{-\infty}^{\infty} e^{-x^2} \, dx$ も収束する.

方法 2 まず, $\displaystyle\lim_{|x| \to \infty} \dfrac{e^{-x^2}}{x^{-2}} = \lim_{|x| \to \infty} \dfrac{x^2}{e^{x^2}} = 0$ が成り立つので, 実数 $R > 0$ を十分大きくとれば, $|x| \geq R$ ならば $\dfrac{e^{-x^2}}{x^{-2}} \leq 1$, すなわち $e^{-x^2} \leq x^{-2}$ が成り立つ. 例 7.7.4 より広義積分 $\displaystyle\int_{R}^{\infty} x^{-2} \, dx$ は収束するので, 定理 7.7.17 より広義積分 $\displaystyle\int_{R}^{\infty} e^{-x^2} \, dx$ は収束する. 同様に広義積分 $\displaystyle\int_{-\infty}^{-R} e^{-x^2} \, dx$ も収束する. そこで広義積分 $\displaystyle\int_{-\infty}^{\infty} e^{-x^2} \, dx$ を $\displaystyle\int_{R}^{\infty} e^{-x^2} \, dx$ と $\displaystyle\int_{-R}^{R} e^{-x^2} \, dx$ と $\displaystyle\int_{-\infty}^{-R} e^{-x^2} \, dx$ に分けて考えると, 積分 $\displaystyle\int_{-R}^{R} e^{-x^2} \, dx$ は連続関数の Riemann 積分なのでもちろん収束する. 以上より広義積分 $\displaystyle\int_{-\infty}^{\infty} e^{-x^2} \, dx$ は収束する.

方法 3 積分 $\displaystyle\int_{-\infty}^{\infty}$ を $\displaystyle\int_{-\infty}^{-1}, \int_{-1}^{1}, \int_{1}^{\infty}$ の 3 つに分ける. $\displaystyle\int_{-1}^{1} e^{-x^2} \, dx$ は連続関数の定積分だから, 広義積分 $\displaystyle\int_{-\infty}^{-1} e^{-x^2} \, dx$ と広義積分 $\displaystyle\int_{1}^{\infty} e^{-x^2} \, dx$ が収束することを示せば良い. また, $t = -x$ とおくことで, これらの広義積分はどちらか一方が収束すればもう一方も収束して $\displaystyle\int_{-\infty}^{-1} e^{-x^2} \, dx = \int_{1}^{\infty} e^{-x^2} \, dx$ が成り立つことを確かめられる. そこで, 広義積分

$\displaystyle\int_1^\infty e^{-x^2}\,dx$ が収束することを示す. 実際, $x \geq 1$ ならば $-x^2 \leq -x$ なので, 指数関数の狭義単調性より $e^{-x^2} \leq e^{-x}$ である. 広義積分 $\displaystyle\int_1^\infty e^{-x}\,dx$ は収束するので, 定理 7.7.17 より

広義積分 $\displaystyle\int_{-\infty}^\infty e^{-x^2}\,dx$ も収束する. □

演習問題 7.7.1. 不安定な原子核は崩壊して放射線を放出し, 別の安定な原子核に変化することがある. 典型的な崩壊では, 時刻 t における原子の数 $N(t)$ は定数 $\lambda > 0$ を用いて $N(t) = N_0 e^{-\lambda t}$ と表される. 例えば $^{14}\mathrm{C}$ が崩壊して $^{14}\mathrm{F}$ になるのはその例である. この $\lambda > 0$ を崩壊定数といい, $N(T) = \dfrac{1}{2}N_0$ となる時刻 T を半減期, $N(\tau) = \dfrac{1}{e}N_0$ となる時刻 τ を平均寿命という. 次の問に答えよ.

(1) $\tau = \dfrac{1}{\lambda}$ が成り立つことを示せ.

(2) $\tau = \displaystyle\int_0^\infty e^{-\lambda t}\,dt$ が成り立つことを示せ.

(3) $T = \tau\log 2$ が成り立つことを示せ.

(4) $^{14}\mathrm{C}$ の半減期は 5730 年である. $^{14}\mathrm{C}$ の崩壊定数と平均寿命を求めよ. 必要なら $\log 2 = 0.6931$ とせよ.

演習問題 7.7.2. 次の広義積分の収束・発散を調べ, 収束する場合は広義積分の値を求めよ.

(1) $\displaystyle\int_0^\infty \cos x\,dx$. 　　(2) $\displaystyle\int_{-1}^1 \dfrac{1}{\sqrt{1-x^2}}\,dx$. 　　(3) $\displaystyle\int_1^\infty \dfrac{1}{(x+1)(x+2)}\,dx$.

演習問題 7.7.3. 次の広義積分の収束・発散を調べよ. ただし, $k \in \mathbb{R}$ とする.

(1) $\displaystyle\int_1^\infty x^{1/2}e^{-x}\,dx$. 　　(2) $\displaystyle\int_1^\infty \dfrac{x^k}{x^4+1}\,dx$. 　　(3) $\displaystyle\int_0^1 x^{-1/2}(1-x)^{1/2}\,dx$.

演習問題 7.7.4. $\mu \in \mathbb{R}$, $\sigma > 0$ とする. 広義積分

$$I = \int_{-\infty}^\infty \exp\left(\frac{-(x-\mu)^2}{2\sigma^2}\right)\,dx$$

について次の問に答えよ.

(1) 広義積分 I が収束することを示せ.

(2) $\displaystyle\int_{-\infty}^\infty \exp\left(-x^2\right)\,dx = \sqrt{\pi}$ であること (例 8.3.5 参照) を用いて I の値を求めよ.

演習問題 7.7.5. (Γ 関数). $s > 0$ に対して次の広義積分

$$\Gamma(s) = \int_0^\infty x^{s-1}e^{-x}\,dx$$

を考える. 次の問に答えよ. (1), (2) をあわせれば広義積分 $\Gamma(s)$ が収束することがわかる. 広義積分 $\Gamma(s)$ で定義される関数 Γ を $\overset{\text{ガンマ}}{\Gamma}$ **関数**という.

(1) $s > 0$ ならば広義積分 $\displaystyle\int_0^1 x^{s-1} e^{-x}\, dx$ が収束することを示せ.

(2) $s > 0$ ならば広義積分 $\displaystyle\int_1^\infty x^{s-1} e^{-x}\, dx$ が収束することを示せ.

(3) $s > 0$ に対して $\Gamma(s+1) = s\Gamma(s)$ が成り立つことを示せ.

(4) $n \in \mathbb{N}$ に対して $\Gamma(n+1) = n!$ が成り立つことを示せ.

(5) $\displaystyle\int_0^\infty x^{s-1} e^{-x^2}\, dx = \frac{1}{2}\Gamma\left(\frac{s}{2}\right)$ が成り立つことを示せ.

(6) $\displaystyle\int_0^\infty e^{-x^2}\, dx = \frac{\sqrt{\pi}}{2}$ であること (例 8.3.5 参照) を利用して $\Gamma\left(\dfrac{1}{2}\right)$ の値を求めよ.

(7) $n \in \mathbb{N}$ に対して $\Gamma\left(n + \dfrac{1}{2}\right)$ の値を求めよ.

演習問題 7.7.6. (B **関数**). $p, q > 0$ に対して広義積分

$$B(p, q) = \int_0^1 x^{p-1}(1 - x)^{q-1}\, dx$$

を考える ($p, q \geq 1$ の場合は単なる Riemann 積分である). 次の問に答えよ. (1), (2) をあわせれば広義積分 $B(p, q)$ が収束することがわかる. 広義積分 $B(p, q)$ で定義される関数 B を $\overset{\text{ベータ}}{B}$ **関数**という.

(1) $p, q > 0$ ならば広義積分 $\displaystyle\int_0^{1/2} x^{p-1}(1 - x)^{q-1}\, dx$ が収束することを示せ.

(2) $p, q > 0$ ならば広義積分 $\displaystyle\int_{1/2}^1 x^{p-1}(1 - x)^{q-1}\, dx$ が収束することを示せ.

(3) $B(p, q) = B(q, p)$ が成り立つことを示せ.

(4) $\displaystyle\int_a^b (x - a)^{p-1}(b - x)^{q-1}\, dx = (b - a)^{p+q-1} B(p, q)$ が成り立つことを示せ.

(5) $B(p, q) = 2\displaystyle\int_0^{\pi/2} \cos^{2p-1} t \sin^{2q-1} t\, dt$ が成り立つことを示せ.

(6) $B(1, q)$ の値を求めよ.

(7) $B(p+1, q) = \dfrac{p}{p+q} B(p, q)$ が成り立つことを示せ. 必要なら $x^p(1-x)^{q-1} = \left(\dfrac{x}{1-x}\right)^p (1-x)^{p+q-1}$ を用いよ.

(8) 自然数 m, n に対して $B(m+1, n+1)$ の値を求めよ.

(9) $B\left(\dfrac{1}{2}, \dfrac{1}{2}\right)$ の値を求めよ.

7.8 直交関数系

ベクトルの内積のみたす性質のうち重要なものを抽出し，公理化することで，関数の内積といっべき量を考えることができる．まずは内積の公理および公理から導かれる性質を学ぶ．以降，$\mathcal{F}$ は $I \subset \mathbb{R}$ 上の実数値関数を元とする集合で，次をみたしているとする．

(F1) $0 \in \mathcal{F}$.

(F2) $f, g \in \mathcal{F}$ ならば $f + g \in \mathcal{F}$.

(F3) $f \in \mathcal{F}$, $\alpha \in \mathbb{R}$ ならば $\alpha f \in \mathcal{F}$.

本書の具体例では，$\mathcal{F}$ として次を扱う．

- $C^0([a,b])$：閉区間 $[a,b]$ 上の連続関数全体．
- $\mathbb{R}[x]$：実係数多項式全体．

定義 7.8.1. (内積の公理). 任意の $f, g \in \mathcal{F}$ に対して実数 $\langle f, g \rangle \in \mathbb{R}$ が定義され，次をみたすとき，$\langle -, - \rangle$ は $\mathcal{F}$ 上の**内積** (inner product) であるといい，$\langle f, g \rangle$ を f と g の内積という．

(1) $\langle f, f \rangle \geq 0$ $(f \in \mathcal{F})$. 等号は $f = 0$ の場合のみ成り立つ．

(2) $\langle f, g \rangle = \langle g, f \rangle$ $(f, g \in \mathcal{F})$.

(3) $\langle f + g, h \rangle = \langle f, h \rangle + \langle g, h \rangle$ $(f, g, h \in \mathcal{F})$.

(4) $\langle \alpha f, g \rangle = \alpha \langle f, g \rangle$ $(f, g \in \mathcal{F}, \alpha \in \mathbb{R})$.

いったん内積が与えられると，ベクトルの場合と同様にして直交性やノルムが定義される．

定義 7.8.2. $\mathcal{F}$ 上の内積 $\langle -, - \rangle$ について次のように定義する．$f, g \in \mathcal{F}$ とする．

(1) f と g が**直交する** (orthogonal) とは，$\langle f, g \rangle = 0$ をみたすことである．

(2) f の**ノルム** (norm) を $\|f\| = \sqrt{\langle f, f \rangle}$ と定義する．

(3) $f \neq 0$ をみたすとき，$u = \dfrac{1}{\|f\|} f$ を f の**正規化** (normalization, 規格化) という．

補足 7.8.3. $f \in \mathcal{F}$ $(f \neq 0)$ の正規化 $u = \dfrac{1}{\|f\|} f$ のノルムは 1 である．実際，$\|u\| = \left\| \dfrac{1}{\|f\|} f \right\| = \dfrac{1}{\|f\|} \|f\| = 1$ だからである．

定理 7.8.4. $\mathcal{F}$ 上の内積 $\langle -, - \rangle$ について次が成り立つ．$f, g \in \mathcal{F}$, $\alpha \in \mathbb{R}$ とする．

(1) $\|\alpha f\| = |\alpha| \|f\|$.

(2) (Cauchy-Schwarz の不等式) $|\langle f, g \rangle| \leq \|f\| \|g\|$.

(3) (三角不等式) $\|f + g\| \leq \|f\| + \|g\|$.

(4) (Pythagoras の定理) f と g が直交することと $\|f + g\|^2 = \|f\|^2 + \|g\|^2$ が成り立つことは同値である.

証明:　(1) $\|\alpha f\|^2 = \langle \alpha f, \alpha f \rangle = |\alpha|^2 \|f\|^2$ より $\|\alpha f\| = |\alpha| \|f\|$.

(2) t についての関数 $\varphi(t) = \|tf + g\|^2$ を考える. $\varphi(t) = \|f\|^2 t^2 + 2\langle f, g \rangle t + \|g\|^2$ が成り立つので, $\varphi(t) \geq 0$ よりこの 2 次関数の判別式は 0 以下である. 以上より $|\langle f, g \rangle| \leq \|f\| \|g\|$ を得る.

(3) Cauchy-Schwarz の不等式より $\|f + g\|^2 = \|f\|^2 + 2\langle f, g \rangle + \|g\|^2 \leq \|f\|^2 + 2\|f\| \|g\| + \|g\|^2 = (\|f\| + \|g\|)^2$ が成り立つので, $\|f + g\| \leq \|f\| + \|g\|$ を得る.

(4) $\|f + g\|^2 = \|f\|^2 + 2\langle f, g \rangle + \|g\|^2$ なので, $\langle f, g \rangle = 0$ (すなわち, f と g が直交する) と $\|f + g\|^2 = \|f\|^2 + \|g\|^2$ が成り立つことは同値である. □

補足 7.8.5. 複素数値関数を元とする集合 $\mathcal{F}$ に対しても内積 $\langle f, g \rangle \in \mathbb{C}$ を定義でき, 直交性やノルムも定義できる. 量子力学では複素数値関数を扱うので, 内積も複素数値である. ただし, 複素数値関数の場合は内積の公理を次のように修正する必要がある ((2) が異なる).

(1) $\langle f, f \rangle \geq 0$　$(f \in \mathcal{F})$. 等号は $f = 0$ の場合のみ成り立つ.

(2) $\langle f, g \rangle = \overline{\langle g, f \rangle}$　$(f, g \in \mathcal{F})$.

(3) $\langle f + g, h \rangle = \langle f, h \rangle + \langle g, h \rangle$　$(f, g, h \in \mathcal{F})$.

(4) $\langle \alpha f, g \rangle = \alpha \langle f, g \rangle$　$(f, g \in \mathcal{F}, \alpha \in \mathbb{R})$.

(2) と (4) より

$$\langle f, \alpha g \rangle = \overline{\alpha} \langle f, g \rangle \quad (f, g \in \mathcal{F}, \alpha \in \mathbb{R})$$

が成り立つ. つまり, スカラー倍 (α 倍) に関しては, 2 つ目の成分について複素共役が現れる.

定義 7.8.2 (1) の等号成立条件を確かめるためには次の補題が有用である.

補題 7.8.6. 区間 $I \subset \mathbb{R}$ 上で連続な関数 f が $f(x) \geq 0$　$(x \in I)$ をみたすとする. このとき,

$$\int_I f(x)\,dx = 0 \quad \Longrightarrow \quad f(x) = 0 \;\; (x \in I)$$

が成り立つ.

証明: 背理法で証明する. ある $a \in I$ で $f(a) \neq 0$ をみたすとする. f の連続性より a は区間 I の端点でないとして良い. $f(a) \geq 0$ より $f(a) > 0$ である. f は連続だから, a の十分近くの x に対しても $f(x) > 0$ が成り立つ. すなわち, ある $\varepsilon > 0$ が存在して, $f(x) > 0$　$(a - \varepsilon \leq x \leq a + \varepsilon)$ が成り立つ. そこで, $f(x) \geq 0$ より $\int_I f(x)\,dx \geq \int_{a-\varepsilon}^{a+\varepsilon} f(x)\,dx > 0$ が成り立つ. これは $\int_I f(x)\,dx = 0$ に反する. したがって, $f(x) = 0$　$(x \in I)$ を得る. □

例 7.8.7. (L^2 **内積**). 実数 $a, b \in \mathbb{R}$ に対して $\mathcal{F} = C^0([a,b])$ とする. $f, g \in C^0([a,b])$ に対して次で定義される内積を閉区間 $[a,b]$ 上の L^2 内積という.

$$\langle f, g \rangle = \int_a^b f(x)g(x)\,dx.$$

L^2 内積であることを明示したいときは $\langle f, g \rangle_{L^2}$ とも書く. L^2 内積から定まるノルムを L^2 ノルムという. L^2 内積が内積の公理をみたすことを確かめよ.

解説: (1) $f(x)^2 \geq 0$ なので $\langle f, f \rangle = \int_a^b f(x)^2\,dx \geq 0$ が成り立つ. また, $f(x)^2 \geq 0$ だから, 補題 7.8.6 より $\langle f, f \rangle = 0$ ならば $f(x)^2 = 0$ が成り立つ. したがって, $f(x) = 0$ が成り立つ.

(2) $f(x)g(x) = g(x)f(x)$ より $\langle f, g \rangle = \int_a^b f(x)g(x)\,dx = \int_a^b g(x)f(x)\,dx = \langle g, f \rangle$.

(3) 積分の線型性より $\langle f + g, h \rangle = \int_a^b (f(x) + g(x))h(x)\,dx = \int_a^b f(x)h(x)\,dx + \int_a^b g(x)h(x)\,dx = \langle f, h \rangle + \langle g, h \rangle$.

(4) 積分の線型性より $\langle \alpha f, g \rangle = \int_a^b (\alpha f(x))g(x)\,dx = \alpha \int_a^b f(x)g(x)\,dx = \alpha \langle f, g \rangle$. □

例 7.8.8. 閉区間 $[0, 1]$ 上の L^2 内積

$$\langle f, g \rangle = \int_0^1 f(x)g(x)\,dx \quad (f, g \in C^0([0,1]))$$

について次の問に答えよ.

(1) 自然数 $m, n \in \mathbb{N}$ に対して内積 $\langle x^m, x^n \rangle$ を計算せよ.
(2) 自然数 $n \in \mathbb{N}$ に対してノルム $\|x^n\|$ を計算せよ.
(3) 関数 e^x と $x - 1$ が直交するかどうか判定せよ.

解説: (1) 内積の定義に従って計算する: $\langle x^m, x^n \rangle = \int_0^1 x^{m+n}\,dx = \dfrac{1}{m+n+1}$.

(2) ノルムは 2 乗する方が扱いやすい. $\|x^n\|^2 = \langle x^n, x^n \rangle = \dfrac{1}{2n+1}$ より $\|x^n\| = \dfrac{1}{\sqrt{2n+1}}$.

(3) e^x と $x - 1$ の内積が 0 であるかどうか確かめれば良い. 実際,

$$\langle e^x, x - 1 \rangle = \int_0^1 e^x(x-1)\,dx = 2 - e \neq 0 \text{ なので } e^x \text{ と } x - 1 \text{ は直交しない.} \quad \square$$

例 7.8.9. (重み付き内積). $\mathcal{F} = \mathbb{R}[x]$ とする. $\mathcal{F}$ 上には, 次のような内積を定義することができる: 1 点でない区間 $I \subset \mathbb{R}$ 上の連続関数 w が次をみたすとする.

(w1) $w(x) > 0$ $(x \in I)$.

(w2) w は I 上 (広義) 積分可能.

(w3) 任意の自然数 $n \in \mathbb{N}$ に対して $x^n w(x)$ は I 上 (広義) 積分可能.

このとき, w を重み関数とする内積を

$$\langle P, Q \rangle = \int_I P(x)Q(x)w(x)\, dx \quad (P, Q \in \mathbb{R}[x])$$

によって定義する. 内積の公理をみたすことの確認は演習問題 7.8.1 とする. w として次の関数がよく使われる.

- $w(x) = e^{-x^2}$ $(x \in \mathbb{R})$.
- $w(x) = e^{-x}$ $(x \geq 0)$.
- $w(x) = (x+1)^\alpha (1-x)^\beta$ $(-1 < x < 1)$ $(\alpha, \beta > -1$ は定数$)$.

互いに直交する関数の列が重要になることがある.

定義 7.8.10. $\mathcal{F}$ 上の内積 $\langle -, - \rangle$ を考える. 関数の列 $\{f_n\}_{n=0}^\infty$ $(f_n \in \mathcal{F})$ が

$$\langle f_m, f_n \rangle = 0 \quad (m \neq n)$$

をみたすとき, 関数の列 $\{f_n\}$ は**直交関数系** (system of orthogonal functions) であるという. 特に各 f_n が n 次多項式の場合は**直交多項式系** (system of orthogonal polynomials) という.

例 7.8.11. 直交多項式系の例を挙げる.

(1) $H_n(x) = (-1)^n e^{x^2} \dfrac{d^n}{dx^n} e^{-x^2}$ とする. H_n を Hermite(エルミート) 多項式という. Hermite 多項式による列 $\{H_n\}$ は $w(x) = e^{-x^2}$ $(x \in \mathbb{R})$ を重み関数とする内積について直交多項式系をなす. Hermite 多項式は量子的な 1 次元調和振動子の解に用いられる.

(2) $L_n(x) = e^x \dfrac{d^n}{dx^n} (x^n e^{-x})$ とする. L_n を Laguerre(ラゲール) 多項式という. Laguerre 多項式による列 $\{L_n\}$ は $w(x) = e^{-x}$ $(x \geq 0)$ を重み関数とする内積について直交多項式系をなす. Laguerre 多項式は水素類似原子の Schrödinger 方程式の解の動径部分に用いられる.

(3) $\alpha, \beta > -1$ に対して

$$P_n^{(\alpha, \beta)}(x) = \frac{(-1)^n}{2^n n!} (1-x)^{-\alpha} (1+x)^{-\beta} \frac{d^n}{dx^n} \left((1-x)^\alpha (1+x)^\beta (1-x^2)^n \right)$$

とする. $P_n^{(\alpha,\beta)}$ を Jacobi 多項式という. Jacobi 多項式による列 $\{P_n^{(\alpha,\beta)}\}$ は $w(x) = (1-x)^\alpha(1+x)^\beta$ $(-1 < x < 1)$ を重み関数とする内積について直交多項式系をなす.

(4) Jacobi 多項式で特に $\alpha = \beta = 0$ とした多項式 $P_n(x) = \dfrac{1}{2^n n!}\dfrac{d^n}{dx^n}(x^2 - 1)^n$ を Legendre 多項式という. Legendre 多項式は水素類似原子の Schrödinger 方程式の解の球面部分に用いられる.

例 7.8.12. Laguerre 多項式 $L_n(x) = e^x \dfrac{d^n}{dx^n}(x^n e^{-x})$ について次の問に答えよ.

(1) L_0, L_1, L_2 を計算せよ.

(2) 自然数 $n \in \mathbb{N}$ に対して次が成り立つことを示せ.

$$xL_n''(x) + (1-x)L_n'(x) + nL_n(x) = 0.$$

(3) $k \in \mathbb{N}$, $1 \le k \le n$ に対して広義積分 $\displaystyle\int_0^\infty x^k L_n(x)e^{-x}\,dx$ を計算せよ.

(4) 0 以上の整数 m, n に対して e^{-x} $(x \ge 0)$ を重みとする内積 $\langle L_m, L_n\rangle$ を計算せよ.

(5) 整数 $k = 0, 1, \ldots, n$ に対して以下で定義される多項式 $L_n^{(k)}$ を Laguerre の陪多項式という:

$$L_n^{(k)}(x) = \frac{d^k}{dx^k}L_n(x).$$

Laguerre の陪多項式の列 $\{L_n^{(k)}\}$ が次の直交関係をみたすことを示せ.

$$\int_0^\infty L_m^{(k)}(x)L_n^{(k)}(x)x^k e^{-x}\,dx = \begin{cases} 0 & m \ne n \\ \dfrac{(n!)^3}{(n-k)!} & m = n \end{cases}.$$

(6) Laguerre の陪多項式 $L_n^{(k)}$ が次をみたすことを示せ.

$$\left(x\frac{d^2}{dx^2} + (k+1-x)\frac{d}{dx} + (n-k)\right)L_n^{(k)}(x) = 0.$$

解説: (1) Leibniz 則より $(xe^{-x})' = e^{-x} - xe^{-x}$, $(x^2 e^{-x})'' = 2e^{-x} - 4xe^{-x} + x^2 e^{-x}$ だから $L_0(x) = 1$, $L_1(x) = -x + 1$, $L_2(x) = x^2 - 4x + 2$.

(2) Leibniz 則より $L_n(x) = e^x \displaystyle\sum_{k=0}^n \binom{n}{k}(x^n)^{(n-k)}(e^{-x})^{(k)} = n!\sum_{k=0}^n (-1)^k \binom{n}{k}\frac{x^k}{k!}$ なので, $L_n'(x) = n!\displaystyle\sum_{k=0}^{n-1}(-1)^k \binom{n}{k+1}\frac{x^k}{k!}$, $L_n''(x) = n!\displaystyle\sum_{k=0}^{n-2}(-1)^k \binom{n}{k+2}\frac{x^k}{k!}$ である. よって,

$$\frac{1}{n!}\left(xL_n''(x) + (1-x)L_n'(x) + nL_n(x)\right)$$

$$= -\binom{n}{1} + n\binom{n}{0}$$
$$+ \sum_{k=1}^{n-1} \frac{(-1)^k}{(k+1)!} \binom{n}{k} \left(-k(n-k) - (n-k) - k(k+1) + n(k+1)\right) x^k$$
$$- (-1)^n \binom{n}{n} \frac{x^n}{(n-1)!} + n(-1)^n \binom{n}{n} \frac{x^n}{n!}$$
$$= 0$$

が成り立つ.

(3) 部分積分を繰り返し行うことで,

$$\int_0^\infty x^k L_n(x) e^{-x}\, dx = (-1)^k k! \int_0^\infty \frac{d^{n-k}}{dx^{n-k}} \left(x^n e^{-x}\right)\, dx$$

を得る. よって, $0 \le k < n$ ならば

$$\int_0^\infty x^k L_n(x) e^{-x}\, dx = (-1)^k k! \int_0^\infty \frac{d^{n-k}}{dx^{n-k}} \left(x^n e^{-x}\right)\, dx$$
$$= (-1)^k k! \left[\frac{d^{n-k-1}}{dx^{n-k-1}} \left(x^n e^{-x}\right)\right]_0^\infty$$
$$= (-1)^k k! \left[\left((-1)^{n-k-1} x^n + \cdots + \frac{n!}{(k+1)!} x^{k+1}\right) e^{-x}\right]_0^\infty = 0.$$

$k = n$ ならば $\displaystyle \int_0^\infty x^n L_n(x) e^{-x}\, dx = (-1)^n n! \int_0^\infty x^n e^{-x}\, dx = (-1)^n (n!)^2.$

(4) (2) で $L_n(x) = (-1)^n x^n + (低次の項)$ であることを確かめたので, $m \ne n$ ならば $\langle L_m, L_n \rangle = 0$, $m = n$ ならば $\langle L_n, L_n \rangle = (n!)^2$.

(5) Leibniz 則より $L_n^{(k)}(x) = e^x \displaystyle\sum_{r=0}^k \binom{k}{r} \frac{d^{n+r}}{dx^{n+r}} (x^n e^{-x})$ が成り立つ. したがって, $0 \le m \le n$ に対して

$$\int_0^\infty x^m L_n^{(k)}(x) e^{-x}\, dx = \sum_{r=0}^k \binom{k}{r} \int_0^\infty x^m \frac{d^{n+r}}{dx^{n+r}} (x^n e^{-x})\, dx$$
$$= \sum_{r=0}^k \binom{k}{r} (-1)^m m! \int_0^\infty \frac{d^{n-m+r}}{dx^{n-m+r}} (x^n e^{-x})\, dx$$

が成り立つので, $0 \le m < n$ ならば $\displaystyle \int_0^\infty x^m L_n^{(k)}(x) e^{-x}\, dx = 0$, $m = n$ ならば $\displaystyle \int_0^\infty x^n L_n^{(k)}(x) e^{-x}\, dx = (-1)^n (n!)^2$ が成り立つ. 次に $L_n(x) = (-1)^n x^n +$

(低次の項) を k 回微分すると $L_n^{(k)}(x) = (-1)^n \dfrac{n!}{(n-k)!} x^{n-k} + ($低次の項$)$ である

ことを利用すれば次を得る.

$$\int_0^\infty L_m^{(k)}(x) L_n^{(k)}(x) x^k e^{-x} \, dx = \begin{cases} 0 & m \neq n \\ \dfrac{(n!)^3}{(n-k)!} & m = n \end{cases}.$$

(6) (2) の両辺を k 回微分すれば所望の関係式を得る. □

演習問題 7.8.1. I 上の連続関数 w が (w1), (w2), (w3) をみたすとする. w を重み関数とする内積が内積の公理をみたすことを確かめよ.

演習問題 7.8.2. Legendre 多項式 $P_n(x) = \dfrac{1}{2^n n!} \dfrac{d^n}{dx^n} (x^2 - 1)^n$ について次の問に答えよ.

(1) P_0, P_1, P_2 を計算せよ.

(2) 自然数 $n \in \mathbb{N}$ に対して次が成り立つことを示せ.

$$(1 - x^2) P_n''(x) - 2x P_n'(x) + n(n+1) P_n(x) = 0.$$

(3) $k \in \mathbb{N}$, $1 \leq k \leq n$ に対して定積分 $\displaystyle\int_{-1}^1 x^k P_n(x) \, dx$ を計算せよ.

(4) 0 以上の整数 m, n に対して $[-1, 1]$ 上の L^2 内積 $\langle P_m, P_n \rangle$ を計算せよ.

(5) 整数 $k = 0, 1, \ldots, n$ に対して以下で定義される関数 $P_n^{(k)}$ を Legendre の陪関数という:

$$P_n^{(k)}(x) = (1 - x^2)^{k/2} \dfrac{d^k}{dx^k} P_n(x).$$

Legendre の陪関数の列 $\{ P_n^{(k)} \}$ は次の直交関係をみたすことを示せ:

$$\int_{-1}^1 P_m^{(k)}(x) P_n^{(k)}(x) \, dx = \begin{cases} 0 & m \neq n \\ \dfrac{2(n+k)!}{(2n+1)(n-k)!} & m = n \end{cases}.$$

(6) Legendre の陪関数 $P_n^{(k)}$ が次をみたすことを示せ.

$$\left((1 - x^2) \dfrac{d^2}{dx^2} - 2x \dfrac{d}{dx} + n(n+1) - \dfrac{k^2}{1 - x^2} \right) P_n^{(k)} = 0.$$

演習問題 7.8.3. Hermite 多項式 $H_n(x) = (-1)^n e^{x^2} \dfrac{d^n}{dx^n} e^{-x^2}$ と内積

$$\langle P, Q \rangle = \int_{-\infty}^\infty P(x) Q(x) e^{-x^2} \, dx \quad (P, Q \in \mathbb{R}[x])$$

について次の問に答えよ.

(1) H_0, H_1, H_2 を計算せよ.

(2) 次が成り立つことを示せ.

$$H_{n+2}(x) - 2xH_{n+1}(x) + 2(n+1)H_n(x) = 0.$$

(3) 次が成り立つことを示せ.

$$H_n''(x) - 2xH_n'(x) + 2nH_n(x) = 0.$$

(4) 次が成り立つことを示せ. 必要なら $\displaystyle\int_{-\infty}^{\infty} e^{-x^2}\,dx = \sqrt{\pi}$ であること (例 8.3.5 参照) や演習問題 7.7.5 を利用して良い.

$$\langle H_m, H_n \rangle = \begin{cases} 0 & m \neq n \\ 2^n n! \sqrt{\pi} & m = n \end{cases}.$$

第 8 章

積分法 (主に 2 変数)

n 変数関数の Riemann 積分を n 重積分, または単に重積分という. 1 変数関数の積分は積分領域として閉区間のみを考えれば十分であったが, 重積分の積分領域は多様なものを考えなければならない. また, 1 変数と同様で, 定義に基づく重積分の計算は多くの場合に困難である. さらに, 多変数関数の原始関数は定義されないので, 1 変数の場合のように微分積分学の基本定理を用いて積分を計算することができない. そこで, 重積分を「1 変数関数の積分の繰り返し」に帰着して計算する.

8.1 重積分の定義

1 変数関数の Riemann 積分は, 関数のグラフと x 軸によって作られる部分の面積を計算するものであった. 重積分でも考え方は同じである. 例えば, 2 重積分では関数のグラフと xy 平面によってできる柱状の部分の体積を計算することになる.

実数 $a, b, c, d \in \mathbb{R}$ に対して平面 $\mathbb{R}^2$ の部分集合

$$I = [a, b] \times [c, d] = \{(x, y) \in \mathbb{R}^2 \,;\, a \le x \le b, \, c \le y \le d\}$$

を $\mathbb{R}^2$ の **区間** という. 同様に, 自然数 $n \in \mathbb{N}$ と実数 $a_i, b_i \in \mathbb{R}$ $(i = 1, 2, \ldots, n)$ に対して $\mathbb{R}^n$ の部分集合 $I = [a_1, b_1] \times [a_2, b_2] \times \cdots \times [a_n, b_n]$ を $\mathbb{R}^n$ の **区間** という. $\mathbb{R}^n$ の区間 I に対して $v(I) = \prod_{k=1}^{n} (b_k - a_k) = (b_1 - a_1) \cdot \cdots \cdot (b_n - a_n)$ を I の n **次元体積** という. 特に $n = 1$ の場合は I の **長さ**, $n = 2$ の場合は I の **面積**, $n = 3$ の場合は I の **体積** ともいう.

2 変数の場合に戻ろう. 閉区間 $[a, b]$ の分割を $a = x_0 < \cdots < x_m = b$, 閉区間 $[c, d]$ の分割を $c = y_0 < \cdots < y_n = d$ とする. これらを合わせて区間 $I = [a, b] \times [c, d]$ の **分割** Δ という. 分割 Δ に対して小区間 $I_{i,j} = [x_{i-1}, x_i] \times [y_{j-1}, y_j]$ $(i = 1, 2, \ldots, m, j = 1, 2, \ldots, n)$

が定まる. このとき, $v(I) = \displaystyle\sum_{i=1}^{m}\sum_{j=1}^{n} v(I_{i,j})$ が成り立つ. 分割 Δ に対して

$$|\Delta| = \max_{\substack{1 \le i \le m \\ 1 \le j \le n}} \sqrt{(x_i - x_{i-1})^2 + (y_j - y_{j-1})^2}$$

を分割 Δ の**幅**という. Δ の幅 $|\Delta|$ は小区間 $I_{i,j}$ の対角線の長さの最大値に他ならない. 1 変数関数の Riemann 積分と同様に, 分割の幅を小さくしていくことで, Riemann 和の極限として重積分を定義する.

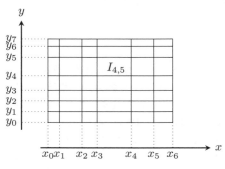

区間の分割と小区間

定義 8.1.1. f を I 上の関数とする. $\mathbb{R}^2$ の区間 $I = [a_1, b_1] \times [a_2, b_2]$ の分割 Δ に対し, 小区間 $I_{i,j}$ から任意に代表点 $(\xi_i, \eta_j) \in I_{i,j}$ をとり, 和

$$S(f; \Delta; \{(\xi_i, \eta_j)\}) = \sum_{i=1}^{m}\sum_{j=1}^{n} f(\xi_i, \eta_j) v(I_{i,j})$$

を考える. この和 $S(f; \Delta; \{(\xi_i, \eta_j)\})$ を f の Δ に関する **Riemann 和**という.

もしある実数 R が存在して, 代表点 $(\xi_i, \eta_j) \in I_{i,j}$ のとり方に依存することなく幅 $|\Delta| \to 0$ における極限値が R となる, すなわち

$$\lim_{|\Delta| \to 0} S(f; \Delta; \{(\xi_i, \eta_j)\}) = R$$

となるとき, f は I 上 **Riemann 積分可能** (または**可積分** (integrable)) といい, R を f の I 上での **Riemann 積分** (または**重積分**, **積分** (integral)) という. そしてこの極限値 R を

$$R = \int_I f(x, y)\, dxdy$$

等と表す. f の Riemann 積分を求めることを f を**積分する** (integrate) といい, f を**被積分関数** (integrand) という.

　区間以外では次のようにして定める. 有界集合 $D \subset \mathbb{R}^2$ が与えられたとき, 十分大きな区間 $I \subset \mathbb{R}^2$ を選べば $D \subset I$ をみたすようにできることに注意しよう.

定義 8.1.2. 有界集合 $D \subset \mathbb{R}^2$ 上の関数 f と $D \subset I$ なる区間 $I \subset \mathbb{R}^2$ を考える. このとき, I 上の関数 f_I を

$$f_I(x,y) = \begin{cases} f(x,y) & (x,y) \in D \\ 0 & (x,y) \in I \setminus D \end{cases}$$

と定義する. 関数 f_I が I 上 Riemann 積分可能であるとき, 関数 f は D 上 Riemann 可能であるといい, f の D 上の Riemann 積分 (または重積分, 積分) を

$$\int_D f(x,y)\,dxdy = \int_I f_I(x,y)\,dxdy$$

により定める. f の Riemann 積分を求めることを f を積分するといい, f を被積分関数という.

　定義より D 上の積分は $D \subset I$ をみたす区間 I のとり方によらない.

補足 8.1.3. 重積分と同様の手順で $n \geq 3$ に対する n 重積分 $\int_D f(x_1, \ldots, x_n)\,dx_1 \cdots dx_n$ も定義する. すなわち, 最初に区間 $I = [a_1, b_1] \times [a_2, b_2] \times \cdots \times [a_n, b_n]$ 上の Riemann 和の極限として積分を定義してから一般の有界集合 D 上の積分を定義する.

補足 8.1.4. 重積分の記号は $\iint_D f(x,y)\,dxdy$ と書くこともあるが, 本書では $\int$ は一つしか書かない. もし $\iint_D f(x,y)\,dxdy$ と書くならば, 変数が増えた場合に $\iiint_D f(x,y,z)\,dxdydz$ のように変数の数だけ $\int$ も増やす.

　どのような関数が Riemann 積分可能だろうか.

定義 8.1.5. 有界集合 $D \subset \mathbb{R}^2$ が**面積確定集合**であるとは, 定数関数 1 が D 上 Riemann 積分可能であることをいう. このとき, $m(D) = \int_D 1\,dxdy = \int_D dxdy$ を D の**面積**という. 同様に, 有界集合 $D \subset \mathbb{R}^n$ が n **次元体積確定集合**であるとは, 定数関数 1 が D 上 Riemann 積分可能であることをいい, 積分値 $m(D) = \int_D dx_1 \cdots x_n$ を D の n **次元体積**という.

　重要な面積確定集合の例として, 縦線集合が挙げられる. 縦線集合は面積確定集合である (証明は省略).

定義 8.1.6. 有界閉集合 $D \subset \mathbb{R}^2$ が**縦線集合**であるとは, 次の (1), (2) のうち少なくとも一方が成り立つことである.

(1) 定数 $a, b \in \mathbb{R}$ と連続関数 φ_1, φ_2 が存在して

$$D = \{(x, y) \in \mathbb{R}^2 \, ; \, a \leq x \leq b, \, \varphi_1(x) \leq y \leq \varphi_2(x)\}$$

が成り立つ.

(2) 定数 $c, d \in \mathbb{R}$ と連続関数 ψ_1, ψ_2 が存在して

$$D = \{(x, y) \in \mathbb{R}^2 \, ; \, \psi_1(y) \leq x \leq \psi_2(y), \, c \leq y \leq d\}$$

が成り立つ.

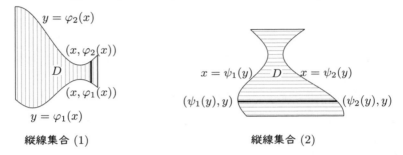

縦線集合 (1)   縦線集合 (2)

面積確定集合上の連続関数は可積分である. 証明は行わないが, この結果は重要である.

定理 8.1.7. 面積確定集合 D 上の連続関数は D 上 Riemann 積分可能である.

重積分に対しても定積分の場合と同様の性質が成り立つ.

定理 8.1.8. 部分集合 $D, D_1, D_2 \subset \mathbb{R}^2$ は面積確定集合で, f, g は考えている積分領域で連続であるとする. このとき, 次が成り立つ.

(1) 定数 $\alpha, \beta \in \mathbb{R}$ に対して次が成り立つ.

$$\int_D (\alpha f(x, y) + \beta g(x, y)) \, dxdy = \alpha \int_D f(x, y) \, dxdy + \beta \int_D g(x, y) \, dxdy.$$

(2) $f(x, y) \leq g(x, y)$ ならば次が成り立つ.

$$\int_D f(x, y) \, dxdy \leq \int_D g(x, y) \, dxdy.$$

(3) $m(D) = 0$ ならば $\displaystyle\int_D f(x, y) \, dxdy = 0$ が成り立つ.

(4) $D = D_1 \cup D_2$ ならば

$$\int_D f(x, y) \, dxdy = \int_{D_1} f(x, y) \, dxdy + \int_{D_2} f(x, y) \, dxdy - \int_{D_1 \cap D_2} f(x, y) \, dxdy$$

が成り立つ. 特に $m(D_1 \cap D_2) = 0$ ならば, (3) より次が成り立つ.

$$\int_{D_1 \cup D_2} f(x,y) \, dxdy = \int_{D_1} f(x,y) \, dxdy + \int_{D_2} f(x,y) \, dxdy.$$

(5) $D_1 \subset D_2$ かつ $f(x,y) \geq 0$ $((x,y) \in D_2)$ ならば次が成り立つ.

$$\int_{D_1} f(x,y) \, dxdy \leq \int_{D_2} f(x,y) \, dxdy$$

証明: (1) 区間 I 上の連続関数に対しては定理 7.1.8 の証明を真似すれば良い. 一般の面積確定集合 D の場合は $D \subset I$ をみたす区間 I をとれば良い.

(2) (1) と同様.

(3) 可積分性についての深い理解が必要なので省略する.

(4) $D \subset I$ をみたす I をとる. 部分集合 $A \subset D$ に対して

$$f|_A(x,y) = \begin{cases} f(x,y) & ((x,y) \in A) \\ 0 & ((x,y) \notin A) \end{cases}$$

と定義すると次を得る.

$$\int_D f(x,y) \, dxdy$$
$$= \int_D \left(f|_{D_1}(x,y) + f|_{D_2}(x,y) - f|_{D_1 \cap D_2}(x,y) \right) dxdy$$
$$= \int_I (f|_{D_1})_I(x,y) \, dxdy + \int_I (f|_{D_2})_I(x,y) \, dxdy - \int_I (f|_{D_1 \cap D_2})_I(x,y) \, dxdy$$
$$= \int_{D_1} f(x,y) \, dxdy + \int_{D_2} f(x,y) \, dxdy - \int_{D_1 \cap D_2} f(x,y) \, dxdy.$$

(5) $D_2 \subset I$ をみたす区間 I をとると $D_1 \subset I$ も成り立つ. $f(x,y) \geq 0$ $((x,y) \in D_2)$ だから, $(f|_{D_1})_I(x,y) \leq f_I(x,y)$ $((x,y) \in I)$ が成り立つ. よって, (2) より

$$\int_{D_1} f(x,y) \, dxdy = \int_I (f|_{D_1})_I(x,y) \, dxdy$$
$$\leq \int_I f_I(x,y) \, dxdy = \int_{D_2} f(x,y) \, dxdy. \quad \square$$

8.2 累次積分

1 変数関数の積分を繰り返し行うことを累次積分という. 重積分を累次積分に書き直すことは重積分を計算するための重要なステップである.

定義 8.2.1. 定数 $a, b \in \mathbb{R}$ と関数 φ_1, φ_2 に対して縦線集合

$$D = \{(x, y) \in \mathbb{R}^2 \,;\, a \leq x \leq b,\, \varphi_1(x) \leq y \leq \varphi_2(x)\}$$

を考え, f を D 上の関数とする. このとき, 各 $x \in [a, b]$ に対して閉区間 $[\varphi_1(x), \varphi_2(x)]$ 上の関数 $f_1(y) = f(x, y)$ が Riemann 積分可能で, さらに, 関数

$$F_1(x) = \int_{\varphi_1(x)}^{\varphi_2(x)} f_1(y)\, dy = \int_{\varphi_1(x)}^{\varphi_2(x)} f(x, y)\, dy$$

が $[a, b]$ 上 Riemann 積分可能であるとする. このとき, 積分

$$\int_a^b F_1(x)\, dx = \int_a^b \left(\int_{\varphi_1(x)}^{\varphi_2(x)} f_1(y)\, dy \right) dx = \int_a^b \left(\int_{\varphi_1(x)}^{\varphi_2(x)} f(x, y)\, dy \right) dx$$

を (先に y について積分する) **累次積分** (iterated integral, 逐次積分) という.
同様に, 縦線集合

$$D = \{(x, y) \in \mathbb{R}^2 \,;\, \psi_1(y) \leq x \leq \psi_2(y),\, c \leq y \leq d\}$$

に対して積分

$$\int_c^d F_2(y)\, dy = \int_c^d \left(\int_{\psi_1(y)}^{\psi_2(y)} f(x, y)\, dx \right) dy$$

を (先に x について積分する) **累次積分**という.

補足 8.2.2. 累次積分は次のような記号を用いることがある. 1 つ目は定義そのもの. 2 つ目は積分の順番を意識した簡略記法. $\displaystyle\int_a^b dx$ と $\displaystyle\int_{\varphi_1(x)}^{\varphi_2(x)} f(x, y)\, dy$ の積ではない. 3 つ目は記号 $\displaystyle\int_a^b dx$, $\displaystyle\int_{\varphi_1(x)}^{\varphi_2(x)} dy$ を積分作用素として見た記号. どれを使っても良い.

$$\int_a^b \left(\int_{\varphi_1(x)}^{\varphi_2(x)} f(x, y)\, dy \right) dx = \int_a^b dx \int_{\varphi_1(x)}^{\varphi_2(x)} f(x, y)\, dy = \int_a^b dx \int_{\varphi_1(x)}^{\varphi_2(x)} dy\, f(x, y).$$

$$\int_c^d \left(\int_{\psi_1(y)}^{\psi_2(y)} f(x, y)\, dx \right) dy = \int_c^d dy \int_{\psi_1(y)}^{\psi_2(y)} f(x, y)\, dx = \int_c^d dy \int_{\psi_1(y)}^{\psi_2(y)} dx\, f(x, y).$$

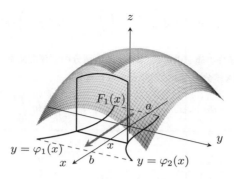

累次積分のイメージ

有界閉集合 $D \subset \mathbb{R}^2$ が定義 8.1.6 (1), (2) の条件をともに満足するとき, ふたつの累次積分 $\int_a^b \left(\int_{\varphi_1(x)}^{\varphi_2(x)} f(x,y)\, dy \right) dx,\ \int_c^d \left(\int_{\psi_1(y)}^{\psi_2(y)} f(x,y)\, dx \right) dy$ が定義される. これらは連続関数に対しては一致する. 証明は省略するが, 上図のイメージから納得できるであろう.

定理 8.2.3. 縦線集合 $D \subset \mathbb{R}^2$ 上の連続関数 f を考える.

(1) 縦線集合 $D \subset \mathbb{R}^2$ が定義 8.1.6 (1) の条件をみたすならば, 次が成り立つ.

$$\int_D f(x,y)\, dxdy = \int_a^b \left(\int_{\varphi_1(x)}^{\varphi_2(x)} f(x,y)\, dy \right) dx.$$

(2) 縦線集合 $D \subset \mathbb{R}^2$ が定義 8.1.6 (2) の条件をみたすならば, 次が成り立つ.

$$\int_D f(x,y)\, dxdy = \int_c^d \left(\int_{\psi_1(y)}^{\psi_2(y)} f(x,y)\, dx \right) dy.$$

(3) 縦線集合 $D \subset \mathbb{R}^2$ が定義 8.1.6 (1), (2) の条件をともにみたすならば, 次が成り立つ.

$$\int_D f(x,y)\, dxdy = \int_a^b \left(\int_{\varphi_1(x)}^{\varphi_2(x)} f(x,y)\, dy \right) dx = \int_c^d \left(\int_{\psi_1(y)}^{\psi_2(y)} f(x,y)\, dx \right) dy.$$

補足 8.2.4. n 重積分も累次積分を用いて計算することができる. 実際, 有界閉集合 $D' \subset \mathbb{R}^{n-1}$ と D' 上の連続関数 φ_1, φ_2 が与えられ,

$$D = \{ x = (x', x_n) \in \mathbb{R}^n\,;\, x' \in D',\, \varphi_1(x') \le x_n \le \varphi_2(x') \} \tag{8.2.1}$$

が成り立つとき, D は縦線集合であるという. 縦線集合 D 上の連続関数 f に対して次が成り立つ.

$$\int_D f(x)\,dx_1 \cdots dx_n = \int_{D'} \left(\int_{\varphi_1(x')}^{\varphi_2(x')} f(x)\,dx_n \right) dx'. \tag{8.2.2}$$

例 8.2.5. 次の累次積分の値を求めよ. また, 累次積分の順序を変更せよ. すなわち, 定理 8.2.3 (3) を用いて累次積分する変数の順番を入れ替えよ.

(1) $I = \displaystyle\int_0^1 \left(\int_0^2 xy\,dy \right) dx.$ (2) $I = \displaystyle\int_0^1 dy \int_0^y \frac{2}{1+y^2}\,dx.$

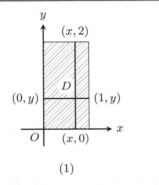

(1)

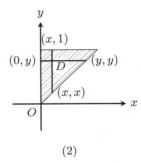

(2)

解説: 面積確定集合 D を図示すると考えやすい.

(1) 累次積分の値は

$$I = \int_0^1 x \left(\int_0^2 y\,dy \right) dx = \int_0^1 x\,dx \cdot \int_0^2 y\,dy = \left[\frac{x^2}{2} \right]_0^1 \cdot \left[\frac{y^2}{2} \right]_0^2 = \frac{1}{2} \cdot \frac{4}{2} = 1.$$

次に累次積分の順序を変更する. 累次積分 I は縦線集合 $D = [0,1] \times [0,2]$ に対する累次積分なので, 積分の順序を変更すると $I = \displaystyle\int_0^2 \left(\int_0^1 xy\,dx \right) dy$ である.

(2) 累次積分の値は

$$I = \int_0^1 \left[\frac{2x}{1+y^2} \right]_{x=0}^{x=y} dy = \int_0^1 \frac{2y}{1+y^2}\,dy = \left[\log(1+y^2) \right]_{y=0}^{y=1} = \log 2.$$

次に累次積分の順序を変更する. 累次積分 I は縦線集合

$$D = \{(x,y) \in \mathbb{R}^2 \,;\, 0 \le x \le y,\, 0 \le y \le 1\} = \{(x,y) \in \mathbb{R}^2 \,;\, 0 \le x \le 1,\, x \le y \le 1\}$$

に対する累次積分である. よって積分の順序を変更すると $I = \displaystyle\int_0^1 dx \int_x^1 \frac{2}{1+y^2}\,dy$ である. $\square$

例 8.2.6. 次の重積分 I について以下の問に答えよ.

$$I = \int_D xy^2 \, dxdy, \quad D = \{(x,y)\,;\, 0 \le y \le x \le 1\}.$$

(1) y について先に積分することで重積分 I の値を求めよ.

(2) x について先に積分することで重積分 I の値を求めよ.

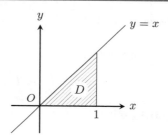

解説: まずは上図のように D を図示すると考えやすい.

(1) D の定義より

$$D = \{(x,y) \in \mathbb{R}^2 \,;\, 0 \le x \le 1,\, 0 \le y \le x\}$$

だから, y について先に積分する累次積分に書きかえて累次積分を計算すると

$$I = \int_0^1 dx \int_0^x xy^2 \, dy = \int_0^1 \left[\frac{xy^3}{3}\right]_{y=0}^{y=x} dx = \int_0^1 \frac{x^4}{3} \, dx = \frac{1}{15}.$$

(2) D の定義より

$$D = \{(x,y) \in \mathbb{R}^2 \,;\, y \le x \le 1,\, 0 \le y \le 1\}$$

だから, x について先に積分する累次積分に書きかえて累次積分を計算すると

$$I = \int_0^1 dy \int_y^1 xy^2 \, dx = \int_0^1 \left[\frac{x^2 y^2}{2}\right]_{x=y}^{x=1} dy = \int_0^1 \frac{y^2 - y^4}{2} \, dy = \frac{1}{15}. \quad \square$$

例 8.2.7. 重積分

$$I = \int_D x \, dxdydz, \quad D = \{(x,y,z) \in \mathbb{R}^3 \,;\, x \ge 0,\, y \ge 0,\, z \ge 0,\, x+y+z \le 1\}$$

を計算せよ. D は 4 点 $(0,0,0)$, $(1,0,0)$, $(0,1,0)$, $(0,0,1)$ を頂点とする四面体の内部である.

解説: $D' = \{(x,y) \in \mathbb{R}^2 \,;\, x \ge 0,\, y \ge 0,\, x+y \le 1\}$, $\varphi_1(x,y) = 0$, $\varphi_2(x,y) = 1-x-y$ とおくと

$$D = \{(x,y,z) \in \mathbb{R}^3 \,;\, (x,y) \in D',\, \varphi_1(x,y) \le z \le \varphi_2(x,y)\}$$

が成り立つ. よって,

$$I = \int_{D'} \left(\int_{\varphi_1(x,y)}^{\varphi_2(x,y)} x \, dz \right) dxdy = \int_{D'} \left(\int_0^{1-x-y} x \, dz \right) dxdy$$

が成り立つ. さらに, $D' = \{(x,y) \in \mathbb{R}^2 \,;\, 0 \leq x \leq 1, \, 0 \leq y \leq 1-x\}$ なので,

$$I = \int_{D'} \left(\int_0^{1-x-y} x \, dz \right) dxdy = \int_0^1 \left(\int_0^{1-x} \left(\int_0^{1-x-y} x \, dz \right) dy \right) dx = \frac{1}{24}. \quad \square$$

演習問題 8.2.1. 次の累次積分の値を求めよ.

(1) $\displaystyle\int_1^3 dx \int_0^2 xy^2 \, dy.$　　　　　　　　　(2) $\displaystyle\int_0^1 dy \int_{y^2}^y (x+2y) \, dx$

演習問題 8.2.2. 次の重積分の値を求めよ.

(1) $\displaystyle I = \int_D xy^2 \, dxdy, \quad D = \{(x,y) \in \mathbb{R}^2 \,;\, 1 \leq x \leq 3, \, 0 \leq y \leq 2\}.$

(2) $\displaystyle I = \int_D (x+2y) \, dxdy, \quad D = \{(x,y) \in \mathbb{R}^2 \,;\, 0 \leq x \leq 1, \, 0 \leq y \leq x\}.$

(3) $\displaystyle I = \int_D (x+2y) \, dxdy, \quad D = \{(x,y) \in \mathbb{R}^2 \,;\, -2y+2 \leq x \leq y, \, 1 \leq y \leq 2\}.$

(4) $\displaystyle I = \int_D (x+2y) \, dxdy, \quad D = \{(x,y) \in \mathbb{R}^2 \,;\, x^2 \leq y \leq x\}.$

演習問題 8.2.3. 次の重積分を求めよ.

(1) $\displaystyle \int_D x \, dxdydz, \quad D = \{(x,y,z) \in \mathbb{R}^3 \,;\, 0 \leq x \leq 1, \, 0 \leq y \leq 1, \, 0 \leq z \leq x\}.$

(2) $\displaystyle \int_D z \, dxdydz, \quad D = \{(x,y,z) \in \mathbb{R}^3 \,;\, x \geq 0, \, y \geq 0, \, z \geq 0, \, x+2y+z \leq 1\}.$

演習問題 8.2.4. 積分の順序を変更することで以下の累次積分の値を求めよ.

(1) $\displaystyle\int_0^2 dy \int_{y/2}^1 \cos(x^2) \, dx.$　　　　　　　(2) $\displaystyle\int_0^1 dx \int_x^{\sqrt[3]{x}} e^{y^2} \, dy.$

演習問題 8.2.5. 縦線集合

$$D = \{(x,y) \in \mathbb{R}^2 \,;\, a \leq x \leq b, \, \varphi_1(x) \leq y \leq \varphi_2(x)\}$$

は面積確定集合なので, 定義 8.1.5 で定義した D の面積 $m(D) = \displaystyle\int_D dxdy$ を考えることができる. 次が成り立つことを示せ.

$$m(D) = \int_a^b \big(\varphi_2(x) - \varphi_1(x)\big) \, dx.$$

演習問題 8.2.6. 連続関数 $y = f(x) \ (a \le x \le b)$ のグラフを x 軸のまわりに回転させてできる回転体

$$\Omega = \{(x, y, z) \in \mathbb{R}^3 \,;\, a \le x \le b,\, y^2 + z^2 \le f(x)^2\}$$

の体積が

$$m(\Omega) = \pi \int_a^b f(x)^2 \, dx$$

で与えられることを示せ. また, 次の集合を x 軸のまわりに回転させてできる回転体の体積を求めよ.

(1) $y = \sin x \ (0 \le x \le \pi)$ と x 軸で囲まれた部分.

(2) 円 $x^2 + y^2 = a^2$ およびその内部 $(a > 0)$.

(3) 直線 $y = \dfrac{a}{\ell} x \ (0 \le x \le \ell)$, 直線 $x = \ell$, x 軸で囲まれた部分 $(a, \ell > 0)$.

8.3 変数変換公式

重積分の積分変数を変換することで, 積分領域 D や被積分関数の形を積分しやすい形に変形できることがある. ベクトル値関数 $\boldsymbol{F}(u, v) \in \mathbb{R}^2$ を変数変換 $\boldsymbol{F}(u, v) = (x(u, v), y(u, v))$ ともいう. ベクトル値関数 $\boldsymbol{F}$ の Jacobi 行列 $J = \begin{bmatrix} x_u & x_v \\ y_u & y_v \end{bmatrix}$ の行列式 $\dfrac{\partial(x, y)}{\partial(u, v)} = \det J$ をヤコビアンというのであった (定義 6.4.7 参照). 例 3.4.7 で学んだように, 行列式は面積の変換率を表している. さらに, Jacobi 行列 J は変数変換 $\boldsymbol{F}$ の一次近似を表しているので, ヤコビアンは $\boldsymbol{F}$ の局所的な面積の変換率を表していると考えられる. このアイデアを厳密に議論することで, 次の変数変換公式に到達する.

定理 8.3.1. (変数変換公式). 面積確定集合 D' 上の C^1 級ベクトル値関数 $\boldsymbol{F}(u, v)$ が次の 3 つをみたすとする.

(1) $\boldsymbol{F}$ は D' 上単射である. すなわち, D' の点は $D = \boldsymbol{F}(D')$ の点と 1 対 1 に対応している.

(2) 任意の $(u, v) \in D'$ に対して $\dfrac{\partial(x, y)}{\partial(u, v)} \ne 0$ が成り立つ.

(3) $D = \boldsymbol{F}(D')$ は面積確定集合である.

このとき, D 上の連続関数 f の積分について次が成り立つ.

$$\int_D f(x, y) \, dxdy = \int_{D'} f(x(u, v), y(u, v)) \left| \frac{\partial(x, y)}{\partial(u, v)} \right| \, dudv. \tag{8.3.1}$$

補足 8.3.2. 実は，定理 8.3.1 の仮定 (1), (2) が成り立たない点が存在しても，それら全体の集合の面積が 0 ならば式 (8.3.1) が成り立つ．これは，面積 0 の集合の上での積分は 0 であること（定理 8.1.8 (3)）が反映されている．例えば極座標変換 $(x, y) = (r\cos\theta, r\sin\theta)$ $(0 \leq r \leq 1, 0 \leq \theta \leq 2\pi)$ は定理 8.3.1 の仮定 (1), (2) をみたさないが，面積 0 の集合を除くと定理 8.3.1 の仮定 (1), (2) をみたしている．したがって，この理由により極座標変換に対しても定理 8.3.1 を適用することができる．

式 (8.3.1) を形式的に

$$dxdy = \left| \frac{\partial(x, y)}{\partial(u, v)} \right| dudv \tag{8.3.2}$$

と表しておくと覚えやすい．**ヤコビアンに絶対値を必ず付けること．D を D' に変えること．**

補足 8.3.3. 3 変数以上の場合でも同様の変数変換公式が成り立つ．すなわち，$u = (u_1, \ldots, u_n)$ と略記すれば，変数変換 $\boldsymbol{F}(u) = (x_1(u), \ldots, x_n(u))$ が定理 8.3.1 と同様の仮定をみたすとき，

$$\int_D f(x_1, \ldots, x_n)\, dx_1 \cdots dx_n = \int_{D'} f(\boldsymbol{F}(u)) \left| \frac{\partial(x_1, \ldots, x_n)}{\partial(u_1, \ldots, u_n)} \right| du_1 \cdots du_n$$

が成り立つ．式 (8.3.2) のように形式的に書けば

$$dx_1 \cdots dx_n = \left| \frac{\partial(x_1, \ldots, x_n)}{\partial(u_1, \ldots, u_n)} \right| du_1 \cdots du_n$$

である．

例 8.3.4. 次の重積分の値を求めよ．

(1) $\displaystyle\int_D (x^2 - y^2)\, dxdy$, 　$D = \{(x, y) \in \mathbb{R}^2 \,;\, 0 \leq x + y \leq 2, \, 0 \leq x - y \leq 4\}$.

(2) $\displaystyle\int_D (x^2 + y^2)\, dxdy$, 　$D = \{(x, y) \in \mathbb{R}^2 \,;\, x^2 + y^2 \leq 4, \, x \geq 0\}$.

(3) $\displaystyle\int_D z\, dxdydz$, 　$D = \{(x, y) \in \mathbb{R}^2 \,;\, x^2 + y^2 + z^2 \leq 1, \, x \geq 0, \, y \geq 0, \, z \geq 0\}$.

解説: 積分領域 D や関数の形をよく観察し，簡単に積分できそうな変数変換を見つける．

(1) $u = x + y$, $v = x - y$ とすると $x = \dfrac{u + v}{2}$, $y = \dfrac{u - v}{2}$ で，この変換によって，D は次の D' と 1 対 1 に対応する．

$$D' = \{(u, v) \in \mathbb{R}^2 \,;\, 0 \leq u \leq 2, \, 0 \leq v \leq 4\}.$$

この変換のヤコビアンは

$$\frac{\partial(x, y)}{\partial(u, v)} = \det \begin{bmatrix} 1/2 & 1/2 \\ 1/2 & -1/2 \end{bmatrix} = -\frac{1}{2}$$

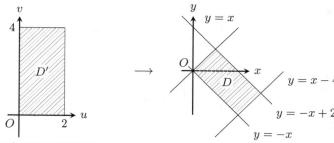

であるので，求める重積分は

$$\int_D (x^2 - y^2)\,dxdy = \int_{D'} uv \left| \frac{\partial(x,y)}{\partial(u,v)} \right| dudv = \frac{1}{2}\int_0^2 du \int_0^4 uv\,dv = 8.$$

(2) D は原点を中心とする半円板の内部なので極座標変換が使えそうである．ただし，θ の範囲には注意すること．

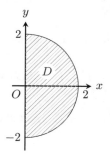

$x = r\cos\theta,\ y = r\sin\theta$ とすると，この変換 (極座標変換) によって D は次の D' と面積 0 の集合を除いて 1 対 1 に対応する．

$$D' = \left\{ (r,\theta) \in \mathbb{R}^2\,;\, 0 \le r \le 2,\, -\frac{\pi}{2} \le \theta \le \frac{\pi}{2} \right\}.$$

この変換のヤコビアンは既に計算したように $\dfrac{\partial(x,y)}{\partial(r,\theta)} = r$ だから，求める重積分は

$$\int_D (x^2 + y^2)\,dxdy = \int_{D'} r^2 \cdot r\,drd\theta = \left(\int_0^2 r^3 dr \right) \cdot \left(\int_{-\pi/2}^{\pi/2} d\theta \right) = 4\pi.$$

(3) D は原点を中心とする球体の一部なので，空間の極座標変換が使えそうである．空間の極座標については付録 A.3 参照．この場合も θ, φ の範囲に注意すること．
$x = r\sin\theta\cos\varphi,\ y = r\sin\theta\sin\varphi,\ z = r\cos\theta$ とすると，この変換によって D は次の

D' と面積 0 の集合を除いて 1 対 1 に対応する.

$$D' = \left\{ (r, \theta, \varphi) \, ; \, 0 \le r \le 1, \, 0 \le \theta \le \frac{\pi}{2}, \, 0 \le \varphi \le \frac{\pi}{2} \right\}.$$

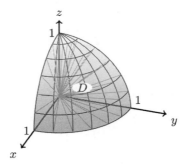

この変換のヤコビアンは $\dfrac{\partial(x, y, z)}{\partial(r, \theta, \varphi)} = r^2 \sin\theta$ だから, 求める重積分は

$$\int_D z \, dxdydz = \int_{D'} r\cos\theta \cdot \left| r^2 \sin\theta \right| \, drd\theta d\varphi$$

$$= \left(\int_0^1 r^3 \, dr \right) \cdot \left(\int_0^{\pi/2} \sin\theta\cos\theta \, d\theta \right) \cdot \left(\int_0^{\pi/2} d\varphi \right) = \frac{\pi}{16}. \quad \square$$

変数変換を用いて広義積分 $\displaystyle\int_{-\infty}^{\infty} e^{-x^2} \, dx$ の値を計算しよう.

例 8.3.5. 広義積分

$$I = \int_{-\infty}^{\infty} e^{-x^2} \, dx = 2\int_0^{\infty} e^{-x^2} \, dx$$

の値を求めよ.

解説: $I_c = \displaystyle\int_0^c e^{-x^2} \, dx$ とおくと $I = 2 \lim_{c \to \infty} I_c$ である. 定積分 I_c の値を重積分を用いて評価し, はさみうちの原理を用いて I を求める. 定積分の定義より, 定積分の値は積分変数によらないから,

$$I_c^2 = \left(\int_0^c e^{-x^2} \, dx \right)^2 = \left(\int_0^c e^{-x^2} \, dx \right) \cdot \left(\int_0^c e^{-y^2} \, dy \right)$$

が成り立つ.

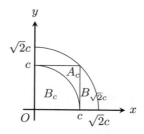

右辺を累次積分だと見て重積分に書きかえると, $A_c = [0, c] \times [0, c]$ とすれば

$$I_c^2 = \int_0^c dx \int_0^c e^{-x^2 - y^2} \, dy = \int_{A_c} e^{-x^2 - y^2} \, dxdy$$

となる. 次に, $R > 0$ に対して

$$B_R = \{(x, y) \in \mathbb{R}^2 \, ; \, x^2 + y^2 \leq R^2, \, x \geq 0, \, y \geq 0\}$$

と定めると, $B_c \subset A_c \subset B_{\sqrt{2}c}$ であるから, $e^{-x^2 - y^2} \geq 0$ より

$$\int_{B_c} e^{-x^2 - y^2} \, dxdy \leq \int_{A_c} e^{-x^2 - y^2} \, dxdy \leq \int_{B_{\sqrt{2}c}} e^{-x^2 - y^2} \, dxdy \qquad (8.3.3)$$

が成り立つ. ところで, $x = r \cos\theta, \, y = r \sin\theta \, \left(0 \leq r \leq R, \, 0 \leq \theta \leq \dfrac{\pi}{2}\right)$ とすると

$$\int_{B_R} e^{-x^2 - y^2} \, dxdy = \int_0^R dr \int_0^{\pi/2} e^{-r^2} \cdot r \, d\theta = \frac{\pi}{2} \int_0^R \frac{(-r^2)'}{-2} \cdot e^{-r^2} \, dr = \frac{\pi}{4}(1 - e^{-R^2})$$

が成り立つから, 式 (8.3.3) より

$$\frac{\pi}{4}(1 - e^{-c^2}) \leq I_c^2 \leq \frac{\pi}{4}(1 - e^{-2c^2})$$

が成り立つ. $\dfrac{\pi}{4}(1 - e^{-c^2}) \to \dfrac{\pi}{4} \, (c \to \infty)$, $\dfrac{\pi}{4}(1 - e^{-2c^2}) \to \dfrac{\pi}{4} \, (c \to \infty)$ だから, はさみうちの原理より $\displaystyle\lim_{c \to \infty} I_c = \dfrac{\sqrt{\pi}}{2}$ を得る. 以上より $I = \sqrt{\pi}$ が成り立つ. $\square$

演習問題 8.3.1. 次の変数変換に対して変数変換公式を適用し, 式 (8.3.2) のように形式的に表せ.

(1) $\boldsymbol{F}(u, v) = (u + 2v + 1, u + 3v + 2)$.　(2) $\boldsymbol{F}(u, v) = (2uv, u^2 + v^2)$.

(3) $\boldsymbol{F}(r, \theta) = (r \cos\theta + 1, r \sin\theta - 2)$.　(4) $\boldsymbol{F}(r, \theta) = (3r \cos\theta, 2r \sin\theta)$.

(5) $\boldsymbol{F}(u, v, w) = (u + v + w, uv + vw + wu, uvw)$.

演習問題 8.3.2. 次の重積分を求めよ.

(1) $\displaystyle\int_D \frac{x-y}{1+(x+y)^2}\,dxdy,\quad D=\{(x,y)\in\mathbb{R}^2\,;\,-1\leq x+y\leq 1,\,0\leq x-y\leq 1\}.$

(2) $\displaystyle\int_D (3x^2+y^2)\,dxdy,\quad D=\{(x,y)\in\mathbb{R}^2\,;\,x^2+y^2\leq 1\}.$

(3) $\displaystyle\int_D dxdy,\quad D=\left\{(x,y)\in\mathbb{R}^2\,;\,\frac{x^2}{3^2}+\frac{y^2}{2^2}\leq 1\right\}.$

(4) $\displaystyle\int_D \frac{1}{x^2+y^2}\,dxdy,\quad D=\{(x,y)\in\mathbb{R}^2\,;\,1\leq x^2+y^2\leq 3\}.$

(5) $\displaystyle\int_D \sqrt{x^2+y^2}\,dxdy,\quad D=\{(x,y)\in\mathbb{R}^2\,;\,x^2+y^2\leq 1,\,0\leq y\leq x\}.$

(6) $\displaystyle\int_D dxdydz,\quad D=\{(x,y,z)\in\mathbb{R}^3\,;\,x^2+y^2+z^2\leq 1\}.$

(7) $\displaystyle\int_D x\,dxdydz,\quad D=\{(x,y,z)\in\mathbb{R}^3\,;\,x^2+y^2+z^2\leq 1,\,x\geq 0,\,y\geq 0\}.$

8.4　広義の重積分

重積分でも広義積分を考えることができる. 簡単のため連続関数を考える.

定義 8.4.1. 部分集合 $D\subset\mathbb{R}^2$ の**近似列** $\{K_n\}_{n=1}^\infty$ とは, 次をみたすものをいう.

(1) $K_n\subset D\ (n\in\mathbb{N})$.

(2) K_n は有界閉集合 $(n\in\mathbb{N})$ かつ面積確定集合.

(3) $K_1\subset K_2\subset\cdots\subset K_n\subset K_{n+1}\subset\cdots\subset D$.

(4) $F\subset D$ をみたす任意の有界閉集合 F に対して十分大きい n を選んで $F\subset K_n$ をみたすようにできる.

定義 8.4.2. 部分集合 $D\subset\mathbb{R}^2$ 上の連続関数 f が D 上**広義積分可能**であるとは, 次をみたすことをいう.

(1) D の近似列 $\{K_n\}_{n=1}^\infty$ で極限 $\displaystyle\lim_{n\to\infty}\int_{K_n} f(x,y)\,dxdy$ が収束するようなものが存在する.

(2) (1) をみたすすべての近似列 $\{L_n\}_{n=1}^\infty$ に対して, 極限値 $\displaystyle\lim_{n\to\infty}\int_{L_n} f(x,y)\,dxdy$ が近似列 $\{L_n\}_{n=1}^\infty$ のとり方によらない.

このとき, f の D 上の**広義積分**を

$$\int_D f(x,y)\,dxdy=\lim_{n\to\infty}\int_{K_n} f(x,y)\,dxdy$$

により定める.

実は $f(x, y) \geq 0$ (または $f(x, y) \leq 0$) をみたすときは条件 (2) が自動的に成り立つ.

> **補題 8.4.3.** 部分集合 $D \subset \mathbb{R}^2$ 上の連続関数 f が $f(x, y) \geq 0$ (または $f(x, y) \leq 0$) $((x, y) \in D)$ をみたすとする. D の近似列 $\{K_n\}_{n=1}^{\infty}$ で極限 $\displaystyle\lim_{n\to\infty}\int_{K_n} f(x, y)\, dxdy$ が収束するようなものが存在する. このとき, 任意の n に対して重積分 $J_n = \displaystyle\int_{L_n} f(x, y)\, dxdy$ が積分可能であるような D の近似列 $\{L_n\}_{n=1}^{\infty}$ に対して極限値 $J = \displaystyle\lim_{n\to\infty} J_n$ が存在し, $I = J$ が成り立つ.

証明: $f(x, y) \geq 0$ の場合に示す. 公理 A.5.3 を用いる. まず, 近似列の定義 $(L_n \subset L_{n+1})$ と $f(x, y) \geq 0$ より, 数列 $\{J_n\}$ は単調増加 (定義 A.5.1 参照) である. また, 任意の n に対して $L_n \subset K_m$ をみたす自然数 m が存在するので, $J_n \leq I_m \leq I$ である. よって, 数列 $\{J_n\}$ は上に有界だから, 公理 A.5.3 より数列 $\{J_n\}$ は収束する. その極限値を J と書くと, $J_n \leq I_m$ より $J \leq I$ が成り立つ. 同様の議論によって $I \leq J$ が成り立つ. よって $I = J$ である. □

例 8.4.4. 次の広義積分の値を求めよ.

$$\int_{\mathbb{R}^2} \frac{1}{(x^2 + 1)(y^2 + 1)}\, dxdy.$$

解説: $\mathbb{R}^2$ の近似列として正方形

$$K_n = [-n, n] \times [-n, n] \quad (n \in \mathbb{N})$$

をとる. $n \to \infty$ のとき,

$$\int_{K_n} \frac{1}{(x^2 + 1)(y^2 + 1)}\, dxdy = \left(\int_{-n}^{n} \frac{1}{x^2 + 1}\, dx\right)\left(\int_{-n}^{n} \frac{1}{y^2 + 1}\, dy\right)$$
$$= 4\left(\mathrm{Tan}^{-1} n\right)^2 \to \pi^2$$

であるから,

$$\int_{\mathbb{R}^2} \frac{1}{(x^2 + 1)(y^2 + 1)}\, dxdy = \lim_{n\to\infty} \int_{K_n} \frac{1}{(x^2 + 1)(y^2 + 1)}\, dxdy = \pi^2. \quad □$$

例 8.4.5. (水素類似原子). 次をみたす $\mathbb{R}^3$ 上の関数 $f(x, y, z)$ を考える. ただし, $a, Z > 0$ は (物理的な意味のある) 定数, $C > 0$ は定数である.

$$f(r\sin\theta\cos\varphi, r\sin\theta\sin\varphi, r\cos\theta) = Ce^{-Zr/a}\sin\theta e^{i\varphi}.$$

この関数は, 水素類似原子の Schrödinger 方程式の波動関数の一種として現れる. 量子力学の要請によると, f は $\displaystyle\int_{\mathbb{R}^3} |f(x, y, z)|^2 dxdydz = 1$ をみたさねばならない. この条件をみ

たすように C を定めよ.

解説: $\mathbb{R}^3$ の近似列として球体

$$K_n = \{(x, y, z) \in \mathbb{R}^3 \,;\, x^2 + y^2 + z^2 \leq n^2\} \quad (n \in \mathbb{N})$$

をとる. このとき, $D_n = \{(r, \theta, \varphi) \,;\, 0 \leq r \leq n,\, 0 \leq \theta \leq \pi,\, 0 \leq \varphi \leq 2\pi\}$ とすれば, 極座標変換によって

$$\int_{K_n} |f(x, y, z)|^2 dxdydz = \int_{D_n} |f(r\sin\theta\cos\varphi, r\sin\theta\sin\varphi, r\cos\theta)|^2 |r\sin^2\theta| drd\theta d\varphi$$

$$= C^2 \int_0^n dr \int_0^\pi d\theta \int_0^{2\pi} e^{-2Zr/a} \sin^2\theta r^2 \sin^2\theta d\varphi$$

$$= C^2 \left(\int_0^n r^2 e^{-2Zr/a} dr \right) \left(\int_0^\pi \sin^3\theta d\theta \right) \left(\int_0^{2\pi} d\varphi \right)$$

が成り立つ. ここで, $\displaystyle\int_0^\infty r^2 e^{-2Zr/a} dr = \frac{a^3}{4Z^3}$ であるから, $n \to \infty$ とすれば

$$\int_{\mathbb{R}^3} |f(x, y, z)|^2 dxdydz = C^2 \left(\int_0^\infty r^2 e^{-2Zr/a} dr \right) \left(\int_0^\pi \sin^3\theta d\theta \right) \left(\int_0^{2\pi} d\varphi \right)$$

$$= C^2 \cdot \frac{a^3}{4Z^3} \cdot \frac{4}{3} \cdot 2\pi = C^2 \cdot \frac{2\pi a^3}{3Z^3}$$

を得る. よって, $\displaystyle\int_{\mathbb{R}^3} |f(x, y, z)|^2 dxdydz = 1$ より $C^2 \cdot \dfrac{2\pi a^3}{3Z^3} = 1$ が成り立つから, $C = \dfrac{Z}{a}\sqrt{\dfrac{3Z}{2\pi a}}$ とすればよい. □

演習問題 8.4.1. 次の広義積分を求めよ.

$$I = \int_D \frac{x}{x^2 + y^2}\, dxdy \quad D = \{(x, y) \,;\, 0 < x \leq 1,\, 0 \leq y \leq x\}.$$

演習問題 8.4.2. $p, q > 0$ とする. 広義積分

$$I = \int_D e^{-x^2 - y^2} x^{2p-1} y^{2q-1}\, dxdy, \quad D = (0, \infty) \times (0, \infty)$$

を考える. 次の問に答えよ.

(1) 広義積分 I が収束することを示せ.

(2) I を利用して B 関数と Γ 関数の関係式 $B(p, q) = \dfrac{\Gamma(p)\Gamma(q)}{\Gamma(p+q)}$ を導け.

(3) $\Gamma\left(\dfrac{1}{2}\right)$ の値を求め, この値を利用して広義積分 $\displaystyle\int_0^\infty e^{-x^2}\, dx$ の値を求めよ.

第 9 章

微分方程式

Newton の運動方程式に代表されるように, 微分方程式は物事を調べるために多用される. 本章では基本的な微分方程式の解法を学ぶ.

9.1 複素数

実数 $x \in \mathbb{R}$ に対して $x^2 \geq 0$ なので, 実数を考えている限り x に関する 2 次方程式 $x^2 + 1 = 0$ は解をもたない. そこで, 方程式 $x^2 + 1 = 0$ が解をもつように数の範囲を広げることを考える. 2 次方程式 $x^2 + 1 = 0$ の解の一つを $x = i$ と書き, i を**虚数単位** (imaginary unit) という. つまり, $i^2 = -1$ をみたす数 i を考えることにする.

実数 $a, b \in \mathbb{R}$ に対して $\alpha = a + ib$ という形で表される数を考え, それらを**複素数** (complex number) という. このとき, a を α の**実部** (real part) といい, $\mathrm{Re}(\alpha) = a$ と表す. b を α の**虚部** (imaginary part) といい, $\mathrm{Im}(\alpha) = b$ と表す. $\mathrm{Re}(\alpha) = 0$ であるとき, α は**純虚数** (purely imaginary number) であるという. $\mathrm{Im}(\alpha) = 0$ であるとき, α は実数である.

複素数全体のなす集合を $\mathbb{C}$ と表す. 複素数 $\alpha, \beta \in \mathbb{C}$ に対し $\alpha = \beta$ であるとは, $\mathrm{Re}(\alpha) = \mathrm{Re}(\beta)$ かつ $\mathrm{Im}(\alpha) = \mathrm{Im}(\beta)$ が成り立つことと定める. $i^2 = -1$ に注意しながら $a + ib$ を i についての多項式のように扱えば, 複素数の演算を考えることができる.

定義 9.1.1. 実数 $a, b, c, d \in \mathbb{R}$ に対して複素数 $\alpha = a + ib,\ \beta = c + id \in \mathbb{C}$ を考え, 次のように定義する.

複素共役 $\overline{\alpha} = a - ib.$

和 $\alpha + \beta = (a + c) + i(b + d).$

差 $\alpha - \beta = (a - c) + i(b - d).$

積 $\alpha\beta = (ac - bd) + i(ad + bc).$

商 $\dfrac{\alpha}{\beta} = \dfrac{\alpha\overline{\beta}}{\beta\overline{\beta}} = \dfrac{(ac+bd)+i(bc-ad)}{c^2+d^2}$.

絶対値 $|\alpha| = \sqrt{\alpha\overline{\alpha}} = \sqrt{a^2+b^2}$.

べき $\alpha^n = \alpha \cdot \cdots \cdot \alpha \ (n\,\text{個}), \ \alpha^0 = 1, \ \alpha^{-n} = \dfrac{1}{\alpha^n} \ (n \in \mathbb{N})$.

複素共役と各演算には次のような関係がある.

命題 9.1.2. 複素数 $\alpha, \beta \in \mathbb{C}$ に対して次が成り立つ.

(1) $\overline{\overline{\alpha}} = \alpha$. (2) $\overline{\alpha \pm \beta} = \overline{\alpha} \pm \overline{\beta}$. (3) $\overline{\alpha\beta} = \overline{\alpha}\,\overline{\beta}$.

(4) $\overline{\left(\dfrac{\alpha}{\beta}\right)} = \dfrac{\overline{\alpha}}{\overline{\beta}}$. (5) $|\overline{\alpha}| = |\alpha|$. (6) $(\overline{\alpha})^n = \overline{\alpha^n} \ (n \in \mathbb{Z})$.

(7) $\mathrm{Re}(\alpha) = \dfrac{\alpha + \overline{\alpha}}{2}$. (8) $\mathrm{Im}(\alpha) = \dfrac{\alpha - \overline{\alpha}}{2i}$.

証明: $\alpha = a + ib, \beta = c + id \ (a, b, c, d \in \mathbb{R})$ とする.

(1) $\overline{\overline{\alpha}} = \overline{a - ib} = a + ib = \alpha$.

(2) $\overline{\alpha \pm \beta} = \overline{(a \pm c) + i(b \pm d)} = (a \pm c) - i(b \pm d) = (a - ib) \pm (c - id) = \overline{\alpha} \pm \overline{\beta}$.

(3) $\overline{\alpha\beta} = \overline{(ac - bd) + i(ad + bc)} = (ac - bd) - i(ad + bc) = (a - ib)(c - id) = \overline{\alpha}\,\overline{\beta}$.

(4) $\overline{\left(\dfrac{\alpha}{\beta}\right)} = \overline{\dfrac{(ac+bd)+i(bc-ad)}{c^2+d^2}} = \dfrac{(ac+bd)-i(bc-ad)}{c^2+d^2}$

$= \dfrac{(ac+(-b)(-d))+i((-b)c-a(-d))}{c^2+(-d)^2} = \dfrac{\overline{\alpha}}{\overline{\beta}}$.

(5) $|\overline{\alpha}| = \sqrt{\overline{\alpha} \cdot \overline{\overline{\alpha}}} = \sqrt{\alpha\overline{\alpha}} = |\alpha|$.

(6) $n \in \mathbb{N}$ に対して $(\overline{\alpha})^n = \overline{\alpha} \cdot \cdots \cdot \overline{\alpha} = \overline{\alpha \cdot \cdots \cdot \alpha} = \overline{\alpha^n}$, $(\overline{\alpha})^{-n} = \dfrac{1}{(\overline{\alpha})^n} = \dfrac{1}{\overline{\alpha^n}} = \overline{\alpha^{-n}}$.

$\overline{1} = 1$ より $(\overline{\alpha})^0 = \overline{\alpha^0}$.

(7) $\alpha + \overline{\alpha} = (a + ib) + (a - ib) = 2a = 2\mathrm{Re}(\alpha)$.

(8) $\alpha - \overline{\alpha} = (a + ib) - (a - ib) = 2ib = 2i\mathrm{Im}(\alpha)$. □

補足 9.1.3. (複素数値関数の微積分). 開区間 I 上の実数値関数 $u(x), v(x)$ に対して $f(x) = u(x) + iv(x)$ と表せる関数 f を I 上の**複素数値関数**という. u, v が微分可能であるとき, 複素数値関数 f が微分可能であるといい, f の導関数 f' を $f'(x) = u'(x) + iv'(x)$ と定める. 同様に, $\displaystyle\int f(x)\,dx = \int u(x)\,dx + i\int v(x)\,dx$ と定める. 定義より, 微積分の計算技術は複素数値関数の微積分でも利用できる.

次の図のように複素数 $\alpha \in \mathbb{C}$ の実部を横軸, 虚部を縦軸にとることで, 平面上の点 $(\mathrm{Re}(\alpha), \mathrm{Im}(\alpha)) \in \mathbb{R}^2$ が対応する. このとき, この平面を**複素平面** (complex plane) または**複素数平面**, **Gauss 平面** という. 複素数 $\alpha \in \mathbb{C}$ に対応する複素平面上の点 $(\mathrm{Re}(\alpha), \mathrm{Im}(\alpha)) \in \mathbb{R}^2$ も α と表す. 複素平面の横軸 (Re と書かれている方) を**実軸** (real axis), 複素平面の縦軸 (Im と書かれている方) を**虚軸** (imaginary axis) という.

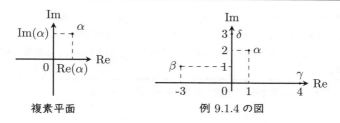

複素平面 　　　　　　　　　　　　例 9.1.4 の図

例 9.1.4. 複素数 $\alpha = 1 + 2i$, $\beta = -3 + i$, $\gamma = 4$, $\delta = 3i$ を複素平面上に図示すると, 右上図のようになる.

　複素数の演算が複素平面でどのように現れるか見ていこう. ベクトルで表すと便利なので, 複素数 $\alpha \in \mathbb{C}$ を複素平面上に表した点 $\alpha = (\mathrm{Re}(\alpha), \mathrm{Im}(\alpha)) \in \mathbb{R}^2$ に対応するベクトルを太字 $\boldsymbol{\alpha} = \begin{bmatrix} \mathrm{Re}(\alpha) \\ \mathrm{Im}(\alpha) \end{bmatrix} \in \mathbb{R}^2$ で表す. 他の文字でも同様に, 例えば複素数 $\beta \in \mathbb{C}$ に対応する平面ベクトルを太字 $\boldsymbol{\beta} \in \mathbb{R}^2$ で表す.

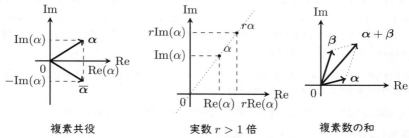

複素共役 　　　　　　　　実数 $r > 1$ 倍 　　　　　　　複素数の和

例 9.1.5. (複素共役). 複素数 $\alpha \in \mathbb{C}$ に対し, $\mathrm{Re}(\overline{\alpha}) = \mathrm{Re}(\alpha)$, $\mathrm{Im}(\overline{\alpha}) = -\mathrm{Im}(\alpha)$ である. つまり, 複素共役は, 複素平面上では実軸に関して対称な点をとる操作に対応する.

例 9.1.6. (正の実数倍). 実数 $r > 0$, 複素数 $\alpha \in \mathbb{C}$ を任意にとって固定する. $\beta = r\alpha$ とする. $\mathrm{Re}(\beta) = r\mathrm{Re}(\alpha)$, $\mathrm{Im}(\beta) = r\mathrm{Im}(\alpha)$ なので, 対応するベクトルについて $\boldsymbol{\beta} = r\boldsymbol{\alpha}$ が成り立つ. つまり, 複素数の実数倍は, 複素平面上では拡大・縮小に対応する.

例 9.1.7. (−1 倍). 複素数 $\alpha \in \mathbb{C}$ の -1 倍 $\beta = -\alpha$ を考える. $\mathrm{Re}(\beta) = -\mathrm{Re}(\alpha)$, $\mathrm{Im}(\beta) = -\mathrm{Im}(\alpha)$ なので, 対応するベクトルについて $\boldsymbol{\beta} = -\boldsymbol{\alpha}$ が成り立つ. つまり, 複素数の -1 倍は, 複素平面上では原点に関して対称な点をとる操作に対応する.

例 9.1.8. (和). 複素数 $\alpha, \beta \in \mathbb{C}$ の和 $\gamma = \alpha + \beta$ を考える. $\mathrm{Re}(\alpha + \beta) = \mathrm{Re}(\alpha) + \mathrm{Re}(\beta)$, $\mathrm{Im}(\alpha + \beta) = \mathrm{Im}(\alpha) + \mathrm{Im}(\beta)$ なので, 対応するベクトルについて $\boldsymbol{\gamma} = \boldsymbol{\alpha} + \boldsymbol{\beta}$ が成り立つ. つまり, 複素数の和は, 複素平面上ではベクトルの和に対応する.

例 9.1.9. (絶対値). 複素数 $\alpha \in \mathbb{C}$ の絶対値は $|\alpha| = \sqrt{\mathrm{Re}(\alpha)^2 + \mathrm{Im}(\alpha)^2}$ と表せる. つまり, 複素数 α の絶対値は, 複素平面上において α と原点との距離を表す. また, 複素数 α, β に対して $\alpha - \beta$ はベクトル $\boldsymbol{\alpha} - \boldsymbol{\beta}$ に対応するので, 絶対値 $|\alpha - \beta|$ は複素平面上における α と β の距離を表す.

複素平面上で極座標を考えると, 複素数をより手軽に調べられる.

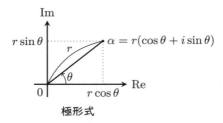

極形式

複素数 α を複素平面上に表したとき, その極座標を (r, θ) とする $(r \geq 0, \theta \in \mathbb{R})$. このとき $|\alpha| = r$, $\mathrm{Re}(\alpha) = r\cos\theta$, $\mathrm{Im}(\alpha) = r\sin\theta$ が成り立つので, $\alpha = r(\cos\theta + i\sin\theta)$ と表すことができる. これを複素数 α の**極形式** (polar form) という. このとき θ を α の**偏角** (argument) といい, $\arg\alpha$ で表す.

補足 9.1.10. α の偏角は無数にあるが, $\alpha \neq 0$ のときそれらの差は整数 $k \in \mathbb{Z}$ を用いて $2k\pi$ と表される. このことを含意して $\arg\alpha \equiv \theta \pmod{2\pi}$ と表す.

極形式は指数関数を用いると扱いやすい. そのための鍵は Maclaurin 展開である.

定理 9.1.11. 複素数 $z \in \mathbb{C}$ に対して複素数列

$$e_n(z) = \sum_{k=0}^{n} \frac{z^k}{k!} \quad (n \in \mathbb{N})$$

は収束する.

証明は付録 A.4.1 を参照. 定理 9.1.11 より複素数 z を変数とする指数関数の定義に至る.

定義 9.1.12. 複素数 $z \in \mathbb{C}$ に対し,

$$e^z = \lim_{n\to\infty} e_n(z) \quad \left(= \sum_{k=0}^{\infty} \frac{z^k}{k!} \right)$$

と定める. $\exp z = e^z$ とも表す.

定理 9.1.13. (指数法則). 複素数 $z, w \in \mathbb{C}$ に対して次が成り立つ.

$$e^{z+w} = e^z \cdot e^w.$$

特に $w = -z$ とすれば $e^z \cdot e^{-z} = 1$ が成り立つので, $e^{-z} = (e^z)^{-1}$ が成り立つ.

証明: 二項定理より

$$e^{z+w} = \sum_{k=0}^{\infty} \frac{1}{k!}(z+w)^k = \sum_{k=0}^{\infty} \frac{1}{k!} \left(\sum_{r=0}^{k} \binom{k}{r} z^r w^{k-r} \right) = \sum_{k=0}^{\infty} \sum_{r=0}^{k} \frac{z^r w^{k-r}}{r!(k-r)!}$$

$$= \left(\sum_{i=0}^{\infty} \frac{z^i}{i!} \right) \cdot \left(\sum_{j=0}^{\infty} \frac{w^j}{j!} \right) = e^z \cdot e^w. \quad \square$$

定理 9.1.13 より実数 $x, y \in \mathbb{R}$ に対して $e^{x+iy} = e^x \cdot e^{iy}$ が成り立つ. e^x については既に学んだ. e^{iy} はどのような複素数だろうか. かの有名な Euler$\overset{\text{オイラー}}{}$ の公式がその答えである.

定理 9.1.14. (Euler の公式). 任意の実数 $\theta \in \mathbb{R}$ に対して次が成り立つ.

$$e^{i\theta} = \cos\theta + i\sin\theta.$$

すなわち, $|e^{i\theta}| = 1$, $\arg e^{i\theta} \equiv \theta \pmod{2\pi}$, $\mathrm{Re}(e^{i\theta}) = \cos\theta$, $\mathrm{Im}(e^{i\theta}) = \sin\theta$ が成り立つ.

証明: 形式的な計算のみ記す.

$$e^{i\theta} = \sum_{k=0}^{\infty} \frac{(i\theta)^k}{k!} = \sum_{k \geq 0: 偶数} \frac{(i\theta)^k}{k!} + \sum_{k \geq 0: 奇数} \frac{(i\theta)^k}{k!} = \sum_{l=0}^{\infty} \frac{(-1)^l \theta^{2l}}{(2l)!} + i \sum_{l=0}^{\infty} \frac{(-1)^l \theta^{2l+1}}{(2l+1)!}$$

$$= \cos\theta + i\sin\theta.$$

最後に $\cos\theta$ と $\sin\theta$ の Maclaurin 展開を用いた (付録 A.4 参照). $\quad \square$

補足 9.1.15. 複素数 $\alpha \in \mathbb{C}$ に対して $|\alpha| = r$, $\arg\alpha \equiv \theta \pmod{2\pi}$ とする. このとき, Euler の公式より α の極形式は次で与えられる.

$$\alpha = re^{i\theta}. \tag{9.1.1}$$

例 9.1.16. (積). 極形式により $\alpha_1 = r_1 e^{i\theta_1}$, $\alpha_2 = r_2 e^{i\theta_2}$ と表す. このとき, $\alpha_1 \cdot \alpha_2 = r_1 e^{i\theta_1} r_2 e^{i\theta_2} = r_1 r_2 e^{i(\theta_1+\theta_2)}$ が成り立つ. したがって,

$$|\alpha_1 \alpha_2| = |\alpha_1||\alpha_2|, \quad \arg(\alpha_1\alpha_2) \equiv \arg\alpha_1 + \arg\alpha_2 \pmod{2\pi}$$

が成り立つ. したがって, 複素数の積は, 複素平面上では拡大・縮小と回転の合成である.

例 9.1.17. (ベキ). $\alpha = re^{i\theta}$ と極形式で表すとき, 数学的帰納法によって $n \in \mathbb{Z}$ に対して

$$\alpha^n = r^n e^{in\theta}$$

が成り立つ. 特に $r = 1$ の場合

$$(\cos\theta + i\sin\theta)^n = \cos(n\theta) + i\sin(n\theta)$$

を $\overset{\text{ド} \cdot \text{モアブル}}{\text{de Moivre}}$ **の公式** という.

例 9.1.18. (**1 の n 乗根**). 複素数 z に関する方程式

$$z^n = 1$$

を解け. これは 1 の n 乗根をすべて求めることに他ならない.

解説: z を極形式で $z = re^{i\theta}$ と表す. $1 = e^0$ なので, 方程式は $r^n e^{in\theta} = e^0$ と書き換えられる. そこで, 絶対値同士, 偏角同士を比べて

$$r^n = 1, \quad n\theta = 2k\pi \quad (k \in \mathbb{Z})$$

となる. まず, $r \geq 0$ の範囲で方程式 $r^n = 1$ を解くと $r = 1$ である. 実際, $r^n - 1 = (r-1)(r^{n-1} + r^{n-2} + \cdots + r + 1)$ であって, $r \geq 0$ のとき $r^{n-1} + r^{n-2} + \cdots + r + 1 > 0$ であるから, $r^n - 1 = 0$ をみたす $r \geq 0$ は $r = 1$ に限る. 一方, 偏角については $n\theta = 2k\pi$ $(k \in \mathbb{Z})$ より $\theta = \dfrac{2k\pi}{n}$ $(k \in \mathbb{Z})$ を得る. 以上より,

$$z = e^{2ki\pi/n} \quad (k \in \mathbb{Z})$$

が成り立つ. ところで, $e^{2(k+n)i\pi/n} = e^{2ki\pi/n}$ なので, 相異なる解は n 個しかない. すなわち, 求める解は

$$z = e^{2ki\pi/n} \quad (k = 0, 1, \ldots, n-1)$$

である. よって, $\zeta_n = e^{2i\pi/n}$ とすれば, 方程式 $z^n = 1$ の解は

$$z = \zeta_n^0 \ (= 1), \ \zeta_n^1 \ (= \zeta_n), \ \zeta_n^2, \ \ldots, \ \zeta_n^{n-1}$$

で与えられる. $\square$

方程式 $z^n = 1$ の解を複素平面上に図示すると, すべて円 $|z| = 1$ 上に乗っており, 解は円 $|z| = 1$ に内接する正 n 角形の頂点になっている. 以下に $n = 3, 5$ の場合を描く.

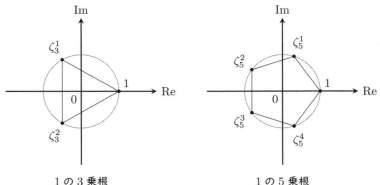

1 の 3 乗根　　　　　1 の 5 乗根

演習問題 9.1.1. 次の複素数を極形式で表せ. また, 複素平面上に図示せよ.

(1) $1 + i$.   (2) $\sqrt{3} - i$.   (3) $-3i$.   (4) $(\sqrt{3} + i)^7$

演習問題 9.1.2. 次の複素数の絶対値 r と偏角 θ を求めよ. ただし, 偏角は $0 \le \theta < 2\pi$ の範囲で求めよ.

(1) $(\sqrt{3} + i)^7$.   (2) $e^{\pi i/4}$.   (3) e^{1+3i}.   (4) e^{2-i}.

演習問題 9.1.3. 複素数 $z \in \mathbb{C}$ に関する次の方程式を解け.

(1) $z^3 = 2$.   (2) $z^4 = -1$.   (3) $z^5 = i$.   (4) $z^3 = 1 + i$.

9.2 微分方程式とは

方程式は $\overset{\bullet}{数}$ に対する等式であったが, $\overset{\bullet\bullet}{関数}$ とその導関数 に対する等式のことを微分方程式という. すなわち, **微分方程式** (differential equation) とは, 未知関数 y と y の導関数のみたす等式のことである. ただし, 導関数の階数は何階でも良い. また, 関数は多変数関数でも良く, その場合は導関数を偏導関数と読み替える. **微分方程式の解**とは, 微分方程式をみたす関数のことである.

補足 9.2.1. 1 変数関数に対する微分方程式を**常微分方程式** (ordinary differential equation), 2 変数以上の関数に対する微分方程式を**偏微分方程式** (partial differential equation) という. 微分方程式に現れる導関数・偏導関数のうち, その最高階数が n のとき, 微分方程式は n **階** (n-th order) であるという.

例 9.2.2. 微分方程式の例をいくつか挙げる.

(1) $y' = x$, $\dot{x} = -3t$. 単に積分すれば解ける.

(2) (変数分離形) f, g を既知関数とする. $y' = f(x)g(y)$ という形の微分方程式を**変数分離形** (separation of variables) という. 例えば, 微分方程式 $y' = -ky^n$ ($k > 0$ は定数) は n 次反応を表す. 微分方程式 $y' = \varepsilon y \left(1 - \dfrac{y}{K}\right)$ ($\varepsilon, K > 0$ は定数) はロジスティック方程式 (logistic equation) といわれ, 生物の個体数の変化を表す. 変数分離形は第 9.3 節で解法を学ぶ.

(3) (1 階線型微分方程式) P, Q を既知関数とする. $y' + P(x)y = Q(x)$ という形の微分方程式を **1 階線型常微分方程式** (1st order linear ordinary differential equation) という. 例えば, 微分方程式 $y' = -ky + v$ は点滴静注の薬物動態モデルを表す. 1 階線型常微分方程式は第 9.4 節で学ぶ. 特に, $Q = 0$ のとき**斉次** (homogeneous, 同次) であるといい, $Q \ne 0$ のとき**非斉次** (inhomogeneous, non-homogeneous, 非同次) であるという.

(4) (定数係数 2 階線型微分方程式) a, b を定数, Q を既知関数とする. $y'' + ay' + by =$

$Q(x)$ という形の微分方程式を**定数係数 2 階線型常微分方程式** (2nd order linear ordinary differential equation with constant coefficients) という. 例えば, バネの運動や 2-コンパートメントモデルは定数係数 2 階線型常微分方程式を用いて表される. 1 階線型常微分方程式と同様に, 特に, $Q = 0$ のとき斉次, $Q \neq 0$ のとき非斉次であるという. 斉次の場合は第 9.5 章, 非斉次の場合は第 9.6 章で学ぶ.

(5) (固有値問題) 微分作用素 P に対し, $Pu = \lambda u$ をみたす定数 $\lambda \in \mathbb{R}$ と 0 でない関数 u が存在すると仮定する. このとき, 定数 λ を微分作用素 P の**固有値** (eigenvalue), 関数 u を固有値 λ に対する**固有関数** (eigenfunction) という.
   微分作用素 P の固有値と固有関数をすべて求める問題を P の固有値問題といい, 固有値問題 $Pu = \lambda u$ などと表す.

(6) (運動方程式) Newton の運動方程式 $m\ddot{x} = F$ は 2 階の常微分方程式である.

(7) (Schrödinger 方程式) 微分方程式

$$i\hbar \frac{\partial}{\partial t}\psi(x,y,z,t) = \left(-\frac{\hbar^2}{2m}\Delta + V(x,y,z) \right)\psi(x,y,z,t) \qquad (9.2.1)$$

は (一粒子系の) Schrödinger 方程式として知られる偏微分方程式である. ただし, $m, \hbar$ は物理的な意味のある定数, V は与えられた関数 (ポテンシャルという), Δ は空間変数 $(x,y,z) \in \mathbb{R}^3$ についてのラプラシアンである.
   Schödinger 方程式の解 $\psi(x,y,z,t)$ で, $\psi(x,y,z,t) = \Psi(x,y,z)T(t)$ のように空間方向 (x,y,z) と時間方向 t に変数分離できるものを考える. $\psi(x,y,z,t) = \Psi(x,y,z)T(t)$ を式 (9.2.1) に代入して整理すると

$$\frac{i\hbar}{T(t)}\frac{\partial}{\partial t}T(t) = \frac{1}{\Psi(x,y,z)}\left(-\frac{\hbar^2}{2m}\Delta + V(x,y,z) \right)\Psi(x,y,z)$$

となる. 左辺は時間 t のみの関数, 右辺は空間 (x,y,z) のみの関数なので, 両辺は (x,y,z,t) によらない定数 E でなければならない. したがって,

$$i\hbar\frac{\partial}{\partial t}T(t) = ET(t)$$

$$\left(-\frac{\hbar^2}{2m}\Delta + V(x,y,z) \right)\Psi(x,y,z) = E\Psi(x,y,z)$$

という 2 つの固有値問題を得る. 前者は変数分離形なので容易に解ける (第 9.3 節参照). 後者は容易には解けない. 後者を時間に依存しない (一粒子系の) Schrödinger 方程式という.

(8) 複数の未知関数が関わる微分方程式を連立させることもある. 連立微分方程式, もしくは微分方程式系という. 複数の集団が相互に関連しあって変化していく現象を記述

する際には連立微分方程式が用いられることが多い. 例えば, 感染症数理モデルの一種である SIR モデルは, 次のような非線型な連立微分方程式である.

$$\begin{cases} \dot{S}(t) = -\beta S(t)I(t), \\ \dot{I}(t) = \beta S(t)I(t) - \gamma I(t), \\ \dot{R}(t) = \gamma I(t). \end{cases}$$

ここで, $S(t)$ は時刻 t における感染可能者, $I(t)$ は時刻 t における感染者, $R(t)$ は時刻 t における隔離者を表し, $\beta, \gamma > 0$ は定数である. また, 全体の人数は変わらないとして $S(t) + I(t) + R(t)$ は定数と仮定する.

例 9.2.3. 微分方程式 $y'' - 9y = 0$ を考える. 関数 $y = C_1 e^{3x} + C_2 e^{-3x}$ $(C_1, C_2$ は定数) がこの微分方程式の解であることを示せ.

解説: $y = C_1 e^{3x} + C_2 e^{-3x}$ を $y'' - 9y = 0$ の左辺に代入すると,

$$\begin{aligned} (左辺) &= (C_1 e^{3x} + C_2 e^{-3x})'' - 9(C_1 e^{3x} + C_2 e^{-3x}) \\ &= 3^2 C_1 e^{3x} + (-3)^2 C_2 e^{-3x} - 9(C_1 e^{3x} + C_2 e^{-3x}) \\ &= 0 = (右辺) \end{aligned}$$

であるので, 関数 $y = C_1 e^{3x} + C_2 e^{-3x}$ は微分方程式 $y'' - 9y = 0$ をみたす. したがって, $y = C_1 e^{3x} + C_2 e^{-3x}$ $(C_1, C_2 \in \mathbb{C})$ は $y'' - 9y = 0$ の解である. $\square$

例 9.2.3 に現れているように, 一般に, 微分方程式の解はただ一つとは限らない. また, 実は例 9.2.3 は解を尽くしている. このように, 微分方程式の解で任意定数を含むような最も一般的な解を**一般解**といい[*1], 一般解の任意定数に具体的な値を代入した解を**特殊解**, 一般解に含まれないような解を**特異解**という.

応用上重要な解は (おそらく) すべて特殊解である. 例えば, 物体の落下を表す運動方程式 $m\ddot{x} = -mg$ の一般解は, 2 回積分することで $x = -\dfrac{1}{2}gt^2 + C_1 t + C_2$ $(C_1, C_2 \in \mathbb{R})$ である. 実際の運動を考える際には, 物体の初期位置 $x(t_0) = x_0$ や初期速度 $\dot{x}(t_0) = v_0$ を指定し, 定数 C_1, C_2 を具体的に求めることで実際の運動を決定する. このような条件には名前が付いている.

定義 9.2.4. 微分方程式において, 定数 $x_0, y_0, y_1, \ldots, y_k$ を用いて**初期条件** (initial condition)

$$y(x_0) = y_0, \, y'(x_0) = y_1, \, \ldots, \, y^{(k)}(x_0) = y_k$$

をみたす解を求める問題を**初期値問題** (initial value problem) といい, 初期条件をみたす解を**初期値問題の解**という.

[*1] (定数) $\to \pm\infty$ における極限として得られた関数も一般解に含める.

例 9.2.5. 質量 m の質点を, 高さ h から初速度 v で鉛直方向に投げ上げる. 重力以外の外力がない場合, 重力加速度を $-g$ とすれば, この質点の運動は次の初期値問題の解である.

$$\begin{cases} m\ddot{x} = -mg, \\ x(0) = h, \ \dot{x}(0) = v. \end{cases}$$

微分方程式 $m\ddot{x} = -mg$ の一般解は $x = -\dfrac{1}{2}gt^2 + C_1 t + C_2 \ (C_1, C_2 \in \mathbb{R})$ であるので, 初期条件 $x(0) = h$ より $C_2 = h$. 一方, $\dot{x} = -gt + C_1$ なので, 初期条件 $\dot{x}(0) = v$ より $C_1 = v$. したがって, 初期値問題の解は $x(t) = -\dfrac{1}{2}gt^2 + vt + h$ である.

初期値問題は, 1 点における関数の様子を指定して特殊解を求める問題であった. しかし, 弦振動で両端が固定されているように, 複数の点における関数の様子が定まっている場合がある. このような条件を**境界条件** (boundary condition) といい, 境界条件をみたす解を**境界値問題の解**という.

例 9.2.6. 両端が固定された弦の振動は次の境界値問題の解であることが知られている. ただし, 弦の端点は $x = 0, L$ に固定されているとし, c は定数である.

$$\begin{cases} \dfrac{\partial^2 y}{\partial t^2} - c\dfrac{\partial^2 y}{\partial x^2} = 0, \\ y(t, 0) = y(t, L) = 0. \end{cases}$$

演習問題 9.2.1. C を定数とする. 関数 $y = \dfrac{Ce^x}{Ce^x + 1}$ が微分方程式 $y' = y(1-y)$ の解であることを確かめよ. また, この解が一般解であることを利用して次の初期条件をみたす特殊解を求めよ.

(1) $y(0) = 2$.   (2) $y(0) = \dfrac{1}{2}$.   (3) $y(0) = 0$.

9.3 変数分離形微分方程式

f, g を既知の関数とする. 未知関数 $y = y(x)$ についての変数分離形微分方程式 $y' = f(x)g(y)$ の解法を学ぶ. 最も基本的で重要な解法なので, 確実に習得してほしい.

―― 積分定数について ――

第 7.3 章の冒頭で述べたように定積分を求める際には積分定数は必要なかった. 一方, 微分方程式の一般解には任意定数が現れるが, 任意定数は主に積分定数に由来するので, 積分定数を省略すると適切な議論を行えない. そこで, 以降は積分定数を省略せず, $C, C_1, C_2, \ldots$ と明記するが, 紛れのない限りこれらが積分定数であることは断らない.

変数分離形の中で最も基本的で重要なのは微分方程式 $\dfrac{dx}{dt} = -kx$ である. これは単に t で積分するだけでは解けない. 解くためには工夫が必要である. この方程式の解法は一般の場合につながる重要な手法である.

例 9.3.1. 典型的な薬物では, 静脈に薬物を x_0 だけ急速に注射したとき, 静脈内の血中濃度 $x(t)$ は定数 $k > 0$ を用いて初期値問題 $\begin{cases} \dfrac{dx}{dt} = -kx, \\ x(0) = x_0 \end{cases}$ の解である. $x(t)$ を求めよ.

解説: 定数関数 $x = 0$ は微分方程式 $\dfrac{dx}{dt} = -kx$ の解であるから, 以下では $x \neq 0$ であるとする. $\dfrac{dx}{dt} = -kx$ の両辺を x で割ると $\dfrac{1}{x}\dfrac{dx}{dt} = -k$ である. ここで, 両辺を t で積分すると $\displaystyle\int \dfrac{1}{x}\dfrac{dx}{dt}\,dt = -k\int dt$ となる. 左辺で $x = x(t)$ と置換積分を行うと $\displaystyle\int \dfrac{dx}{x} = -k\int dt$ となる. 両辺の積分を計算すると $\log|x| = -kt + C$ となる[*2]. よって $|x| = e^C e^{-kt}$ となる. 絶対値を外せば $x = \pm e^C e^{-kt}$ となる. $\pm e^C \neq 0$ に注意せよ. ところで, 定数関数 $x = 0$ も解であったから, 改めて定数 C をとり直せば $x = Ce^{-kt}$ を得る.

一方, 初期条件 $x(0) = x_0$ より $C = x_0$ だから, $x(t) = x_0 e^{-kt}$ である. $\square$

それでは変数分離形微分方程式の解法を説明しよう.

定理 9.3.2. f, g を既知関数とする. 変数分離形微分方程式

$$y' = f(x)g(y) \tag{9.3.1}$$

は以下の手順で解ける.

(a) 方程式 $g(y) = 0$ の解 $y = y_0$ が存在するとき. 定数関数 $y = y_0$ は微分方程式 (9.3.1) の解である. なお, この解 $y = y_0$ が特異解であることもある.

(b) $g(y) \neq 0$ のとき.

Step 1 : 両辺を $g(y)$ で割って変数分離する: $\dfrac{y'}{g(y)} = f(x)$.

Step 2 : 両辺を x で積分する: $\displaystyle\int \dfrac{y'}{g(y)}\,dx = \int f(x)\,dx$.

Step 3 : 左辺で $y = y(x)$ と置換積分を行う: $\displaystyle\int \dfrac{dy}{g(y)} = \int f(x)\,dx$.

Step 4 : 可能なら両辺の積分を実行し, $y = \cdots$ の形に整理する.

[*2] 積分定数が右辺にしか出ていないことが気になる人は, 次のように考えれば良い: 左辺の積分は $\displaystyle\int \dfrac{dx}{x} = \log|x| + C_1$, 右辺の積分は $-k\displaystyle\int dt = -kt + C_2$ である. $C = C_2 - C_1$ とおけば本文の等式を得る.

補足 9.3.3. 変数分離形の解法は, 次のように単なる記号の操作として説明されることがある:
$$dy = f(x)g(y)dx \text{ より } \frac{dy}{g(y)} = f(x)dx \text{ なので, } \int \text{ を付ければ } \int \frac{dy}{g(y)} = \int f(x)\,dx.$$

例 9.3.4. 微分方程式 $y' = \sqrt{y}$ を解け.

解説: $y = 0$ は微分方程式 $y' = \sqrt{y}$ の解であるから, 以下では $y \neq 0$ とする. 両辺を $\sqrt{y}$ で割って x で積分すると $\int \frac{y'}{\sqrt{y}}\,dx = \int dx$ だから, 左辺で $y = y(x)$ と置換することで $\int \frac{dy}{\sqrt{y}} = \int dx$ となる. よって, 両辺の積分を計算すれば $2\sqrt{y} = x + C$ なので, 整理して $y = \frac{1}{4}(x + C)^2$ を得る. 先に得ていた解 $y = 0$ はこの定数 C にどのような値を代入しても得られないので, 解 $y = 0$ は特異解である. 以上より, $y' = \sqrt{y}$ の解は

$$y = \frac{1}{4}(x + C)^2, \quad y = 0$$

である. ただし C は定数である. □

例 9.3.5. $t = 0$ における分子 A, B の初期濃度をそれぞれ a, b $(a \neq b)$ とする. 時刻 t が経過して A と B のいずれも濃度 $x(t)$ だけ反応して C を生成する反応が, 2 次の反応速度式 $\frac{d[\mathrm{A}]}{dt} = -k[\mathrm{A}][\mathrm{B}]$ $(k > 0)$ に従うとする. $[\mathrm{A}] = a - x$, $[\mathrm{B}] = b - x$ なので, x は次の初期値問題の解である.

$$\begin{cases} \dfrac{dx}{dt} = k(a - x)(b - x), \\ x(0) = 0. \end{cases}$$

この初期値問題を解け.

解説: x は反応量なので, 定数関数 $x = a, b$ はこの初期値問題の解ではない. さらに, $0 \leq x < a$ かつ $0 \leq x < b$ が成り立つ. これらの条件の下で変数分離形微分方程式 $\frac{dx}{dt} = k(a - x)(b - x)$ を解く. 両辺を $(a - x)(b - x)$ で割ると

$$\frac{1}{(a - x)(b - x)} \frac{dx}{dt} = k$$

が成り立つので, 両辺を t で積分すると

$$\int \frac{1}{(a - x)(b - x)} \frac{dx}{dt}\,dt = \int k\,dt$$

が成り立つ. 左辺で $x = x(t)$ と置換すると

$$\int \frac{dx}{(a - x)(b - x)} = \int k\,dt$$

となる. 部分分数分解 $\dfrac{1}{(a-x)(b-x)} = \dfrac{1}{b-a}\left(\dfrac{1}{x-b} - \dfrac{1}{x-a}\right)$ を用いて積分すると

$$\frac{1}{b-a}\log\frac{x-b}{x-a} = kt + C$$

が成り立つ. ここで, $0 \le x < a$ かつ $0 \le x < b$ より $\dfrac{x-b}{x-a} > 0$ であることに注意. よって,

$$\frac{x-b}{x-a} = \exp((b-a)(kt+C))$$

が成り立つ. x について解けば

$$x = \frac{b - a\exp((b-a)(kt+C))}{1 - \exp((b-a)(kt+C))}$$

を得る. 最後に初期条件 $x(0) = 0$ より $\dfrac{b - a\exp((b-a)C)}{1 - \exp((b-a)C)} = 0$ が成り立つので, C について解くと $C = \dfrac{1}{b-a}\log\dfrac{b}{a}$ を得る. よって, 初期値問題の解は

$$x(t) = \frac{ab\left(1 - \exp((b-a)kt)\right)}{a - b\exp\left((b-a)kt\right)}$$

である. □

演習問題 9.3.1. 次の微分方程式を解け.

(1) $y' = e^{-3x}$.　　　　(2) $y' = -3y$.　　　　(3) $y' = -3y^2$.

(4) $y' = 3y^{2/3}$.　　　(5) $y' = (1-y)(2-y)$.　(6) $y' = 2\dfrac{y}{x}$.

演習問題 9.3.2. 次の初期値問題を解け.

(1) $\begin{cases} y' = e^{-3x}, \\ y(0) = 0. \end{cases}$　　(2) $\begin{cases} y' = -3y, \\ y(0) = 1. \end{cases}$　　(3) $\begin{cases} y' = -3y^2, \\ y(0) = 1. \end{cases}$

(4) $\begin{cases} y' = -3y^2, \\ y(1) = 1. \end{cases}$　　(5) $\begin{cases} y' = (1-y)(2-y), \\ y(0) = 0. \end{cases}$　(6) $\begin{cases} y' = 2\dfrac{y}{x}, \\ y(1) = 2. \end{cases}$

演習問題 9.3.3. 初期値問題

$$\begin{cases} \dfrac{dx}{dt} = -kx, \\ x(0) = x_0 \end{cases}$$

を考える (一次反応を表す微分方程式). 次の問に答えよ. ただし, $x_0 > 0$ とする.

(1) 微分方程式 $\dfrac{dx}{dt} = -kx$ の一般解を求めよ.

(2) この初期値問題の解を求めよ.

(3) $x(T) = \dfrac{1}{2}x_0$ をみたす T を求めよ. この T を半減期という.

演習問題 9.3.4. 初期値問題

$$\begin{cases} \dfrac{dx}{dt} = -kx^2, \\ x(0) = x_0 \end{cases}$$

を考える (二次反応の一種を表す微分方程式). 次の問に答えよ. ただし, $x_0 > 0$ とする.

(1) 微分方程式 $\dfrac{dx}{dt} = -kx^2$ の一般解を求めよ.

(2) この初期値問題の解を求めよ.

(3) $x(T) = \dfrac{1}{2}x_0$ をみたす T を求めよ. この T を半減期という.

演習問題 9.3.5. (同次形). f を既知関数とする. 未知関数 $y = y(x)$ に関する微分方程式

$$y' = f\left(\frac{y}{x}\right) \tag{9.3.2}$$

を同次形という. 微分方程式 (9.3.2) において $u = \dfrac{y}{x}$ とおくことで, u についての微分方程式を導け. さらに, 微分方程式 $xy' = x + y$ を解け.

9.4 1 階線型常微分方程式

P, Q を既知の関数とする. 未知関数 $y = y(x)$ に関する 1 階線型常微分方程式 $y' + P(x)y = Q(x)$ の解法を学ぶ. $Q = 0$ の場合は $y' = -P(x)y$ なので, これは変数分離形だから既に解ける. $Q \neq 0$ の場合は次の**定数変化法**を適用して解く.

定理 9.4.1. P, Q を既知関数とする. 1 階線型常微分方程式

$$y' + P(x)y = Q(x) \tag{9.4.1}$$

の解は次で与えられる. ただし, C は任意定数である.

$$y = \left\{ \int Q(x) \exp\left(\int P(x)\,dx \right)\,dx + C \right\} \exp\left(-\int P(x)\,dx \right).$$

証明: 2 つの段階に分けて微分方程式 (9.4.1) を解く.

Step 1 まず, 斉次方程式 $y' + P(x)y = 0$ を解く. この斉次方程式は変数分離形だから解ける. 解くと次のようになる. ただし C は定数である.

$$y = C \exp\left(-\int P(x)\,dx \right). \tag{9.4.2}$$

Step 2 (定数変化法) x に関する未知関数 $C(x)$ を用いて, 微分方程式 (9.4.1) の一般解を

$y = C(x) \exp\left(-\int P(x)\,dx\right)$ の形で見つける (式 (9.4.2) と比べよ). 積の微分則より

$$y' = C'(x) \exp\left(-\int P(x)\,dx\right) + C(x)\left(\exp\left(-\int P(x)\,dx\right)\right)'$$

となるので, $y = C(x)\exp\left(-\int P(x)\,dx\right)$ を式 (9.4.1) に代入すると, 合成関数の微分則より

$$C'(x) \exp\left(-\int P(x)\,dx\right) = Q(x)$$

を得る. よって,

$$C(x) = \int Q(x) \exp\left(\int P(x)\,dx\right)dx + C$$

を得る. したがって, 微分方程式 (9.4.1) の解は次のようになる.

$$y = \left\{\int Q(x)\exp\left(\int P(x)\,dx\right)dx + C\right\}\exp\left(-\int P(x)\,dx\right). \quad \square$$

例 9.4.2. 次の微分方程式を解け.

$$y' + 3y = 6.$$

解説: まず, 斉次方程式 $y' + 3y = 0$ を解く. この解は $y = Ce^{-3x}$ である (C は定数. 例 9.3.1 参照).

次に, $C(x)$ を x に関する未知関数として $y = C(x)e^{-3x}$ の形で微分方程式 $y' + 3y = 6$ の解を見つける. $y = C(x)e^{-3x}$ を $y' + 3y = 6$ に代入すると

$$C'(x)e^{-3x} + C(x)\cdot(-3)\cdot e^{-3x} + 3C(x)e^{-3x} = 6$$

となるので, 整理すると $C'(x) = 6e^{3x}$ が成り立つ. 両辺を x で積分すると $C(x) = 2e^{3x} + C$ を得る. 以上より, 求める解は次である.

$$y = Ce^{-3x} + 2 \quad (C \text{ は定数}). \quad \square$$

例 9.4.3. 静脈に薬物を速度 v で点滴するとき, 薬物の血中濃度 x は, 通常, 初期値問題

$$\begin{cases} \dfrac{dx}{dt} + kx = v \\ x(0) = 0 \end{cases}$$ に従うことが知られている ($k > 0$ は定数). この初期値問題を解け.

解説: 例 9.4.2 と同様にすれば微分方程式 $\dfrac{dx}{dt} + kx = v$ の一般解は $x(t) = Ce^{-kt} + \dfrac{v}{k}$ (C は定数) とわかる. これを初期条件に代入すると $C + \dfrac{v}{k} = 0$ となるので, 初期値問題の解は $x(t) = -\dfrac{v}{k}e^{-kt} + \dfrac{v}{k}$ である. $\square$

補足 9.4.4. 微分方程式 $y' + ky = v$ ($k \neq 0$, v は定数) は $y' + k\left(y - \dfrac{v}{k}\right) = 0$ と変形できるので, $u = y - \dfrac{v}{k}$ とすれば u は変数分離形微分方程式 $u' = -ku$ をみたす. これを解けば $u = Ce^{-kx}$ (C は定数) となるので, $y = Ce^{-kx} + \dfrac{v}{k}$ を得る. すなわち, 例 9.4.2, 例 9.4.3 のように微分方程式 (9.4.1) の P, Q が定数の場合は, 定数変化法を使わずに解くことができる.

補足 9.4.5. 定数変化法による解法を眺めると, 次のことがわかる. 微分方程式 (9.4.1) の両辺に $\exp\left(\displaystyle\int P(x)\,dx\right)$ をかけると

$$y' \exp\left(\int P(x)\,dx\right) + P(x)y \exp\left(\int P(x)\,dx\right) = Q(x) \exp\left(\int P(x)\,dx\right)$$

となるので, 積の微分法より

$$\left\{y \exp\left(\int P(x)\,dx\right)\right\}' = Q(x) \exp\left(\int P(x)\,dx\right)$$

が成り立つ. この両辺を x で積分して整理すると定理 9.4.1 を得る. 両辺にかけた $\exp\left(\displaystyle\int P(x)\,dx\right)$ を**積分因子** (integrating factor) ということがある.

演習問題 9.4.1. 次の微分方程式を解け.

(1) $y' + 3y = 6x$.　　　　(2) $y' + 3y = 4e^x$.　　　　(3) $y' + 3y = 6\sin x$.

演習問題 9.4.2. 次の初期値問題を解け.

(1) $\begin{cases} y' + 3y = 6, \\ y(0) = 0. \end{cases}$　　　(2) $\begin{cases} y' + 3y = 6x, \\ y(0) = 0. \end{cases}$　　　(3) $\begin{cases} y' + 3y = 4e^x, \\ y(0) = 1. \end{cases}$

演習問題 9.4.3. (Bernoulli 型). P, Q を既知の関数, $n \neq 0, 1$ とする. このとき, 未知関数 $y = y(x)$ に関する微分方程式

$$y' + P(x)y = Q(x)y^n \tag{9.4.3}$$

を Bernoulli 型という. 次の問に答えよ.

(1) 微分方程式 (9.4.3) において $u = y^{1-n}$ とおくことで, u についての微分方程式を導け.

(2) (1) を参考にして以下の微分方程式を解け.

(a) $y' + 2y = 6e^{-x}y^2$.　　(b) $y' + y = 2xy^3$.　　　(c) $y' + \dfrac{y}{2x} = y^{-1}$.

9.5 定数係数斉次 2 階線型常微分方程式

$a, b \in \mathbb{R}$ を定数とする. 未知関数 $y = y(x)$ に対する微分方程式

$$y'' + ay' + by = 0 \tag{9.5.1}$$

の解法を学ぶ. 説明のために, 微分作用素 $D = \dfrac{d}{dx}$ を用いて微分方程式 (9.5.1) を次のように書きかえる:

$$D^2 y + aDy + by = 0.$$

さらに, $P(D) = D^2 + aD + b$, すなわち $P(D)y = (D^2 + aD + b)y = D^2 y + aDy + by$ と定義すれば, 微分方程式 (9.5.1) は $P(D)y = 0$ と表される. さて, 微分作用素 $P(D)$ を D についての多項式だと見て次のように定義しよう.

定義 9.5.1. t についての 2 次方程式 $P(t) = 0$, すなわち

$$t^2 + at + b = 0$$

を微分方程式 (9.5.1) の**特性方程式** (characteristic equation) という.

　微分方程式 (9.5.1) の特性方程式は 2 次方程式なので, その解は重複も込めて 2 つある. 2 つの解に適当に番号を付けて $t = \lambda_1, \lambda_2 \in \mathbb{C}$ としよう. すると, 微分方程式 (9.5.1) は次のように解ける.

定理 9.5.2. 微分方程式 (9.5.1) の特性方程式の解を $t = \lambda_1, \lambda_2 \in \mathbb{C}$ とする. このとき, 微分方程式 (9.5.1) の解は次で与えられる. ただし, C_1, C_2 は任意定数である.

(1) $\lambda_1 \neq \lambda_2$ のとき.

$$y = C_1 e^{\lambda_1 x} + C_2 e^{\lambda_2 x}.$$

(2) $\lambda_1 = \lambda_2$ のとき ($\lambda = \lambda_1 = \lambda_2$ とする).

$$y = C_1 e^{\lambda x} + C_2 x e^{\lambda x}.$$

証明: (1) $\lambda_1 \neq \lambda_2$ のとき. $P(D)$ を D についての多項式と見ると $P(D) = (D - \lambda_1)(D - \lambda_2)$ と因数分解できる. これは微分作用素の分解にもなっている. 実際,

$$(D - \lambda_1)(D - \lambda_2)y = (D - \lambda_1)(Dy - \lambda_2 y) = D^2 y - (\lambda_1 + \lambda_2)Dy + \lambda_1 \lambda_2 y$$

であるから, 解と係数の関係 $\lambda_1 + \lambda_2 = -a$, $\lambda_1 \lambda_2 = b$ より $(D - \lambda_1)(D - \lambda_2)y = P(D)y$ である.

　さて, $z = (D - \lambda_2)y$ とおくと $(D - \lambda_1)z = 0$ が成り立つ. つまり, $z' = \lambda_1 z$ が成り立つので, この変数分離形微分方程式を解くと定数 C を用いて $z = Ce^{\lambda_1 x}$ を得る. よって,

$(D - \lambda_2)y = Ce^{\lambda_1 x}$ が成り立つ. これは 1 階線型常微分方程式 $y' - \lambda_2 y = Ce^{\lambda_1 x}$ だから解ける. これを解けば次のようになる[*3].

$$y = C_1 e^{\lambda_1 x} + C_2 e^{\lambda_2 x}.$$

(2) $\lambda = \lambda_1 = \lambda_2$ のとき. $P(D)$ を D についての多項式と見ると, (1) と同様に $P(D) = (D - \lambda)^2$ と因数分解できる. $z = (D - \lambda)y$ とおくと $(D - \lambda)z = 0$ が成り立つ. つまり, $z' = \lambda z$ が成り立つので, この変数分離形微分方程式を解くと定数 C を用いて $z = Ce^{\lambda x}$ を得る. よって, $(D - \lambda)y = Ce^{\lambda x}$ が成り立つ. これは 1 階線型常微分方程式 $y' - \lambda y = Ce^{\lambda x}$ だから解ける. これを解けば次のようになる.

$$y = C_1 e^{\lambda x} + C_2 x e^{\lambda x}. \quad \square$$

例 9.5.3. 次の微分方程式および初期値問題を解け.

(1) $y'' - y' - 6y = 0.$

(2) $y'' - 4y' + 4y = 0.$

(3) $y'' - 4y' + 13y = 0.$

(4) $\begin{cases} y'' + 9y = 0 \\ y(0) = 1,\ y'(0) = -1. \end{cases}$

解説: 特性方程式を解き, 一般解を求めれば良い. C_1, C_2 は定数とする.

(1) 微分方程式 $y'' - y' - 6y = 0$ の特性方程式 $t^2 - t - 6 = 0$ を解くと $t = -2, 3$ だから, 微分方程式の解は $y = C_1 e^{-2x} + C_2 e^{3x}$.

(2) 微分方程式 $y'' - 4y' + 4y = 0$ の特性方程式 $t^2 - 4t + 4 = 0$ を解くと $t = 2$ だから, 微分方程式の解は $y = C_1 e^{2x} + C_2 x e^{2x}$.

(3) 微分方程式 $y'' - 4y' + 13y = 0$ の特性方程式 $t^2 - 4t + 13 = 0$ を解くと $t = 2 \pm 3i$ だから, 微分方程式の解は $y = C_1 e^{(2+3i)x} + C_2 e^{(2-3i)x}$.

(4) 微分方程式 $y'' + 9y = 0$ の特性方程式 $t^2 + 9 = 0$ を解くと $t = \pm 3i$ だから, 微分方程式 $y'' + 9y = 0$ の解は $y = C_1 e^{3ix} + C_2 e^{-3ix}$ である.
次に初期条件をみたす解を求める. まず, $y(0) = 1$ より $C_1 + C_2 = 1$ である. 一方, $y' = 3iC_1 e^{3ix} - 3iC_2 e^{-3ix}$ だから, $y'(0) = -1$ より $3iC_1 - 3iC_2 = -1$ である. よって, $C_1 = \dfrac{3+i}{6}$, $C_2 = \dfrac{3-i}{6}$ が成り立つ.
以上より, 初期値問題の解は $y = \dfrac{3+i}{6} e^{3ix} + \dfrac{3-i}{6} e^{-3ix}$. $\quad \square$

物体の運動のように, 初期値問題の解が実数の範囲で得られる場合は, 一般解も実数値関数を用いておく方が使い勝手が良い. そこで, 別の形の一般解を学ぶ.

[*3] $\lambda_1 \neq \lambda_2$ はここで必要になる.

定義 9.5.4. 微分方程式 (9.5.1) の 2 つの解 y_1, y_2 に対して

$$W(y_1, y_2)(x) = \det \begin{bmatrix} y_1(x) & y_2(x) \\ y_1'(x) & y_2'(x) \end{bmatrix}$$

をロンスキアン (または, Wronski 行列式) という. ロンスキアンは単に $W(y_1, y_2)$, $W(x)$, W とも書く.

ある $x \in \mathbb{R}$ に対して $W(y_1, y_2)(x) \neq 0$ が成り立つとき, 解の組 $\{y_1, y_2\}$ を微分方程式 (9.5.1) の**解の基本系** (fundamental system of solutions) という.

 実は, 解の組 $\{y_1, y_2\}$ が解の基本形ならば, 任意の $x \in \mathbb{R}$ に対して $W(y_1, y_2)(x) \neq 0$ が成り立つ (演習問題 9.5.4 参照). 解の基本系の例を挙げよう.

例 9.5.5. 次に挙げる解の組が微分方程式 (9.5.1) の解の基本系をなすことを確かめよ. ただし, $\lambda_1, \lambda_2 \in \mathbb{C}$ は微分方程式 (9.5.1) の特性方程式の解である.

 (1) $\lambda_1 \neq \lambda_2$ のとき, $\{y_1 = e^{\lambda_1 x}, y_2 = e^{\lambda_2 x}\}$.
 (2) $\lambda_1 = \lambda_2$ のとき ($\lambda = \lambda_1 = \lambda_2$ とする), $\{y_1 = e^{\lambda x}, y_2 = xe^{\lambda x}\}$.

解説: (1) $\lambda_1 \neq \lambda_2$ より

$$W(y_1, y_2)(x) = \det \begin{bmatrix} y_1(x) & y_2(x) \\ y_1'(x) & y_2'(x) \end{bmatrix} = \det \begin{bmatrix} e^{\lambda_1 x} & e^{\lambda_2 x} \\ \lambda_1 e^{\lambda_1 x} & \lambda_2 e^{\lambda_2 x} \end{bmatrix}$$
$$= (\lambda_2 - \lambda_1) e^{(\lambda_1 + \lambda_2)x} \neq 0$$

 だから, $\{e^{\lambda_1 x}, e^{\lambda_2 x}\}$ は解の基本系をなす.

(2)
$$W(y_1, y_2)(x) = \det \begin{bmatrix} y_1(x) & y_2(x) \\ y_1'(x) & y_2'(x) \end{bmatrix} = \det \begin{bmatrix} e^{\lambda x} & xe^{\lambda x} \\ \lambda e^{\lambda x} & (\lambda x + 1)e^{\lambda x} \end{bmatrix} = e^{2\lambda x} \neq 0$$

より $\{e^{\lambda x}, xe^{\lambda x}\}$ は解の基本系をなす. $\square$

定理 9.5.6. $\{z_1, z_2\}$ を微分方程式 (9.5.1) の解の基本系とする. このとき, 微分方程式 (9.5.1) の任意の解は次で与えられる. ただし, C_1, C_2 は定数である.

$$y = C_1 z_1 + C_2 z_2.$$

証明: まず, $y = C_1 z_1 + C_2 z_2$ が微分方程式 (9.5.1) の解であることを示す. 実際, z_1, z_2 は微分方程式 (9.5.1) の解だから $P(D)z_1 = 0$, $P(D)z_2 = 0$ をみたす. よって,

$$P(D)y = C_1 P(D)z_1 + C_1 P(D)z_2 = 0$$

が成り立つ. したがって, $y = C_1 z_1 + C_2 z_2$ は微分方程式 (9.5.1) の解である.

 次に, 微分方程式 (9.5.1) の任意の解 z に対して定数 C_1, C_2 が存在して $z = C_1 z_1 + C_2 z_2$ と表せることを示す. z_1, z_2 はともに微分方程式 (9.5.1) の解だから, 定理 9.5.2 より,

例 9.5.5 にある解の基本系 $\{y_1, y_2\}$ を用いて $\begin{cases} z_1 = a_{11}y_1 + a_{21}y_2 \\ z_2 = a_{12}y_1 + a_{22}y_2 \end{cases}$ つまり $[z_1 \ z_2] =$

$[y_1 \ y_2] \begin{bmatrix} a_{11} & a_{12} \\ a_{21} & a_{22} \end{bmatrix}$ と表せる. このとき,

$$W(z_1, z_2) = \det \begin{bmatrix} a_{11} & a_{12} \\ a_{21} & a_{22} \end{bmatrix} W(y_1, y_2)$$

が成り立つから, $\{z_1, z_2\}$ が解の基本形であることより $\det \begin{bmatrix} a_{11} & a_{12} \\ a_{21} & a_{22} \end{bmatrix} \neq 0$ でなければならな

い. したがって, $[y_1 \ y_2] = [z_1 \ z_2] \begin{bmatrix} a_{11} & a_{12} \\ a_{21} & a_{22} \end{bmatrix}^{-1} = \dfrac{1}{a_{11}a_{22} - a_{12}a_{21}} [z_1 \ z_2] \begin{bmatrix} a_{22} & -a_{12} \\ -a_{21} & a_{11} \end{bmatrix}$

と表されることがわかった. したがって, 再び定理 9.5.2 を用いれば, 定数 C_1, C_2 が存在して $z = C_1 z_1 + C_2 z_2$ と表せる. □

例 9.5.7. 微分方程式 (9.5.1) の特性方程式 $t^2 + at + b = 0$ が実数でない複素数解 $t = \lambda_1, \lambda_2$ をもつとする. $a, b \in \mathbb{R}$ かつ $\lambda_1 \notin \mathbb{R}$ だから $\lambda_2 = \overline{\lambda_1}$ である. そこで, $\lambda_1 = p + iq$ $(p, q \in \mathbb{R}, q \neq 0)$ とおけば $\lambda_2 = p - iq$ である. したがって, Euler の公式より

$$e^{\lambda_1 x} = e^{(p+iq)x} = e^{px}(\cos(qx) + i\sin(qx))$$
$$e^{\lambda_2 x} = e^{(p-iq)x} = e^{px}(\cos(qx) - i\sin(qx))$$

を得る. したがって,

$$e^{px}\cos(qx) = \frac{e^{\lambda_1 x} + e^{\lambda_2 x}}{2}, \quad e^{px}\sin(qx) = \frac{e^{\lambda_1 x} - e^{\lambda_2 x}}{2i}$$

が成り立つ. よって $e^{px}\cos(qx)$, $e^{px}\sin(qx)$ は微分方程式 (9.5.1) の解である. 今得た解の組 $\{e^{px}\cos(qx), e^{px}\sin(qx)\}$ は解の基本系をなす (演習問題 9.5.3 参照).

以上より, 実数値関数解 (解のうち実数値関数であるもの) は次のように表される.

定理 9.5.8. 微分方程式 (9.5.1) の特性方程式の解を $t = \lambda_1, \lambda_2 \in \mathbb{C}$ とする. このとき, 微分方程式 (9.5.1) の実数値関数解は次で与えられる. ただし, $C_1, C_2 \in \mathbb{R}$ は定数である.

(1) $\lambda_1 \neq \lambda_2$ $(\lambda_1, \lambda_2 \in \mathbb{R})$ のとき.

$$y = C_1 e^{\lambda_1 x} + C_2 e^{\lambda_2 x}.$$

(2) $\lambda_1 = p + iq$ $(p, q \in \mathbb{R}, q \neq 0)$ のとき.

$$y = C_1 e^{px}\cos(qx) + C_2 e^{px}\sin(qx).$$

(3) $\lambda_1 = \lambda_2 \in \mathbb{R}$ のとき ($\lambda = \lambda_1 = \lambda_2$ とする).

$$y = C_1 e^{\lambda x} + C_2 x e^{\lambda x}.$$

例 9.5.9. 例 9.5.3 (4) と同じ初期値問題 $\begin{cases} y'' + 9y = 0 \\ y(0) = 1, \ y'(0) = -1 \end{cases}$ の解を三角関数を用いて表せ.

解説: 定理 9.5.8 より微分方程式 $y'' + 9y = 0$ の実数値関数解は $y = C_1 \cos(3x) + C_2 \sin(3x)$ で与えられる. $y' = -3C_1 \sin(3x) + 3C_2 \cos(3x)$ だから, 初期条件 $y(0) = 1, y'(0) = -1$ より $C_1 = 1, C_2 = -\dfrac{1}{3}$ を得る. 以上より, 初期値問題の解は $y = \cos(3x) - \dfrac{1}{3}\sin(3x)$ である. $\square$

例 9.5.10. (単振動). バネ定数が $k > 0$ であるようなバネの先端に質量 m の質点を固定し, Hooke(フック) の法則に従って運動させる. このとき, 質点の運動は次の運動方程式に従うことが知られている:

$$m\frac{d^2 x}{dt^2} = -kx.$$

角振動数 $\omega = \sqrt{\dfrac{k}{m}}$ を用いれば, $\dfrac{d^2 x}{dt^2} = -\omega^2 x$ を得る. この微分方程式を解け.

解説: 微分方程式 $\dfrac{d^2 x}{dt^2} = -\omega^2 x$ を書きかえると $\dfrac{d^2 x}{dt^2} + \omega^2 x = 0$ だから, 特性方程式 $s^2 + \omega^2 = 0$ を解けば $s = \pm\omega i$ である. したがって, 解は

$$x(t) = C_1 \cos(\omega t) + C_2 \sin(\omega t). \quad \square$$

演習問題 9.5.1. 次の微分方程式を解け.

(1) $y'' - 2y' - 15y = 0$.   (2) $y'' - 4y' + 5y = 0$.   (3) $y'' + 6y' + 9y = 0$.

(4) $y'' - 5y' = 0$.   (5) $y'' - 5y = 0$.   (6) $y'' + 5y = 0$.

演習問題 9.5.2. 次の初期値問題を解け.

(1) $\begin{cases} y'' + 3y' - 4y = 0, \\ y(0) = 4, \ y'(0) = -1. \end{cases}$ (2) $\begin{cases} y'' - 6y' + 9y = 0, \\ y(0) = 2, \ y'(0) = 5. \end{cases}$

(3) $\begin{cases} y'' + 9y = 0, \\ y(0) = 1, \ y'(0) = 0. \end{cases}$ (4) $\begin{cases} y'' + 9y = 0, \\ y(0) = 0, \ y'(0) = -1. \end{cases}$

演習問題 9.5.3. 微分方程式 (9.5.1) の特性方程式 $t^2 + at + b = 0$ が実数でない複素数解 $t = p \pm iq$ $(p, q \in \mathbb{R}, q \neq 0)$ をもつとする. このとき, 解の組 $\{e^{px}\cos(qx), e^{px}\sin(qx)\}$ は解の基本系をなすことを示せ.

演習問題 9.5.4. 微分方程式 (9.5.1) の 2 つの解 y_1, y_2 に対するロンスキアン $W(x)$ について次の問に答えよ.

(1) $W'(x) = -aW(x)$ が成り立つことを示せ.

(2) y_1, y_2 が微分方程式 (9.5.1) の解の基本系 $\{y_1, y_2\}$ をなすとき, 任意の $x \in \mathbb{R}$ に対して $W(x) \neq 0$ が成り立つことを示せ.

演習問題 9.5.5. $a, b \in \mathbb{R}$, $\alpha_0, \alpha_1 \in \mathbb{C}$ とする. 次の初期値問題の解がただ一つ存在することを示せ.

$$\begin{cases} y'' + ay' + by = 0 \\ y(x_0) = \alpha_0, \ y'(x_0) = \alpha_1. \end{cases}$$

9.6 定数係数非斉次 2 階線型常微分方程式

$a, b \in \mathbb{R}$ を定数, Q を既知関数とする. 本節では y を未知関数とする次の微分方程式の解法を学ぶ.

$$y'' + ay' + by = Q(x). \tag{9.6.1}$$

非斉次項 (右辺) が 0 である微分方程式 $y'' + ay' + by = 0$ を非斉次方程式 (9.6.1) に対応する斉次方程式という. 第 9.5 節と同様に $P(D)y = y'' + ay' + by$ と表す.

まず, 微分方程式 (9.6.1) の一般解がどのような構造をしているか学ぶ.

> **定理 9.6.1.** 微分方程式 (9.6.1) の解 η_Q を一つとる. 対応する斉次方程式 $y'' + ay' + by = 0$ の解の基本系 $\{y_1, y_2\}$ を選ぶ. このとき, 微分方程式 (9.6.1) の一般解は次で与えられる. ただし, C_1, C_2 は任意定数である.
>
> $$y = C_1 y_1 + C_2 y_2 + \eta_Q.$$

証明: まず, 任意の定数 $C_1, C_2 \in \mathbb{C}$ に対して関数 $y = C_1 y_1 + C_2 y_2 + \eta_Q$ が微分方程式 (9.6.1) の解であることを示す. 実際, $P(D)y_1 = 0, P(D)y_2 = 0, P(D)\eta_Q = Q(x)$ なので, $P(D)y = C_1 P(D)y_1 + C_2 P(D)y_2 + P(D)\eta_Q = Q(x)$ である. よって, 関数 $y = C_1 y_1 + C_2 y_2 + \eta_Q$ は微分方程式 (9.6.1) の解である.

次に, 微分方程式 (9.6.1) の任意の解 z に対し, $z - \eta_Q$ が対応する斉次方程式 $y'' + ay' + by = 0$ の解であることを示す. 実際, $P(D)z = Q(x), P(D)\eta_Q = Q(x)$ なので,

$$P(D)(z - \eta_Q) = P(D)z - P(D)\eta_Q = 0$$

である. よって, $z - \eta_Q$ は微分方程式 $y'' + ay' + by = 0$ の解である.

以上より, 微分方程式 (9.6.1) の一般解は次で与えられる.

$$y = C_1 y_1 + C_2 y_2 + \eta_Q. \quad \square$$

定理 9.6.2. η_{Q_1} を微分方程式 $y'' + ay' + by = Q_1(x)$ の解とし, η_{Q_2} を微分方程式 $y'' + ay' + by = Q_2(x)$ の解とする. このとき, 任意の定数 $\alpha_1, \alpha_2 \in \mathbb{C}$ に対して $\alpha_1 \eta_{Q_1} + \alpha_2 \eta_{Q_2}$ は微分方程式

$$y'' + ay' + by = \alpha_1 Q_1(x) + \alpha_2 Q_2(x)$$

の解である.

証明: $P(D)(\alpha_1 \eta_{Q_1} + \alpha_2 \eta_{Q_2}) = \alpha_1 P(D)\eta_{Q_1} + \alpha_2 P(D)\eta_{Q_2} = \alpha_1 Q_1(x) + \alpha_2 Q_2(x)$ より従う. $\square$

したがって, 特殊解 η_Q を見つけさえすれば微分方程式 (9.6.1) を解くことができる. 特殊解 η_Q の見つけ方として, 例えば次の方法が知られている.

定理 9.6.3. 微分方程式 (9.6.1) の解として次のような形の関数 η を見つけることができる. ただし, $(a, b) \neq (0, 0)$ とする.

(1) $Q(x) = A_d x^d + A_{d-1} x^{d-1} + \cdots + A_1 x + A_0$ (d 次多項式) のとき.
    (a) $b \neq 0$ のとき, $\eta(x) = \alpha_d x^d + \cdots + \alpha_1 x + \alpha_0$.
    (b) $b = 0$ のとき, $\eta(x) = x(\alpha_d x^d + \cdots + \alpha_1 x + \alpha_0)$.
(2) $Q(x) = A e^{kx}$ ($A, k \in \mathbb{C}, k \neq 0$) のとき.
    (a) $P(k) \neq 0$ のとき, $\eta(x) = \alpha e^{kx}$.
    (b) $t = k$ が特性方程式の単解のとき, $\eta(x) = \alpha x e^{kx}$.
    (c) $t = k$ が特性方程式の重解のとき, $\eta(x) = \alpha x^2 e^{kx}$.
(3) $Q(x) = A\cos(kx) + B\sin(kx)$ ($A, B \in \mathbb{C}, k \in \mathbb{R}, k \neq 0$) のとき.
    (a) $P(\pm ki) \neq 0$ のとき, $\eta(x) = \alpha \cos(kx) + \beta \sin(kx)$.
    (b) $P(\pm ki) = 0$ のとき, $\eta(x) = x(\alpha \cos(kx) + \beta \sin(kx))$.

証明: 与えられた関数 η を微分方程式 (9.6.1) に代入して係数を比較すれば証明される. 詳しい計算は省略する. $\square$

例 9.6.4. 次の微分方程式の解を一つ見つけよ.

$$y'' - y' - 2y = 6e^{2x}. \tag{9.6.2}$$

解説: $P(t) = t^2 - t - 2$ とおくと $P(t) = (t+1)(t-2)$ なので, $t = 2$ は方程式 $P(t) = 0$ の単解である. よって, 定理 9.6.3 (2)(b) より $\eta(x) = \alpha x e^{2x}$ の形で解を探せば良い.

$\eta'(x) = \alpha e^{2x} + 2\alpha x e^{2x}$, $\eta''(x) = 4\alpha e^{2x} + 4\alpha x e^{2x}$ を微分方程式 (9.6.2) に代入して整理すると $3\alpha e^{2x} = 6e^{2x}$ となる. したがって, $\alpha = 2$ だから $\eta(x) = 2x e^{2x}$ は微分方程式 (9.6.2) の解である. $\square$

第 9.4 節で学んだ定数変化法の考え方は微分方程式 (9.6.1) を解く際にも活用できる. そのために, 対応する斉次方程式 $y'' + ay' + by = 0$ の解の基本系 $\{y_1, y_2\}$ を一組選ぶ. このとき, 斉次方程式 $y'' + ay' + by = 0$ の一般解は $y = C_1 y_1 + C_2 y_2$ である. そこで, 微分方程式 (9.6.1) の解を $y = C_1(x)y_1 + C_2(x)y_2$ ($C_1(x), C_2(x)$ は x についての関数) の形で見つけることにする. まず,

$$y' = C_1' y_1 + C_1 y_1' + C_2' y_2 + C_2 y_2'$$

である. C_1, C_2 の導関数がなるべく少ないほうが計算が簡単なので, ここでは

$$C_1' y_1 + C_2' y_2 = 0$$

が成り立つと仮定して解を探す. このとき,

$$y'' = C_1' y_1' + C_1 y_1'' + C_2' y_2' + C_2 y_2''$$

である. よって,

$$P(D)y = C_1' y_1' + C_2' y_2'$$

が成り立つので, C_1', C_2' についての連立方程式

$$\begin{cases} C_1' y_1' + C_2' y_2' = Q(x) \\ C_1' y_1 + C_2' y_2 = 0 \end{cases}$$

を得る. これを解くと

$$C_1' = -\frac{y_2 Q}{W(y_1, y_2)}, \quad C_2' = \frac{y_1 Q}{W(y_1, y_2)}$$

となるので, 両辺を x で積分すれば

$$C_1(x) = -\int \frac{y_2(x)Q(x)}{W(y_1, y_2)(x)}\, dx, \quad C_2(x) = \int \frac{y_1(x)Q(x)}{W(y_1, y_2)(x)}\, dx$$

を得る. したがって, 次がわかった.

定理 9.6.5. $\{y_1, y_2\}$ を微分方程式 $y'' + ay' + by = 0$ の解の基本系とする. このとき, 次で与えられる関数 η は, 微分方程式 (9.6.1) の解である.

$$\eta(x) = -y_1(x)\int \frac{y_2(x)Q(x)}{W(y_1, y_2)(x)}\, dx + y_2(x)\int \frac{y_1(x)Q(x)}{W(y_1, y_2)(x)}\, dx.$$

したがって, 微分方程式 (9.6.1) の一般解は

$$y = C_1 y_1 + C_2 y_2 - y_1(x) \int \frac{y_2(x)Q(x)}{W(y_1, y_2)(x)} \, dx + y_2(x) \int \frac{y_1(x)Q(x)}{W(y_1, y_2)(x)} \, dx$$

である. ただし, C_1, C_2 は任意定数である.

例 9.6.6. 次の微分方程式を解け.

$$y'' - 2y' + y = 3\sqrt{x}e^x. \tag{9.6.3}$$

解説: まず, 斉次方程式 $y'' - 2y' + y = 0$ を解けば $y = C_1 e^x + C_2 x e^x$ であるので, x についての関数 $C_1(x), C_2(x)$ を用いて $y = C_1(x)e^x + C_2(x)xe^x$ の形で解を見つける. よって, 定理 9.6.5 を導いた計算と同様の計算により $C_1'(x) = -3x^{3/2}, C_2'(x) = 3x^{1/2}$ を得る. したがって $C_1(x) = -\frac{6}{5}x^{5/2} + C_1, C_2(x) = 2x^{3/2} + C_2$ となる. よって微分方程式 (9.6.3) の解は

$$y = C_1 e^x + C_2 x e^x + \frac{4}{5}x^{5/2}e^x. \quad \square$$

演習問題 9.6.1. 与えられた関数 η が微分方程式の解であることを確かめ, 微分方程式の一般解を求めよ.

(1) $y'' - y' = \dfrac{e^x}{1 + e^x}, \quad \eta(x) = xe^x - (1 + e^x)\log(1 + e^x).$

(2) $y'' + 2y' + y = \dfrac{e^{-x}}{x}, \quad \eta(x) = xe^{-x}\log x.$

演習問題 9.6.2. 次の微分方程式の一般解を求めよ.

(1) $y'' - 3y' + 2y = 2x^2 - 6x.$　　　　(2) $y'' - y' - 2y = 8e^{3x}.$

(3) $y'' - y' - 2y = 6e^{2x}.$　　　　　　(4) $y'' - 2y' + y = 8e^x.$

(5) $y'' - y' - 2y = 20\cos(2x).$　　　(6) $y'' + y = 4\cos x + 2\sin x.$

演習問題 9.6.3. 次の微分方程式の一般解を求めよ.

(1) $y'' - y' - 2y = e^x + 4x.$　　(2) $y'' - y' - 2y = 20\cos(2x) + 13\cos(3x).$

演習問題 9.6.4. 定数変化法を用いて次の微分方程式を解け.

$$y'' + 4y = \frac{4}{\sin(2x)}.$$

演習問題 9.6.5. $\omega > 0$ を定数, f を連続関数とする. このとき, 初期値問題

$$\begin{cases} y'' + \omega^2 y = f(x) \\ y(0) = 0, \ y'(0) = 0 \end{cases}$$

の解が $y = \dfrac{1}{\omega} \displaystyle\int_0^x f(t) \sin(\omega(x - t))\, dt$ であることを示せ.

9.7 連立微分方程式

対象を複数のグループに分け, それらの間の関係が 1 階の連立微分方程式で記述される場合がよくある. 例えば, 薬物動態学における 2-コンパートメントモデルがそうである. $a, b, c, d \in \mathbb{R}$ を定数とする. このとき, 微分方程式

$$\begin{cases} \dfrac{dx}{dt} = ax + by & (9.7.1) \\[2mm] \dfrac{dy}{dt} = cx + dy & (9.7.2) \end{cases}$$

を定数係数斉次 1 階線型連立微分方程式という. 連立微分方程式 (9.7.1), (9.7.2) は 2 階線型常微分方程式に書き換えて解くことができる. 実際, 式 (9.7.1) の両辺を t で微分して式 (9.7.2) を代入すると

$$\frac{d^2 x}{dt^2} = a \frac{dx}{dt} + b \frac{dy}{dt} = a \frac{dx}{dt} + bcx + bdy$$

となる. そこで, 式 (9.7.1) の d 倍との差をとって y を消去すれば,

$$\frac{d^2 x}{dt^2} - d \frac{dx}{dt} = a \frac{dx}{dt} + bcx - adx$$

を得る. これを整理すれば, x についての定数係数斉次 2 階線型常微分方程式

$$\frac{d^2 x}{dt^2} - (a + d) \frac{dx}{dt} + (ad - bc)x = 0$$

を得る.

逆に, 定数係数 2 階線型常微分方程式

$$y'' + ay' + by = 0$$

を連立微分方程式で表そう. 実際, $y_1 = y$, $y_2 = y'$ とおくと $y_2' = y'' = -ay' - by = -by_1 - ay_2$ であるので, 連立微分方程式

$$\begin{cases} y_1' = y_2 \\ y_2' = -by_1 - ay_2 \end{cases}$$

を得る. 以上より, 定数係数斉次 2 階線型常微分方程式を考えることと定数係数斉次 1 階線型連立微分方程式を考えることは論理的には等価であることがわかった. 非斉次の場合も同様である.

演習問題 9.7.1. 次の連立微分方程式および初期値問題を解け.

(1) $\begin{cases} \dfrac{dx}{dt} = -3x, \\ \dfrac{dy}{dt} = 6x - 3y. \end{cases}$
  (2) $\begin{cases} \dfrac{dx}{dt} = x + 3y, \\ \dfrac{dy}{dt} = 4x + 2y. \end{cases}$

(3) $\begin{cases} \dfrac{dx}{dt} = 3x + 2y, \\ \dfrac{dy}{dt} = 3x - 2y. \end{cases}$
  (4) $\begin{cases} \dfrac{dx}{dt} = 3x + 2y, \ x(0) = 3, \\ \dfrac{dy}{dt} = 3x - 2y, \ y(0) = -2. \end{cases}$

付録 A

いくつかの補充

A.1　国際単位系 (SI)

　数学では通常単位を考えないが，自然科学では単位を考えなければならない．国際単位系では基本単位と接頭語を組み合わせて単位を表現する．例えば，km は，長さの基本単位である m (メートル) と 10^3 倍を意味する k (キロ) を組み合わせた単位である．各物理量の定義は計量総合標準センターの Web ページ https://unit.aist.go.jp/nmij/public/report/SI_9th/ を参照．

- SI 基本単位

物理量	記号	名称
時間	s	秒
長さ	m	メートル
質量	kg	キログラム
物質量	mol	モル
電流	A	アンペア
温度	K	ケルビン
光度	cd	カンデラ

- SI 接頭語

倍数	記号	読み	倍数	記号	読み
10^{24}	Y	ヨタ	10^{-1}	d	デシ
10^{21}	Z	ゼタ	10^{-2}	c	センチ
10^{18}	E	エクサ	10^{-3}	m	ミリ
10^{15}	P	ペタ	10^{-6}	μ	マイクロ
10^{12}	T	テラ	10^{-9}	n	ナノ
10^{9}	G	ギガ	10^{-12}	p	ピコ
10^{6}	M	メガ	10^{-15}	f	フェムト
10^{3}	k	キロ	10^{-18}	a	アト
10^{2}	h	ヘクト	10^{-21}	z	ゼプト
10^{1}	da	デカ	10^{-24}	y	ヨクト

A.2　科学的記数法と有効数字

　例えば地球の質量は約 5972000000000000000000000 kg, 太陽の質量は約 1989000000000000000000000000000 kg, 陽子の質量は 0.00000000000000000000000000167262192369 kg, 電子の質量は 0.00000000000000000000000000000091093837015 kg である．このような大きな数や小さな数はそのままでは取り扱いが困難である．そもそも，0 の数は正しく書かれているのだろうか．そこで，大きな数や小さな数を取り扱いやすくするために，$m \times 10^n$ (コンピュータでは $m \, \mathrm{e} \, n$ もしくは $m \, \mathrm{E} \, n$) と指

数を用いて表記する. この表記を科学的記数法 (scientific notation), m を仮数部 (significand), n を指数部 (exponent) という. 仮数部 m は通常 $1 \leq m < 10$ なる有理数 m (小数表記) とする. 仮数部では通常, 3 桁ごとにスペースを入れて表記するが, 小数点の前後が 4 桁の場合はスペースを入れないこともある.

例 A.2.1. 地球の質量 $= 5.972 \times 10^{24}$ kg, 太陽の質量 $= 1.989 \times 10^{30}$ kg, 陽子の質量 $= 1.672\ 621\ 923\ 69 \times 10^{-27}$ kg, 電子の質量 $= 9.109\ 383\ 701\ 5 \times 10^{-31}$ kg.

測定には不確かさが付きものである. 例えば, 日本中を眺めると分単位で誰かが産まれたり亡くなったりしているので, 日本の総人口を正確に表すことに意味はない. また, 定規のメモリは 1/10 まで目分量で読むので, その桁は不確かな値である. 誤差を含んだ数値を扱う際には, 常に「どこからが曖昧な桁か」を意識する必要がある.

誤差を含んだ桁までの数値を**有効数字** (significant figures) といい, 有効数字までの桁数を**有効桁数** (significant digits) という. 小数で表された測定値の有効桁数を数えるためには, 測定値を左から見て, 0 でない桁が現れたところからの桁数を最後まで数える.

例 A.2.2. 測定値 1.234 の有効桁数は 4 桁, 0.123 の有効桁数は 3 桁, 0.001 020 3 の有効桁数は 5 桁, 0.010 の有効桁数は 2 桁である.

ところで, 12 300 の有効桁数はわからない. 何故ならば, 一の位まで正確に測定できたのか, それとも十の位を四捨五入した値なのか判断できないからである. 前者の場合は有効数字 5 桁, 後者の場合は有効数字 3 桁である. 有効数字を明確にするためには 1.2300×10^5 (前者の場合) や 1.23×10^5 (後者の場合) のように科学的記数法を用いる必要がある.

四則計算は次のように行う. 分野や状況によって異なる流儀を採用することがあるので, 確認してから計算すること.

和と差 そのまま計算し, 最も誤差の大きい数の位まで求める (四捨五入する).

積と商 そのまま計算し, 最も有効桁数の小さい数の有効桁数で求める (四捨五入する).

例 A.2.3. $12.4 + 1.45 - 10.111 = 3.739 \fallingdotseq 3.7.$
(小数 1 位 + 小数 2 位 − 小数 3 位 を計算するので, 結果は小数 1 位で求める.)

例 A.2.4. $1.9 \times 14.2 \times 2.369 = 63.91562 \fallingdotseq 64.$
(有効桁数 2 桁 × 3 桁 × 4 桁 を計算するので, 結果は有効桁数 2 桁で求める.)

例 A.2.5. $3.1415 \times 4.0 \div 3.00 = 4.188 \cdots \fallingdotseq 4.2.$
(有効桁数 5 桁 × 2 桁 ÷ 3 桁 を計算するので, 結果は有効桁数 2 桁で求める.)

補足 A.2.6. 四則演算が混ざった測定値を計算する場合は各段階で有効桁数 +1 で計算する.

科学的記数法で表されている場合は次のように計算する.

和と差 指数部を揃えてから仮数部を計算する.

積と商 仮数部と指数部を別に計算する.

例 A.2.7. $(1.2 \times 10^3) + (2.34 \times 10^3) = (1.2 + 2.34) \times 10^3 = 3.54 \times 10^3 \fallingdotseq 3.5 \times 10^3.$

例 A.2.8. $(1.2 \times 10^2) + (2.34 \times 10^3) = (0.12 \times 10^3) + (2.34 \times 10^3) = (0.12 + 2.34) \times 10^3 = 2.46 \times 10^3$.

例 A.2.9. $(1.2 \times 10^2) \times (2.34 \times 10^3) = (1.2 \times 2.34) \times 10^{2+3} = 2.808 \times 10^5 \fallingdotseq 2.8 \times 10^5$.

例 A.2.10. $(1.2 \times 10^2) \div (2.34 \times 10^3) = (1.2 \div 2.34) \times 10^{2-3} = 0.5128 \cdots \times 10^{-1} \fallingdotseq 5.1 \times 10^{-2}$.

A.3 空間の極座標

点 $P(x, y, z) \in \mathbb{R}^3$ に対して次のように定義する.

$$x = \rho \cos\varphi, \ y = \rho \sin\varphi, \ z = z$$
$$(\rho \geq 0, \ 0 \leq \varphi < 2\pi, \ z \in \mathbb{R})$$

このとき, 3 つ組 (ρ, φ, z) を点 $P(x, y, z)$ の**円柱座標** (cylindrical coordinate) という.

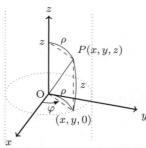

円柱座標は, x, y については平面上の極座標と同じ形をしており, z は変化しない. 円柱座標の Jacobi 行列は

$$J(\rho, \varphi, z) = \begin{bmatrix} dx \\ dy \\ dz \end{bmatrix} = \begin{bmatrix} \cos\varphi & -\rho\sin\varphi & 0 \\ \sin\varphi & \rho\cos\varphi & 0 \\ 0 & 0 & 1 \end{bmatrix}$$

となる. ヤコビアンは

$$\frac{\partial(x, y, z)}{\partial(\rho, \varphi, z)} = \det J(\rho, \varphi, z) = \cos\varphi \cdot (\rho\cos\varphi) - \sin\varphi \cdot (-\rho\sin\varphi) = \rho$$

である. $\mathbb{R}^2$ のラプラシアンの極座標による表示 (例 6.5.6 参照) より, $\mathbb{R}^3$ のラプラシアン $\Delta = \dfrac{\partial^2}{\partial x^2} + \dfrac{\partial^2}{\partial y^2} + \dfrac{\partial^2}{\partial z^2}$ の円柱座標による表示は次のようになる.

$$\Delta = \frac{\partial^2}{\partial \rho^2} + \frac{1}{\rho^2}\frac{\partial^2}{\partial \varphi^2} + \frac{1}{\rho}\frac{\partial}{\partial \rho} + \frac{\partial^2}{\partial z^2}. \tag{A.3.1}$$

次に, 点 $P(x, y, z)$ が原点を中心とする半径 r の球上にあると見て $\mathbb{R}^3$ の極座標を定める.

定義 A.3.1. 点 $P(x, y, z) \in \mathbb{R}^3$ を

$$\begin{cases} x = r\sin\theta\cos\varphi, \\ y = r\sin\theta\sin\varphi, \qquad (r \geq 0, \ 0 \leq \theta \leq \pi, \ 0 \leq \varphi < 2\pi) \\ z = r\cos\theta \end{cases}$$

と表す. このとき, 3 つ組 (r, θ, φ) を点 $P(x, y, z)$ の**極座標** (polar coordinate) という.

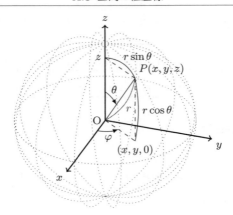

Jacobi 行列は

$$J(r,\theta,\varphi) = \begin{bmatrix} dx \\ dy \\ dz \end{bmatrix} = \begin{bmatrix} \sin\theta\cos\varphi & r\cos\theta\cos\varphi & -r\sin\theta\sin\varphi \\ \sin\theta\sin\varphi & r\cos\theta\sin\varphi & r\sin\theta\cos\varphi \\ \cos\theta & -r\sin\theta & 0 \end{bmatrix}$$

であるので, ヤコビアンは

$$\frac{\partial(x,y,z)}{\partial(r,\theta,\varphi)} = \det J(r,\theta,\varphi) = r^2\sin\theta$$

である.

　次に $\mathbb{R}^3$ のラプラシアン $\Delta = \dfrac{\partial^2}{\partial x^2} + \dfrac{\partial^2}{\partial y^2} + \dfrac{\partial^2}{\partial z^2}$ を極座標を用いて表示する. 円柱座標によるラプ
ラシアンの表示は

$$\Delta = \frac{\partial^2}{\partial\rho^2} + \frac{1}{\rho^2}\frac{\partial^2}{\partial\varphi^2} + \frac{1}{\rho}\frac{\partial}{\partial\rho} + \frac{\partial^2}{\partial z^2}$$

であった (式 (A.3.1) 参照). 円柱座標 (ρ,φ,z) と極座標 (r,θ,φ) は

$$z = r\cos\theta, \quad \rho = r\sin\theta$$

によって写りあうから, 平面の極座標の場合 (例 6.5.6) を参考にすると

$$\frac{\partial}{\partial\rho} = \sin\theta\frac{\partial}{\partial r} + \frac{\cos\theta}{r}\frac{\partial}{\partial\theta}, \quad \frac{\partial^2}{\partial z^2} + \frac{\partial^2}{\partial\rho^2} = \frac{\partial^2}{\partial r^2} + \frac{1}{r^2}\frac{\partial^2}{\partial\theta^2} + \frac{1}{r}\frac{\partial}{\partial r}$$

が成り立つ. これらを式 (A.3.1) に代入すると,

$$\begin{aligned}
\Delta &= \frac{\partial^2}{\partial r^2} + \frac{1}{r^2}\frac{\partial^2}{\partial\theta^2} + \frac{1}{r}\frac{\partial}{\partial r} + \frac{1}{r^2\sin^2\theta}\frac{\partial^2}{\partial\varphi^2} + \frac{1}{r\sin\theta}\left(\sin\theta\frac{\partial}{\partial r} + \frac{\cos\theta}{r}\frac{\partial}{\partial\theta}\right) \\
&= \frac{\partial^2}{\partial r^2} + \frac{2}{r}\frac{\partial}{\partial r} + \frac{1}{r^2}\left(\frac{\partial^2}{\partial\theta^2} + \frac{1}{\sin^2\theta}\frac{\partial^2}{\partial\varphi^2} + \frac{\cos\theta}{\sin\theta}\frac{\partial}{\partial\theta}\right)
\end{aligned}$$

となる. 以上より次が示された.

定理 A.3.2. $x = r\sin\theta\cos\varphi$, $y = r\sin\theta\sin\varphi$, $z = r\cos\theta$ とすると次が成り立つ:

$$\Delta = \frac{\partial^2}{\partial x^2} + \frac{\partial^2}{\partial y^2} + \frac{\partial^2}{\partial z^2} = \frac{\partial^2}{\partial r^2} + \frac{2}{r}\frac{\partial}{\partial r} + \frac{1}{r^2}\left(\frac{\partial^2}{\partial\theta^2} + \frac{1}{\sin^2\theta}\frac{\partial^2}{\partial\varphi^2} + \frac{\cos\theta}{\sin\theta}\frac{\partial}{\partial\theta}\right).$$

補足 A.3.3.

$$\frac{1}{r^2}\frac{\partial}{\partial r}\left(r^2\frac{\partial}{\partial r}\right) = \frac{\partial^2}{\partial r^2} + \frac{2}{r}\frac{\partial}{\partial r}, \qquad \frac{1}{\sin\theta}\frac{\partial}{\partial\theta}\left(\sin\theta\frac{\partial}{\partial\theta}\right) = \frac{\partial^2}{\partial\theta^2} + \frac{\cos\theta}{\sin\theta}\frac{\partial}{\partial\theta}$$

なので

$$\Delta = \frac{1}{r^2}\frac{\partial}{\partial r}\left(r^2\frac{\partial}{\partial r}\right) + \frac{1}{r^2}\left\{\frac{1}{\sin\theta}\frac{\partial}{\partial\theta}\left(\sin\theta\frac{\partial}{\partial\theta}\right) + \frac{1}{\sin^2\theta}\frac{\partial^2}{\partial\varphi^2}\right\}$$

と表すこともある.

A.4　Taylor 級数

　Taylor の定理 (定理 5.6.2) では, 自然数 n を固定し, $x \to a$ のとき関数 $f(x)$ を Taylor 多項式 $p_n(x)$ で近似することを考えていた. では, 開区間 I 上の C^∞ 級関数 f に対して $x \in I$ を固定したとき, $n \to \infty$ としたら $p_n(x) \to f(x)$ となるだろうか. すなわち,

$$f(x) = \sum_{k=0}^{\infty}\frac{f^{(k)}(a)}{k!}(x-a)^k = \lim_{n\to\infty}\sum_{k=0}^{n}\frac{f^{(k)}(a)}{k!}(x-a)^k \quad (x \in I)$$

と表せるだろうか. このように表せるとき, すなわち $\lim_{n\to\infty}R_{n+1}(x) = 0$ が成り立つとき, f は a を中心として **Taylor 展開可能** であるという ($a = 0$ のときは Maclaurin 展開可能ともいう). 右辺を **Taylor 級数**といい, Taylor 級数を用いて表すことを f の (無限) **Taylor 展開** という ($a = 0$ のときは Maclaurin 展開ともいう). ほとんどの C^∞ 級関数は Taylor 展開可能である. 実際, 例えば次のように Maclaurin 展開できるが, 一部の関数では $\lim_{n\to\infty}R_{n+1}(x) = 0$ が成り立つことを示すために Cauchy の剰余項や Bernoulli の剰余項 (付録 A.5.3 参照) が必要になる.

$$e^x = \sum_{k=0}^{\infty}\frac{1}{k!}x^k \quad (x \in \mathbb{R}). \qquad\qquad \sin x = \sum_{k=0}^{\infty}\frac{(-1)^k}{(2k+1)!}x^{2k+1} \quad (x \in \mathbb{R}).$$

$$\cos x = \sum_{k=0}^{\infty}\frac{(-1)^k}{(2k)!}x^{2k} \quad (x \in \mathbb{R}). \qquad\qquad (1+x)^\alpha = \sum_{k=0}^{\infty}\binom{\alpha}{k}x^k \quad (-1 < x < 1).$$

$$\log(1+x) = \sum_{k=1}^{\infty}\frac{(-1)^{k-1}}{k}x^k \quad (-1 < x < 1). \qquad \frac{1}{1-x} = \sum_{k=0}^{\infty}x^k \quad (-1 < x < 1).$$

　Taylor 展開可能な関数の Taylor 級数は項別に微積分できる. 例えば Maclaurin 展開 $\frac{1}{1-x} = \sum_{k=0}^{\infty}x^k$ に $x = -t^2$ を代入して得られた $\frac{1}{1+t^2} = \sum_{k=0}^{\infty}(-1)^k t^{2k}$ の両辺を積分する

と, $\mathrm{Tan}^{-1} x$ の Maclaurin 展開

$$\mathrm{Tan}^{-1} x = \sum_{k=0}^{\infty} \frac{(-1)^k}{2k+1} x^{2k+1} \quad (-1 < x < 1)$$

を得る. また, $e^x, \sin x, \cos x$ の Maclaurin 展開をこれらの関数の定義として採用しても指数関数や三角関数の性質をすべて証明できる. 例えば $e^x = \sum_{k=0}^{\infty} \frac{1}{k!} x^k$ は任意の $x \in \mathbb{R}$ に対して項別に微分できて, 確かに $(e^x)' = \left(\sum_{k=0}^{\infty} \frac{1}{k!} x^k \right)' = \sum_{k=0}^{\infty} \frac{1}{k!} (x^k)' = \sum_{k=1}^{\infty} \frac{1}{(k-1)!} x^{k-1} = e^x$ となる.

A.4.1 複素数の指数関数

$e^x \ (x \in \mathbb{R})$ の Maclaurin 級数が $z \in \mathbb{C}$ でも収束すること (定理 9.1.11) を示す.

> **補題 A.4.1.** 複素数列 $\{a_k\}_{k=0}^{\infty}$ に対して数列 $S_n = \sum_{k=0}^{n} a_k, \ T_n = \sum_{k=0}^{n} |a_k|$ を考える. このとき, 数列 $\{T_n\}$ が収束するならば数列 $\{S_n\}$ も収束する.

証明: $a_k^+ = \begin{cases} a_k & (a_k \geq 0) \\ 0 & (a_k < 0) \end{cases}, a_k^- = \begin{cases} 0 & (a_k \geq 0) \\ -a_k & (a_k < 0) \end{cases}$ とおくと n についての数列 $S_n^{\pm} = \sum_{k=0}^{n} a_k^{\pm}$ は上に有界な単調増加数列である (定義 A.5.1 参照). 実際, $a_k^{\pm} \geq 0$ より数列 $\{S_n^{\pm}\}$ は単調増加で, $S_n^{\pm} \leq \lim_{n \to \infty} T_n < \infty$ より数列 $\{S_n^{\pm}\}$ は上に有界だからである. したがって, 数列 $\{S_n^{\pm}\}$ は収束する (公理 A.5.3 参照). さらに, $S_n = S_n^+ - S_n^-$ なので $\{S_n\}$ も収束する. □

定理 9.1.11 の証明: $x_n(z) = \sum_{k=0}^{n} \left| \frac{z^k}{k!} \right|$ とする. $|z| < R$ をみたす実数 $R > 0$ をとって固定する. $\lim_{k \to \infty} \frac{R^k}{k!} = 0$ より任意の 0 以上の整数 $k \geq 0$ に対して $\frac{R^k}{k!} \leq M$ が成り立つような実数 $M > 0$ が存在するから

$$x_n(z) = \sum_{k=0}^{n} \frac{|z|^k}{k!} \leq M \sum_{k=0}^{n} \frac{|z|^k}{R^k} = M \frac{1 - (|z|/R)^{n+1}}{1 - (|z|/R)} \leq \frac{MR}{R - |z|}$$

が成り立つ. したがって, 数列 $\{x_n(z)\}$ は上に有界である. 一方, $\left| \frac{z^k}{k!} \right| \geq 0$ なので数列 $\{x_n(z)\}$ は単調増加である. 以上より数列 $\{x_n(z)\}$ は収束する. よって, 補題 A.4.1 より数列 $\{e_n(z)\}$ も収束する. □

A.4.2 行列の指数関数

n 次正方行列 $A \in M_n(\mathbb{R})$ に対して

$$\exp A = \lim_{N \to \infty} \sum_{k=0}^{N} \frac{1}{k!} A^k \left(= \sum_{k=0}^{\infty} \frac{1}{k!} A^k \text{ と表す} \right)$$

と定める. 右辺の極限は各成分ごとの極限で, これが収束することを証明できる. これを正方行列 A の指数関数という. 例えば $\lambda, \mu \in \mathbb{R}$ に対して $\exp \begin{bmatrix} \lambda & 0 \\ 0 & \mu \end{bmatrix} = \begin{bmatrix} e^\lambda & 0 \\ 0 & e^\mu \end{bmatrix}$ が成り立つ. $A, B \in M_n(\mathbb{R})$ に対して一般に指数法則 $\exp(A+B) = \exp A \exp B$ は成り立たないが, 次の場合は指数法則が成り立つ.

定理 A.4.2. $AB = BA$ をみたすならば $\exp(A+B) = \exp A \exp B$ が成り立つ.

証明: $AB = BA$ ならば, 二項定理の証明と同様にして $(A+B)^k = \sum_{l=0}^{k} \binom{k}{l} A^l B^{k-l}$ が成り立つので,

$$\exp(A+B) = \sum_{k=0}^{\infty} \frac{1}{k!} (A+B)^k = \sum_{k=0}^{\infty} \frac{1}{k!} \sum_{l=0}^{k} \binom{k}{l} A^l B^{k-l}$$
$$= \sum_{k=0}^{\infty} \sum_{l=0}^{k} \frac{1}{k!(k-l)!} A^l B^{k-l} = \left(\sum_{k=0}^{\infty} \frac{1}{k!} A^k \right) \left(\sum_{k=0}^{\infty} \frac{1}{k!} B^k \right) = \exp A \exp B$$

を得る. □

Maclaurin 級数が項別微分できることから次が成り立つ.

定理 A.4.3. 任意の $x \in \mathbb{R}$ に対して $\dfrac{d}{dt} \exp(tA)x = A \exp(tA)x$ が成り立つ.

したがって, 連立微分方程式 $x'(t) = Ax(t)$ の解は $x(t) = \exp(tA)x(0)$ と表される.

A.4.3 微分方程式の級数解

Taylor 展開を利用して微分方程式を解くことがある. ここでは簡単な例のみ紹介する.

例 A.4.4. 微分方程式 $y' = -2y$ の解で Maclaurin 展開可能であるものを求めよ.

解説: y が $y = \sum_{n=0}^{\infty} a_n x^n$ と Maclaurin 展開できるとする. これを微分方程式に代入すると $\sum_{n=1}^{\infty} n a_n x^{n-1} = -2 \sum_{n=0}^{\infty} a_n x^n$ が成り立つ. したがって, 係数を比較すると $n a_n =$

$-2a_{n-1}$ $(n \geq 1)$ を得る. よって, $a_n = \dfrac{-2}{n}a_{n-1} = \dfrac{(-2)^2}{n(n-1)}a_{n-2} = \cdots = \dfrac{(-2)^n}{n!}a_0$ とな

る. したがって, $y = a_0 \displaystyle\sum_{n=0}^{\infty} \dfrac{(-2)^n}{n!}x^n = a_0 e^{-2x}$ を得る.

A.5 定理の証明

A.5.1 Napier 数の存在

極限 $\displaystyle\lim_{n \to 0}\left(1 + \dfrac{1}{n}\right)^n$ が収束することを証明する.

定義 A.5.1. 数列 $\{a_n\}$ に対して次を定義する.
  (1) 数列 $\{a_n\}$ が単調増加であるとは, すべての n について $a_n \leq a_{n+1}$ が成り立つことをいう.
  (2) 数列 $\{a_n\}$ が単調減少であるとは, すべての n について $a_n \geq a_{n+1}$ が成り立つことをいう.
  (3) 数列 $\{a_n\}$ が上に有界であるとは, 実数 $R \in \mathbb{R}$ をうまくとればすべての n について $a_n \leq R$ をみたすようにできることをいう.
  (4) 数列 $\{a_n\}$ が下に有界であるとは, 実数 $S \in \mathbb{R}$ をうまくとればすべての n について $a_n \geq S$ をみたすようにできることをいう.
  (5) 数列 $\{a_n\}$ が有界であるとは, 数列 $\{a_n\}$ が上にも下にも有界であることをいう. すなわち, 数列 $\{a_n\}$ が有界であるとは, 実数 $R, S \in \mathbb{R}$ をうまくとればすべての n について $S \leq a_n \leq R$ をみたすようにできることをいう.

例 A.5.2. 第 2.6 節の最後で行ったように正の実数 $\alpha > 0$ を 10 進小数展開する:

$$\alpha = a_0.a_1a_2a_3 \cdots a_n \cdots .$$

ここで, a_0 は整数で, $a_1, a_2, \ldots$ は 0 以上 9 以下の整数である. この 10 進小数展開を小数点以下第 n 位で止めることで, 有限小数 (つまり, 有理数) による数列 $\{\alpha_n\}$ が定義される:

$$\alpha_n = a_0.a_1a_2 \cdots a_n.$$

この数列 $\{\alpha_n\}$ は上に有界かつ単調増加である.

公理 A.5.3. 上に有界で単調増加な数列は収束する. ($\Longleftrightarrow$ 下に有界で単調減少な数列は収束する)

補足 A.5.4. 公理 A.5.3 (およびそれと同値な命題) を実数の連続性公理という. 有界で単調増加な数列 $\{a_n\}$ を数直線上に $a_1, a_2, a_3, \ldots$ とプロットしていくと, ある 1 点に向かっていきその点に収束しそうだと観察できる. 実数の連続性公理は, 確かにその点が実数であるという「数直線に隙間がない」ことを保証している.

  実際に公理 A.5.3 を用いて数列が収束することを示し, 極限値を求めてみよう.

例 A.5.5. 数列 $\{a_n\}$ が次の漸化式をみたすとき, a_n の極限を求めよ.

$$a_1 = 1, \quad a_{n+1} = \sqrt{a_n + 2}.$$

解説: もし数列 $\{a_n\}$ がある実数 $\alpha \in \mathbb{R}$ に収束するならば, 漸化式において $n \to \infty$ とすることで $\alpha = \sqrt{\alpha + 2}$ となる. したがって, $\alpha > 0$ は 2 次方程式 $\alpha^2 - \alpha - 2 = 0$ をみたす. これを解けば $\alpha = 2$ がわかる. それでは, 収束することをどのように示せば良いだろうか. そのために公理 A.5.3 が用いられる. 数列 $\{a_n\}$ が上に有界で単調増加であることを示そう.

上に有界であること: すべての自然数 n に対して $a_n \leq 2$ であることを示す. 実際, $a_n \leq 2$ と仮定すれば $a_{n+1} = \sqrt{a_n + 2} \leq \sqrt{2 + 2} = 2$ なので, $a_1 = 1 \leq 2$ とあわせれば, 数学的帰納法より任意の自然数 $n \in \mathbb{N}$ に対して $a_n \leq 2$ が成り立つ. したがって, 数列 $\{a_n\}$ は上に有界である.

単調増加であること: すべての自然数 n に対して $a_n \leq a_{n+1}$ であることを示す. 実際, $a_n \leq a_{n+1}$ と仮定すれば $a_{n+2} - a_{n+1} = \sqrt{a_{n+1} + 2} - \sqrt{a_n + 2} \geq 0$ である. よって, $a_1 = 1$. $a_2 = \sqrt{3}$ より $a_1 \leq a_2$ とあわせれば, 数学的帰納法より数列 $\{a_n\}$ は単調増加である. □

補足 A.5.6. 漸化式で $n \to \infty$ として方程式を解くだけでは, 極限値を求めたことにならない (収束しないかもしれない). 実際, 数列 $\{a_n\}$ が漸化式 $a_1 = 0$, $a_{n+1} = 2a_n + 1$ をみたし, $\alpha = \lim_{n \to \infty} a_n$ であるとする. そこで $a_{n+1} = 2a_n + 1$ で $n \to \infty$ とすると $\alpha = 2\alpha + 1$ なので $\alpha = -1$ となる. しかし, 容易にわかるように数列 $\{a_n\}$ は正の無限大に発散する.

公理 A.5.3 を用いて数列 $\left\{ \left(1 + \dfrac{1}{n} \right)^n \right\}$ が収束することを示そう. まずは数列 $\left\{ \left(1 + \dfrac{1}{n} \right)^n \right\}$ が上に有界であることを示す. 以下, $e_n = \left(1 + \dfrac{1}{n} \right)^n$ と表す.

補題 A.5.7. 任意の自然数 $n \in \mathbb{N}$ に対して $e_n < 3$ が成り立つ.

証明: $e_1 = 2 < 3$, $e_2 = (3/2)^2 = 9/4 < 3$ なので, 以下では $n \geq 3$ に対して $e_n < 3$ を証明することにする. まず, 任意の自然数 $n \in \mathbb{N}$ に対して, 二項定理より

$$
\begin{aligned}
e_n &= \sum_{k=0}^{n} \binom{n}{k} \frac{1}{n^k} = \sum_{k=0}^{n} \frac{n!}{k! \cdot (n-k)! \cdot n^k} = \sum_{k=0}^{n} \frac{1}{k!} \frac{(n-k+1)(n-k+2) \cdots (n-1)n}{n^k} \\
&= \sum_{k=0}^{n} \frac{1}{k!} \frac{n-k+1}{n} \frac{n-k+2}{n} \cdots \frac{n-1}{n} \frac{n}{n} = \sum_{k=0}^{n} \frac{1}{k!} \left(1 - \frac{k-1}{n} \right) \left(1 - \frac{k-2}{n} \right) \cdots \left(1 - \frac{1}{n} \right) \\
&\leq \sum_{k=0}^{n} \frac{1}{k!}
\end{aligned}
$$

が成り立つ. ここで, $n \geq 3$ であることから

$$
\begin{aligned}
\sum_{k=0}^{n} \frac{1}{k!} &= 1 + 1 + \frac{1}{2} + \sum_{k=3}^{n} \frac{1}{1 \cdot 2 \cdot 3 \cdot 4 \cdots (k-1) \cdot k} \leq 1 + \frac{1}{2^{1-1}} + \frac{1}{2^{2-1}} + \sum_{k=3}^{n} \frac{1}{1 \cdot 2 \cdot 2 \cdot 2 \cdots 2 \cdot 2} \\
&= 1 + \sum_{k=1}^{n} \frac{1}{2^{k-1}} = 1 + \frac{1 - (1/2)^n}{1 - 1/2} = 1 + 2 - \frac{2}{2^n} < 3
\end{aligned}
$$

が成り立つ. 以上より任意の自然数 $n \in \mathbb{N}$ に対して $e_n < 3$ が成り立つことが示された. □

次は $\{e_n\}$ が単調増加であることを示す.

補題 A.5.8. 数列 $\{e_n\}$ は単調増加である.

証明: 補題 A.5.7 の証明中にある

$$e_n = \sum_{k=0}^{n} \frac{1}{k!}\left(1 - \frac{k-1}{n}\right)\left(1 - \frac{k-2}{n}\right)\cdots\left(1 - \frac{1}{n}\right)$$

を用いる. これを用いると

$$\begin{aligned}
e_n &= \sum_{k=0}^{n} \frac{1}{k!}\left(1 - \frac{k-1}{n}\right)\left(1 - \frac{k-2}{n}\right)\cdots\left(1 - \frac{1}{n}\right) \\
&\leq \sum_{k=0}^{n} \frac{1}{k!}\left(1 - \frac{k-1}{n+1}\right)\left(1 - \frac{k-2}{n+1}\right)\cdots\left(1 - \frac{1}{n+1}\right) \\
&\leq \sum_{k=0}^{n+1} \frac{1}{k!}\left(1 - \frac{k-1}{n+1}\right)\left(1 - \frac{k-2}{n+1}\right)\cdots\left(1 - \frac{1}{n+1}\right) = e_{n+1}
\end{aligned}$$

が成り立つ. よって, $\{e_n\}$ は単調増加である. □

補題 A.5.7, 補題 A.5.8 および公理 A.5.3 より数列 $\left\{\left(1 + \dfrac{1}{n}\right)^n\right\}$ は収束することがわかった. その極限値を Napier 数といい, $e = \lim_{n \to \infty}\left(1 + \dfrac{1}{n}\right)^n$ と表す. $e = 2.718\cdots$ である (演習問題 5.6.3 参照).

A.5.2 最大値・最小値の存在と中間値の定理

本節では, 最大値・最小値の存在定理 (定理 4.3.4) と中間値の定理 (定理 4.3.5) の証明を行う. どちらも実数の連続性公理 (公理 A.5.3) に深く関わる内容である.

定理 A.5.9. (Bolzano – Weierstrass の定理). 数列 $\{a_n\}$ が有界であるとき, 数列 $\{a_n\}$ の収束する部分列 $\{a_{n_k}\}_k$ が存在する.

証明: 以下の証明のような手法を区間縮小法という. 数列 $\{a_n\}$ は有界だから, 実数 $c > 0$ を十分大きくとれば任意の自然数 $n \in \mathbb{N}$ に対して $-c \leq a_n \leq c$ が成り立つようにできる. さて, 閉区間 $[-c, c]$ を中点で $[-c, 0]$ と $[0, c]$ の 2 つに分ける. 閉区間 $[-c, 0]$ と閉区間 $[0, c]$ のうち少なくとも一方は a_n を無限個含むので, a_n を無限個含む方を一つ選び, それを $[b_1, c_1]$ とする. そして, $a_{n_1} \in [b_1, c_1]$ となる自然数 $n_1 \in \mathbb{N}$ を選ぶ.

次に, 閉区間 $[b_1, c_1]$ を中点で $\left[b_1, \dfrac{b_1 + c_1}{2}\right]$ と $\left[\dfrac{b_1 + c_1}{2}, c_1\right]$ の 2 つに分ける. 閉区間 $\left[b_1, \dfrac{b_1 + c_1}{2}\right]$ と閉区間 $\left[\dfrac{b_1 + c_1}{2}, c_1\right]$ のうち少なくとも一方は a_n を無限個含むので, a_n を無限個含む方を一つ選び, それを $[b_2, c_2]$ とする. そして, $a_{n_2} \in [b_2, c_2]$ となる自然数 $n_2 \in \mathbb{N}$ を $n_1 < n_2$ をみたすように選ぶ. このとき $b_1 \leq b_2$, $c_2 \leq c_1$ かつ $|c_2 - b_2| = \dfrac{c}{2}$ が成り立つ.

以下同様に繰り返して a_n を無限個含むような閉区間の列 $[b_k, c_k]$ $(k = 1, 2, 3, \dots)$ と $a_{n_k} \in [b_k, c_k]$ かつ $n_{k-1} < n_k$ をみたす自然数 $n_k \in \mathbb{N}$ の列を得る. このとき次がわかる.

- $b_k \le a_{n_k} \le c_k$ が成り立つ.
- 数列 $\{b_k\}$ は単調増加で上に有界なので収束する.
- 数列 $\{c_k\}$ は単調減少で下に有界なので収束する.
- $|c_k - b_k| = \dfrac{c}{2^{k-1}}$ が成り立つので $\lim_{k \to \infty} (c_k - b_k) = 0$ が成り立つ.

したがって, 数列 $\{b_k\}$ と $\{c_k\}$ は同じ値に収束するから, はさみうちの原理より $\{a_n\}$ の部分列 $\{a_{n_k}\}_k$ も収束する. □

最大値・最小値の存在定理 (定理 4.3.4) の証明: 最大値の存在を示す. 最小値についても同様である.

閉区間 $[a,b]$ を 2^n 等分し, 得られた 2^n 個の閉区間の端点全体を A_n と表す. 例えば, $A_1 = \left\{ a, \dfrac{a+b}{2}, b \right\}$, $A_2 = \left\{ a, \dfrac{3a+b}{2^2}, \dfrac{2a+2b}{2^2}, \dfrac{a+3b}{2^2}, b \right\}$ である. このとき, $A_n \subset A_{n+1}$ が成り立つので, f の A_n 上の最大値を M_n とすると $M_n \le M_{n+1}$ が成り立つ.

次に, $f(x_n) = M_n$ をみたす $x_n \in A_n$ をとる. 数列 $\{x_n\}$ は有界だから, Bolzano-Weierstrass の定理より収束する部分列 $\{x_{n_k}\}_k$ をとることができる. この極限値を ξ とすると $\xi \in [a,b]$ だから $M = f(\xi)$ とする. f の連続性より $M_{n_k} \le M$ が成り立つ.

M が最大値であることを背理法で示す. すなわち, $f(y) > M$ をみたす $y \in [a,b]$ が存在すると仮定する. このとき, f は連続だから, $f(y_{n_k}) > M$ をみたすような $y_{n_k} \in A_{n_k}$ が y の十分近くに存在する. これは $f(y_{n_k}) \le M_{n_k} \le M$ に反する. したがって, M は f の最大値である. □

中間値の定理 (定理 4.3.5) の証明: $f(a) < 0$ かつ $f(b) > 0$ の場合に示せば十分である. $a_0 = a$, $b_0 = b$, $c_0 = \dfrac{a+b}{2}$ とする. $f(c_0) = 0$ ならば証明は終わりである.

$f(c_0) \ne 0$ のとき, $f(c_0) < 0$ ならば $a_1 = c_0$, $b_1 = b_0$, $c_1 = \dfrac{a_1 + b_1}{2}$ とし, $f(c_0) > 0$ ならば $a_1 = a_0$, $b_1 = c_0$, $c_1 = \dfrac{a_1 + b_1}{2}$ とする. $f(c_1) = 0$ ならば証明は終わりである.

以下同様の操作を繰り返して, 区間の縮小列 $[a_k, b_k]$ とその中点 c_k を得る. 途中で $f(c_k) = 0$ となった場合は証明は終わりなので, $f(c_k) \ne 0$ とする. このとき, 端点 a_k, b_k について次が成り立つ.

- $f(a_k) < 0$ かつ $f(b_k) > 0$ が成り立つ.
- 数列 $\{a_k\}$ は単調増加で上に有界なので収束する.
- 数列 $\{b_k\}$ は単調減少で下に有界なので収束する.
- $|b_k - a_k| = \dfrac{b-a}{2^k}$ が成り立つので $\lim_{k \to \infty} (b_k - a_k) = 0$ が成り立つ.

したがって, 数列 $\{a_k\}$ と数列 $\{b_k\}$ の極限値は等しいので, それを c とする. $a < c < b$ である. また, $f(a_k) < 0$ だから, f の連続性より $f(c) = \lim_{k \to \infty} f(a_k) \le 0$ である. 同様に, また, $f(b_k) > 0$ より $f(c) = \lim_{k \to \infty} f(b_k) \ge 0$ が成り立つ. 以上より $f(c) = 0$ が成り立つ. □

A.5.3 Taylor の定理と剰余項

開区間 I 上の滑らかな関数 f と点 $a \in I$ を考える. Taylor の定理 (定理 5.6.2) とその剰余項を導く.

Taylor の定理 (定理 5.6.2) の証明: $n = 0$ の場合は平均値の定理に他ならないので, $n \ge 1$ の場

合に示せば良い. $R_{n+1} = f(x) - p_n(x)$ だから $R_{n+1}(a) = R'_{n+1}(a) = \cdots = R_{n+1}^{(n)}(a) = 0$ が成り立つ. よって, R_{n+1} と $P_{n+1}(x) = (x-a)^{n+1}$ に Cauchy の平均値の定理を用いると

$$\frac{R_{n+1}(x) - R_{n+1}(a)}{P_{n+1}(x) - P_{n+1}(a)} = \frac{R'_{n+1}(x_1)}{P'_{n+1}(x_1)} = \frac{R'_{n+1}(x_1) - R'_{n+1}(a)}{(n+1)(P_n(x_1) - P_n(a))}$$

をみたす x_1 (x_1 は a と x の間の実数) が存在する. さらに, $R'_{n+1}(x)$ と $P_n(x)$ に Cauchy の平均値の定理を用いると,

$$\frac{R'_{n+1}(x_1) - R'_{n+1}(a)}{P_n(x_1) - P_n(a)} = \frac{R''_{n+1}(x_2) - R''_{n+1}(a)}{n(P_{n-1}(x_2) - P_{n-1}(a))}$$

をみたす x_2 (x_2 は a と x_1 の間の実数) が存在する. これを繰り返すと, 結局

$$\frac{R_{n+1}(x)}{P_{n+1}(x)} = \frac{R_{n+1}(x) - R_{n+1}(a)}{P_{n+1}(x) - P_{n+1}(a)} = \frac{R_{n+1}^{(n)}(x_n) - R_{n+1}^{(n)}(a)}{(n+1)! \cdot (x_n - a)} = \frac{f^{(n)}(x_n) - f^{(n)}(a)}{(n+1)! \cdot (x_n - a)} \quad (A.5.1)$$

をみたす x_n (x_n は a と x の間の実数) が存在することがわかる. ここでもう一度 Cauchy の平均値の定理を用いると $\dfrac{R_{n+1}(x)}{P_{n+1}(x)} = \dfrac{R_{n+1}^{(n+1)}(x_{n+1})}{(n+1)!} = \dfrac{f^{(n+1)}(x_{n+1})}{(n+1)!}$ (x_{n+1} は x と a の間の実数) が成り立つ. したがって,

$$R_{n+1}(x) = \frac{f^{(n+1)}(\xi)}{(n+1)!}(x-a)^{n+1}$$

をみたす ξ (ξ は x と a の間の実数) が存在することが示された.

また, f が C^{n+1} 級ならば, a を内部に含む十分小さい閉区間上で $n+1$ 階導関数 $f^{(n+1)}$ は連続だから, $f^{(n+1)}$ は最大値 M をもつ. よって,

$$\left| \frac{R_{n+1}(x)}{(x-a)^n} \right| = \frac{\left| f^{(n+1)}(\xi)(x-a)^{n+1} \right|}{(n+1)!|x-a|^n} \leq M \frac{|x-a|}{(n+1)!} \to 0 \quad (x \to a)$$

が成り立つ. よって, はさみうちの原理より $\lim_{x \to a} \dfrac{R_{n+1}(x)}{(x-a)^n} = 0$ を得る. $\square$

Lagrange の剰余項以外にも剰余項 $R_{n+1}(x)$ の表示がある.

定理 A.5.10. 次が成り立つ.

$$R_{n+1}(x) = \frac{1}{(n+1)!} f^{(n+1)}(a)(x-a)^{n+1} + o\left((x-a)^{n+1}\right) \quad (x \to a). \quad (A.5.2)$$

証明: 式 (A.5.1) で $x \to a$ とすれば, f が $n+1$ 階微分可能であれば

$$\lim_{x \to a} \frac{R_{n+1}(x)}{P_{n+1}(x)} = \lim_{x_n \to a} \frac{f^{(n)}(x_n) - f^{(n)}(a)}{(n+1)! \cdot (x_n - a)} = \frac{1}{(n+1)!} f^{(n+1)}(a)$$

が成り立つ. よって次を得る.

$$R_{n+1}(x) = \frac{f^{(n+1)}(a)}{(n+1)!}(x-a)^{n+1} + o((x-a)^{n+1}) \quad (x \to a). \quad \square$$

定理 A.5.11. (Roch-Schlömilch の剰余項). $0 < p \leq n+1$ とすると

$$R_{n+1}(x) = \frac{f^{(n+1)}(\xi)}{p \cdot n!}(x - \xi)^{n-p+1}(x - a)^p$$

をみたす ξ (ξ は a と b の間の実数) が存在する. この剰余項を Roche-Schlömilch の剰余項という. $p = n+1$ の場合は Lagrange の剰余項に他ならない. また, $p = 1$ の場合は Cauchy の剰余項という.

証明: 簡単のため $x > a$ の場合に示す. $x < b$ に対して

$$\varphi(x) = f(b) - \sum_{k=0}^{n} \frac{f^{(n)}(x)}{n!}(b - x)^n, \quad \psi(x) = (b - x)^p$$

とする. $\varphi'(x) = -\dfrac{(b - x)^n}{n!}f^{(n+1)}(x)$ なので, φ, ψ に Cauchy の平均値の定理を用いると

$$\frac{\varphi(b) - \varphi(a)}{\psi(b) - \psi(a)} = -\frac{(b - \xi)^n}{n!}\frac{f^{(n+1)}(\xi)}{\psi'(\xi)}$$

をみたす ξ ($a < \xi < b$) が存在する. よって, $\varphi(b) = 0$, $\psi(b) = 0$ より

$$\varphi(a) = \frac{(b - \xi)^n}{n!}f^{(n+1)}(\xi)\frac{-\psi(a)}{\psi'(\xi)}$$

が成り立つので, φ の定義より

$$f(b) = \sum_{k=0}^{n} \frac{f^{(n)}(a)}{n!}(b - a)^n + \frac{(b - \xi)^n}{n!}f^{(n+1)}(\xi)\frac{-\psi(a)}{\psi'(\xi)}$$

が成り立つ. さらに $\psi(a) = (b - a)^p$, $\psi'(x) = -p(b - x)^{p-1}$ より

$$f(b) = \sum_{k=0}^{n} \frac{f^{(n)}(a)}{n!}(b - a)^n + \frac{f^{(n+1)}(\xi)}{p \cdot n!}(b - \xi)^{n-p+1}(b - a)^p$$

が成り立つ. よって $R_{n+1}(x) = \dfrac{f^{(n+1)}(\xi)}{p \cdot n!}(x - \xi)^{n-p+1}(x - a)^p$ を得る. $\square$

定理 A.5.12. 次が成り立つ.

$$R_{n+1}(x) = \int_a^x \left(\int_a^{x_1} \cdots \left(\int_a^{x_{n-1}} \left(\int_a^{x_n} f^{(n+1)}(x_{n+1})\, dx_{n+1} \right) dx_n \right) \cdots dx_2 \right) dx_1.$$

証明: 微分積分学の基本定理より

$$f(x) - f(a) = \int_a^x f'(x_1)\, dx_1 \tag{A.5.3}$$

が成り立つ. 次に, f' に微分積分学の基本定理を用いると

$$f'(x_1) = f'(a) + \int_a^{x_1} f''(x_2)\, dx_2$$

が成り立つ. これを式 (A.5.3) に代入すれば

$$f(x) = f(a) + \int_a^x \left(f'(a) + \int_a^{x_1} f''(x_2)\,dx_2 \right) dx_1$$

$$= f(a) + f'(a)(a - x) + \int_a^x \left(\int_a^{x_1} f''(x_2)\,dx_2 \right) dx_1 \qquad (A.5.4)$$

が成り立つ. 次に f'' に微分積分学の基本定理を用いると

$$f''(x_2) = f''(a) + \int_a^{x_2} f'''(x_3)\,dx_3$$

が成り立つので, これを式 (A.5.4) に代入すれば

$$f(x) = f(a) + f'(a)(a - x) + \int_a^x \left(\int_a^{x_1} \left(f''(a) + \int_a^{x_2} f'''(x_3)\,dx_3 \right) dx_2 \right) dx_1$$

$$= f(a) + f'(a)(a - x) + \int_a^x \left(f''(a)(x_1 - a) + \int_a^{x_1} \left(\int_a^{x_2} f'''(x_3)\,dx_3 \right) dx_2 \right) dx_1$$

$$= f(a) + f'(a)(a - x) + \frac{f''(a)}{2}(x - a)^2 + \int_a^x \left(\int_a^{x_1} \left(\int_a^{x_2} f'''(x_3)\,dx_3 \right) dx_2 \right) dx_1$$

が成り立つ. この操作を繰り返せば次を得る.

$$R_{n+1}(x) = \int_a^x \left(\int_a^{x_1} \cdots \left(\int_a^{x_n} \left(\int_a^{x_n} f^{(n+1)}(x_{n+1})\,dx_{n+1} \right) dx_n \right) \cdots dx_2 \right) dx_1. \qquad \square$$

定理 A.5.13. (Bernoulli の剰余項). 次が成り立つ.

$$R_{n+1}(x) = \int_a^x \frac{f^{(n+1)}(t)(x - t)^n}{n!}\,dt.$$

証明: 微分積分学の基本定理より

$$f(x) = f(a) + \int_a^x f'(t)\,dt$$

が成り立つ. 次に, 部分積分により

$$\int_a^x f'(t)\,dt = -\int_a^x f'(t)(x - t)'\,dt = -\Big[f'(t)(x - t) \Big]_a^x + \int_a^x f''(t)(x - t)\,dt$$

$$= f'(a)(x - a) + \int_a^x f''(t)(x - t)\,dt$$

が成り立つので,

$$f(x) = f(a) + f'(a)(x - a) + \int_a^x f''(t)(x - t)\,dt$$

が成り立つ. この操作を繰り返す. すなわち, 部分積分

$$\int_a^x \frac{f^{(k)}(t)(x - t)^{k-1}}{(k - 1)!}\,dt = \int_a^x f^{(k)}(t) \left(-\frac{(x - t)^k}{k!} \right)'\,dt$$

$$= -\left[f^{(k)}(t)\frac{(x-t)^k}{k!}\right]_a^x + \int_a^x \frac{f^{(k+1)}(t)(x-t)^k}{k!}\,dt$$

$$= \frac{f^{(k)}(a)}{k!}(x-a)^k + \int_a^x \frac{f^{(k+1)}(t)(x-t)^k}{k!}\,dt$$

より次が成り立つ.

$$f(x) = f(a) + \int_a^x f'(t)\,dt = f(a) + f'(a)(x-a) + \int_a^x f''(t)(x-t)\,dt$$

$$= f(a) + f'(a)(x-a) + \frac{f''(a)}{2}(x-a)^2 + \int_a^x \frac{f'''(t)(x-t)^2}{2}\,dt$$

$$= \cdots = \sum_{k=0}^n \frac{f^{(k)}(a)}{k!}(x-a)^k + \int_a^x \frac{f^{(n+1)}(t)(x-t)^n}{n!}\,dt. \quad \square$$

A.5.4 部分分数分解

有理関数が部分分数分解できること (定理 7.4.1) を示す.

定理 7.4.1 の証明: まず, 方程式 $P(x) = 0$ が実数解 $x = a$ をもつ場合を考える. つまり, $x-a$ で割り切れない多項式 $P_m(x)$ を用いて $P(x) = (x-a)^m P_m(x)$ と書けるとする. $P(x) = 0$ が実数解をもたない場合は, $P(x) = 0$ が複素数解をもつ場合まで飛ばせば良い. $A = \dfrac{Q(a)}{P_m(a)}$ とすると方程式 $Q(x) - AP_m(x) = 0$ は $x = a$ を解にもつ. よって, 因数定理より $Q(x) - AP_m(x) = (x-a)Q_m(x)$ をみたす多項式 $Q_m(x)$ が存在する. よって,

$$\frac{Q(x)}{P(x)} = \frac{A}{(x-a)^m} + \frac{Q(x) - AP_m(x)}{(x-a)^m P_m(x)} = \frac{A}{(x-a)^m} + \frac{Q_m(x)}{(x-a)^{m-1}P_m(x)}$$

と変形できる. したがって, これを繰り返せば, $x-a$ で割り切れない多項式 $P_1(x)$ と, ある多項式 $Q_1(x)$ を用いて

$$\frac{Q(x)}{P(x)} = \sum_{j=1}^m \frac{A_j}{(x-a)^j} + \frac{Q_1(x)}{P_1(x)}$$

の形に変形できる. この変形を方程式 $P(x) = 0$ のすべての実数解について行えば, 多項式 F, G を用いて

$$\frac{Q(x)}{P(x)} = \sum_{i=1}^k \sum_{j=1}^{m_i} \frac{A_{ij}}{(x-a_i)^j} + \frac{G(x)}{F(x)}$$

と変形できることがわかった. ここで, 方程式 $F(x) = 0$ は実数解をもたず, $\deg G < \deg F$ である. もし方程式 $P(x) = 0$ の解が実数解のみであれば $\deg F = 0$ なので, $G(x) = 0$ だから主張が得られた.

多項式 $F(x)$ の因数は $p^2 - 4q < 0$ として $(x^2 + px + q)^n$ の形のみである. このとき, $x^2 + px + q$ で割り切れない多項式 $F_n(x)$ を用いて $F(x) = (x^2 + px + q)^n F_n(x)$ と表すことができる. $p^2 - 4q < 0$ であるから, この因数は方程式 $P(x) = 0$ の複素数解に対応する. 方程式 $x^2 + px + q = 0$ の複素数解の一方を α とするともう一方はその複素共役 $\overline{\alpha}$ で, $x^2 + px + q = (x - \alpha)(x - \overline{\alpha})$ が成り立つ. 天

下りではある[*1]が, $\beta = \dfrac{G(\alpha)}{F_n(\alpha)}$, $B = \dfrac{\mathrm{Im}(\beta)}{\mathrm{Im}(\alpha)}$, $C = \mathrm{Re}(\beta) - \dfrac{\mathrm{Im}(\beta)}{\mathrm{Im}(\alpha)}\mathrm{Re}(\alpha)$ とおく. このとき

$$
\begin{aligned}
B\alpha + C &= \frac{\mathrm{Im}(\beta)}{\mathrm{Im}(\alpha)}\alpha + \mathrm{Re}(\beta) - \frac{\mathrm{Im}(\beta)}{\mathrm{Im}(\alpha)}\mathrm{Re}(\alpha) \\
&= \frac{\mathrm{Im}(\beta)}{\mathrm{Im}(\alpha)}(\mathrm{Re}(\alpha) + i\,\mathrm{Im}(\alpha)) + \mathrm{Re}(\beta) - \frac{\mathrm{Im}(\beta)}{\mathrm{Im}(\alpha)}\mathrm{Re}(\alpha) \\
&= i\,\mathrm{Im}(\beta) + \mathrm{Re}(\beta) = \beta
\end{aligned}
$$

が成り立つので, $G(\alpha) - (B\alpha + C)F_n(\alpha) = 0$ が成り立つ. 両辺の複素共役をとることで $G(\overline{\alpha}) - (B\overline{\alpha} + C)F_n(\overline{\alpha}) = 0$ も成り立つ. よって, 方程式 $G(x) - (Bx + C)F_n(x) = 0$ は $x = \alpha, \overline{\alpha}$ を解にもつから, 因数定理より $G(x) - (Bx + C)F_n(x) = (x - \alpha)(x - \overline{\alpha})G_n(x) = (x^2 + px + q)G_n(x)$ をみたす多項式 $G_n(x)$ が存在する. よって,

$$
\frac{G(x)}{F(x)} = \frac{Bx + C}{(x^2 + px + q)^n} + \frac{G(x) - (Bx + C)F_n(x)}{(x^2 + px + q)^n F_n(x)} = \frac{Bx + C}{(x^2 + px + q)^n} + \frac{G_n(x)}{(x^2 + px + q)^{n-1}F_n(x)}
$$

と変形できる. この変形を繰り返すと

$$
\frac{G(x)}{F(x)} = \sum_{j=1}^{n} \frac{B_j x + C_j}{(x^2 + px + q)^j} + \frac{G_1(x)}{F_1(x)}
$$

の形に変形できる. この操作を方程式 $P(x) = 0$ のすべての複素数解が無くなるまで繰り返せば

$$
\frac{G(x)}{F(x)} = \sum_{i=1}^{l} \sum_{j=1}^{n_i} \frac{B_{ij} x + C_{ij}}{(x^2 + p_i x + q_i)^j}
$$

を得る. 以上より主張が得られた. □

[*1] $G(\alpha) - (B\alpha + C)F_n(\alpha) = 0$ をみたすように実数 $B, C \in \mathbb{R}$ を定めると上手くいくことが後でわかるので, B, C をそのように定める.

演習問題のヒントと略解

図の描画は省略するので, 必要なら「Geogebra」などのソフトウェアを利用すること.

2.1.1. (1) 収束しない. (2) 0. (3) $\dfrac{3-1/n^2}{2+3/n^2} \to \dfrac{3}{2}$.

(4) $n\dfrac{2-3/n}{1+1/n} \to \infty$. (5) $\dfrac{1-(2/3)^n}{1+(2/3)^n} \to 1$. (6) $\dfrac{(3/5)^n+1}{(4/5)^n-5} \to -\dfrac{1}{5}$.

(7) $\dfrac{2(\sqrt{n^2+3n}+n)}{(n^2+3n)-n^2} \to \dfrac{4}{3}$. (8) $k=2n$ とおけば, $\left(\left(1+\dfrac{1}{2n}\right)^{2n}\right)^{1/2} \to e^{1/2}$.

(9) $k=3n$ とおけば, 例 2.1.18 (2) より $\left(\left(1-\dfrac{1}{3n}\right)^{3n}\right)^{1/3} \to e^{-1/3}$.

2.1.2. (1) はさみうちの原理より $a_n \to 0$. (2) はさみうちの原理より $a_n \to 3$.

2.3.1. (1) 略. (2) x^{2k} $(k \in \mathbb{N})$. (3) x^{2k-1} $(k \in \mathbb{N})$.

2.4.1. (1) 略. (2) x^{-2k} $(k \in \mathbb{N})$. (3) $x^{-(2k-1)}$ $(k \in \mathbb{N})$.

2.6.1. (1) 10. (2) $\dfrac{27}{8}$. (3) 1000000. (4) 512.

2.6.2. $y=\sqrt{x}$ は $[0,\infty)$ 上狭義単調増加なので $\sqrt{e} < \sqrt{\pi} < \sqrt{5} < 2\sqrt{2}$.

2.6.3. $(f \circ g)(x) = \sqrt{x}-1$, $(g \circ f)(x) = \sqrt{x-1}$. 例えば $y=\sqrt{x}-1$ より $x=y^2+1$ $(y \geq 0)$ となるので, $y=(f \circ g)(x)$ のグラフは放物線の一部になる.

2.7.1. $y=e^x$ は $\mathbb{R}$ 上狭義単調増加なので $e^{-3} < e^{-0.3} < 1 < e^{1/2}$. $1=e^0$ に注意.

2.8.1. $(f \circ g)(x) = x^2$, $(g \circ f)(x) = \log(\exp(2x+1)) - \frac{1}{2} = 2x + \frac{1}{2}$.

2.8.2. (1) $\dfrac{3}{2}$. (2) 2. (3) $2\log 2 - \dfrac{1}{2}$.

2.8.3. (1) $\log_{10} 3 + \log_{10} 7 \fallingdotseq 1.3$. (2) $\log_{10} 10 - \log_{10} 2 \fallingdotseq 7.0 \times 10^{-1}$.

(3) $\dfrac{\log_{10} 5 + \log_{10} 7 - \log_{10} 0.1}{\log_{10} 2} \fallingdotseq 1.8$.

2.8.4. (1) $x=100\log_{10} 3 \fallingdotseq 4.8 \times 10^2$. (2) $x=\log_2 35 \fallingdotseq 1.8 \times 10$. (3) $x=6.0$.

2.8.5. (1) $y=\log x$ は狭義単調増加なので $\log e < \log 3 < \log \pi < \log 4$.

(2) $y=\log_{0.5} x$ は狭義単調減少なので $\log_{0.5} 4 < \log_{0.5} \pi < \log_{0.5} 3 < \log_{0.5} e$.

2.9.1. (1) $\tan\theta = 2$ であるような直角三角形を描くと良い. $\sin\theta = \dfrac{2}{\sqrt{5}}$, $\cos\theta = \dfrac{1}{\sqrt{5}}$.

(2) 三角関数の定義を思い出す. $\sin\theta = -\dfrac{2}{\sqrt{5}}$, $\cos\theta = -\dfrac{1}{\sqrt{5}}$.

2.10.1. (1) $-\dfrac{1}{\sqrt{3}}$. (2) $\sin\left(\mathrm{Sin}^{-1}\dfrac{1}{8}\right) = \dfrac{1}{8}$ より $\cos\left(\mathrm{Sin}^{-1}\dfrac{1}{8}\right) = \dfrac{3\sqrt{7}}{8}$. (3) $\dfrac{\pi}{8}$.

(4) $\sin\dfrac{-5\pi}{8} = \sin\dfrac{-3\pi}{8}$ より $-\dfrac{3}{8}\pi$. (5) $\cos\dfrac{\pi}{3} = \dfrac{1}{2}$ より $\mathrm{Sin}^{-1}\left(\cos\dfrac{\pi}{3}\right) = \dfrac{\pi}{6}$.

2.10.2. (1) $\dfrac{1}{\sqrt{2}}$. (2) $\cos\left(\mathrm{Cos}^{-1}\dfrac{-1}{7}\right) = \dfrac{-1}{7}$ より $\sin\left(\mathrm{Cos}^{-1}\dfrac{-1}{7}\right) = \dfrac{4\sqrt{3}}{7}$.

(3) $\dfrac{\sin\left(\mathrm{Cos}^{-1}\frac{-1}{7}\right)}{\cos\left(\mathrm{Cos}^{-1}\frac{-1}{7}\right)} = -4\sqrt{3}$. (4) $\dfrac{\pi}{8}$.

(5) $\sin\dfrac{7\pi}{10} = \sin\left(\dfrac{\pi}{5} + \dfrac{\pi}{2}\right) = \cos\dfrac{\pi}{5}$ より $\mathrm{Cos}^{-1}\left(\sin\dfrac{7\pi}{10}\right) = \dfrac{\pi}{5}$.

2.10.3. (1) 7. (2) $\tan\left(\mathrm{Tan}^{-1}3\right) = 3$ より $\sin\left(\mathrm{Tan}^{-1}3\right) = \dfrac{3}{\sqrt{10}}$.

(3) $\dfrac{\pi}{4}$. (4) $\tan\left(\dfrac{-3\pi}{5}\right) = \tan\dfrac{2\pi}{5}$ より $\mathrm{Tan}^{-1}\tan\left(\dfrac{-3\pi}{5}\right) = \dfrac{2\pi}{5}$.

(5) $\cos\pi = -1$ より $\mathrm{Tan}^{-1}(-1) = \dfrac{-\pi}{4}$.

2.10.4. $\theta = \mathrm{Sin}^{-1}x + \mathrm{Cos}^{-1}x$ とおくと $-\dfrac{\pi}{2} \le \theta \le \dfrac{3}{2}\pi$ である. $\sin\theta = 1$ だから $\theta = \dfrac{\pi}{2}$.

2.10.5. $\theta = \mathrm{Tan}^{-1}(-x)$ とおくと $\tan\theta = -x$ である.

よって, $x = \tan(-\theta)$ だから $\theta = -\mathrm{Tan}^{-1}x$ となる. 以上より $\mathrm{Tan}^{-1}(-x) = -\mathrm{Tan}^{-1}x$ である.

3.1.1. 内積とノルムの定義より $\|a\|^2\|b\|^2 - |\langle a, b\rangle|^2 \ge 0$ となることから示される. 定理 7.8.4 (2) の証明を真似しても良い.

3.2.1. $b \times a = -a \times b$ なので $b \times a$ は省略する.

(1) $a \times b = 7\begin{bmatrix} 2 \\ 0 \\ -1 \end{bmatrix}$, $\|a \times b\| = 7\sqrt{5}$. (2) $a \times b = -2\begin{bmatrix} 1 \\ 2 \\ 3 \end{bmatrix}$, $\|a \times b\| = 2\sqrt{14}$.

3.2.2. 正規化 $\dfrac{1}{\|a \times b\|}a \times b$ が求めるものである. $\dfrac{1}{\|b \times a\|}b \times a$ でも良い.

(1) $\dfrac{1}{\sqrt{5}}\begin{bmatrix} 2 \\ 0 \\ -1 \end{bmatrix}$. (2) $\dfrac{1}{\sqrt{14}}\begin{bmatrix} 1 \\ 2 \\ 3 \end{bmatrix}$.

3.2.3. (1) $9x + 3y - 7z = 0$. (2) $5x + 4y + z - 7 = 0$.

3.3.1. (1) $\begin{bmatrix} 1 & 0 \\ 0 & 0 \end{bmatrix}$. (2) $\begin{bmatrix} 1 & 1 \\ 0 & 0 \end{bmatrix}$. (3) $\begin{bmatrix} 4 & 2 \\ 0 & 0 \end{bmatrix}$. (4) $\begin{bmatrix} 4 & 1 \\ 0 & 0 \end{bmatrix}$.

特に, $(A + B)^2 \ne A^2 + 2AB + B^2$ であることに注意せよ.

3.3.2. 数学的帰納法により $\begin{bmatrix} (-1)^n & 0 \\ 0 & 3^n \end{bmatrix}$.

3.3.3. $A = \begin{bmatrix} a & b \\ c & d \end{bmatrix}$, $x = \begin{bmatrix} x_1 \\ x_2 \end{bmatrix}$, $y = \begin{bmatrix} y_1 \\ y_2 \end{bmatrix}$ とする.

(1) $A(x + y) = \begin{bmatrix} a(x_1 + y_1) + b(x_2 + y_2) \\ c(x_1 + y_1) + d(x_2 + y_2) \end{bmatrix} = \begin{bmatrix} ax_1 + bx_2 \\ cx_1 + dx_2 \end{bmatrix} + \begin{bmatrix} ay_1 + by_2 \\ cy_1 + dy_2 \end{bmatrix} = Ax + Ay$.

(2) $A(\alpha x) = \begin{bmatrix} a\alpha x_1 + b\alpha x_2 \\ c\alpha x_1 + d\alpha x_2 \end{bmatrix} = \alpha\begin{bmatrix} ax_1 + bx_2 \\ cx_1 + dx_2 \end{bmatrix} = \alpha Ax$.

3.3.4. $P = (x, y)$ とする. x 軸と線分 OP のなす角を α, $r = \|\overrightarrow{OP}\|$ とすると, 三角関数の定義より $(x, y) = (r\cos\alpha, r\sin\alpha)$ と表される. $(x', y') = (r\cos(\alpha + \theta), r\sin(\alpha + \theta))$ だから, 加法定理より

$$\begin{bmatrix} x' \\ y' \end{bmatrix} = r\begin{bmatrix} \cos\alpha\cos\theta - \sin\alpha\sin\theta \\ \sin\alpha\cos\theta + \cos\alpha\sin\theta \end{bmatrix} = \begin{bmatrix} \cos\theta & -\sin\theta \\ \sin\theta & \cos\theta \end{bmatrix}\begin{bmatrix} r\cos\alpha \\ r\sin\alpha \end{bmatrix} = \begin{bmatrix} \cos\theta & -\sin\theta \\ \sin\theta & \cos\theta \end{bmatrix}\begin{bmatrix} x \\ y \end{bmatrix}.$$

3.4.1. (1)　-3.　　(2)　1.　　(3)　2.

3.4.2. (1)　$\begin{bmatrix} \cos\theta & \sin\theta \\ -\sin\theta & \cos\theta \end{bmatrix}$.　　(2)　逆行列は存在しない.　　(3)　$\begin{bmatrix} 3^{-1} & 0 \\ 0 & 5^{-1} \end{bmatrix}$.

3.4.3. X, Y がともに A の逆行列であるとする. このとき $AX = E_n$, $YA = E_n$ である. よって, 左から Y をかければ $Y(AX) = (YA)X = E_n X = X$, $YE_n = Y$ より $X = Y$ となる.

3.4.4. 定理 3.4.5 (1) を用いて $\det(AB)$ と $(\det A)(\det B)$ をそれぞれ計算すれば良い. なお, この性質は 2 次だけでなく n 次正方行列についても成り立つ.

3.4.5. $\langle \boldsymbol{a} \times \boldsymbol{b}, \boldsymbol{c} \rangle = (a_2 b_3 - a_3 b_2)c_1 + (a_3 b_1 - a_1 b_3)c_2 + (a_1 b_2 - a_2 b_1)c_3 = \det \begin{bmatrix} \boldsymbol{a} & \boldsymbol{b} & \boldsymbol{c} \end{bmatrix}$.

3.5.1.　(1) $\det(A - tE_2) = (t+2)(t-5)$ より A の固有値は $\lambda = -2, 5$ である. $P = \begin{bmatrix} 1 & 3 \\ -1 & 4 \end{bmatrix}$

とすれば $P^{-1}AP = \begin{bmatrix} -2 & 0 \\ 0 & 5 \end{bmatrix}$ と対角化される. また, $A^n = P \begin{bmatrix} (-2)^n & 0 \\ 0 & 5^n \end{bmatrix} P^{-1} = \dfrac{1}{7} \begin{bmatrix} 4 \cdot (-2)^n + 3 \cdot 5^n & -3 \cdot (-2)^n + 3 \cdot 5^n \\ -4 \cdot (-2)^n + 4 \cdot 5^n & 3 \cdot (-2)^n + 4 \cdot 5^n \end{bmatrix}$.

(2) $\det(A - tE_2) = (t-2)(t-7)$ より A の固有値は $\lambda = 2, 7$ である. $P = \begin{bmatrix} 1 & 2 \\ -2 & 1 \end{bmatrix}$

とすれば $P^{-1}AP = \begin{bmatrix} 2 & 0 \\ 0 & 7 \end{bmatrix}$ と対角化される. また, $A^n = P \begin{bmatrix} 2^n & 0 \\ 0 & 7^n \end{bmatrix} P^{-1} = \dfrac{1}{5} \begin{bmatrix} 2^n + 4 \cdot 7^n & -2 \cdot 2^n + 2 \cdot 7^n \\ -2 \cdot 2^n + 2 \cdot 7^n & 4 \cdot 2^n + 7^n \end{bmatrix}$.

4.1.1. (1)　2.　　(2)　$\dfrac{3}{2}$.　　(3)　$\dfrac{3}{2}$.　　(4)　$\dfrac{3}{2}$.　　(5)　2.　　(6)　$-\infty$.　　(7)　-2.　　(8)　発散.
(9)　1.　　(10)　0.　　(11)　0.　　(12)　$\dfrac{1}{2}$.　　(13)　∞.　　(14)　$\dfrac{1}{2}$.　　(15)　0.

4.2.1.　(1)　$\dfrac{1}{x-3} \to \pm\infty$ $(x \to 3 \pm 0)$ より極限 $\displaystyle\lim_{x\to 3} \dfrac{1}{x-3}$ は発散する.

(2)　$\dfrac{1}{x^2 + x + 1} \to \dfrac{1}{3}$ $(x \to 1)$.　　　　(3)　$\dfrac{2 - 1/x + 4/x^2}{4 - 2/x^2} \to \dfrac{1}{2}$ $(x \to \infty)$.

(4)　$\dfrac{(\sqrt{x+9})^2 - 3^2}{x(\sqrt{x+9}+3)} \to \dfrac{1}{6}$ $(x \to 0)$.　　　(5)　$\dfrac{(\sqrt{4x^2+x})^2 - (2x)^2}{\sqrt{4x^2+x}+2x} \to \dfrac{1}{4}$ $(x \to \infty)$.

(6)　$x < 0$ に対して $\dfrac{(\sqrt{x^2+x})^2 - x^2}{\sqrt{x^2+x}-x} = \dfrac{1}{-\sqrt{1+1/x}-1} \to -\dfrac{1}{2}$ $(x \to -\infty)$.

(7)　$t = x/e$ とおくと $\displaystyle\lim_{x\to\infty} \left(1 + \dfrac{e}{x}\right)^x = \lim_{t\to\infty} \left(1 + \dfrac{1}{t}\right)^{et} = e^e$.

(8)　$t = 2x$ とおくと $\displaystyle\lim_{x\to 0}(1 + 2x)^{1/x} = \lim_{t\to 0}(1+t)^{2/t} = e^2$.

(9)　$t = 1/x$ $(x > 0)$ とおくと $\displaystyle\lim_{x\to+0}(1-x)^{1/x} = \lim_{t\to\infty} \left(1 - \dfrac{1}{t}\right)^t = e^{-1}$, $t = -1/x$ $(x < 0)$

とおくと $\displaystyle\lim_{x\to-0}(1-x)^{1/x} = \lim_{t\to\infty} \left(1 + \dfrac{1}{t}\right)^{-t} = e^{-1}$ だから $\displaystyle\lim_{x\to 0}(1-x)^{1/x} = e^{-1}$.

(10) $\dfrac{\sin(2x)}{2x} \cdot \dfrac{3x}{\sin(3x)} \cdot \dfrac{2}{3} \to \dfrac{2}{3}$ $(x \to 0)$.　(11) $t = \mathrm{Sin}^{-1} x$ とおくと $\displaystyle\lim_{t\to 0}\dfrac{t}{\sin t} = 1$.

(12) $\dfrac{1 - \cos^2 x}{x\sin x(1 + \cos x)} = \dfrac{\sin x}{x(1 + \cos x)} \to \dfrac{1}{2}$ $(x \to 0)$.

(13) $t = 1/x$ とおくと $\displaystyle\lim_{t\to +\infty} \mathrm{Tan}^{-1} t = \dfrac{\pi}{2}$.　(14) $\dfrac{1 - e^{-2x}}{1 + e^{-2x}} \to 1$ $(x \to \infty)$.

4.2.2. $x \geq 1$ に対して $n \leq x < n+1$ なる自然数 $n \in \mathbb{N}$ をとると $\left(1 + \dfrac{1}{n+1}\right)^n < \left(1 + \dfrac{1}{x}\right)^x <$ $\left(1 + \dfrac{1}{n}\right)^{n+1}$ が成り立つので, はさみうちの原理より $\left(1 + \dfrac{1}{x}\right)^x \to e$ $(x \to \infty)$.

4.3.1. 連続なのは $x = 4, 2, 0, -1, -3$.

4.3.2.　(1) 例 4.1.4 より極限 $\displaystyle\lim_{x\to 0} f(x)$ が発散するので, f は $x = 0$ で連続でない.

(2) 例 4.2.9 (1) より極限 $\displaystyle\lim_{x\to 0} f(x) = 0 = f(0)$ なので, f は $x = 0$ で連続である.

4.3.3. $f(x) = (左辺) - (右辺)$ とおいて中間値の定理を用いよ.

4.3.4.　(1) 実数 $x \in \mathbb{R}$ に対して有理数からなる数列 $\{r_n\}$ で $r_n \to x$ $(n \to \infty)$ をみたすものをとると, f, g は連続だから $f(x) = \displaystyle\lim_{n\to\infty} f(r_n) = \lim_{n\to\infty} g(r_n) = g(x)$.

(2) $f(0) = f(0+0) = f(0) + f(0)$ より $f(0) = 0$ である. $f(x+y) = f(x) + f(y)$ を繰り返し用いると有理数 $r \geq 0$ に対して $f(r) = f(1)r$ を得る. $0 = f(0) = f(r + (-r)) = f(r) + f(-r)$ より $f(-r) = -f(r) = f(1) \cdot (-r)$ である. 以上より任意の $r \in \mathbb{Q}$ に対して $f(r) = f(1)r$ が成り立つので, (1) より任意の $x \in \mathbb{R}$ に対して $f(x) = f(1)x$ が成り立つ.

(3) (2) と同様に任意の $r \in \mathbb{Q}$ に対して $f(r) = f(1)^r$ を示して (1) を用いる.

5.1.1. 例 4.1.10 より極限 $\displaystyle\lim_{x\to 0}\dfrac{f(x) - f(0)}{x} = \lim_{x\to 0}\dfrac{|x|}{x}$ は収束しないので, f は $x = 0$ で微分不可能.

5.1.2. $\dfrac{\cos(x+h) - \cos x}{h} = \dfrac{\cos x\cos h - \sin x\sin h - \cos x}{h} \to -\sin x$ $(h \to 0)$.

5.1.3. $\log_a x = \dfrac{\log x}{\log a}$ より $(\log_a x)' = \dfrac{1}{x\log a}$.

5.1.4. $(\log|f(x)g(x)|)' = \dfrac{(f(x)g(x))'}{f(x)g(x)}$ かつ $(\log|f(x)g(x)|)' = (\log|f(x)|)' + (\log|g(x)|)' = \dfrac{f'(x)}{f(x)} + \dfrac{g'(x)}{g(x)}$ である. 整理すれば $(fg)' = f'g + fg'$ を得る.

5.1.5. 合成関数の微分法より $(f \circ f^{-1})'(y) = f'(f^{-1}(y)) \cdot (f^{-1})'(y)$ なので, $(f \circ f^{-1})(y) = y$ の両辺を y で微分すると $(f^{-1})'(y) = \dfrac{1}{f'(f^{-1}(y))}$ を得る.

5.1.6.　(1) $4x^3 + \dfrac{15}{2}x^{3/2}$.　(2) $-x^{-3} + \dfrac{3}{2}x^{-4}$.　(3) $\dfrac{3}{2}\sqrt{x} + \dfrac{8}{5\sqrt[5]{x}}$.

(4) $800(2x - 1)^{399}$.　(5) $\dfrac{-3}{5\sqrt[5]{(3x+4)^6}}$.　(6) $128(2x-1)^2(2x+1)^4(8x-1)$.

(7) $\dfrac{1 - x - 2x^2}{\sqrt{1 - x^2}}$.　　　(8) $\cos x + 6\sin(2x)$.　(9) $\cos^2 x - \sin^2 x$.　(10) $10\sin^9 x \cos x$.

(11) $\dfrac{-1}{x^2 \cos^2(x^{-1})}$.　　(12) $\dfrac{x - \sin x \cos x}{x^2 \cos^2 x}$.　(13) $\dfrac{-5(\mathrm{Cos}^{-1} x)^4}{\sqrt{1 - x^2}}$.　(14) $\dfrac{1}{\sqrt{4 - x^2}}$.

(15) $\dfrac{1}{x^2 + 5^2}$.　　　　(16) $-3e^{-3x}$.　　　　(17) $2x\exp(x^2)$.　　(18) $2 \cdot 5^{2x+3}\log 5$.

(19) $\dfrac{1}{x}$.　　　　　(20) $\dfrac{-2}{1 - x^2}$.　　　(21) $\dfrac{1}{x\log x}$.　　　(22) $\dfrac{3}{x\log 2}$.

(23) $\log x + 1$.　　　(24) $\dfrac{1}{\sqrt{1 + x^2}}$.　　(25) $2\sqrt{1 - x^2}$.

(26) $y = x^{3x}$ の両辺の自然対数をとって微分すれば $(x^{3x})' = 3x^{3x}(\log x + 1)$.

(27) $y = \sqrt[3]{\dfrac{(x+1)(x^2+1)}{x-3}}$ の両辺の絶対値の自然対数をとって x で微分すれば

$$y' = \frac{1}{3}\sqrt[3]{\frac{(x+1)(x^2+1)}{x-3}}\left(\frac{1}{x+1} + \frac{2x}{x^2+1} - \frac{1}{x-3}\right).$$

5.1.7.　(1) 双曲線関数の定義を用いて両辺を変形すれば良い.

　　(2) 双曲線関数の定義を用いて左辺を計算すると 1 となる.

　　(3) $(\sinh x)' = \cosh x$, $(\cosh x)' = \sinh x$, $(\tanh x)' = \dfrac{1}{\cosh^2 x}$.

　　(4) $x = \log(y + \sqrt{1 + y^2})$, $\dfrac{dx}{dy} = \dfrac{1}{\sqrt{1 + y^2}}$.

　　(5) $x = \dfrac{1}{2}\log\dfrac{1 + y}{1 - y}$ $(-1 < y < 1)$, $\dfrac{dx}{dy} = \dfrac{1}{1 - y^2}$.

5.1.8. 微分係数の定義を正確に使う.

　　(1) $k = 2h$ とおくと $h \to 0$ のとき $k \to 0$ だから, $2\lim\limits_{k \to 0}\dfrac{f(a+k) - f(a)}{k} = 2f'(a)$.

　　(2) $\dfrac{f(a+h) - f(a-h)}{h} = \dfrac{f(a+h) - f(a)}{h} - \dfrac{f(a-h) - f(a)}{h} \to 2f'(a)$ $(h \to 0)$.

5.1.9. $f(0) = f'(0) = \lim\limits_{x \to 0}\dfrac{f(x) - f(0)}{x}$ なので $\lim\limits_{x \to 0}\dfrac{a^x - 1}{x} = 1$. 例 4.2.11 (2) と同様にして

$\lim\limits_{x \to 0}\dfrac{a^x - 1}{x} = \dfrac{1}{\log_e a}$ だから, $a = e$.

5.2.1.　(1) $df = e^x dx$, $y = x + 1$.　　　(2) $df = \dfrac{dx}{x^2 + 1}$, $y = \dfrac{1}{2}(x - 1) + \dfrac{\pi}{4}$.

5.3.1. 陰関数微分法によって導関数を求め, 接線の傾きを求める.

　　(1) $y' = -\dfrac{x}{y}$, $y = -\dfrac{1}{\sqrt{3}}(x - 1) + \sqrt{3}$.　　　(2) $y' = -\dfrac{x}{y}$, $y = -\dfrac{1}{\sqrt{3}}(x + 1) - \sqrt{3}$.

　　(3) $y' = -\dfrac{4x}{y}$, $y = -\dfrac{2}{\sqrt{3}}\left(x - \dfrac{1}{2}\right) + \sqrt{3}$.　　(4) $y' = -\dfrac{2x - y}{x - 2y}$, $y = 2$.

5.3.2. 接線は $t \in \mathbb{R}$ をパラメータとするパラメータ表示を記す.

　　(1) $\boldsymbol{c}'(1) = \begin{bmatrix} 3 \\ 2 \end{bmatrix}$, $\begin{bmatrix} x \\ y \end{bmatrix} = t\begin{bmatrix} 3 \\ 2 \end{bmatrix} + \begin{bmatrix} 1 \\ 2 \end{bmatrix}$.

　　(2) $\boldsymbol{c}'(-2) = \begin{bmatrix} 3 \\ -4 \end{bmatrix}$, $\begin{bmatrix} x \\ y \end{bmatrix} = t\begin{bmatrix} 3 \\ -4 \end{bmatrix} + \begin{bmatrix} -8 \\ 5 \end{bmatrix}$.

(3) $c'\left(\dfrac{\pi}{4}\right) = \dfrac{1}{\sqrt{2}}\begin{bmatrix} -3 \\ 2 \end{bmatrix}$, $\begin{bmatrix} x \\ y \end{bmatrix} = t\begin{bmatrix} -3 \\ 2 \end{bmatrix} + \dfrac{1}{\sqrt{2}}\begin{bmatrix} 3 \\ 2 \end{bmatrix}$.

(4) $c'\left(\dfrac{\pi}{3}\right) = \dfrac{1}{2}\begin{bmatrix} 1 \\ \sqrt{3} \end{bmatrix}$, $\begin{bmatrix} x \\ y \end{bmatrix} = t\begin{bmatrix} 1 \\ \sqrt{3} \end{bmatrix} + \begin{bmatrix} \pi/3 - \sqrt{3}/2 \\ 1/2 \end{bmatrix}$.

5.3.3. 双曲線 $x^2 - y^2 = 2$ 上の点 (X, Y) を，原点を中心として反時計回りに $\dfrac{\pi}{4}$ だけ回転した点を (x, y) とすると，$(X, Y) = \left(\dfrac{x+y}{\sqrt{2}}, \dfrac{-x+y}{\sqrt{2}}\right)$ と表せる．(X, Y) を方程式 $x^2 - y^2 = 2$ に代入すれば $xy = 1$（反比例）を得る．漸近線は x 軸と y 軸である．酵素反応速度を表すモデルである Michaelis-Menten（ミカエリス メンテン）モデルの表すグラフは直角双曲線の一部である．

5.4.1. $f(x) = \log x$ として閉区間 $[a, b]$ 上で平均値の定理を用いよ．

5.5.1. 以下の計算から数学的帰納法により示される．

(1) $(\alpha(\alpha-1)\cdots(\alpha-k+1)x^{\alpha-k})' = \alpha(\alpha-1)\cdots(\alpha-k+1)(\alpha-(k+1)+1)x^{\alpha-(k+1)}$.

(2) $((\log a)^k a^x)' = (\log a)^{k+1} a^x$.

(3) $((-1)^{k-1}\cdot(k-1)!\cdot x^{-k})' = (-1)^{k-1}\cdot(k-1)!\cdot(-k)\cdot x^{-k-1} = (-1)^{(k+1)-1}\cdot((k+1)-1)!\cdot x^{-(k+1)}$.

(4) $\dfrac{d}{dx}\sin\left(x + \dfrac{k\pi}{2}\right) = \cos\left(x + \dfrac{k\pi}{2}\right) = \sin\left(x + \dfrac{(k+1)\pi}{2}\right)$.

(5) $\dfrac{d}{dx}\cos\left(x + \dfrac{k\pi}{2}\right) = -\sin\left(x + \dfrac{k\pi}{2}\right) = \cos\left(x + \dfrac{(k+1)\pi}{2}\right)$.

5.5.2. 二項定理の証明と同様．以下の計算から数学的帰納法により示される．

$$\left(\sum_{k=0}^{l}\binom{l}{k}f^{(k)}g^{(l-k)}\right)' = \sum_{k=0}^{l}\binom{l}{k}\left\{f^{(k+1)}g^{(l-k)} + f^{(k)}g^{(l-k+1)}\right\}$$

$$= f^{(l+1)}g^{(0)} + f^{(0)}g^{(l+1)} + \sum_{k=1}^{l}\left\{\binom{l}{k-1} + \binom{l}{k}\right\}f^{(k)}g^{(l+1-k)}$$

$$= \sum_{k=0}^{l+1}\binom{l+1}{k}f^{(k)}g^{(l+1-k)}.$$

5.5.3. (1) $x \neq 0$ のときは $f'(x) = 3x^2\sin\dfrac{1}{x} - x\cos\dfrac{1}{x}$ である．$x = 0$ のときは，はさみうちの原理より $f'(0) = \lim_{h\to 0}\dfrac{f(h) - f(0)}{h} = \lim_{h\to 0}h^2\sin\dfrac{1}{h} = 0$ である．また，再びはさみうちの原理より，$x \to 0$ のとき $f'(x) \to 0 = f'(0)$ が成り立つ．よって，f は $\mathbb{R}$ 上 C^1 級である．

(2) 極限 $\lim_{h\to 0}\dfrac{f'(h) - f'(0)}{h} = 3h\sin\dfrac{1}{h} - \cos\dfrac{1}{h}$ は発散するので，f' は $x = 0$ で微分不可能．

5.6.1. $f(a), f'(a), \ldots, f^{(n)}(a), f^{(n+1)}$ を計算し，Taylor の定理を適用する．

(1) $f(x) = 8 + 12(x-1) + 6(x-1)^2 + (x-1)^3$.

(2) $f(x) = e + e(x-1) + \dfrac{e}{2}(x-1)^2 + \dfrac{e^\xi}{3!}(x-1)^3$（$\xi$ は x と 1 の間の実数）.

(3) $f(x) = \dfrac{\sqrt{3}}{2} - \dfrac{1}{2}\left(x - \dfrac{\pi}{6}\right) - \dfrac{\sqrt{3}}{4}\left(x - \dfrac{\pi}{6}\right)^2 + \dfrac{\sin\xi}{3!}\left(x - \dfrac{\pi}{6}\right)^3$（$\xi$ は x と $\dfrac{\pi}{6}$ の間の実数）.

(4) $f(x) = x + \dfrac{x^3}{3!}(6(\cos(\theta x))^{-4} - 4(\cos(\theta x))^{-2})$（$0 < \theta < 1$）.

5.6.2. 導き方は一例である. 剰余項の見た目は導き方によって変わり得る.

(1) e^t の 7 次の Maclaurin 展開に $t = x/2$ を代入すれば $f(x) = \sum_{k=0}^{7} \dfrac{x^k}{2^k \cdot k!} + \dfrac{e^{\theta x/2}}{2^8 \cdot 8!} x^8$
$(0 < \theta < 1)$.

(2) e^x の 5 次の Maclaurin 展開に x^2 をかければ $f(x) = \sum_{k=0}^{5} \dfrac{x^{k+2}}{k!} + \dfrac{e^{\theta x}}{6!} x^8$ $(0 < \theta < 1)$.

(3) e^t の 4 次の Maclaurin 展開に $t = -x^2$ を代入すれば $f(x) = \sum_{k=0}^{4} \dfrac{(-1)^k}{k!} x^{2k} - \dfrac{e^{-\theta x^2}}{5!} x^{10}$
$(0 < \theta < 1)$.

(4) e^t の 4 次の Maclaurin 展開に $t = x, -x$ を代入すると, それぞれ e^x, e^{-x} の 4 次の Maclaurinn 展開が得られるので, e^x と e^{-x} の 4 次の Maclaurin 展開を加えて 2 で割れば
$f(x) = 1 + \dfrac{x^2}{2} + \dfrac{x^4}{4!} + \dfrac{e^{\theta x} - e^{-\theta x}}{2 \cdot 5!} x^5$ $(0 < \theta < 1)$.

5.6.3. 関数 $f(x) = e^x$ を 6 次まで Maclaurin 展開すると $2.7180 < e < 2.7187$ を得る.

5.6.4. 関数 $f(x) = \sqrt{1 + x}$ を 2 次まで Maclaurin 展開すると $1.0487 < \sqrt{1.1} < 1.0489$ を得る.

5.7.1. (1) $e^x = 1 + x + \dfrac{x^2}{2} + \dfrac{x^3}{3!} + o(x^3)$ $(x \to 0)$.

(2) $\sin x = x - \dfrac{x^3}{6} + o(x^3)$ $(x \to 0)$. (3) $\cos x = 1 - \dfrac{x^2}{2} + o(x^3)$ $(x \to 0)$.

(4) $\sqrt{1 + x} = 1 + \dfrac{1}{2}x - \dfrac{1}{8}x^2 + \dfrac{1}{16}x^3 + o(x^3)$ $(x \to 0)$.

(5) $\dfrac{1}{1 - x} = 1 + x + x^2 + x^3 + o(x^3)$ $(x \to 0)$.

(6) $\log(1 + x) = x - \dfrac{x^2}{2} + \dfrac{x^3}{3} + o(x^3)$ $(x \to 0)$.

5.7.2. (1) $e^x + \log(1-x) = \left(1 + x + \dfrac{x^2}{2} + \dfrac{x^3}{3!} + o(x^3)\right) + \left(-x - \dfrac{x^2}{2} - \dfrac{x^3}{3} + o(x^3)\right) =$
$1 - \dfrac{x^3}{6} + o(x^3)$ $(x \to 0)$.

(2) $e^{-x^2} = 1 - x^2 + \dfrac{x^4}{2} - \dfrac{x^6}{6} + o(x^6)$ $(x \to 0)$.

(3) $\log(1 + \sin x) = \sin x - \dfrac{\sin^2 x}{2} + \dfrac{\sin^3 x}{3} + o(\sin^3 x) = \left(x - \dfrac{x^3}{6} + o(x^3)\right) -$
$\dfrac{1}{2}\left(x + o(x^2)\right)^2 + \dfrac{1}{3}\left(x + o(x^2)\right)^3 + o(x^3) = x - \dfrac{x^2}{2} + \dfrac{x^3}{6} + o(x^3)$ $(x \to 0)$.

(4) $e^x \sin x = \left(1 + x + \dfrac{x^2}{2} + \dfrac{x^3}{3!} + o(x^3)\right)\left(x - \dfrac{x^3}{6} + o(x^4)\right) = x + x^2 + \dfrac{x^3}{3} + \dfrac{x^4}{6} +$
$o(x^4)$ $(x \to 0)$.

5.7.3. (1) $\dfrac{e^x - 1 - x}{x^2} = \dfrac{\frac{x^2}{2} + o(x^2)}{x^2} = \dfrac{1}{2} + \dfrac{o(x^2)}{x^2} \to \dfrac{1}{2}$ $(x \to 0)$.

(2) $\dfrac{\sin x - x}{x^3} = \dfrac{-\frac{x^3}{6} + o(x^3)}{x^3} \to -\dfrac{1}{6}$ $(x \to 0)$.

(3) $\dfrac{3\sqrt[3]{1 + x} - 3 - x}{x^2} = \dfrac{-\frac{x^2}{3} + o(x^2)}{x^2} \to -\dfrac{1}{3}$ $(x \to 0)$.

(4) $\dfrac{\log(1+2x)}{x} = \dfrac{2x + o(x)}{x} \to 2 \ (x \to 0)$.

(5) $e^{\sin x} = e^{x - \frac{x^3}{6} + o(x^3)} = e^x \cdot e^{-\frac{x^3}{6} + o(x^3)} = e^x \left(1 - \dfrac{x^3}{6} + o(x^3)\right) \ (x \to 0)$ だから

$$\dfrac{e^x - e^{\sin x}}{x^3} = e^x \dfrac{1 - (1 - \frac{x^3}{6} + o(x^3))}{x^3} \to \dfrac{1}{6} \ (x \to 0).$$

(6) $\dfrac{e^x - 1 - x}{\cos x - 1} = \dfrac{\frac{x^2}{2} + o(x^2)}{-\frac{x^2}{2} + o(x^2)} \to -1 \ (x \to 0)$.

(7) l'Hôpital の定理を使う. $f(x) = \log(\tan(2x))$, $g(x) = \log(\tan(3x))$ とおくと, f, g は $0 < x < \dfrac{\pi}{6}$ で微分可能で, $f(x) \ne 0$, $f'(x) = \dfrac{4}{\sin(4x)} \ne 0$, $g'(x) = \dfrac{6}{\sin(6x)}$, $\displaystyle\lim_{x \to +0} \dfrac{g'(x)}{f'(x)} = 1$ が成り立つ. よって, l'Hôpital の定理より $\displaystyle\lim_{x \to +0} \dfrac{g(x)}{f(x)} = 1$

(8) $\log(x^{1/x}) = \dfrac{\log x}{x} \to 0 \ (x \to \infty)$ より $x^{1/x} \to 1 \ (x \to \infty)$.

(9) $\log(x^{\frac{1}{1-x}}) = \dfrac{\log x}{1 - x} = \dfrac{\log(1 + (x - 1))}{1 - x} = -\dfrac{(x - 1) + o(x - 1)}{x - 1} \to -1 \ (x \to 1)$ なので $x^{\frac{1}{1-x}} \to e^{-1} \ (x \to 1)$.

5.7.4. (1) $\log(1 + t) = t - \dfrac{t^2}{2} + o(t^2) \ (t \to 0)$ に $t = \dfrac{1}{x} \ (x > 0)$ を代入すると $\log\left(1 + \dfrac{1}{x}\right) = \dfrac{1}{x} - \dfrac{1}{2x^2} + o(x^{-2}) \ (x \to \infty)$.

(2) (1) より $\log\left(1 + \dfrac{1}{x}\right)^x = x \log\left(1 + \dfrac{1}{x}\right) = 1 - \dfrac{1}{2x} + o(x^{-1}) \ (x \to \infty)$

だから, $\left(1 + \dfrac{1}{x}\right)^x = \exp\left(1 - \dfrac{1}{2x} + o(x^{-1})\right) = e \cdot \exp\left(-\dfrac{1}{2x} + o(x^{-1})\right)$

$= e\left(1 - \dfrac{1}{2x} + o(x^{-1})\right) = e - \dfrac{e}{2x} + o(x^{-1}) \ (x \to \infty)$ である.

よって, $x\left(e - \left(1 + \dfrac{1}{x}\right)^x\right) = x\left(\dfrac{e}{2x} + o(x^{-1})\right) = \dfrac{e}{2} + o(1) \to \dfrac{e}{2} \quad (x \to \infty)$.

5.7.5. (1) $P = \dfrac{nRT}{V - bn} - \dfrac{an^2}{V^2}$ だから, $z = \dfrac{V}{V - bn} - \dfrac{an}{RTV}$.

(2) $z = \dfrac{1}{1 - bx} - \dfrac{ax}{RT} = 1 + \left(b - \dfrac{a}{RT}\right)x + b^2 x^2 + b^3 x^3 + o(x^3) \ (x \to 0)$.

5.7.6. (1) $y = \dfrac{\pi}{2}$. (2) $y = \pm 2x$.

5.8.1. (1) $f'(x) = -2x^2(2x - 3)$, $f''(x) = -12x(x - 1)$. 極大値 $f\left(\dfrac{3}{2}\right) = \dfrac{27}{16}$. 変曲点 $(0, 0), (1, 1)$.

(2) $f'(x) = 2x(2x^2 - 1)$, $f''(x) = 2(6x^2 - 1)$. 極大値 $f(0) = 1$. 極小値 $f\left(\pm\dfrac{1}{\sqrt{2}}\right) = \dfrac{3}{4}$. 変曲点 $\left(\pm\dfrac{1}{\sqrt{6}}, \dfrac{31}{36}\right)$.

(3) $f'(x) = \dfrac{-4(x - 1)(x + 1)}{(x^2 + 1)^2}$, $f''(x) = \dfrac{8x(x^2 - 3)}{(x^2 + 1)^3}$. 極大値 $f(1) = 2$. 極小値 $f(-1) = -2$. 変曲点 $(-\sqrt{3}, -\sqrt{3}), (\sqrt{3}, \sqrt{3}), (0, 0)$.

(4) $f'(x) = -(x-1)e^{-x}$, $f''(x) = (x-2)e^{-x}$. 極大値 $f(1) = e^{-1}$. 変曲点 $(2, 2e^{-2})$.

(5) $f'(x) = -e^{-x}(1 - 2e^{-x})$, $f''(x) = e^{-x}(1 - 4e^{-x})$. 極大値 $f(\log 2) = \dfrac{1}{4}$. 変曲点 $\left(2\log 2, \dfrac{3}{16}\right)$ である.

(6) $f'(x) = \dfrac{e^{-x}}{(1 + e^{-x})^2}$, $f''(x) = \dfrac{-e^{-x}(1 - e^{-x})}{(1 + e^{-x})^3}$. 極値なし. 変曲点 $\left(0, \dfrac{1}{2}\right)$. f はロジスティック関数という関数の一種である. ロジスティック関数は生物の個体数の変化を表す.

(7) $f'(x) = \log x + 1$, $f''(x) = \dfrac{1}{x}$. 極小値 $f(e^{-1}) = -e^{-1}$.

(8) $x = 0$ では微分不可能だが, $x = 0$ における接線は直線 $x = 0$ なので, 変曲点も考えられる. $f'(x) = \dfrac{4}{5}x^{-2/5}(3 - 2x)$, $f''(x) = -\dfrac{24}{25}x^{-7/5}(x+1)$. 極大値 $f\left(\dfrac{3}{2}\right) = \dfrac{5 \cdot 3^{3/5}}{2^{8/5}}$. 変曲点 $(0,0)$, $(-1, -5)$.

5.8.2. (1) f, g が偶関数ならば, $(f+g)(-x) = f(-x) + g(-x) = f(x) + g(x) = (f+g)(x)$ なので $f + g$ も偶関数である.

(2) f, g が偶関数ならば, $(fg)(-x) = f(-x)g(-x) = f(x)g(x) = (fg)(x)$ なので fg も偶関数である.

(3) f, g が奇関数ならば, $(f+g)(-x) = f(-x) + g(-x) = -f(x) - g(x) = -(f+g)(x)$ なので $f + g$ も奇関数である.

(4) f, g が奇関数ならば, $(fg)(-x) = f(-x)g(-x) = (-f(x))(-g(x)) = (fg)(x)$ なので fg は偶関数である.

(5) f が偶関数, g が奇関数ならば, $(fg)(-x) = f(-x)g(-x) = f(x)(-g(x)) = -(fg)(x)$ なので fg は奇関数である.

(6) $a(-x) = \dfrac{f(-x) + f(x)}{2} = a(x)$ より a は偶関数である.

(7) $b(-x) = \dfrac{f(-x) - f(x)}{2} = -\dfrac{f(x) - f(-x)}{2} = -b(x)$ より b は奇関数である.

(8) f が偶関数ならば $f'(-x) = \displaystyle\lim_{h \to 0} \dfrac{f(-x + h) - f(-x)}{h} = \lim_{h \to 0} \dfrac{f(x - h) - f(x)}{h}$ が成り立つので, $k = -h$ とおけば $f'(-x) = -f'(x)$ を得る. よって f' は奇関数である.

(9) f が奇関数ならば $f'(-x) = \displaystyle\lim_{h \to 0} \dfrac{f(-x + h) - f(-x)}{h} = -\lim_{h \to 0} \dfrac{f(x - h) - f(x)}{h}$ が成り立つので, $k = -h$ とおけば $f'(-x) = f'(x)$ を得る. よって f' は偶関数である.

6.1.1. (1) $\displaystyle\lim_{\substack{(x,y) \to (0,0) \\ y = 0}} \dfrac{x^2 y}{x^4 + y^2} = \lim_{x \to 0} 0 = 0$, $\displaystyle\lim_{\substack{(x,y) \to (0,0) \\ y = x^2}} \dfrac{x^2 y}{x^4 + y^2} = \lim_{x \to 0} \dfrac{1}{2} = \dfrac{1}{2}$ なので $\displaystyle\lim_{\substack{(x,y) \to (0,0) \\ y = 0}} \dfrac{x^2 y}{x^4 + y^2} \neq \lim_{\substack{(x,y) \to (0,0) \\ y = x^2}} \dfrac{x^2 y}{x^4 + y^2}$ だから, 極限 $\displaystyle\lim_{(x,y) \to (0,0)} \dfrac{x^2 y}{x^4 + y^2}$ は発散する.

(2) $\displaystyle\lim_{\substack{(x,y) \to (0,0) \\ y = 0}} \dfrac{x^3 y}{x^6 + y^2} = \lim_{x \to 0} 0 = 0$, $\displaystyle\lim_{\substack{(x,y) \to (0,0) \\ y = x^3}} \dfrac{x^3 y}{x^6 + y^2} = \lim_{x \to 0} \dfrac{1}{2} = \dfrac{1}{2}$ なので, (1) と同様に極限 $\displaystyle\lim_{(x,y) \to (0,0)} \dfrac{x^3 y}{x^6 + y^2}$ は発散する.

6.1.2. (1) $\displaystyle\lim_{\substack{(x,y)\to(0,0)\\y=0}}\frac{x^2-y^2}{x^2+y^2}=1,\ \lim_{\substack{(x,y)\to(0,0)\\x=0}}\frac{x^2-y^2}{x^2+y^2}=-1$ より収束しない.

(2) $x^2\le x^2+y^2$ より $\left|\dfrac{x^2y}{x^2+y^2}\right|\le|y|\to 0\ ((x,y)\to(0,0))$. よって収束して極限値は 0.

(3) $x=r\cos\theta,y=r\sin\theta\ (r>0,\theta\in\mathbb{R})$ とすると $\dfrac{\sin\sqrt{x^2+y^2}}{\sqrt{x^2+y^2}}=\dfrac{\sin r}{r}\to 1\ (r\to+0)$.
よって収束して極限値は 1.

(4) $x=r\cos\theta,y=r\sin\theta\ (r>0,\theta\in\mathbb{R})$ とすると $\dfrac{x^3+(y+2)x^2+2y^2}{x^2+y^2}=r(\cos^3\theta+\sin\theta\cos^2\theta)+2$ なので $\left|\dfrac{x^3+(y+2)x^2+2y^2}{x^2+y^2}-2\right|=r|\cos^3\theta+\sin\theta\cos^2\theta|\le 2r\to 0\ (r\to+0)$. よって収束して極限値は 2.

6.1.3. (1) $\displaystyle\lim_{(x,y)\to(0,0)}f(x,y)$ が発散するので連続でない. (2) 連続.

(3) $\displaystyle\lim_{(x,y)\to(0,0)}f(x,y)$ は収束するが $\displaystyle\lim_{(x,y)\to(0,0)}f(x,y)\ne f(0,0)$ なので連続でない.

6.2.1. (1) $f_x(x,y)=6(2x-y)^2,\ f_y(x,y)=-3(2x-y)^2$.
(2) $f_x(x,y)=3\cos(3x-2y),\ f_y(x,y)=-2\cos(3x-2y)$.
(3) $f_x(x,y)=\dfrac{-y}{x^2+y^2},\ f_y(x,y)=\dfrac{x}{x^2+y^2}$.

6.2.2. (1) $f_x(x,y,z)=2x,\ f_y(x,y,z)=3y^2,\ f_z(x,y,z)=4z^3$.
(2) $f_x(x,y,z)=\dfrac{x}{r},\ f_y(x,y,z)=\dfrac{y}{r},\ f_z(x,y,z)=\dfrac{z}{r}$. ただし,$r=\sqrt{x^2+y^2+z^2}$ とする.

6.3.1. (1) 全微分: $df=(6xy+y)dx+(3x^2+x)dy$, 接平面: $z=-4-7(x-1)+4(y+1)$.
(2) 全微分: $df=\dfrac{ydx-xdy}{(x+y)^2}$, 接平面: $z=2+(x+2)+2(y-1)$.

6.3.2. まず,$f(h,0)-f(0,0)=0,\ f(0,h)-f(0,0)=0$ なので f は点 $(0,0)$ で偏微分可能で,$f_x(0,0)=0,\ f_y(0,0)=0$ が成り立つ. また,f が点 $(0,0)$ で全微分可能であれば

$$0=\lim_{(x,y)\to(0,0)}\frac{f(x,y)-\{f(0,0)+f_x(0,0)x+f_y(0,0)y\}}{\sqrt{x^2+y^2}}=\lim_{(x,y)\to(0,0)}\frac{xy}{x^2+y^2}$$

が成り立つが,極限 $\displaystyle\lim_{(x,y)\to(0,0)}\frac{xy}{x^2+y^2}$ が発散することは 例 6.1.10 で確かめた. これは矛盾である. すなわち,f は原点 $(0,0)$ で全微分可能でない.

6.4.1. $g'(t)=10t^4+16t^3$.

6.4.2. (1) $g'(0)=-3f_x(1,1)+5f_y(1,1)$. (2) $g'(0)=0$.

6.4.3. (1) $g_u(0,0)=-3f_x(0,0)+5f_y(0,0),\ g_v(0,0)=f_x(0,0)-2f_y(0,0)$.
(2) $g_u(0,0)=3f_y(0,0),\ g_v(0,0)=2f_y(0,0)$.

6.4.4. (1) $J=\begin{bmatrix}1&1\\1&-1\end{bmatrix},\ \dfrac{\partial(x,y)}{\partial(u,v)}=-2$. (2) $J=\begin{bmatrix}2u&2v\\2v&2u\end{bmatrix},\ \dfrac{\partial(x,y)}{\partial(u,v)}=4(u^2-v^2)$.

6.4.5. 連鎖律より $z_r=z_x\cos\theta+z_y\sin\theta,\ z_\theta=-z_xr\sin\theta+z_yr\cos\theta$ なので, これらを (右辺) $=(z_r)^2+\dfrac{1}{r^2}(z_\theta)^2$ に代入して整理せよ.

6.5.1. (1) $f_{xx}(x,y) = 2y^5$, $f_{xy}(x,y) = f_{yx}(x,y) = 10xy^4$, $f_{yy}(x,y) = 20x^2y^3$.

(2) $f_{xx} = -\dfrac{1}{\sqrt{(2x-y)^3}}$, $f_{xy} = f_{yx} = \dfrac{1}{2\sqrt{(2x-y)^3}}$, $f_{yy} = -\dfrac{1}{4\sqrt{(2x-y)^3}}$.

(3) $f_{xx} = \dfrac{xy^6}{(1-x^2y^4)^{3/2}}$, $f_{xy} = f_{yx} = \dfrac{2x}{(1-x^2y^4)^{3/2}}$, $f_{yy} = \dfrac{2y+2x^2y^5}{(1-x^2y^4)^{3/2}}$.

6.5.2. $f_x(x,y) = 2x+3y$, $f_y(x,y) = 3x+8y$, $f_{xx}(x,y) = 2$, $f_{xy}(x,y) = f_{yx}(x,y) = 3$, $f_{yy}(x,y) = 8$ で，3 階偏導関数はすべて 0 であるから，

(1) $-4x - 13y$. (2) 0. (3) $2f(x,y)$.

6.5.3. (1) 0. (2) $-2\sin x \cos y$. (3) 0. (4) $\dfrac{1-k^2}{r}\cos(k\theta)$.

6.5.4. 0. 例 6.2.3 (2) も見よ．未知関数 u についての微分方程式 $\left(\dfrac{\partial}{\partial t} - \Delta\right)u = 0$ を熱方程式という．この方程式は熱伝導を記述する微分方程式である．

6.5.5. $(x,y) \neq (0,0)$ で $f_x(x,y) = \dfrac{y(x^4 - y^4 + 4x^2y^2)}{(x^2+y^2)^2}$, $f_y(x,y) = \dfrac{x(x^4 - y^4 - 4x^2y^2)}{(x^2+y^2)^2}$ であり，$f_x(0,0) = f_y(0,0) = 0$ であるから，$f_{xx}(0,0) = \lim\limits_{h\to 0}\dfrac{f_x(h,0) - f_x(0,0)}{h} = 0$, $f_{xy}(0,0) = \lim\limits_{h\to 0}\dfrac{f_x(0,h) - f_x(0,0)}{h} = \lim\limits_{h\to 0}\dfrac{-h}{h} = -1$, $f_{yx}(0,0) = \lim\limits_{h\to 0}\dfrac{f_y(h,0) - f_y(0,0)}{h} = \lim\limits_{h\to 0}\dfrac{h}{h} = 1$, $f_{yy}(0,0) = \lim\limits_{h\to 0}\dfrac{f_y(0,h) - f_y(0,0)}{h} = 0$ が成り立つ．したがって，f は原点 $(0,0)$ において 2 階偏微分可能で，$f_{xy}(0,0) \neq f_{yx}(0,0)$ である．

6.6.1. 1 変数関数の Taylor 展開と同様に計算する．

(1) $f(x,y) = 1 - \dfrac{1}{2}x^2 - 2xy - 2y^2 + R_3$. (2) $e^{2x}\sin(x-y) = x - y + 2x^2 - 2xy + R_3$.

6.6.2. $f_x(x,y) = y$, $f_y(x,y) = x$, $f_{xx}(x,y) = 0$, $f_{xy}(x,y) = 1$, $f_{yy}(x,y) = 0$ なので，点 (a,b) における f の 1 次の Taylor 展開は $f(x,y) = f(a,b) + b(x-a) + a(y-b) + (x-a)(y-b)$ である．よって，誤差は $|f(x,y) - f(a,b)| \leq b|x-a| + a|y-b| + |x-a||y-b| \leq 2\cdot 0.1 + 3\cdot 0.1 + 0.1^2 = 0.51$ となる．

6.7.1. (1) 極小値. (2) 極値でない $(df(1,-1) \neq 0)$. (3) 極値でない (鞍点). (4) 極大値.

6.7.2. (1) $\left(-\dfrac{4}{7}, \dfrac{8}{7}\right)$ で極小値 $-\dfrac{16}{7}$.

(2) 極値なし $(df(1,-1) = 0$ だが，$(1,-1)$ は鞍点).

(3) $\left(-\dfrac{4}{3}, \dfrac{4}{3}\right)$ で極大値 $\dfrac{64}{27}$ $((0,0)$ は鞍点．例えば $f(x,0)$, $f(0,y)$ を考える．極値でないことを判断するだけなら $f(x,x) = 0$ よりわかる).

(4) $(1,2)$ で極小値 0, $(-1,-2)$ で極小値 0 $((0,0)$ は鞍点).

(5) $(1,2)$ で極小値 0, $(-1,0)$ で極小値 0. 極小値が 2 つでそれ以外の点では $df \neq 0$ である．このような現象は区間上の 1 変数関数では起こらない．

(6) $(1,0)$ で極大値 1.

6.7.3. $f_a(a,b) = -2\sum\limits_{i=1}^n x_iy_i + 2a\sum\limits_{i=1}^n x_i^2 + 2b\sum\limits_{i=1}^n x_i$, $f_b(a,b) = -2\sum\limits_{i=1}^n y_i + 2a\sum\limits_{i=1}^n x_i + 2nb$

であるから, $df = 0$ をみたす点 (a, b) を求めるためには連立方程式

$$
\begin{cases}
\sum_{i=1}^{n} x_i y_i - a \sum_{i=1}^{n} x_i^2 - b \sum_{i=1}^{n} x_i = 0 \\
\sum_{i=1}^{n} y_i - a \sum_{i=1}^{n} x_i - nb = 0
\end{cases}
$$

を解けば良い. x の平均を μ_x, y の平均を μ_y と表せば, 第 2 式より $b = \mu_y - a\mu_x$ が成り立つので, これを第 1 式に代入して整理すると $a = \dfrac{\sigma_{x,y}}{\sigma_x^2}$ を得る. ここで, データ x の分散を σ_x^2 と表し, データ (x, y) の共分散を $\sigma_{x,y}$ と表した. データ x にバラツキがあることから $\sigma_x^2 \neq 0$ と仮定して良い. また, (x, y) の相関係数を $\rho_{x,y}$ と表し, y の分散を σ_y^2 と表せば, $a = \rho_{x,y}\dfrac{\sigma_y}{\sigma_x}$ となる. したがって, $b = \mu_y - \mu_x \rho_{x,y}\dfrac{\sigma_y}{\sigma_x}$ となる. さらに, 今求めた点 $(a, b) = \left(\rho_{x,y}\dfrac{\sigma_y}{\sigma_x}, \mu_y - \mu_x \rho_{x,y}\dfrac{\sigma_y}{\sigma_x} \right)$ で確かに極小値をとり, この点で最小になることを確かめることができる.

6.7.4. 点 $\pm\left(\dfrac{1}{\sqrt{2}}, \dfrac{1}{\sqrt{2}} \right)$ で極大値 $\dfrac{1}{2}$, 点 $\pm\left(\dfrac{1}{\sqrt{2}}, \dfrac{-1}{\sqrt{2}} \right)$ で極小値 $-\dfrac{1}{2}$.

7.1.1. 閉区間 $[a, b]$ の分割 Δ と代表点 $\xi_k \in I_k$ に対する Riemann 和は $S(f; \Delta; \{\xi_k\}) = c(b - a)$ なので, $\displaystyle\int_a^b c\, dx = c(b - a)$ である.

7.1.2. $[-a, 0]$ の任意の分割 $\Delta : -a = x_0 < x_1 < \cdots < x_{n-1} < x_n = 0$ に対し, $\Delta' : 0 = -x_n < -x_{n-1} < \cdots < -x_1 < x_0 = a$ は $[0, a]$ の分割である. 小区間 $[x_{k-1}, x_k]$ の代表点 ξ_k を選ぶと, $-\xi_k \in [-x_k, -x_{k-1}]$ である.

 (1) f が偶関数ならば $R(f; \Delta; \{\xi_k\}) = R(f; \Delta'; \{-\xi_k\})$ より従う.
 (2) f が奇関数ならば $R(f; \Delta; \{\xi_k\}) = -R(f; \Delta'; \{-\xi_k\})$ より従う.

7.1.3. $k \le x \le k+1$ のとき $\dfrac{1}{k+1} \le \dfrac{1}{x} \le \dfrac{1}{k}$ なので積分の単調性より従う.

7.2.1. 微分積分学の基本定理と合成関数の微分法を用いて微分する. (1) $\dfrac{2x}{1+x^4}$. (2) $3g(3x)$.

7.2.2. (1) $\dfrac{32}{3}$. (2) $-\log 2$. (3) $\dfrac{9}{2}$. (4) $\dfrac{4}{3} + 3\log 2 - 3\log 3$. (5) 4.
 (6) $e - \dfrac{3}{2}$. (7) $\dfrac{1}{2\log 2}$. (8) $\dfrac{\pi}{4}$. (9) $\dfrac{\pi}{4}$.

7.2.3. 区分求積法を用いる. 積分区間に注意.
 (1) $\displaystyle\lim_{n\to\infty} \frac{1}{n} \sum_{k=1}^{n} \left(\frac{k}{n} \right)^2 = \int_0^1 x^2\, dx = \frac{1}{3}$.
 (2) $\dfrac{1}{\pi} \displaystyle\lim_{n\to\infty} \frac{\pi}{n} \sum_{k=1}^{n} \sin\frac{k\pi}{n} = \frac{1}{\pi} \int_0^\pi \sin x\, dx = \frac{2}{\pi}$.
 (3) $\displaystyle\lim_{n\to\infty} \frac{1}{2n} \sum_{k=1}^{n} \frac{1}{\sqrt{1-(k/2n)^2}} = \int_0^{1/2} \frac{1}{\sqrt{1-x^2}}\, dx = \frac{\pi}{6}$.

7.2.4. (1) $\displaystyle\int_{-3}^{1} (-2x + 3 - x^2)\, dx = \frac{32}{3}$. (2) $\displaystyle\int_{-1/\sqrt{2}}^{1/\sqrt{2}} \left(\sqrt{2} - \frac{1}{\sqrt{1-x^2}} \right) dx = 2 - \frac{\pi}{2}$.

7.3.1. 括弧内にヒントを示す. 以下同様.

(1) $\dfrac{1}{12}(2x+1)^6$.
(2) $\dfrac{1}{2}\log|2x-1|$.
(3) $\dfrac{2}{3}\sqrt{(x-2)^3}$.

(4) $\dfrac{4}{9}(1-x)^{9/4}-\dfrac{4}{5}(1-x)^{5/4}$. $(t=1-x)$
(5) $\log(x^2+1)$. $(2x=(x^2+1)')$

(6) $-\dfrac{1}{3}\cos^3 x$. $(\sin x=(-\cos x)')$
(7) $\log(1+\sin x)$. $(\cos x=(1+\sin x)')$

(8) $\dfrac{1}{2}(\mathrm{Sin}^{-1}x)^2$. $\left(\dfrac{1}{\sqrt{1-x^2}}=(\mathrm{Sin}^{-1}x)'\right)$
(9) $\mathrm{Tan}^{-1}e^x$. $(t=e^x)$

7.3.2.　(1) $\left[\dfrac{3}{8}(2x+1)^{4/3}\right]_0^{13}=\dfrac{3}{8}(81-1)=30$. $(t=2x+1)$

(2) $\left[-\dfrac{1}{3}(9-x^2)^{3/2}\right]_0^3=9$. $\left(x=-\dfrac{1}{2}(9-x^2)'\right)$

(3) $\left[-\dfrac{1}{2}e^{-x^2}\right]_0^1=\dfrac{1-e^{-1}}{2}$. $\left(x=-\dfrac{1}{2}(-x^2)'\right)$

7.3.3. 部分積分を行う.

(1) $(x-1)e^x$.
(2) $\dfrac{x^2}{4}(2\log x-1)$.
(3) $\dfrac{x^3}{9}(3\log x-1)$.

(4) $(x^2-1)\sin x+2x\cos x$.
(5) $\dfrac{e^{2x}}{5}(2\sin x-\cos x)$.
(6) $x\,\mathrm{Sin}^{-1}x+\sqrt{1-x^2}$.

7.3.4. こちらも部分積分.　(1) π.　(2) $\dfrac{1}{12}$.　(3) $\dfrac{1}{6}(\alpha-\beta)^3$.

7.3.5. $\log x=(x\log x-x)'$ だから, 部分積分を行うと $I_n=(n-1)(I_{n-2}-I_{n-1})$.

7.3.6.　(1) $m=n$ のとき, 半角公式より π. $m\neq n$ のとき, 積和公式より 0.
(2) 積和公式より 0.

7.3.7.　(1) $t=x+\sqrt{x^2+1}$ とすると $\displaystyle\int\dfrac{dt}{t}=\log|t|=\log(x+\sqrt{x^2+1})$.

(2) $\dfrac{1}{2}\displaystyle\int\dfrac{(x^2+1)'}{\sqrt{x^2+1}}\,dx=\sqrt{x^2+1}$.

(3) 部分積分により $\displaystyle\int\dfrac{x^2}{\sqrt{x^2+1}}\,dx=\int x(\sqrt{x^2+1})'\,dx=x\sqrt{x^2+1}-\int\sqrt{x^2+1}\,dx$.
一方, $x^2=x^2+1-1$ だから $\displaystyle\int\dfrac{x^2}{\sqrt{x^2+1}}\,dx=\int\sqrt{x^2+1}\,dx-\log(x+\sqrt{x^2+1})$.
よって $\dfrac{1}{2}\left(x\sqrt{x^2+1}-\log(x+\sqrt{x^2+1})\right)$.

(4) (3) より $\dfrac{1}{2}\left(x\sqrt{x^2+1}+\log(x+\sqrt{x^2+1})\right)$.

7.3.8. 演習問題 7.3.7 も参考にせよ.　(1) $t=\dfrac{x}{4}$ とすれば $\dfrac{1}{2}\mathrm{Sin}^{-1}\dfrac{x}{4}$.　(2) $-\sqrt{1-x^2}$.

(3) $\dfrac{1}{2}\left(-x\sqrt{1-x^2}+\mathrm{Sin}^{-1}x\right)$.
(4) $\dfrac{1}{2}\left(x\sqrt{1-x^2}+\mathrm{Sin}^{-1}x\right)$.

7.3.9.　(1) (a) $\displaystyle\int dt=\sinh^{-1}x=\log(x+\sqrt{x^2+1})$.

(b) $\displaystyle\int\cosh^2 t\,dt=\int\dfrac{\cosh(2t)+1}{2}\,dt=\dfrac{1}{2}(x\sqrt{x^2+1}+\log(x+\sqrt{x^2+1}))$.

(2) (a) $\displaystyle\int dt=\cosh^{-1}x=\log(x+\sqrt{x^2-1})$.

(b) $\displaystyle\int \sinh^2 t\,dt = \int \frac{\cosh(2t) - 1}{2}\,dt = \frac{1}{2}(x\sqrt{x^2 - 1} - \log(x + \sqrt{x^2 - 1}))$.

7.3.10. $y = f(x)$ とすると $\displaystyle\int_{f(a)}^{f(b)} f^{-1}(y)\,dy = \int_a^b xf'(x)\,dx$ である. よって,

$\displaystyle\int_a^b f(x)\,dx + \int_{f(a)}^{f(b)} f^{-1}(y)\,dy = \int_a^b (xf(x))'\,dx = bf(b) - af(a)$ となる.

$0 < a < b,\ 0 < f(a) < f(b),\ f'(x) > 0$ の場合に図を描いてみよ.

7.4.1. (1) $\dfrac{-1}{x - 2}$.

(2) $\displaystyle\int \frac{(x^2 + x + 1)'}{x^2 + x + 1}\,dx - \int \frac{1}{x^2 + x + 1}\,dx = \log(x^2 + x + 1) - \frac{2}{\sqrt{3}}\,\mathrm{Tan}^{-1}\frac{2x + 1}{\sqrt{3}}$.

(3) $\displaystyle\int \left(x + 1 - \frac{3}{3x + 1}\right) dx = \frac{x^2}{2} + x - \log|3x + 1|$.

(4) $\dfrac{1}{2}\displaystyle\int \left(\frac{-1}{x} + \frac{7}{x + 2}\right) dx = \frac{1}{2}\left(7\log|x + 2| - \log|x|\right)$.

(5) $\displaystyle\int \left(\frac{3}{x + 2} - \frac{5}{(x + 2)^2}\right) dx = 3\log|x + 2| + \frac{5}{x + 2}$.

(6) $\displaystyle\int \left(\frac{-1/2}{x} + \frac{1/6}{x - 2} + \frac{1/3}{x + 1}\right) dx = -\frac{1}{2}\log|x| + \frac{1}{6}\log|x - 2| + \frac{1}{3}\log|x + 1|$.

(7) $\displaystyle\int \left(\frac{16/5}{x - 2} + \frac{4}{(x - 2)^2} + \frac{9/5}{x + 3}\right) dx = \frac{16}{5}\log|x - 2| - \frac{4}{x - 2} + \frac{9}{5}\log|x + 3|$.

(8) $\displaystyle\int \left(\frac{1}{x - 1} - \frac{x + 1}{x^2 + 3}\right) dx = \log|x - 1| - \frac{1}{2}\log(x^2 + 3) - \frac{1}{\sqrt{3}}\,\mathrm{Tan}^{-1}\frac{x}{\sqrt{3}}$.

(9) $\displaystyle\int \left(\frac{3x/2}{x^2 + 3} + \frac{-x/2}{x^2 + 1}\right) dx = \frac{3}{4}\log(x^2 + 3) - \frac{1}{4}\log(x^2 + 1)$.

7.4.2. (1) $\log\left|\tan\dfrac{x}{2}\right|$. (2) $\dfrac{2}{\sqrt{3}}\,\mathrm{Tan}^{-1}\dfrac{\tan(x/2)}{\sqrt{3}}$.

(3) $\dfrac{1}{4}\log\left|3\tan\dfrac{x}{2} + 1\right| - \dfrac{1}{4}\log\left|\tan\dfrac{x}{2} + 3\right|$. (4) $\dfrac{2}{3}\,\mathrm{Tan}^{-1}\dfrac{\tan x}{2} - \dfrac{x}{3}$. $(t = \tan x)$

7.4.3. (1) $\log\dfrac{e^x}{e^x + 1}$. $(t = e^x)$ (2) $\dfrac{1}{3}\log\dfrac{e^x + 1}{e^x + 4}$. (3) $\dfrac{1}{2}e^{2x} + 2\log\left|e^{2x} - 4\right|$. $(t = e^{2x})$

7.4.4. 双曲線関数は三角関数と似た性質がある. 積分する際にもその類似は役に立つ.

(1) $\sinh x = \dfrac{2t}{1 - t^2}$. $\cosh x = \dfrac{1 + t^2}{1 - t^2}$. $\tanh x = \dfrac{2t}{1 + t^2}$.

(2) $dt = \dfrac{1/2}{\cosh^2(x/2)}\,dx = \dfrac{1 - t^2}{2}\,dx$ より $dx = \dfrac{2}{1 - t^2}\,dt$ である.

  (a) $\log\left|\dfrac{e^x - 1}{e^x + 1}\right|$. (b) $2\,\mathrm{Tan}^{-1}\left(\tanh\dfrac{x}{2}\right)$. (c) $\dfrac{1}{2\sqrt{2}}\log\left|\dfrac{\tanh\frac{x}{2} + \sqrt{2}}{\tanh\frac{x}{2} - \sqrt{2}}\right|$.

7.5.1. 近似値, 誤差の順に記す.

(1) $2.052\,344\,30\cdots,\ 0.052\,344\,30\cdots$. (2) $1.896\,118\,89\cdots,\ 0.103\,881\,11\cdots$.

(3) $2.000\,269\,16\cdots,\ 0.000\,269\,16\cdots$.

7.5.2. (1) p_2 が与えられた 3 点を通ることは直ちに確かめられる. また, 高々 2 次の多項式 $P(x)$ が与えられた 3 点を通るとすると, 連立方程式 $P(x_k) - p_2(x_k) = 0\ (k = 0, 1, 2)$ を得る. よっ

て, 高々 2 次の多項式 $P(x) - p_2(x) = ax^2 + bx + c$ の係数 a, b, c はこの連立一次方程式の解であるから, 解いて $a = b = c = 0$ とわかる. よって $P(x) = p_2(x)$ である.

(2) $c = \dfrac{a+b}{2}$ であることに注意すれば計算できる.

7.6.1. (1) 2π. (2) 2π.

7.6.2. (1) π. (2) π.

7.6.3. (1) 2π. (2) -2π.

7.7.1. (1) $N(\tau) = \dfrac{1}{e} N_0$ より $e^{-\lambda\tau} = e^{-1}$. よって $\tau = \dfrac{1}{\lambda}$.

(2) $\displaystyle\int_0^\infty e^{-\lambda t}\,dt = \lambda^{-1} = \tau$. (3) $T = \dfrac{\log 2}{\lambda} = \tau\log 2$ (例 2.8.6 も参照).

(4) 有効数字 3 桁で $\lambda = 1.21 \times 10^{-4}$ [1/年], $\tau = 8270$ [年].

7.7.2. (1) 発散. (2) π. (3) $\log\dfrac{3}{2}$.

7.7.3. (1) Taylor の定理より $e^x \geq \dfrac{x^2}{2}$ $(x \geq 1)$ なので, $x^{1/2}e^{-x} \leq 2x^{-3/2}$. よって収束.

(2) $k \geq 3$ のとき. $x \geq 1$ ならば $x^4 \geq 1$ なので $\dfrac{x^k}{x^4+1} \geq \dfrac{1}{2}x^{k-4} > 0$. よって発散. $k < 3$ のとき. $x^4 + 1 \geq x^4$ より $\dfrac{x^k}{x^4+1} \leq x^{k-4}$ $(x \geq 1)$. よって収束.

(3) $0 < x \leq 1$ ならば $(1-x)^{1/2} < 1$ なので $x^{-1/2}(1-x)^{1/2} < x^{-1/2}$. よって収束.

7.7.4. (1) $e^t \geq 1 + t$ に $t = \dfrac{(x-\mu)^2}{2\sigma^2}$ を代入し, 逆数をとれば, 収束することがわかる.

(2) $t = \dfrac{x-\mu}{\sqrt{2}\sigma}$ とすれば $I = \sqrt{2\pi\sigma^2}$.

7.7.5. (1) $0 < x \leq 1$ に対して $|x^{s-1}e^{-x}| \leq ex^{s-1}$ より収束.

(2) $n - 1 < s \leq n$ なる $n \in \mathbb{N}$ をとる. Taylor の定理より $e^x \geq \dfrac{x^{n+1}}{(n+1)!}$ が成り立つので, $x \geq 1$ に対して $|x^{s-1}e^{-x}| \leq (n+1)!x^{s-n-2}$ が成り立つ. $s - n - 2 \leq -2$ なので収束.

(3) $e^{-x} = (-e^{-x})'$ と見て部分積分を行う.

(4) (3) を繰り返し用いる. つまり $\displaystyle\int_0^\infty x^n e^{-x}\,dx = n!$.

(5) $t = x^2$ とすれば得られる. (6) (5) で $s = 1$ とすれば良い.

(7) (3) を繰り返し用いて (6) を用いると, $\Gamma\left(n + \dfrac{1}{2}\right) = \dfrac{(2n-1)!!}{2^n}\sqrt{\pi}$.

補足: 以上より次を得た $(k = 0, 1, 2, \dots)$:

$$\int_0^\infty x^{2k}e^{-x^2}\,dx = \frac{(2k-1)!!}{2^{k+1}}\sqrt{\pi}, \qquad \int_0^\infty x^{2k+1}e^{-x^2}\,dx = \frac{k!}{2}.$$

7.7.6. (1) $0 < x \leq 1/2$ に対して $q - 1 \geq 0$ のとき $(1-x)^{q-1} \leq 1$, $q - 1 < 0$ のとき $(1-x)^{q-1} \leq \dfrac{1}{2^{q-1}}$ だから, $|x^{p-1}(1-x)^{q-1}| \leq Cx^{p-1}$ をみたす定数 $C > 0$ が存在する. よって収束する. なお, $p \geq 1$ の場合は Riemann 積分である.

(2) (1) と同様に $1/2 \leq x < 1$ に対して $|x^{p-1}(1-x)^{q-1}| \leq C(1-x)^{q-1}$ をみたす定数 $C > 0$ が存在する. よって収束する. こちらは $q \geq 1$ の場合に Riemann 積分である.

(3) $t = 1 - x$ とすれば良い. (4) $t = \dfrac{x-a}{b-a}$ とすれば良い. (5) $x = \cos^2 t$ とすれば良い.

(6) $B(1, q) = \dfrac{1}{q}$. (7) $(1-x)^{p+q-1} = \left(\dfrac{-1}{p+q}(1-x)^{p+q} \right)'$ と見て部分積分せよ.

(8) (6), (7) より $B(m+1, n+1) = \dfrac{m! n!}{(m+n+1)!}$.

(9) π. (4) を使うのが手っ取り早い.

7.8.1. (w3) より任意の多項式 P, Q に対して広義積分 $\displaystyle\int_I P(x)Q(x)w(x)\,dx$ は収束する.

$\langle P, P \rangle = 0$ ならば $P(x)^2 w(x) = 0$ $(x \in I)$ だが, (w1) より $w(x) > 0$ なので, 特に $P(x) = 0$ が成り立つ.

7.8.2. (1) $P_0(x) = 1$, $P_1(x) = x$, $P_2(x) = \dfrac{1}{2}(3x^2 - 1)$.

(2) $f(x) = (x^2 - 1)^n$ とおく. $(x^2 - 1)f'(x) = 2nx f(x)$ の両辺を $n+1$ 回微分して整理する.

(3) $f(\pm 1) = f'(\pm 1) = \cdots = f^{(n-1)}(\pm 1) = 0$ であることに注意して部分積分をくり返し用いると $\displaystyle\int_{-1}^1 x^k P_n(x)\,dx = \dfrac{(-1)^k k!}{2^n n!} \int_{-1}^1 f^{(n-k)}(x)\,dx$ が成り立つ. よって, $0 \le k < n$ ならば $\displaystyle\int_{-1}^1 x^k P_n(x)\,dx = 0$ が成り立つ. $k = n$ ならば $\displaystyle\int_{-1}^1 x^n P_n(x)\,dx = \dfrac{1}{2^n} \int_{-1}^1 (1-x^2)^n\,dx$ $= \dfrac{2^{n+1}(n!)^2}{(2n+1)!}$ が成り立つ. 最後の積分は, 例えば $\displaystyle\int_{-1}^1 (1-x^2)^n\,dx = 2^{2n+1} B(n+1, n+1)$ (B は B 関数) を用いる.

(4) Leibniz 則より $P_n(x) = \dfrac{(2n)!}{2^n (n!)^2} x^n + (\text{低次の項})$ なので, $m \ne n$ ならば $\langle P_m, P_n \rangle = 0$. $m = n$ ならば $\langle P_n, P_n \rangle = \dfrac{2}{2n+1}$.

(5) $P_n^{(k)}(x) = (1-x^2)^{k/2} \left(\dfrac{(2n)!}{2^n (n!)^2} \cdot \dfrac{n!}{(n-k)!} x^{n-k} + (\text{低次の項}) \right)$ なので

$$\int_{-1}^1 P_m^{(k)}(x) P_n^{(k)}(x)\,dx$$
$$= \int_{-1}^1 (1-x^2)^k \left(\dfrac{(2m)!}{2^m (m!)^2} \cdot \dfrac{m!}{(m-k)!} x^{m-k} + (\text{低次の項}) \right) \dfrac{d^k}{dx^k} P_n(x)\,dx$$

が成り立つ. 部分積分を繰り返すことで, $k \le m \le n$ ならば

$$\int_{-1}^1 (1-x^2)^k x^{m-k} \dfrac{d^k}{dx^k} P_n(x)\,dx = (-1)^k \int_{-1}^1 \left((1-x^2)^k x^{m-k} \right)^{(k)} P_n(x)\,dx$$
$$= (-1)^k \int_{-1}^1 \left(\dfrac{(-1)^k (m+k)!}{m!} x^m + (\text{低次の項}) \right) P_n(x)\,dx$$

が成り立つ. 以上より, $m \ne n$ ならば $\displaystyle\int_{-1}^1 P_m^{(k)}(x) P_n^{(k)}(x)\,dx = 0$, $m = n$ ならば

$$\int_{-1}^1 P_n^{(k)}(x) P_n^{(k)}(x)\,dx = \dfrac{(2n)!}{2^n (n!)^2} \cdot \dfrac{n!}{(n-k)!} \cdot (-1)^k \cdot \dfrac{(-1)^k (n+k)!}{n!} \cdot \dfrac{2^{n+1}(n!)^2}{(2n+1)!}$$
$$= \dfrac{2(n+k)!}{(2n+1)(n-k)!}.$$

(6) $D = \dfrac{d}{dx}$ とする. Legendre 方程式を k 回微分すると

$$(1-x^2)D^{k+2}P_n - 2(k+1)xD^{k+1}P_n + (n(n+1) - k(k+1))D^k P_n = 0 \quad (*)$$

が成り立つ. また, $DP_n^{(k)}$, $D^2 P_n^{(k)}$ を計算することで

$$(1-x^2)^{k/2}D^{k+1}P_n = DP_n^{(k)} + \frac{kx}{1-x^2}P_n^{(k)},$$

$$(1-x^2)^{k/2}D^{k+2}P_n = D^2 P_n^{(k)} + \frac{2kx}{1-x^2}DP_n^{(k)} + \frac{k + kx^2 + k^2 x^2}{(1-x^2)^2}P_n^{(k)}$$

を得る. 式 $(*)$ に $(1-x^2)^k$ をかけ, これらを代入すれば所望の等式を得る.

7.8.3. (1) $H_0(x) = 1$, $H_1(x) = 2x$, $H_2(x) = 4x^2 - 2$.

(2) $D = \dfrac{d}{dx}$ とする (以下同様) と, $D^{n+1}e^{-x^2} = \left(-2nD^{n-1} - 2xD^n\right)e^{-x^2}$ より従う.

(3) $H_n'(x) = 2xH_n(x) - H_{n+1}(x)$, $H_n''(x) = 2H_n(x) + 2xH_n'(x) - 2xH_{n+1}(x) + H_{n+2}(x)$ なので, (2) より従う.

(4) 部分積分により $\langle H_m, H_n \rangle = (-1)^{n-m}\displaystyle\int_{-\infty}^{\infty} D^m H_m(x) D^{n-m}e^{-x^2}\,dx$ であるが, (2) より $H_m' = 2mH_{m-1}$ だから $D^m H_m = 2^m \cdot m! \cdot H_0$ が成り立つ. よって $m < n$ ならば $\langle H_m, H_n \rangle = 0$, $m = n$ ならば $\langle H_m, H_n \rangle = 2^n \cdot n!\sqrt{\pi}$.

8.2.1. (1) $\displaystyle\int_1^3 \left[\frac{1}{3}xy^3\right]_{y=0}^{y=2} dx = \frac{8}{3}\int_1^3 x\,dx = \frac{32}{3}$.

(2) $\displaystyle\int_0^1 \left[\frac{x^2}{2} + 2xy\right]_{x=y^2}^{x=y} dy = \int_1^3 \left(\frac{5}{2}y^2 - \frac{y^4}{2} - 2y^3\right) dx = \frac{7}{30}$.

8.2.2. (1) $\displaystyle\int_1^3 dx \int_0^2 xy^2\,dy = \frac{32}{3}$. (2) $\displaystyle\int_0^1 dx \int_0^x (x+2y)\,dy = \frac{2}{3}$.

(3) $\displaystyle\int_1^2 dy \int_{-2y+2}^y (x+2y)\,dx = \frac{17}{2}$. (4) $\displaystyle\int_0^1 dx \int_{x^2}^x (x+2y)\,dy = \frac{13}{60}$.

8.2.3. (1) $\displaystyle\int_0^1 dx \int_0^1 dy \int_0^x x\,dz = \int_0^1 dx \int_0^1 dy \left[xz\right]_{z=0}^{z=x} = \frac{1}{3}$.

(2) $\displaystyle\int_{\{(x,y)\,;\,x\geq 0,\ y\geq 0,\ x+2y\leq 1\}} dxdy \int_0^{1-x-2y} z\,dz = \int_0^1 dx \int_0^{\frac{1-x}{2}} dy \int_0^{1-x-2y} z\,dz = \frac{1}{48}$.

8.2.4. (1) $\displaystyle\int_0^1 dx \int_0^{2x} \cos(x^2)\,dy = \sin 1$. (2) $\displaystyle\int_0^1 dy \int_{y^3}^y e^{y^2}\,dx = \frac{e-2}{2}$.

8.2.5. $m(D) = \displaystyle\int_D dxdy = \int_a^b dx \int_{\varphi_1(x)}^{\varphi_2(x)} dy = \int_a^b \left(\varphi_2(x) - \varphi_1(x)\right) dx$

8.2.6. $m(\Omega) = \displaystyle\int_a^b dx \int_{-|f(x)|}^{|f(x)|} dy \int_{-\sqrt{f(x)^2-y^2}}^{\sqrt{f(x)^2-y^2}} dz = 2\int_a^b dx \int_{-|f(x)|}^{|f(x)|} \sqrt{f(x)^2 - y^2}\,dy$.

ここで, 定積分 $\displaystyle\int_{-|f(x)|}^{|f(x)|} \sqrt{f(x)^2-y^2}\,dy$ は半径 $|f(x)|$ の円の面積の $\dfrac{1}{2}$ 倍と等しいから,

$m(\Omega) = \pi \displaystyle\int_a^b f(x)^2\,dx$.

(1) $\pi \int_0^\pi \sin^2 x \, dx = \dfrac{\pi^2}{2}$. (2) $\pi \int_{-a}^{a} (\sqrt{a^2 - x^2})^2 \, dx = \dfrac{4}{3}\pi a^3$. 半径 a の球の体積.

(3) $\pi \int_0^\ell \left(\dfrac{a}{b}x\right)^2 dx = \dfrac{\pi}{3}a^2\ell$. 半径 a の円を底面とし, 高さが ℓ であるような円錐の体積.

8.3.1. (1) $dxdy = dudv$. (2) $dxdy = 4|u^2 - v^2|dudv$. (3) $dxdy = |r|drd\theta$.

(4) $dxdy = 6|r|drd\theta$. (5) $dxdydz = |(u-v)(v-w)(w-u)|dudvdw$.

8.3.2. (1) $u = x + y$, $v = x - y$, $D' = \{(u,v)\,;\, -1 \le u \le 1,\, 0 \le v \le 1\}$ とすると
$$\int_{D'} \frac{v}{1+u^2} \cdot \left|\frac{-1}{2}\right| dudv = \frac{\pi}{8}.$$

(2) $x = r\cos\theta$, $y = r\sin\theta$, $D' = \{(r,\theta)\,;\, 0 \le r \le 1,\, 0 \le \theta \le 2\pi\}$ とすると
$$\int_{D'} (3r^2 \cos^2\theta + r^2 \sin^2\theta) \cdot |r| \, drd\theta = \pi.$$

(3) $x = 3r\cos\theta$, $y = 2r\sin\theta$, $D' = \{(r,\theta)\,;\, 0 \le r \le 1,\, 0 \le \theta \le 2\pi\}$ とすると
$$\int_{D'} |6r| \, drd\theta = 6\pi.$$ この置換は楕円のパラメータ表示が参考になる.

(4) $x = r\cos\theta$, $y = r\sin\theta$, $D' = \{(r,\theta)\,;\, 1 \le r \le \sqrt{3},\, 0 \le \theta \le 2\pi\}$ とすると
$$\int_{D'} \frac{1}{r^2} \cdot |r| \, drd\theta = \pi \log 3.$$

(5) $x = r\cos\theta$, $y = r\sin\theta$, $D' = \{(r,\theta)\,;\, 0 \le r \le 1,\, 0 \le \theta \le \pi/4\}$ とすると
$$\int_{D'} r \cdot |r| \, drd\theta = \frac{\pi}{12}.$$ D は中心角 $\pi/4$ の扇形である.

(6) $x = r\sin\theta\cos\varphi$, $y = r\sin\theta\sin\varphi$, $z = r\cos\theta$, $D' = \{(r,\theta,\varphi)\,;\, 0 \le r \le 1,\, 0 \le \theta \le \pi,\, 0 \le \varphi \le 2\pi\}$ とすると $\displaystyle\int_{D'} |r^2 \sin\theta| \, drd\theta d\varphi = \dfrac{4}{3}\pi$. 半径 1 の球の体積.

(7) $x = r\sin\theta\cos\varphi$, $y = r\sin\theta\sin\varphi$, $z = r\cos\theta$, $D' = \{(r,\theta,\varphi)\,;\, 0 \le r \le 1,\, 0 \le \theta \le \pi,\, 0 \le \varphi \le \pi/2\}$ とすると $\displaystyle\int_{D'} r\sin\theta\cos\varphi \cdot |r^2 \sin\theta| \, drd\theta d\varphi = \dfrac{\pi}{8}$.

8.4.1. D の近似列として $K_n = \left\{(x,y)\,;\, \dfrac{1}{n} \le x \le 1,\, 0 \le y \le x\right\}$ を選ぶ.

$$\int_D \frac{x}{x^2 + y^2} dxdy = \lim_{n\to\infty} \int_{K_n} \frac{x}{x^2 + y^2} \, dxdy = \lim_{n\to\infty} \int_{1/n}^1 dx \int_0^x \frac{x}{x^2 + y^2} \, dy$$
$$= \lim_{n\to\infty} \frac{\pi}{4}\left(1 - \frac{1}{n}\right) = \frac{\pi}{4}.$$

8.4.2. (1) $K_n = \left[\dfrac{1}{n}, n\right] \times \left[\dfrac{1}{n}, n\right]$ とする. $n \to \infty$ のとき, 演習問題 7.7.5 (5) より
$$\int_{K_n} e^{-x^2 - y^2} x^{2p-1} y^{2q-1} dxdy = \int_{1/n}^n e^{-x^2} x^{2p-1} dx \int_{1/n}^n e^{-y^2} y^{2q-1} dy \to \frac{1}{4}\Gamma(p)\Gamma(q).$$

(2) $D_n = \left\{(x,y) = (r\cos\theta, r\sin\theta)\,;\, \dfrac{1}{n} \le r \le n,\, \dfrac{1}{n} \le \theta \le \dfrac{\pi}{2} - \dfrac{1}{n}\right\}$ とする. $n \to \infty$ のとき, 演習問題 7.7.5 (5), 演習問題 7.7.6 (5) より $\displaystyle\int_{D_n} e^{-x^2-y^2} x^{2p-1} y^{2q-1} dxdy$

$$= \int_{1/n}^n dr \int_{1/n}^{\pi/2 - 1/n} e^{-r^2} r^{2p+2q-1} \cos^{2p-1}\theta \sin^{2q-1}\theta \, d\theta \to \frac{1}{4}\Gamma(p+q)B(p,q).$$ よって

(1) と合わせて $B(p,q) = \dfrac{\Gamma(p)\Gamma(q)}{\Gamma(p+q)}$.

(3) $B(1/2, 1/2) = 2\int_0^{\pi/2} d\theta = \pi$, $B(1/2, 1/2) = \dfrac{\Gamma(1/2)\Gamma(1/2)}{\Gamma(1)} = \Gamma(1/2)^2$ より $\Gamma(1/2)$ $= \sqrt{\pi}$. 残りは演習問題 7.7.5 (6) と同様.

9.1.1. (1) $\sqrt{2}e^{\pi i/4}$.　(2) $2e^{-\pi i/6}$.　(3) $3e^{-\pi i/2}$.　(4) $(2e^{\pi i/6})^7 = 128e^{7\pi i/6}$.

9.1.2. (1) $r = 128$, $\theta = \dfrac{7}{6}\pi$.　(2) $r = 1$, $\theta = \dfrac{\pi}{4}$.　(3) $r = e$, $\theta = 3$.
(4) $r = e^2$, $\theta = 2\pi - 1$.

9.1.3. (1) $z = \sqrt[3]{2}$, $\sqrt[3]{2}e^{2\pi i/3}$, $\sqrt[3]{2}e^{4\pi i/3}$.　(2) $z = e^{\pi i/4}$, $e^{3\pi i/4}$, $e^{5\pi i/4}$, $e^{7\pi i/4}$.
(3) $z = e^{\pi i/10}$, $e^{\pi i/2}$, $e^{9\pi i/10}$, $e^{13\pi i/10}$, $e^{17\pi i/10}$.　(4) $z = \sqrt[6]{2}e^{\pi i/12}$, $\sqrt[6]{2}e^{3\pi i/4}$, $\sqrt[6]{2}e^{17\pi i/12}$.

9.2.1. (1) $y = \dfrac{2e^x}{2e^x - 1}$.　(2) $y = \dfrac{e^x}{e^x + 1}$.　(3) $y = 0$.

9.3.1. (1) $y = -\dfrac{1}{3}e^{-3x} + C$.　(2) $y = Ce^{-3x}$.　(3) $y = \dfrac{1}{3x + C}$, 0.
(4) $y = (x + C)^3$, 0.　(5) $y = \dfrac{Ce^x - 2}{Ce^x - 1}$, 1.　(6) $y = Cx^2$.

9.3.2. (1) $y = -\dfrac{1}{3}e^{-3x}$.　(2) $y = e^{-3x}$.　(3) $y = \dfrac{1}{3x + 1}$.
(4) $y = \dfrac{1}{3x}$.　(5) $y = \dfrac{2e^x - 2}{2e^x - 1}$.　(6) $y = 2x^2$.

9.3.3. (1) $x = Ce^{-kt}$.　(2) $x = x_0 e^{-kt}$.　(3) $T = \dfrac{\log 2}{k}$. (例 2.8.6 も参照)

9.3.4. (1) $x = \dfrac{1}{kt + C}$.　(2) $x = \dfrac{1}{kt + 1/x_0}$.　(3) $T = \dfrac{1}{kx_0}$. (x_0 に依存する)

9.3.5. $y = ux$ の両辺を x で微分すれば $\dfrac{u'}{f(u) - u} = \dfrac{1}{x}$ を得る. $xy' = x + y$ の両辺を x で割れば $y' = 1 + \dfrac{y}{x}$ だから, $y = x(\log|x| + C)$.

9.4.1. (1) $y = Ce^{-3x} + 2x - \dfrac{2}{3}$.　(2) $y = Ce^{-3x} + e^x$.　(3) $y = Ce^{-3x} + \dfrac{9}{5}\sin x - \dfrac{3}{5}\cos x$.

9.4.2. (1) $y = -2e^{-3x} + 2$.　(2) $y = \dfrac{2}{3}e^{-3x} + 2x - \dfrac{2}{3}$.　(3) $y = e^x$.

9.4.3.　(1) $u = y^{1-n}$ とおくと $u' = (1-n)y^{-n}y' = (1-n)Q(x) - (1-n)P(x)u$ となるので, 1 階線型常微分方程式 $u' + (1-n)P(x)u = (1-n)Q(x)$ を得る.
(2) (a) $u = y^{-1}$ とおくと $u' - 2u = -6e^x$ を得る. $y = \dfrac{1}{Ce^{2x} + 2e^{-x}}$.
(b) $u = y^{-2}$ とおくと $u' - 2u = -4x$ を得る. $(2x + 1 + Ce^{2x})y^2 = 1$.
(c) $u = y^2$ とおくと $u' + \dfrac{u}{x} = 2$ を得る. $x^2 - xy^2 = C$.

9.5.1. (1) $y = C_1 e^{5x} + C_2 e^{-3x}$.　(2) $y = C_1 e^{2x}\cos x + C_2 e^{2x}\sin x$.
(3) $y = C_1 e^{-3x} + C_2 x e^{-3x}$.　(4) $y = C_1 + C_2 e^{5x}$.
(5) $y = C_1 e^{\sqrt{5}x} + C_2 e^{-\sqrt{5}x}$.　(6) $y = C_1\cos(\sqrt{5}x) + C_2\sin(\sqrt{5}x)$.

9.5.2. (1) $y = 3e^x + e^{-4x}$.　(2) $y = 2e^{3x} - xe^{3x}$.　(3) $y = \cos(3x)$.　(4) $y = -\dfrac{1}{3}\sin(3x)$.

9.5.3. ロンスキアンは, 任意の $x \in \mathbb{R}$ に対して $W(x) = qe^{2px} \neq 0$ をみたす.

9.5.4. (1) y_1, y_2 がともに微分方程式の解であることに注意すると $W'(x) = \dfrac{d}{dx}(y_1 y_2' - y_1' y_2) = y_1 y_2'' - y_1'' y_2 = y_1(-ay_2' - by_2) - (-ay_1' - by_1)y_2 = -aW(x)$.

(2) (1) で得た微分方程式を解くと $W(x) = Ce^{-ax}$ である. $\{y_1, y_2\}$ が解の基本系であることから, ある x_0 に対して $W(x_0) \neq 0$ をみたすので, $C \neq 0$ である. よって任意の $x \in \mathbb{R}$ に対して $W(x) = Ce^{-ax} \neq 0$.

9.5.5. 微分方程式 $y'' + ay' + by = 0$ 解の基本系 $\{y_1, y_2\}$ を任意に選び, 一般解 $y = C_1 y_1 + C_2 y_2$ が初期条件をみたすように定数 C_1, C_2 を決定する. すなわち, 連立方程式
$$\begin{cases} C_1 y_1(x_0) + C_2 y_2(x_0) = \alpha_0 \\ C_1 y_1'(x_0) + C_2 y_2'(x_0) = \alpha_1 \end{cases}$$ を解けば良い. この連立方程式の解は一組なので, 初期値問題の解
$$y = \frac{y_2'(x_0)\alpha_0 - y_2(x_0)\alpha_1}{W(y_1, y_2)(x_0)} y_1 + \frac{-y_1'(x_0)\alpha_0 + y_1(x_0)\alpha_1}{W(y_1, y_2)(x_0)} y_2$$ も一意である.

9.6.1. (1) $y = C_1 + C_2 e^x + xe^x - (1 + e^x)\log(1 + e^x)$.   (2) $y = C_1 e^{-x} + C_2 xe^{-x} + xe^{-x}\log x$.

9.6.2. (1) $y = C_1 e^x + C_2 e^{2x} + x^2 - 1$.   (2) $y = C_1 e^{-x} + C_2 e^{2x} + 2e^{3x}$.

(3) $y = C_1 e^{-x} + C_2 e^{2x} + 2xe^{2x}$.   (4) $y = C_1 e^x + C_2 xe^x + 4x^2 e^x$.

(5) $y = C_1 e^{-x} + C_2 e^{2x} - 3\cos(2x) - \sin(2x)$.

(6) $y = C_1 \cos x + C_2 \sin x + x(-\cos x + 2\sin x)$.

9.6.3. (1) $y = C_1 e^{-x} + C_2 e^{2x} - \dfrac{1}{2}e^x - 2x + 1$.

(2) $y = C_1 e^{-x} + C_2 e^{2x} - 3\cos(2x) - \sin(2x) - \dfrac{11}{10}\cos(3x) - \dfrac{3}{10}\sin(3x)$.

9.6.4. $y = C_1 \cos(2x) + C_2 \sin(2x) - 2x\cos(2x) + \log|\sin(2x)|\sin(2x)$.

9.6.5. 定数変化法で一般解を求めると
$$y = C_1 \cos(\omega x) + C_2 \sin(\omega x) - \cos(\omega x)\int_0^x \frac{\sin(\omega t)f(t)}{\omega}\, dt + \sin(\omega x)\int_0^x \frac{\cos(\omega t)f(t)}{\omega}\, dt$$
である (不定積分を用いて原始関数を一つずつ具体的に指定した). $y(0) = 0$ より $C_1 = 0$ なので,
$$y' = \omega C_2 \cos(\omega x) + \omega\sin(\omega x)\int_0^x \frac{\sin(\omega t)f(t)}{\omega}\, dt + \omega\cos(\omega x)\int_0^x \frac{\cos(\omega t)f(t)}{\omega}\, dt$$
である. よって $y'(0) = 0$ より $C_2 = 0$ である. 以上より, 初期値問題の解は
$$\begin{aligned} y &= -\cos(\omega x)\int_0^x \frac{\sin(\omega t)f(t)}{\omega}\, dt + \sin(\omega x)\int_0^x \frac{\cos(\omega t)f(t)}{\omega}\, dt \\ &= \frac{1}{\omega}\int_0^x f(t)\,(\sin(\omega x)\cos(\omega t) - \cos(\omega x)\sin(\omega t))\, dt \\ &= \frac{1}{\omega}\int_0^x f(t)\sin(\omega(x - t))\, dt. \end{aligned}$$

9.7.1. (1) $x = C_1 e^{-3t}$, $y = 6C_1 te^{-3t} + C_2 e^{-3t}$.

(2) $x = C_1 e^{-2t} + C_2 e^{5t}$, $y = -C_1 e^{-2t} + \dfrac{4}{3}C_2 e^{5t}$.

(3) $x = C_1 e^{4t} + C_2 e^{-3t}$, $y = \dfrac{1}{2}C_1 e^{4t} - 3C_2 e^{-3t}$.

(4) $x = 2e^{4t} + e^{-3t}$, $y = e^{4t} - 3e^{-3t}$.

あとがき

　本書をお読みいただきありがとうございます. あとがきに代えて参考書を挙げます. 本書に関連する内容には多数の参考書が発売されていますので, 私の手元にあって現在手に入れやすそうなものの中から選んで挙げようと思います.

　数学に苦手意識をもつ読者には,

　[1] 結城 浩「数学ガールの秘密ノートシリーズ」SB クリエイティブ.

の関連トピックを選んで一読することを勧めます. 最近「物理ノート」も出版され始めたので, あわせて読んでみると良いでしょう. 微分積分学についての参考書として,

　[2] W.W. ソーヤー「微積分入門」ちくま学芸文庫, 2015.
　[3] 南 和彦「微分積分講義」裳華房, 2012.
　[4] 垣田 高夫, 久保 明達, 田沼 一実「現象から微積分を学ぼう」日本評論社, 2011.
　[5] J. スチュワート「微分積分学 I, II, III」東京化学同人, 2017 – 2019.
　[6] 加藤 文元「大学教養 微分積分」数研出版, 2019.
　[7] 杉浦 光夫「解析入門 I, II」東京大学出版会, 1980, 1985.
　[8] 髙木 貞治「定本 解析概論」岩波書店, 2010.
　[9] 藤原 松三郎「微分積分学 第 1, 2 巻 改訂新編」内田老鶴圃, 2016, 2017.

を挙げます. [2] は微分積分学の考え方を丁寧に説明している良書です. [3] には本書では取り上げきれなかった自然科学における例も載っており, [4] には医療分野における例が載っています. [5] は, 高校相当の内容, 厳密な微分積分学, 豊富な応用例, 豊富な演習問題と十分な内容をすべて丁寧に扱っていますが, B5 判で 1000 ページを超える圧巻の大著です. [6] は高校の教科書によく似た体裁で書かれた微分積分学の参考書です. 姉妹書として「青チャート」も出版されています. [7,8,9] はいずれも厳密に書かれた微分積分学に関する名著ですが, 読みこなすには相応の努力が必要です.

　演習書としては次を挙げます. なお, 1 変数関数の微積分については高校数学 III の教科書傍用問題集が非常に便利です.

　[10] 磯崎洋, 筧知之, 木下保, 籠屋恵嗣, 砂川秀明, 竹山美宏「微積分学入門 例題を通し

て学ぶ解析学」培風館, 2008.

[11] 神永正博, 藤田育嗣「計算力をつける 微分積分 問題集」内田老鶴圃, 2013.

[12] 福島正俊, 柳川高明「理工系の微積分演習」学術図書出版社, 2005.

[13] 小寺平次「明解演習 微分積分」共立出版, 1984.

[10] は参考書としても使える演習書です. [11,12] は高校数学 II の範囲である指数関数, 対数関数, 三角関数の内容からも問題が掲載されています. [13] は本書で扱わなかった項目も多く含みますが,「チャート式」のように整理されています.

微分積分学と同時に学ぶべき数学として線型代数学があります. 本書の第 3 章は, 線型代数学の中で微分積分学に関連する内容の簡単な抜粋です. 線型代数学を詳しく学ぶための参考書として次を挙げます.

[14] 長谷川 浩司「線型代数 改訂版」日本評論社, 2015.

[15] 竹山 美宏「線形代数」日本評論社, 2015.

[16] 竹山 美宏「ベクトル空間」日本評論社, 2015.

[17] 加藤 文元「大学教養 線形代数」数研出版, 2019.

[14] には線型代数学の応用について多数紹介されています. [15] には各主題の概要が書かれており, 勉強する際の指針になります. [16] は [15] の続編ですが, 残念ながら各主題の概要は書かれていません. [17] は [6] の姉妹書で, やはり「青チャート」も出版されています.

微分方程式については, 例えば次の参考書があります.

[18] D. バージェス, M. ボリー「微分方程式で数学モデルを作ろう」日本評論社, 1990.

[19] M. ブラウン「微分方程式 上, 下」丸善出版, 2012.

[20] 井ノ口順一「常微分方程式」日本評論社, 2015.

[18,19] は豊富な応用例とともに微分方程式を学べる良書です. [20] は直交多項式についての手頃な解説を含みます.

本書を著す際にはその他多数の書籍を参考にさせていただきました. 深く感謝の意を表します.

索引